EL REGADÍO DE LA COMUNITAT VALENCIANA. SIGNIFICADOS Y VALORES TERRITORIALES

DIRECCIÓN

Jorge Hermosilla Pla
Universitat de València

EQUIPO INVESTIGADOR

Jesús García Patón

Jose Vicente Aparicio Vayá

Mónica Fernández Villarejo

Javier Berenguer Sala

Alejandro Hermosilla Fernández

Equipo ESTEPA
Universitat de València

COLABORADOR ESPECIAL

Juan Piqueras Haba
Universitat de València

PROMUEVE

FECOREVA
Federación de Comunidades de Regantes
de la Comunidad Valenciana

COLABORA

Generalitat Valenciana

Diputació de València

Diseño y maquetación
Begoña Broseta Ferrer

Impreso en España
ISBN Papel: 978-84-9133-860-4
ISBN PDF: 978-84-9133-861-1
https://doi.org/10.7203/PUV-OA-9788491338611
Depósito legal: V-742-2026

© de esta edición: Universitat de València, 2026
© de los textos: los autores
© de las imágenes: los autores

EL REGADÍO
DE LA COMUNITAT
VALENCIANA
SIGNIFICADOS
Y VALORES
TERRITORIALES

GENERALITAT
VALENCIANA

La agricultura es mucho más que una actividad económica fundamental para la Comunitat Valenciana; es parte esencial de nuestra identidad como pueblo. Forma parte de nuestras vidas, de nuestra cultura y de nuestra manera de ser y de relacionarnos con nuestro entorno. A lo largo de nuestra historia, en cualquier comarca o pueblo, muchas personas han unido su esfuerzo para hacer de la tierra una gran fuente de riqueza y empleo. El afán de los valencianos por hacer más productivos sus campos hizo que el regadío se extendiera por todas las zonas, incluso por aquellas que presentaban en principio condiciones más desfavorables.

El regadío ha sido para muchas generaciones de valencianos sinónimo de progreso. Acequias y canales durante siglos fueron las arterias que llevaron a muchos pueblos y ciudades la prosperidad y crearon las condiciones para el crecimiento de otros sectores que vinieron detrás.

Con todo, el regadío no es para nosotros una reliquia del pasado o una página de nuestra historia compartida. También es presente y es futuro. Con un gran esfuerzo hemos conseguido que sea cada vez más competitivo, que obtenga un mayor rendimiento con una utilización más racional de los recursos hídricos y que haga de la investigación y la innovación un factor clave para mantener ese liderazgo que ha conseguido.

En la Comunitat Valenciana que queremos, próspera, cohesionada territorialmente, sostenible y respetuosa con nuestro entorno natural, el regadío es muy importante, especialmente en un tiempo como el que vivimos en el que cobra tanta relevancia la necesidad de conservar nuestros recursos naturales. Por eso es necesario poner en valor su contribución al progreso de nuestra tierra y dar a conocer desde diversas perspectivas ese gran legado que hemos recibido y que estamos obligados a conservar y mantener para proyectarlo hacia el futuro.

La publicación por FECOREVA del estudio "El regadío de la Comunitat Valenciana. Significados y valores territoriales", desarrollado por el grupo de investigación ESTEPA de la Universitat de València supone en este sentido una buena noticia, tanto por el tema que aborda, como por el magnífico trabajo realizado por el equipo que ha colaborado en su edición. A través de sus contenidos podemos conocer mejor la contribución del regadío a la realidad de nuestro territorio desde un punto de vista histórico, económico y social, insistiendo en la relevancia de su aportación a la construcción de nuestro entorno geográfico, económico, cultural y poblacional.

Quiero agradecer desde aquí su esfuerzo a todas las personas que han hecho posible este estudio que pone una vez más de relieve el papel fundamental del regadío para la Comunitat Valenciana y nos acerca a su realidad con rigor, de la mano de especialistas que han realizado un gran trabajo de aproximación a sus distintas dimensiones.

Esta nueva iniciativa de FECOREVA merece ser conocida y valorada y desde estas líneas quiero felicitar a sus impulsores y animar a todos a continuar trabajando por el futuro del regadío valenciano.

Juanfran Pérez Llorca
President de la Generalitat Valenciana

Diputació
de València

L'aigua és l'arquitectura invisible de la nostra terra. Ha traçat els camins que hui recorrem, ha donat nom als nostres pobles i ha sostingut, generació rere generació, l'esperança de les famílies valencianes. En la Comunitat Valenciana, el regadiu no és només una infra-estructura tècnica o un mètode de cultiu; és la nostra memòria viva, un acte constant de civisme, previsió i responsabilitat compartida. Cada séquia i cada comunitat de regants són testimoni d'un esforç col·lectiu que ha convertit l'aigua en el fil conductor que unix el nostre territori, la nostra economia i la nostra manera d'entendre el món.

En este mapa de vida, FECOREVA ocupa un lloc fonamental. Des de la seua fundació en 2004, la Federació de Comunitats de Regants ha treballat en una visió clara i un lideratge innegable per a vertebrar el sector, defensant els seus drets i, sobretot, garantint que cada gota d'aigua se gestione en la màxima eficiència. La seua labor va molt més allà de la representació institucional: FECOREVA és el motor que impulsa el diàleg entre l'experièn-cia de l'agricultor, el rigor de l'investigador i la voluntat de les autoritats. En ells compartim una missió estratègica: la convicció que gestionar l'aigua en intel·ligència i cooperació és l'única manera de blindar el futur de la nostra terra.

El regadiu valencià és, abans de res, un motor de cohesió social i cultura compartida. Cada hectàrea que hui lluïx verda és el resultat de segles d'aprenentatge i respecte. Per això, esta obra, "El regadiu de la Comunitat Valenciana. Significats i valors territorials", elaborada per FECOREVA al costat del grup d'investigació ESTEPA de la Universitat de València, és una peça clau per al nostre present. No estem davant un simple estudi tècnic, sinó davant una anàlisi multidimensional que ens ajuda a comprendre el paper estratègic del regadiu en un escenari de canvi climàtic i transformació social. Esta publicació demostra que la gestió de l'aigua és un patrimoni viu on la tradició més noble s'abraça en la innovació més capdavantera.

La nostra història ens avala. Institucions com el Tribunal de les Aigües ens han ensenyat durant segles que la pau en el territori naix de la justícia en el repartiment i de la prudència en l'ús. Hui, FECOREVA arreplega eixe testimoni en una determinació renovada, assegurant que les decisions sobre l'aigua se prenguen sempre baix criteris d'equitat i sostenibilitat. El seu treball és hui un referent de servici públic, demostrant que cuidar l'aigua és, en última instància, un acte de lleialtat cap als qui habiten i treballen la nostra província.

Des de la Diputació de València, la nostra ajuda a este sector és total. Compartim una aposta decidida per un model de desenvolupament que no deixe a ningú arrere, que protegisca els nostres recursos i que genere oportunitats reals en cada comarca. La nostra acció de govern se basa en els mateixos valors que guien als regants: la planificació rigorosa, la lleialtat al territori i la implicació innegociable en la prosperitat de les valencianes i els valencians.

L'aigua és el nostre passat, però sobretot, és una pàgina en blanc en la qual tenim la possibilitat d'escriure qui volem ser i cap a on volem anar. FECOREVA ens recorda que preservar esta herència no és un deure administratiu, sinó una obligació moral en les generacions que heretaran este paisatge. Este estudi és una invitació a reconéixer que la història del regadiu valencià és la crònica de la nostra pròpia capacitat per a superar desafiaments units. Per a la Diputació de València, prologar i acompanyar esta obra és reafirmar la nostra voluntat de continuar construint una terra fèrtil, equilibrada i forta. Perquè protegir el nostre regadiu és, en definitiva, defensar la sobirania de la nostra història i assegurar que el futur de la Comunitat Valenciana continue sent un horitzó ple de possibilitats.

Vicente J. Mompó Aledo
President de la Diputació de València

FECOREVA
FEDERACIÓN D COMUNIDADES D REGANTES
D LA COMUNIDAD VALENCIANA

Hablar de los regadíos de la Comunitat Valenciana es hablar de nuestra propia identidad como pueblo. A lo largo de los siglos, el agua ha sido mucho más que un recurso natural: ha sido un elemento vertebrador del territorio, de la economía agraria y de una cultura basada en el esfuerzo colectivo, el respeto y el amor a la tierra. Las comunidades de regantes han sabido gestionar este bien escaso con una sabiduría heredada, adaptándose a cada época sin perder sus valores esenciales.

Desde los sistemas hidráulicos desarrollados en época andalusí hasta la consolidación de instituciones únicas como el Tribunal de las Aguas, el regadío valenciano ha demostrado ser un ejemplo vivo de gobernanza del agua reconocido mundialmente. Esta tradición no es un vestigio del pasado, sino una base sólida sobre la que se ha construido una agricultura productiva y sostenible.

La Federación de Comunidades de Regantes de la Comunidad Valenciana (FECOREVA) representa hoy a miles de regantes que, generación tras generación, han mantenido en funcionamiento una red hidráulica que da vida a nuestras huertas y campos. Su labor diaria garantiza la producción de alimentos de calidad, la conservación del paisaje, la fijación de población en el medio rural y la trasmisión de un conocimiento colectivo que forma parte de nuestro patrimonio inmaterial.

Sin embargo, los retos actuales, como el cambio climático, la escasez hídrica, la presión sobre los recursos y la necesaria modernización de las infraestructuras, exigen una mirada al futuro. Innovación, digitalización, y eficiencia deben caminar de la mano de la experiencia acumulada. El regadío valenciano ha demostrado que tradición y modernidad no son conceptos opuestos, sino complementarios.

Este libro nace con la voluntad de poner en valor esa historia compartida, dar voz a quienes gestionan el agua desde la proximidad y reflexionar sobre el papel estratégico de los regadíos en la Comunitat Valenciana. Confiamos en que estas páginas contribuyan a un mayor reconocimiento social e institucional de una labor imprescindible para nuestro presente y sobre todo para nuestro futuro.

José Alfonso Soria Garcia
Presidente

UN ANÁLISIS TERRITORIAL
DE LOS REGADÍOS VALENCIANOS

El protagonismo de la agricultura de regadío en la Comunitat Valenciana es indiscutible. Durante siglos, hasta nuestros días, las prácticas agrícolas vinculadas a la gestión del agua para el riego, han sido una constante que ha caracterizado la sociedad valenciana, en particular la rural, así como el territorio escenario de los sistemas de riego.

La presente publicación es respuesta a una necesidad. En términos generales hay un desconocimiento del significado que el regadío valenciano ha adquirido durante su período de formación, y cuáles son los valores que representan actualmente.

La estructura de la obra es un reflejo de ambos objetivos. Por un lado, se aborda un análisis territorial de los regadíos valencianos en el siglo XXI. Para ello se ha caracterizado el regadío valenciano, se han establecido las tipologías de municipios y comarcas, según las tendencias predominantes en la evolución reciente del regadío; y se han identificado los principales cultivos de regadío, según territorios.

Por otro lado, se ha procedido a esbozar una semblanza de los regadíos valencianos desde la perspectiva histórica. La configuración del regadío valenciano según períodos históricos, desde su origen romano, al desarrollo e intensificación en época musulmana, o las obras hidráulicas modernas o contemporáneas. Un proceso de siglos que permite la interpretación de los paisajes del agua desde el río de la Sénia al bajo Segura.

La publicación es un excelente medio para conocer los significados territoriales y los valores históricos de nuestro regadío, que se extiende por tierras castellonenses, valencianas y alicantinas; que ocupa llanos litorales, vegas fluviales o espacios del interior.

Conscientemente este informe se ha limitado a la caracterización de los contenidos territoriales e históricos, de manera que no se han abordado aspectos como los económicos, los medioambientales, los agronómicos, los tecnológicos o los culturales. Todos ellos complementarios para un mejor conocimiento de nuestros regadíos.

Finalmente, queremos manifestar nuestro agradecimiento a Fecoreva por la iniciativa, y por depositar su confianza en la unidad de investigación que ha realizado el estudio. Deseamos que el presente informe-publicación contribuya a mejorar el conocimiento del regadío de la Comunitat Valenciana, referencia obligada de la cultura de la sociedad valenciana.

Jorge Hermosilla Pla
Director Unidad Investigación
ESTEPA-Universitat de València

Índice

≈≈≈

ÍNDICE

INDICE DE FIGURAS CARTOGRÁFICAS

I. MAPAS DE TEMÁTICAS GENERALES

II. MAPAS DE CULTIVOS, POR COMARCAS

III. LOCALIZACIÓN DE LOS PRINCIPALES CULTIVOS

IV. RECURSOS HUMANOS

V. DISTRIBUCIÓN DE LA SUPERFICIE DE REGADÍO A ESCALA MUNICIPAL/COMARCAL

13

01

LOS REGADÍOS VALENCIANOS EN EL PRIMER CUARTO DE SIGLO XXI. ANÁLISIS TERRITORIAL

1. CARACTERIZACIÓN GENERAL DEL REGADÍO VALENCIANO

La estructura agrícola valenciana presenta una notable diversidad territorial, condicionada por diversos factores, entre los cuales destacan: la disponibilidad de agua, la tradición histórica del regadío y la progresiva tecnificación del sector. Es decir, el condicionamiento físico, la evolución a lo largo de la historia, y la capacidad de innovación de la agricultura valenciana.

El regadío valenciano –heredero de un sistema hidráulico milenario– se mantiene como el eje vertebrador del territorio agrario, puesto que representa más del 55 % de la superficie cultivada total. Sin embargo, el significado del secano sigue siendo determinante en las comarcas interiores, de manera que el territorio valenciano se caracteriza por un paisaje definido por la dualidad: entre un litoral intensivo y tecnificado, y un interior extensivo y diverso, a caballo entre la tradición y la innovación.

Los **factores del escenario actual del regadío** valenciano pueden sinterizarse en:

1. Disponibilidad de agua:
   - Determina la concentración del regadío en las vegas fluviales del Júcar, Segura, Turia y Palancia.
   - Los acuíferos costeros y los trasvases (Tajo-Segura) sostienen la agricultura intensiva del sur.
2. Condiciones físicas:
   - El relieve marca la frontera entre el regadío productivo y el secano estructural.
   - Las comarcas llanas y de clima templado concentran los sistemas de riego.
3. Tradición histórica:
   - El regadío valenciano tiene origen medieval y una estructura social consolidada (mediante las comunidades de regantes, y arquitectura hidráulica, basada en azudes y acequias).
   - El secano responde a una lógica de autoconsumo y herencia familiar.
4. Economía y mercado:
   - La rentabilidad de los cultivos determina la permanencia del regadío (cítricos, hortalizas, frutales) frente al abandono del secano.
   - La cercanía a puertos y centros logísticos potencia el litoral agrícola.

5. Transformaciones recientes:
- Modernización del regadío por goteo y digitalización en zonas tecnificadas.
- Despoblación y falta de relevo generacional en municipios de interior.
- Pérdida progresiva de huerta periurbana por presión urbanística.

Este contraste se traduce en una clara jerarquía territorial de municipios según la superficie cultivada de regadío, que permite distinguir **cinco tipologías agrícolas** para el conjunto del territorio valenciano.

2. TIPOLOGÍAS DE MUNICIPIOS SEGÚN EL NIVEL DE IMPLANTACIÓN DE REGADÍO

2.1. MUNICIPIOS DE REGADÍO INTENSIVO Y CONSOLIDADO

Se localizan en el litoral sur y central: Baix Segura, Baix Vinalopó, Ribera Alta y Baixa, Safor, Plana Baixa, Horta Sud y Nord. Se caracterizan por:

- Representan el núcleo productivo del regadío valenciano, base de la economía agrícola regional.
- Más del 80 % de su superficie cultivada corresponde a regadío.
- Estructura agraria dominada por cítricos, hortalizas y frutales, con altos niveles de tecnificación y especialización exportadora.
- Agricultura empresarial o cooperativizada, con fuerte peso de la comercialización exterior.

Las causas principales de dichos rasgos las hallamos en:
- Alta disponibilidad hídrica (ríos Segura, Júcar, Turia, Palancia) y acuíferos abundantes.
- Suelos fértiles, topografía llana y clima templado.
- Tradición histórica del regadío andalusí y posterior modernización con riego por goteo.
- Proximidad a mercados y puertos, lo que facilita la orientación exportadora.

Ejemplos: Orihuela, Elche, Gandía, Algemesí, Alzira, Sueca, Castelló de la Plana, Vila-real.

2.2. MUNICIPIOS DE REGADÍO MEDIO Y EQUILIBRIO CON EL SECANO

Se ubican en comarcas prelitorales, como son el Camp de Túria, la Costera, Vall d'Albaida, la Canal de Navarrés, el Vinalopó Mitjà, y la Hoya de Buñol.

Se caracterizan por:
- Municipios de transición agraria, donde la diversificación y el equilibrio entre productividad y sostenibilidad son rasgos definitorios.
- Entre un 40 y 70 % del total cultivado corresponde a regadío.
- Sistemas agrícolas mixtos: frutales y hortalizas en regadío, viñedo y olivar en secan
- Regadíos dependientes de acuíferos locales o balsas artificiales.
- Parcelas pequeñas y policultivos orientados tanto al mercado como al autoconsumo.

Destacan como causas principales:
- Relieve intermedio y disponibilidad de agua irregular.
- Estructura parcelaria fragmentada, propiedad familiar.
- Procesos recientes de modernización mediante regadío localizado y ayudas europeas.

Ejemplos: Ontinyent, Xàtiva, Llíria, Novelda, Requena (zona oriental), Enguera.

2.3. MUNICIPIOS DE SECANO DOMINANTE Y REGADÍO LIMITADO

Se localizan en el interior norte y central , en las comarcas del Alto Palancia, Alto Mijares, Els Ports, Alt Maestrat, Cofrentes-Ayora, Serranía, y Comtat. Sus principales rasgos son:

- Municipios de agricultura estructuralmente tradicional, con valor patrimonial y paisajístico, pero escasa competitividad económica.
- Regadío residual, sin alcanzar el 20 % del total cultivado.
- Amplias extensiones de secano con cultivos leñosos tradicionales: viñedo, olivar, almendro, y cereal.
- Explotaciones extensivas, con baja mecanización y escaso relevo generacional.

Dicho escenario se debe a varias causas principales:

- Condiciones físicas restrictivas: relieve abrupto, altitud, aridez.
- Escasa infraestructura hidráulica y altos costes de modernización.
- Despoblación rural, envejecimiento de agricultores y falta de capital humano.

Ejemplos: Morella, Villafranca del Cid, Ayora, Ademuz, Viver, Culla.

2.4. MUNICIPIOS DE REGADÍO RESIDUAL Y AGRICULTURA DE MONTAÑA

Se localizan en áreas interiores elevadas y valles secundarios, como son el Rincón de Ademuz, el interior del Comtat, el Valle de Cofrentes-Ayora, y la Serranía septentrional. Se caracterizan por:

- Zonas que representan el límite funcional del sistema agrario valenciano, donde la actividad agrícola cumple una función ambiental más que productiva.
- Escasa superficie cultivada en general, con menos del 15 % del término municipal.
- Agricultura de subsistencia o de mantenimiento ecológico.
- Presencia de frutales, huertos familiares, forrajes y olivares.

Esta situación se debe a:

- Relieve montañoso, suelo pobre y pronunciada pendiente.
- Escasez hídrica, población envejecida y abandono de la actividad agraria.
- Ausencia de mercados próximos y despoblación crónica.

2.5. MUNICIPIOS PERIURBANOS Y HUERTAS METROPOLITANAS

Se localizan en las comarcas de L'Horta Nord y Sud, el Camp de Morvedre, L'Alacantí, y la Plana Alta. Se caracterizan por:

- Regadío aún significativo (entre el 30% y 60 % del total), pero con contrastada regresión del suelo agrícola.
- Agricultura hortícola, flores ornamentales y viveros orientados al mercado local.
- Fragmentación parcelaria, agricultura a tiempo parcial y envejecimiento agrario.

Las causas de estas características son:

- Estas huertas periurbanas son el vínculo entre la ciudad y la agricultura histórica, y su conservación es clave para la identidad valenciana.
- Presión urbana e industrial, sustitución del suelo agrario por usos residenciales.
- Aumento del valor del suelo no agrícola.
- Desplazamiento de la agricultura tradicional hacia actividades complementarias (jardinería, viverismo, agroturismo).

Ejemplos: Alboraia, Paterna, Massamagrell, San Vicente del Raspeig.

3. REFLEXIÓN FINAL. A MODO DE CONCLUSIÓN

El presente estudio, que ha planteado un análisis integral del regadío, del secano y del total cultivado, pone de relieve un modelo agrario de evidentes contrastes, de la manera que se trata de un sistema agrario cuyos espacios se complementan:

- El litoral constituye el motor productivo y tecnológico, con regadíos intensivos y orientados al mercado.
- El prelitoral actúa como zona de transición y diversificación, equilibrando sostenibilidad y rentabilidad.
- El interior representa la memoria agraria del territorio, con agricultura de secano y funciones ambientales.

Las causas de esta organización territorial son tanto naturales (agua, relieve, clima) como históricas y socioeconómicas (propiedad, inversión, envejecimiento).

02

≋

INFORME GENERAL SOBRE LOS REGADÍOS VALENCIANOS 2026. CULTIVOS A ESCALA COMARCAL Y AUTONÓMICA

1. DISTRIBUCIÓN DEL REGADÍO EN LA COMUNITAT VALENCIANA. 2024

La superficie cultivada total en la Comunitat Valenciana asciende a 540.763 hectáreas, de las cuales el **56% corresponde a regadío** y el **44%** restante a secano. Este dato confirma la fuerte dependencia de la agricultura valenciana del riego intensivo, fruto de una contrastada tradición de aprovechamiento del agua y de la especialización en cultivos hortofrutícolas y cítricos. Las condiciones climáticas, con inviernos suaves y escasas precipitaciones, junto con una infraestructura hidráulica muy desarrollada, han consolidado este modelo productivo.

A escala provincial, Valencia concentra más de la mitad de la superficie de regadío autonómica (55,9%), seguida por Alicante (29%) y Castellón (15,1%). Esta distribución no es casual: las zonas litorales y prelitorales del centro y sur disponen de mayores recursos hídricos y una orografía más favorable, mientras que el interior castellonense presenta un relieve más accidentado y menores posibilidades de riego.

Desde una perspectiva comarcal, los contrastes son muy acusados. Las comarcas con mayor peso del regadío son La Vega Baja del Segura (12,6% del total autonómico) y La Ribera Alta (12,3%), que juntas reúnen cerca de una cuarta parte de toda la superficie regada de la Comunitat. Ambas se localizan en las vegas fluviales más fértiles y densamente irrigadas, con una extensa red de acequias heredadas de época medieval. También destacan El Camp de Túria (6,2%) y La Plana Baixa (6,0%), donde predominan los cultivos de cítricos y hortalizas bajo riego intensivo.

En un nivel intermedio se encuentran comarcas como El Vinalopó Medio, L'Horta Sud, La Costera o La Safor, donde coexisten cultivos de regadío y secano. En cambio, en el interior domina claramente el secano, especialmente en Utiel-Requena, El Alto Palancia, Los Serranos o El Valle de Cofrentes-Ayora, donde la vid, el olivo y el almendro constituyen las principales especies cultivadas. En estas zonas, la menor disponibilidad hídrica y la irregularidad de las lluvias dificultan la implantación de sistemas de riego extensivos.

En conjunto, el mapa agrario valenciano mantiene un patrón litoral-interior muy definido. El litoral concentra la agricultura más intensiva, moderna y tecnificada, mientras que el interior conserva un modelo extensivo y más tradicional. Este contraste refleja la adaptación histórica del territorio a las condiciones naturales y al acceso desigual a los recursos hídricos.

Si se compara la superficie de regadío con la de secano, se observa que el primero domina en extensión global pero está muy concentrado en unas escasas comarcas, mientras que el segundo ocupa áreas más amplias aunque con menor productividad. Solo en la provincia de Castellón el secano sigue siendo claramente mayoritario, con un 63% de su superficie cultivada, frente a Valencia y Alicante, donde el regadío supera ampliamente la mitad.

En conclusión, la distribución actual del regadío en la Comunitat Valenciana es el resultado de una larga evolución histórica marcada por la disponibilidad de agua, la orografía y la especialización agrícola. Las vegas del Segura, del Júcar y del Turia han configurado un paisaje agrario intensivo y de alto valor económico, mientras que el interior conserva la estructura tradicional del secano, más vulnerable a las condiciones climáticas y a los cambios estructurales del sector agrario.

Proporción de superficie de regadío sobre el total comarcal. 2024

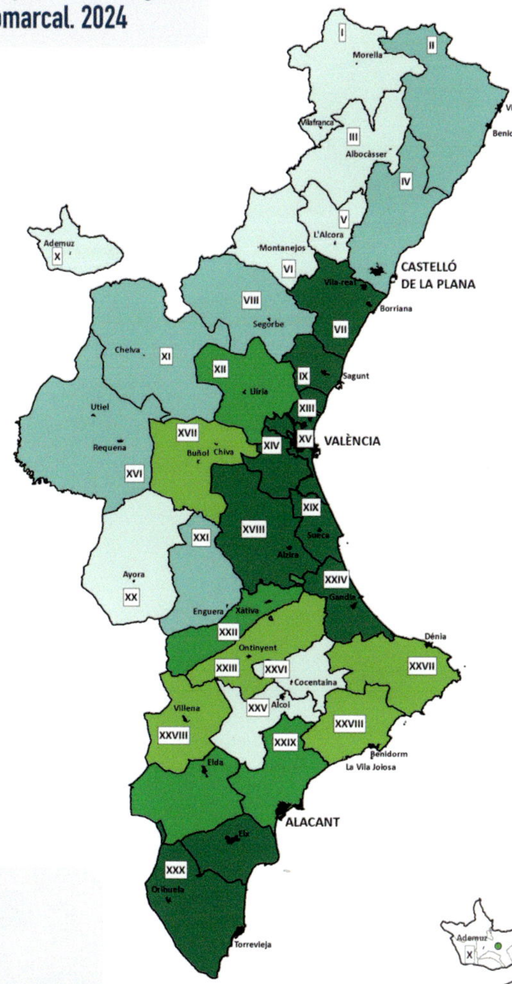

% de superficie de regadío sobre el total comarcal. Media de la CV: 56,4%

- >75
- 56,40 - 75,00
- 37,88 - 56,39
- 19,27 - 37,87
- 1,94 - 19,26

Fuente: Elaboración propia a partir de los datos de la Conselleria de Agricultura, Agua, Ganaderia y Pesca

Map labels: Morella, Vinaròs, Benicarló, Vilafranca, Albocàsser, Ademuz, L'Alcora, Montanejos, Vila-real, CASTELLÓ DE LA PLANA, Borriana, Segorbe, Chelva, Utiel, Sagunt, Buñol, Chiva, VALÈNCIA, Requena, Sueca, Alzira, Gandia, Ayora, Enguera, Xàtiva, Dénia, Ontinyent, Cocentaina, Alcoi, Villena, Benidorm, La Vila Joiosa, Elda, ALACANT, Elx, Orihuela, Torrevieja

COMARCAS

- I. Els Ports
- II. El Baix Maestrat
- III. L'Alt Maestrat
- IV. La Plana Alta
- V. L'Alcalatén
- VI. El Alto Mijares
- VII. La Plana Baixa
- VIII. El Alto Palancia
- IX. El Camp de Morvedre
- X. El Rincón de Ademuz
- XI. La Serranía
- XII. El Camp de Túria
- XIII. L'Horta Nord
- XIV. L'Horta Sud
- XV. València
- XVI. La Plana de Utiel-Requena
- XVII. La Hoya de Buñol
- XVIII. La Ribera Alta
- XIX. La Ribera Baixa
- XX. El Valle de Cofrentes-Ayora
- XXI. La Canal de Navarrés
- XXII. La Costera
- XXIII. La Vall d'Albaida
- XXIV. La Safor
- XXV. L'Alcoià
- XXVI. El Comtat
- XXVII. La Marina Alta
- XXVIII. La Marina Baixa
- XXIX. L'Alacantí
- XXX. L'Alt/El Alto Vinalopó
- XXXI. El Vinalopó Mitjà/Medio
- XXXII. El Baix Vinalopó
- XXXIII. El Baix Segura/La Vega Baja

Superficie de regadío comarcal. 2024

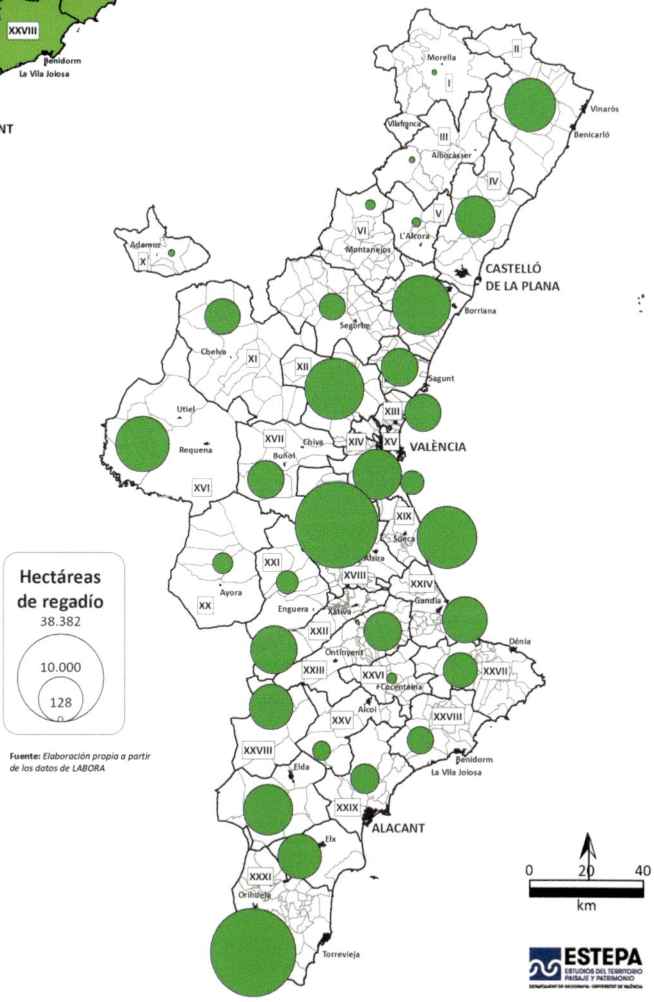

23

Hectáreas de regadío
- 38.382
- 10.000
- 128

Fuente: Elaboración propia a partir de los datos de LABORA

0 20 40
km

ESTEPA
ESTUDIOS DEL TERRITORIO
PAISAJE Y PATRIMONIO
DEPARTAMENTO DE GEOGRAFÍA · UNIVERSITAT DE VALÈNCIA

Proporción de superficie de regadío sobre el total de la Comunitat Valenciana. 2024

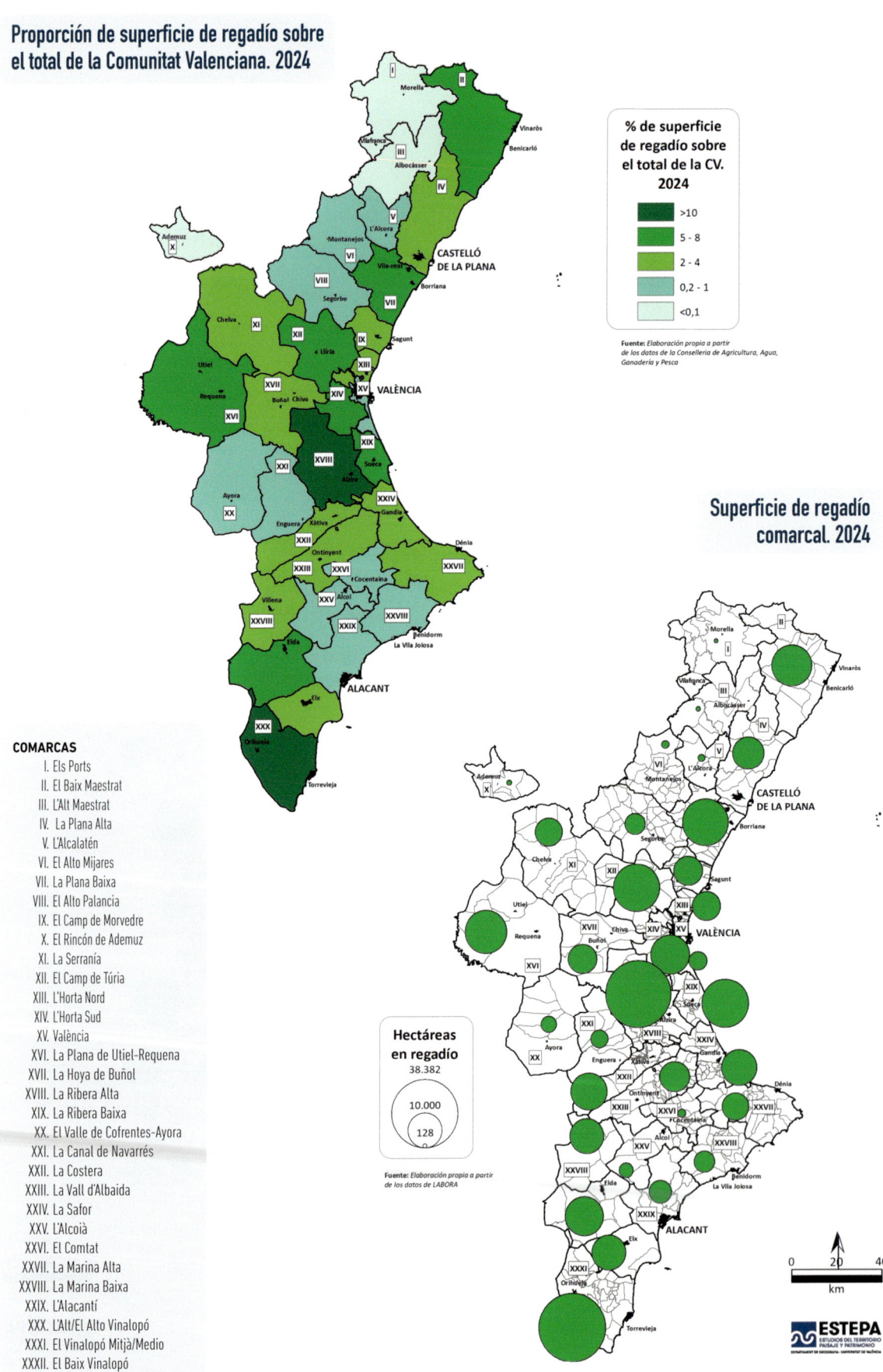

% de superficie de regadío sobre el total de la CV. 2024

- >10
- 5 - 8
- 2 - 4
- 0,2 - 1
- <0,1

Fuente: *Elaboración propia a partir de los datos de la Conselleria de Agricultura, Agua, Ganadería y Pesca*

Superficie de regadío comarcal. 2024

Hectáreas en regadío
- 38.382
- 10.000
- 128

Fuente: *Elaboración propia a partir de los datos de LABORA*

0   20   40
km

COMARCAS

- I. Els Ports
- II. El Baix Maestrat
- III. L'Alt Maestrat
- IV. La Plana Alta
- V. L'Alcalatén
- VI. El Alto Mijares
- VII. La Plana Baixa
- VIII. El Alto Palancia
- IX. El Camp de Morvedre
- X. El Rincón de Ademuz
- XI. La Serranía
- XII. El Camp de Túria
- XIII. L'Horta Nord
- XIV. L'Horta Sud
- XV. València
- XVI. La Plana de Utiel-Requena
- XVII. La Hoya de Buñol
- XVIII. La Ribera Alta
- XIX. La Ribera Baixa
- XX. El Valle de Cofrentes-Ayora
- XXI. La Canal de Navarrés
- XXII. La Costera
- XXIII. La Vall d'Albaida
- XXIV. La Safor
- XXV. L'Alcoià
- XXVI. El Comtat
- XXVII. La Marina Alta
- XXVIII. La Marina Baixa
- XXIX. L'Alacantí
- XXX. L'Alt/El Alto Vinalopó
- XXXI. El Vinalopó Mitjà/Medio
- XXXII. El Baix Vinalopó
- XXXIII. El Baix Segura/La Vega Baja

ESTEPA
ESTUDIOS DEL TERRITORIO
PAISAJE Y PATRIMONIO
DEPARTAMENTO DE GEOGRAFÍA · UNIVERSITAT DE VALÈNCIA

24

Proporción de superficie de secano sobre el total comarcal. 2024

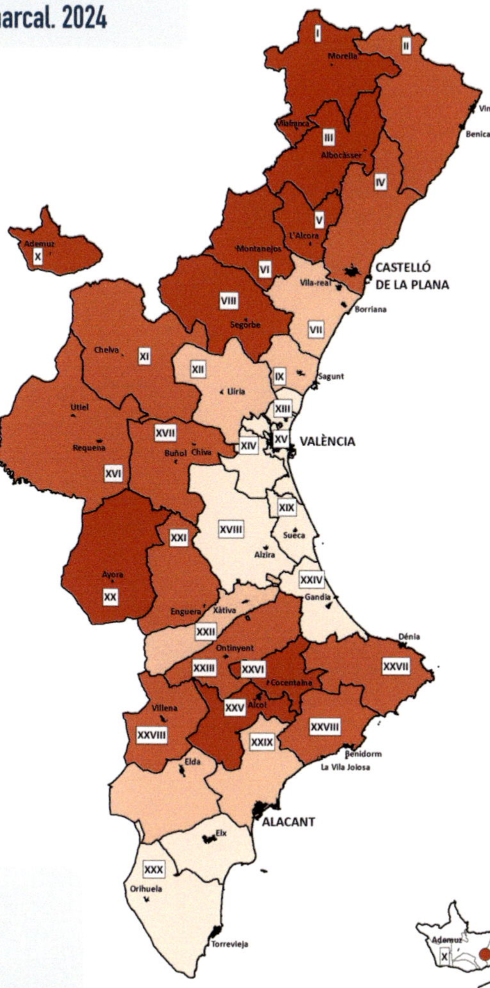

% de superficie de secano sobre el total comarcal. Media de la CV: 56,4%

- >75
- 43,60 - 75,00
- 35,11 - 43,59
- 10,00 - 35,10
- <10

Fuente: *Elaboración propia a partir de los datos de la Conselleria de Agricultura, Agua, Ganadería y Pesca*

Superficie de secano comarcal. 2024

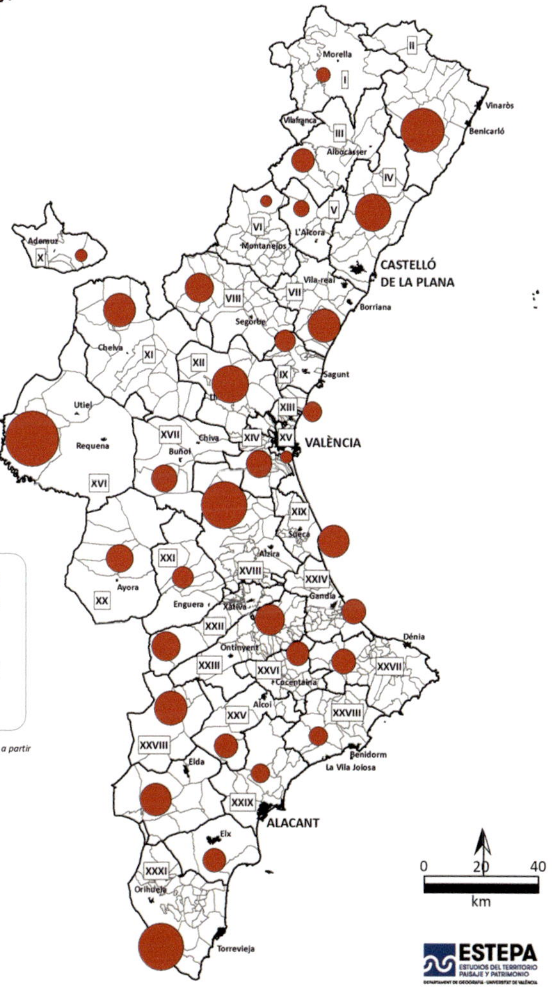

Hectáreas en secano
40.020
25.000
8

Fuente: *Elaboración propia a partir de los datos de LABORA*

0   20   40
km

COMARCAS

I. Els Ports
II. El Baix Maestrat
III. L'Alt Maestrat
IV. La Plana Alta
V. L'Alcalatén
VI. El Alto Mijares
VII. La Plana Baixa
VIII. El Alto Palancia
IX. El Camp de Morvedre
X. El Rincón de Ademuz
XI. La Serranía
XII. El Camp de Túria
XIII. L'Horta Nord
XIV. L'Horta Sud
XV. València
XVI. La Plana de Utiel-Requena
XVII. La Hoya de Buñol
XVIII. La Ribera Alta
XIX. La Ribera Baixa
XX. El Valle de Cofrentes-Ayora
XXI. La Canal de Navarrés
XXII. La Costera
XXIII. La Vall d'Albaida
XXIV. La Safor
XXV. L'Alcoià
XXVI. El Comtat
XXVII. La Marina Alta
XXVIII. La Marina Baixa
XXIX. L'Alacantí
XXX. L'Alt/El Alto Vinalopó
XXXI. El Vinalopó Mitjà/Medio
XXXII. El Baix Vinalopó
XXXIII. El Baix Segura/La Vega Baja

Proporción de superficie de secano sobre el total de la Comunitat Valenciana. 2024

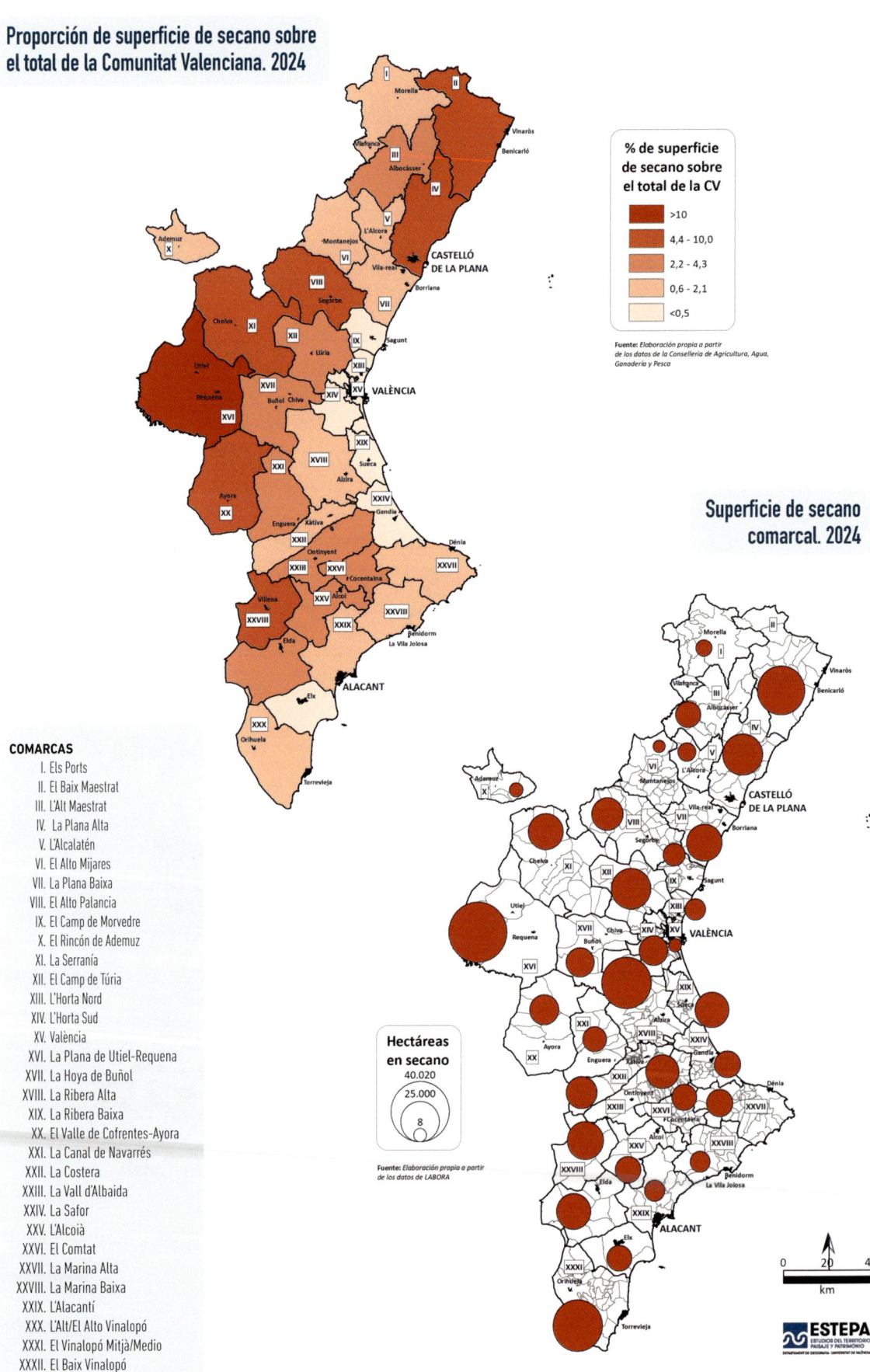

% de superficie de secano sobre el total de la CV

- >10
- 4,4 - 10,0
- 2,2 - 4,3
- 0,6 - 2,1
- <0,5

Fuente: *Elaboración propia a partir de los datos de la Conselleria de Agricultura, Agua, Ganadería y Pesca*

Superficie de secano comarcal. 2024

Hectáreas en secano
- 40.020
- 25.000
- 8

Fuente: *Elaboración propia a partir de los datos de LABORA*

COMARCAS
- I. Els Ports
- II. El Baix Maestrat
- III. L'Alt Maestrat
- IV. La Plana Alta
- V. L'Alcalatén
- VI. El Alto Mijares
- VII. La Plana Baixa
- VIII. El Alto Palancia
- IX. El Camp de Morvedre
- X. El Rincón de Ademuz
- XI. La Serranía
- XII. El Camp de Túria
- XIII. L'Horta Nord
- XIV. L'Horta Sud
- XV. València
- XVI. La Plana de Utiel-Requena
- XVII. La Hoya de Buñol
- XVIII. La Ribera Alta
- XIX. La Ribera Baixa
- XX. El Valle de Cofrentes-Ayora
- XXI. La Canal de Navarrés
- XXII. La Costera
- XXIII. La Vall d'Albaida
- XXIV. La Safor
- XXV. L'Alcoià
- XXVI. El Comtat
- XXVII. La Marina Alta
- XXVIII. La Marina Baixa
- XXIX. L'Alacantí
- XXX. L'Alt/El Alto Vinalopó
- XXXI. El Vinalopó Mitjà/Medio
- XXXII. El Baix Vinalopó
- XXXIII. El Baix Segura/La Vega Baja

26

ESTEPA
ESTUDIOS DEL TERRITORIO PAISAJE Y PATRIMONIO
DEPARTAMENT DE GEOGRAFIA. UNIVERSITAT DE VALÈNCIA

Evolución de la superficie de regadío a escala comarcal. 1956–2023

Els Ports

El Baix Maestrat

L'Alt Maestrat

L'Alcalatén

La Plana Alta

El Rincón de Ademuz

El Alto Mijares

El Alto Palancia

La Plana Baixa

La Serranía

El Camp de Túria

El Camp de Morvedre

L'Horta Nord

València

L'Horta *

L'Horta Sud

La Plana de Utiel-Requena

La Hoya de Buñol

La Ribera Alta

La Ribera Baixa

El Valle de Cofrentes-Ayora

La Canal de Navarrés

La Safor

La Costera

La Vall d'Albaida

La Marina Alta

El Comtat

L'Alt Vinalopó / Alto Vinalopó

L'Alcoià

La Marina Baixa

El Vinalopó Mitjà / El Vinalopó Medio

L'Alacantí

El Baix Vinalopó

El Baix Segura / La Vega Baja

Evolución de la superficie de regadío a escala comarcal. 1956-2023

- 204,7 - 563,8
- 29,2 - 204,6
- 2,3 - 29,1
- 0,1 - 2,2
- -77,4 - 0
- Sin cultivo datos para la Marina Baixa en 1956

*en el mapa se engloban L'Horta Nord, Sud y València como "L'Horta"

N

0   10   20
km

Fuente: elaborado a partir de los datos del Atlas Temático de la Comunitat Valenciana

ESTEPA
ESTUDIOS DEL TERRITORIO
PAISAJE Y PATRIMONIO
DEPARTAMENT DE GEOGRAFIA. UNIVERSITAT DE VALÈNCIA

2. ORGANIZACIÓN TERRITORIAL-COMARCAL DE LOS REGADÍOS VALENCIANOS: 1956-2023

FACTORES Y TIPOLOGÍAS COMARCALES

La superficie de regadío en la Comunitat Valenciana ha pasado de 230.016 hectáreas en 1956 a 297.140 hectáreas en 2023, lo que supone un incremento del 29,2 % en el conjunto autonómico. Este crecimiento, sin embargo, no ha sido homogéneo, sino el resultado de distintos procesos técnicos, ambientales y socioeconómicos que han actuado de manera desigual según las comarcas.

El aumento del regadío valenciano se explica, en gran medida, por la modernización de las infraestructuras hidráulicas y la incorporación de nuevas tecnologías de riego. La construcción de embalses, la perforación de pozos profundos y, más recientemente, la implantación del riego localizado y por goteo, han permitido ampliar las zonas regadas y optimizar el uso del agua. A ello se suma la intensificación agrícola promovida por la demanda de productos hortofrutícolas para exportación, especialmente en las provincias de Valencia y Alicante.

Otro factor clave ha sido el crecimiento urbano y turístico en el litoral, que ha favorecido la sustitución de cultivos tradicionales por producciones de mayor rentabilidad bajo regadío (cítricos, hortalizas, caqui o invernaderos). En cambio, las zonas interiores, con limitaciones orográficas, menor disponibilidad de recursos hídricos y procesos de despoblación rural, han visto estancarse o incluso reducirse sus superficies irrigadas.

TIPOLOGÍAS COMARCALES

El análisis comarcal evidencia tres tipologías:

1. **Comarcas de expansión intensa del regadío.**
   Destacan La Plana de Utiel-Requena (+563,8%), Los Serranos (+285,7%), La Hoya de Buñol (+280,5%), La Vall d'Albaida (+204,6%) y El Vinalopó Medio (+194,5%). En estos casos, el desarrollo del regadío ha estado asociado a la perforación de pozos y al uso de aguas subterráneas, permitiendo diversificar cultivos en áreas antes dominadas por el secano.

2. **Comarcas de consolidación o crecimiento moderado.**
   En este grupo se incluyen zonas con regadíos tradicionales que han mantenido su superficie, como La Vega Baja (+69,4%), La Ribera Alta (+21,5%) o La Plana Baixa (+35%). Aquí, la expansión ha sido más cualitativa que cuantitativa, centrada en la mejora de la eficiencia hídrica, la modernización de acequias y la reconversión varietal.

3. **Comarcas de regresión o pérdida de regadío.**
   En el extremo opuesto, algunas comarcas experimentan descensos notables, como Els Ports (-77,4%), El Alto Mijares (-71,3%), El Comtat (-66,2%) o El Baix Vinalopó (-56,2%). En estos territorios, la presión sobre los acuíferos, el abandono agrícola y el envejecimiento de la población rural han limitado la viabilidad del regadío tradicional. También se incluyen zonas periurbanas, como L'Horta (-29,0%), afectadas por la expansión metropolitana de València y la progresiva pérdida de suelo agrícola.

3. DISTRIBUCIÓN COMARCAL DEL REGADÍO EN LA COMUNITAT VALENCIANA. 2024

FACTORES Y TIPOLOGÍAS TERRITORIALES

La superficie cultivada total en la Comunitat Valenciana asciende a 540.763 hectáreas, de las cuales el 56,4% corresponde a regadío y el 43,6% a secano. Esta proporción confirma el predominio del riego en el modelo agrícola valenciano, consolidado a lo largo del siglo XX y reforzado por la especialización hortofrutícola y citrícola. No obstante, el análisis comarcal revela fuertes contrastes espaciales condicionados por factores físicos, históricos y socioeconómicos.

La distribución actual del regadío responde a una combinación de factores naturales y humanos. En primer lugar, las condiciones climáticas y orográficas determinan el acceso al agua y la viabilidad del riego. Las comarcas litorales y prelitorales, con relieves suaves y acuíferos abundantes, presentan porcentajes muy elevados de regadío, mientras que el interior montañoso mantiene un dominio claro del secano.

Asimismo, el factor histórico ha sido determinante: las vegas del Júcar, Turia y Segura concentran redes de riego heredadas del sistema hidráulico andalusí, que aún hoy sustentan una densa agricultura intensiva. A ello se suma la modernización tecnológica, que ha permitido expandir el regadío mediante pozos y riego por goteo, especialmente en zonas intermedias. Finalmente, la presión urbana y turística ha reducido el secano en favor de cultivos más rentables y regadíos de carácter intensivo, sobre todo en el litoral sur.

TIPOLOGÍAS COMARCALES

A partir de la proporción entre secano y regadío, pueden distinguirse tres tipologías territoriales:

1. Comarcas de predominio absoluto del regadío (más del 85% de la superficie).
En este grupo se incluyen La Ribera Baixa (100%), L'Horta Sud (98%), L'Horta Nord (97%), La Safor (97,2%), El Baix Vinalopó (98,3%) y La Vega Baja del Segura (94,6%). Todas ellas se localizan en el litoral o en vegas fluviales con acceso a recursos hídricos constantes y una larga tradición agrícola. Constituyen el núcleo más intensivo de la agricultura valenciana, especializado en cítricos, hortalizas y arrozales.

2. Comarcas de equilibrio relativo entre secano y regadío (40–70% de regadío).
Aquí destacan El Vinalopó Medio (64,9%), L'Alacantí (66,4%), La Marina Alta (56,1%), La Marina Baixa (54,8%), La Hoya de Buñol (53,0%) y El Alto Vinalopó (45,7%). Estas zonas combinan explotaciones tradicionales con regadíos modernos de origen subterráneo. Representan un modelo intermedio, donde la tecnificación y la diversificación agrícola han permitido mantener un equilibrio funcional.

3. Comarcas de predominio del secano (más del 70% de la superficie).
En el interior y norte del territorio se concentran las áreas de secano dominante: Els Ports (96,9%), L'Alt Maestrat (98,1%), El Comtat (94,9%), El Alto Mijares (80,7%) y El Valle de Cofrentes-Ayora (84,8%). En estas comarcas, las condiciones climáticas más secas

y la orografía montañosa dificultan la implantación del regadío. Los cultivos predominantes son la vid, el olivo y el almendro, con sistemas extensivos y baja densidad de producción.

A escala provincial, Valencia concentra el mayor volumen de regadío (61,2% de su superficie cultivada), seguida de Alicante (63,6%). En cambio, Castellón mantiene una estructura más tradicional, con predominio del secano (62,5%). Este contraste evidencia el peso del litoral meridional y central como eje agrícola intensivo de la Comunitat.

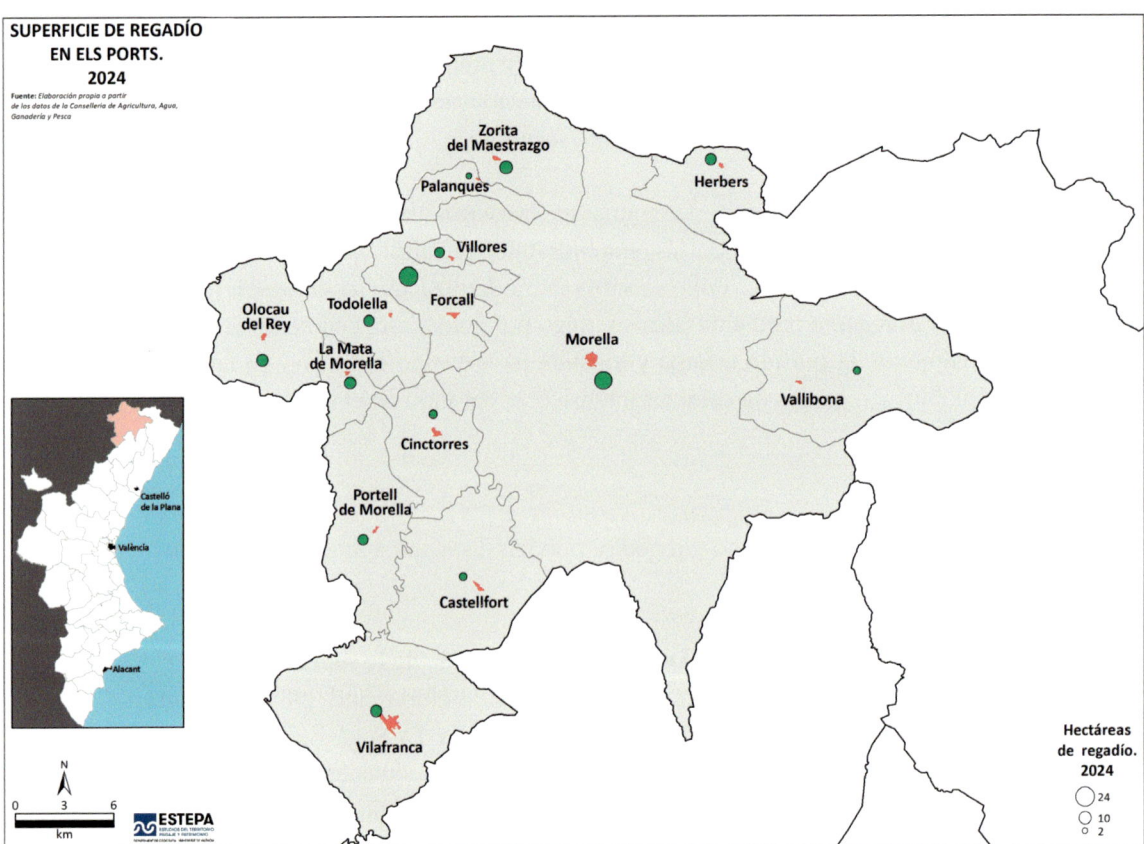

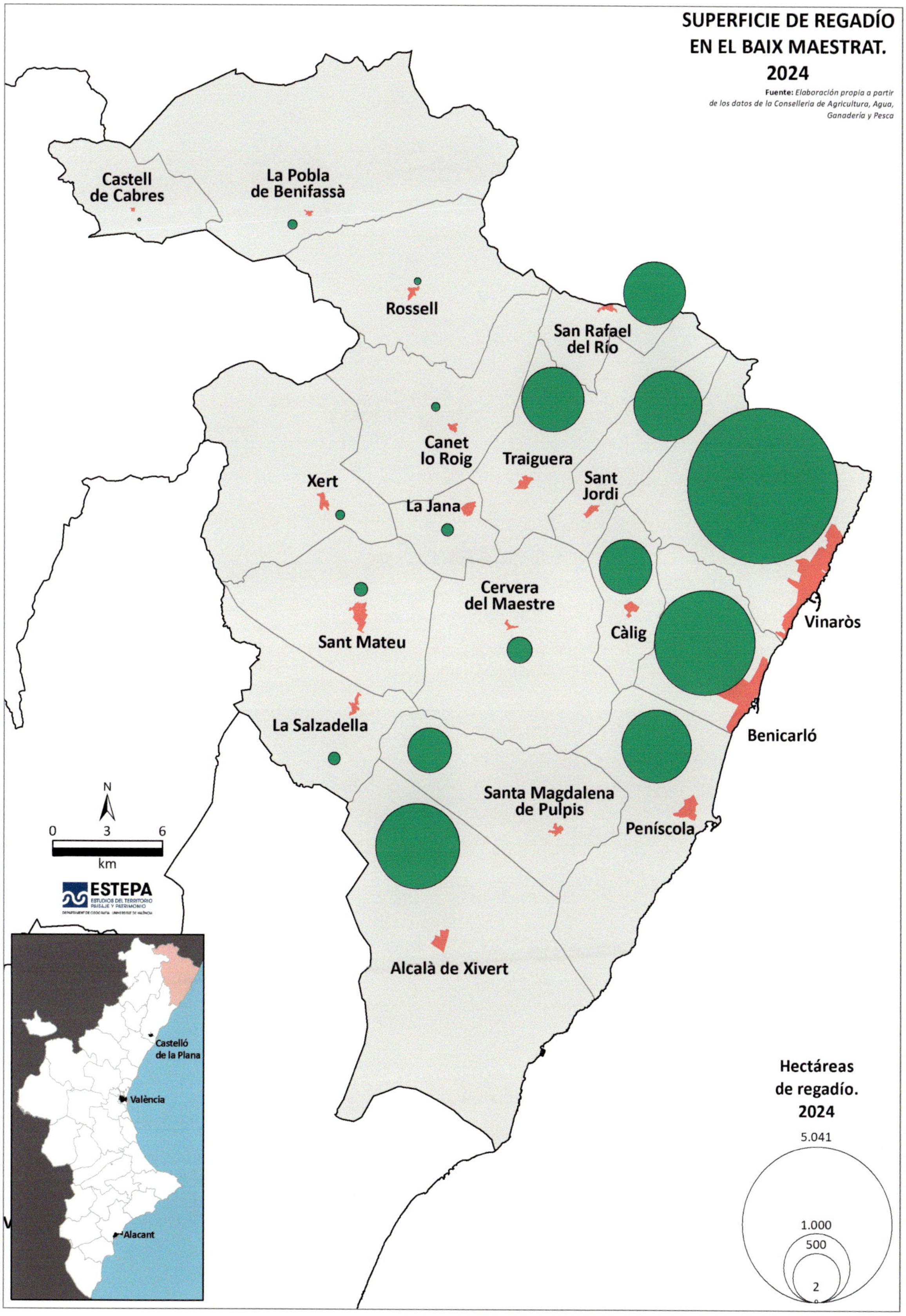

SUPERFICIE DE REGADÍO EN EL BAIX MAESTRAT. 2024

Fuente: *Elaboración propia a partir de los datos de la Conselleria de Agricultura, Agua, Ganadería y Pesca*

Castell de Cabres

La Pobla de Benifassà

Rossell

San Rafael del Río

Canet lo Roig

Traiguera

Sant Jordi

Xert

La Jana

Cervera del Maestre

Càlig

Vinaròs

Sant Mateu

Benicarló

La Salzadella

Santa Magdalena de Pulpis

Peníscola

Alcalà de Xivert

N

0   3   6
km

ESTEPA
ESTUDIOS DEL TERRITORIO
PAISAJE Y PATRIMONIO
DEPARTAMENT DE GEOGRAFIA · UNIVERSITAT DE VALÈNCIA

Castelló de la Plana

València

Alacant

Hectáreas de regadío. 2024

5.041

1.000

500

2

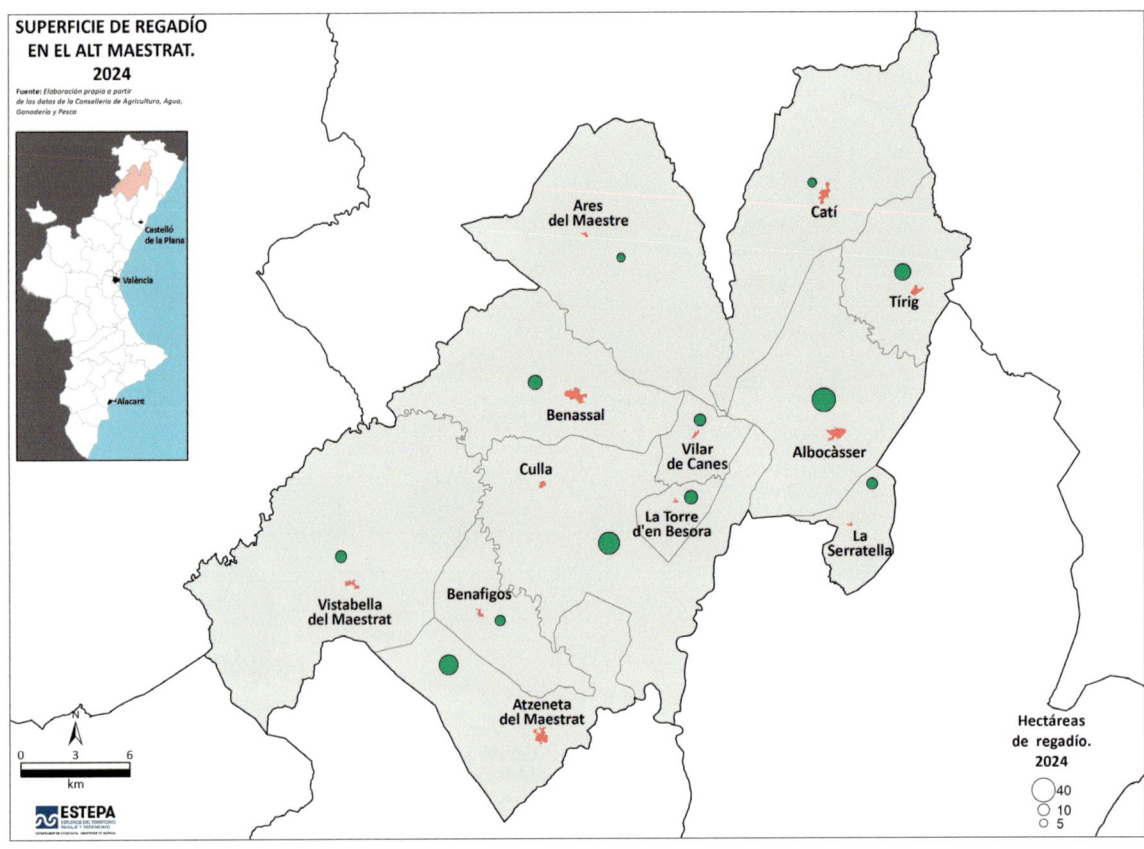

32

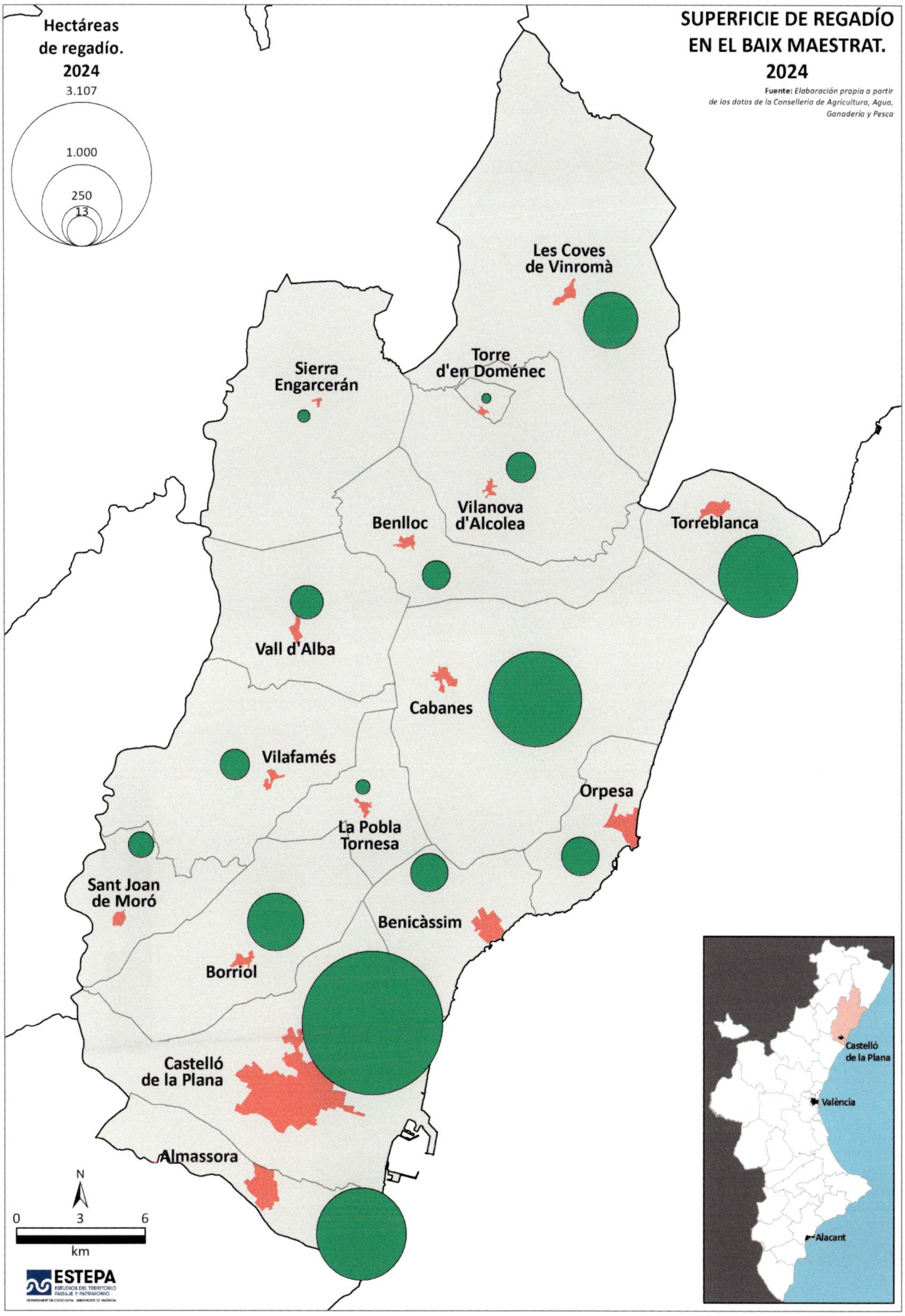

Hectáreas
de regadío.
2024

3.107

1.000

250
13

**SUPERFICIE DE REGADÍO
EN EL BAIX MAESTRAT.
2024**

Fuente: *Elaboración propia a partir
de los datos de la Conselleria de Agricultura, Agua,
Ganadería y Pesca*

Les Coves
de Vinromà

Sierra
Engarcerán

Torre
d'en Doménec

Benlloc

Vilanova
d'Alcolea

Torreblanca

Vall d'Alba

Cabanes

Vilafamés

La Pobla
Tornesa

Orpesa

Sant Joan
de Moró

Benicàssim

Borriol

Castelló
de la Plana

Almassora

N

0   3   6
km

Castelló
de la Plana

València

Alacant

ESTEPA
ESTUDIOS DEL TERRITORIO
PAISAJE Y PATRIMONIO

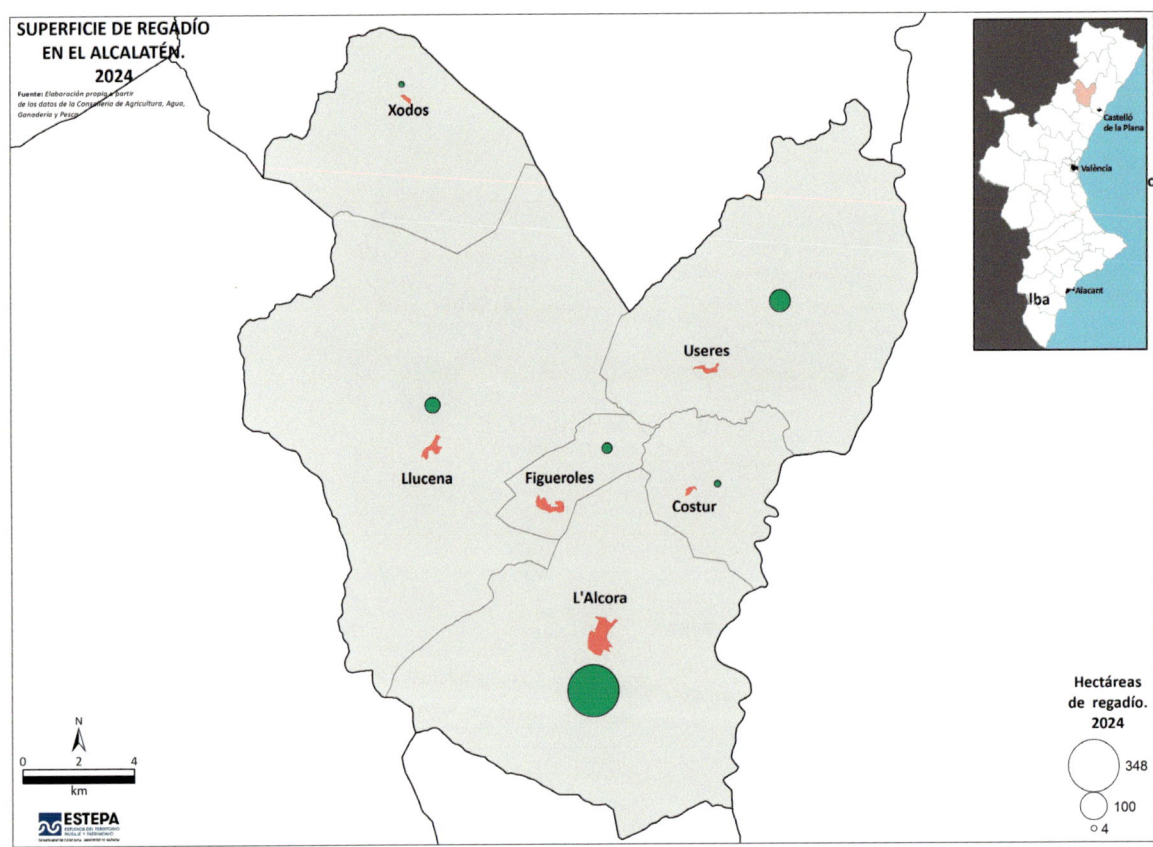

SUPERFICIE DE REGADÍO
EN EL ALCALATÉN.
2024

Fuente: Elaboración propia a partir
de los datos de la Consellería de Agricultura, Agua,
Ganadería y Pesca

Hectáreas
de regadío.
2024

348
100
4

34

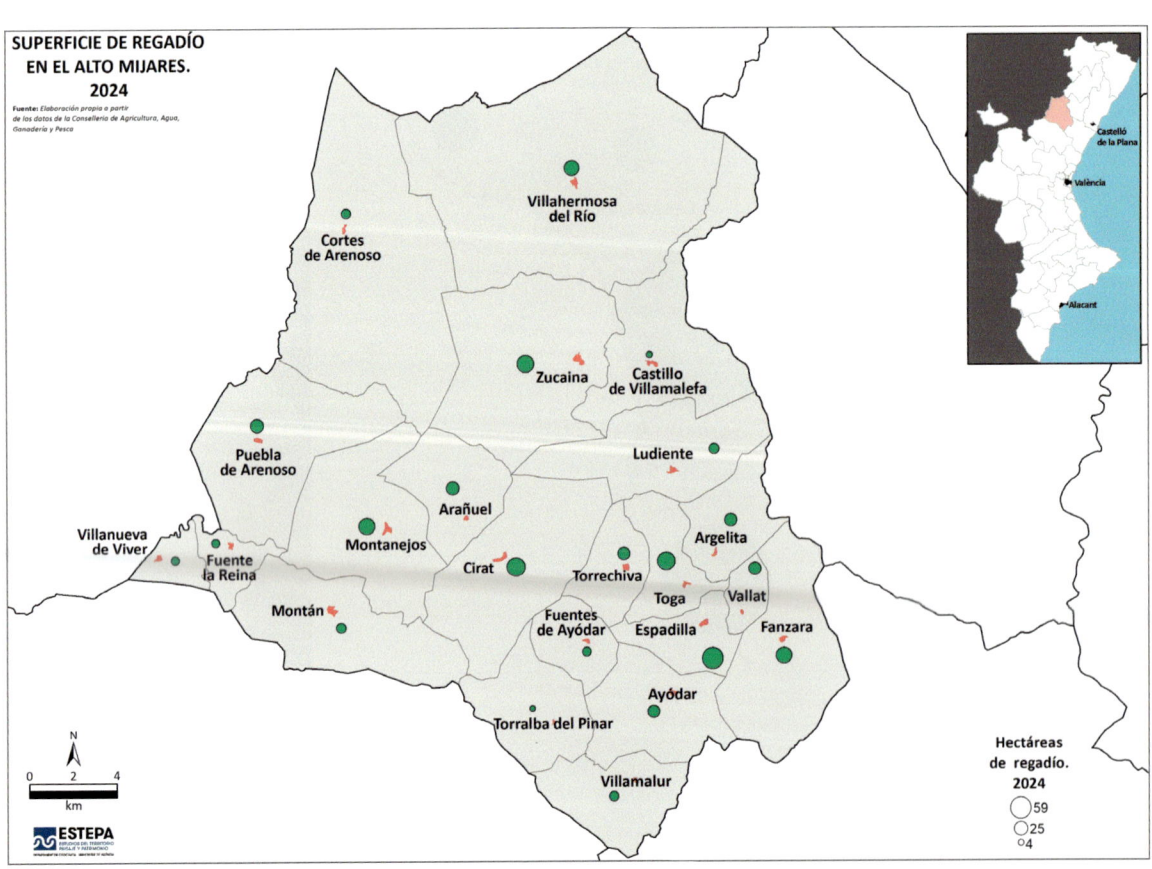

SUPERFICIE DE REGADÍO
EN EL ALTO MIJARES.
2024

Fuente: Elaboración propia a partir
de los datos de la Consellería de Agricultura, Agua,
Ganadería y Pesca

Hectáreas
de regadío.
2024

59
25
4

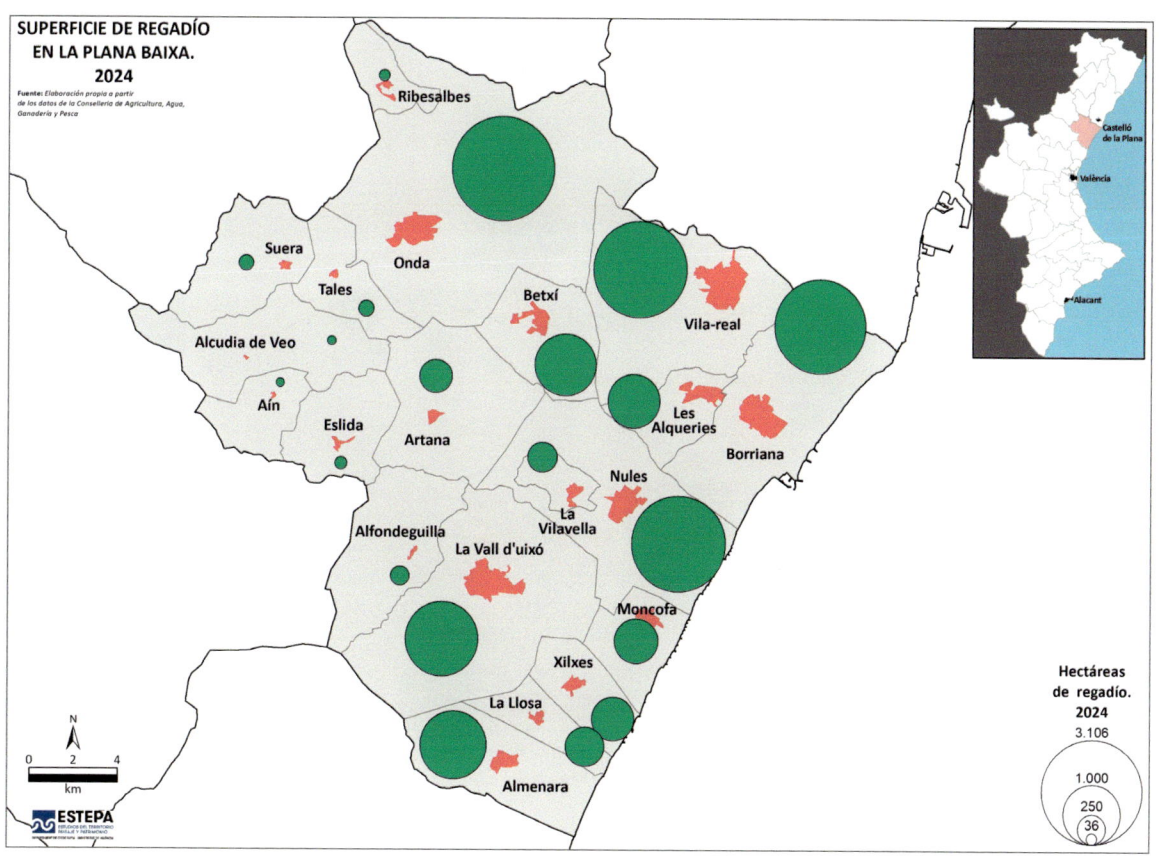

SUPERFICIE DE REGADÍO EN LA PLANA BAIXA. 2024

Fuente: Elaboración propia a partir de los datos de la Conselleria de Agricultura, Agua, Ganadería y Pesca

Ribesalbes
Suera
Onda
Tales
Betxí
Alcudia de Veo
Vila-real
Aín
Artana
Les Alqueries
Eslida
Borriana
Nules
Alfondeguilla
La Vilavella
La Vall d'uixó
Moncofa
Xilxes
La Llosa
Almenara

Hectáreas de regadío. 2024
3.106
1.000
250
36

N
0 2 4 km

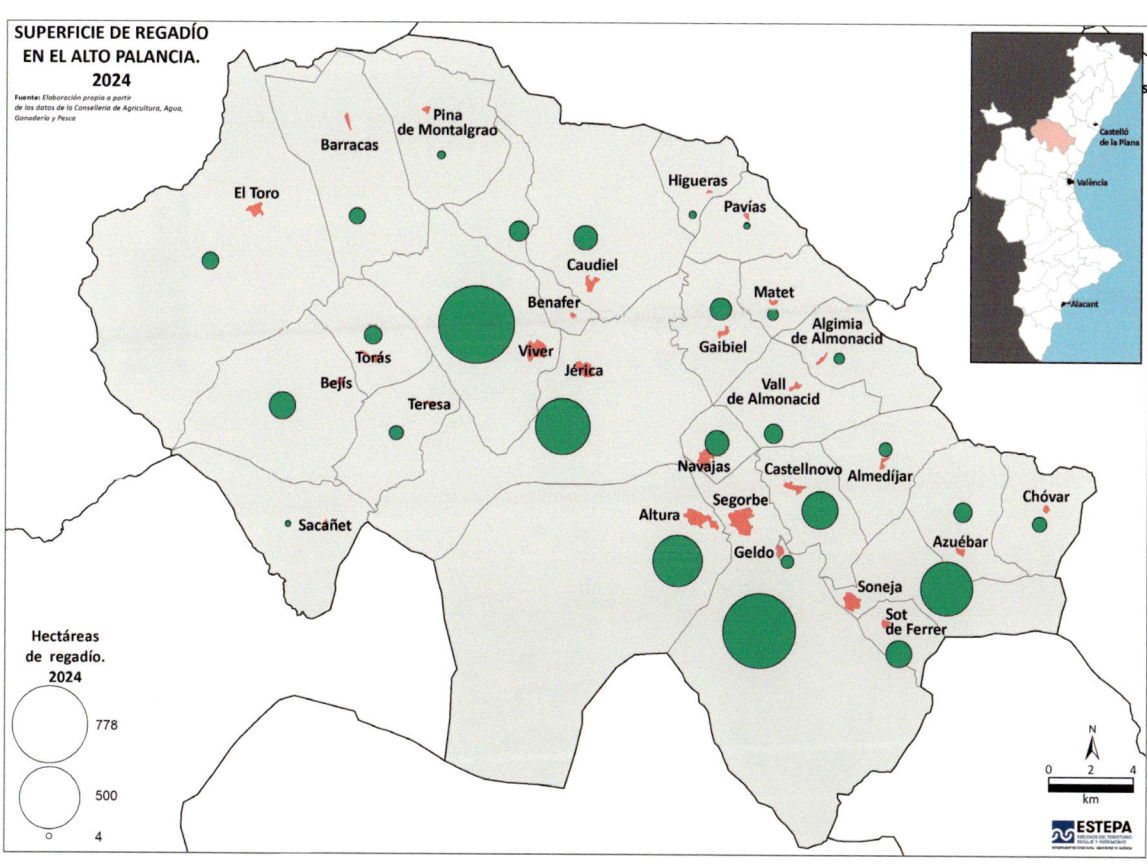

SUPERFICIE DE REGADÍO EN EL ALTO PALANCIA. 2024

Fuente: Elaboración propia a partir de los datos de la Conselleria de Agricultura, Agua, Ganadería y Pesca

Pina de Montalgrao
Barracas
Higueras
El Toro
Pavías
Caudiel
Matet
Benafer
Algimia de Almonacid
Torás
Viver
Gaibiel
Bejís
Jérica
Teresa
Vall de Almonacid
Sacáñet
Navajas
Castellnovo
Almedíjar
Chóvar
Segorbe
Altura
Azuébar
Geldo
Soneja
Sot de Ferrer

Hectáreas de regadío. 2024
778
500
4

N
0 2 4 km

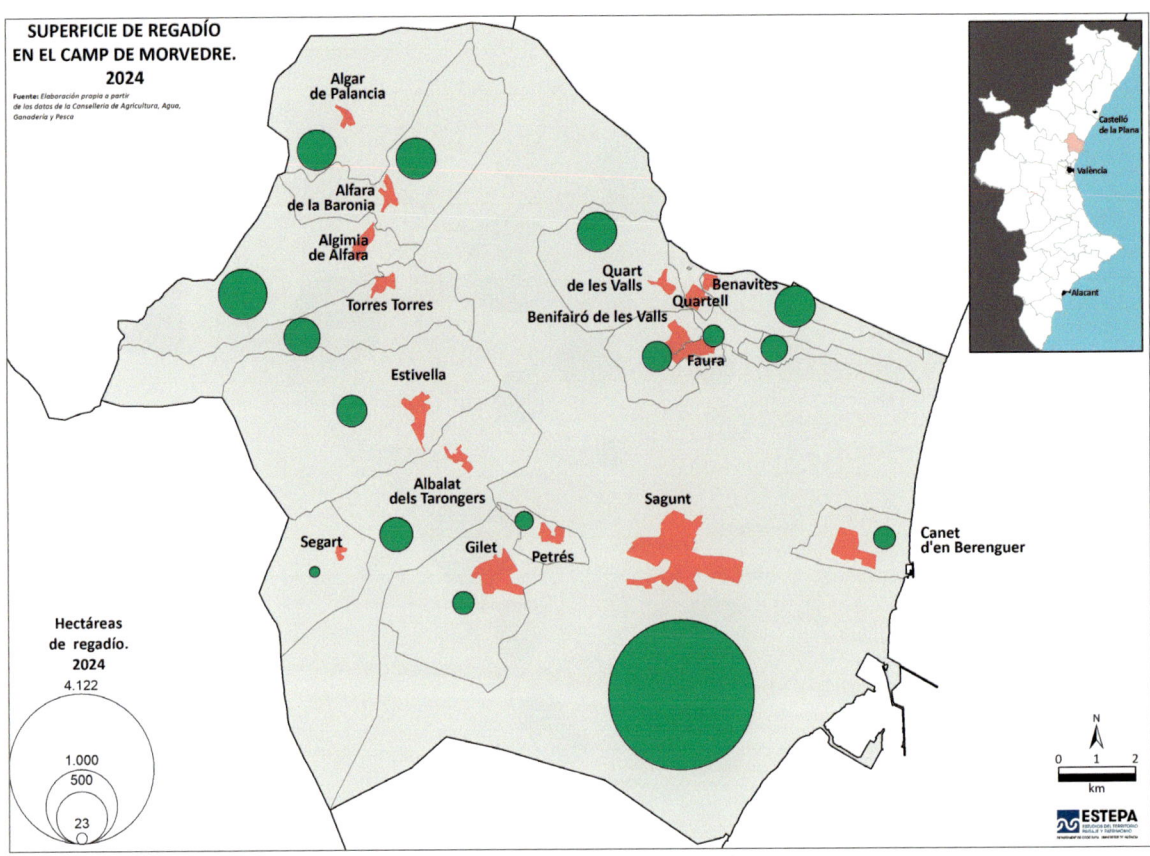

SUPERFICIE DE REGADÍO
EN EL CAMP DE MORVEDRE.
2024
Fuente: Elaboración propia a partir
de los datos de la Conselleria de Agricultura, Agua,
Ganadería y Pesca

Algar
de Palancia

Alfara
de la Baronia

Algimia
de Alfara

Torres Torres

Quart
de les Valls

Benavites

Quartell

Benifairó de les Valls

Faura

Estivella

Albalat
dels Tarongers

Sagunt

Segart

Gilet

Petrés

Canet
d'en Berenguer

Hectáreas
de regadío.
2024
4.122

1.000
500
23

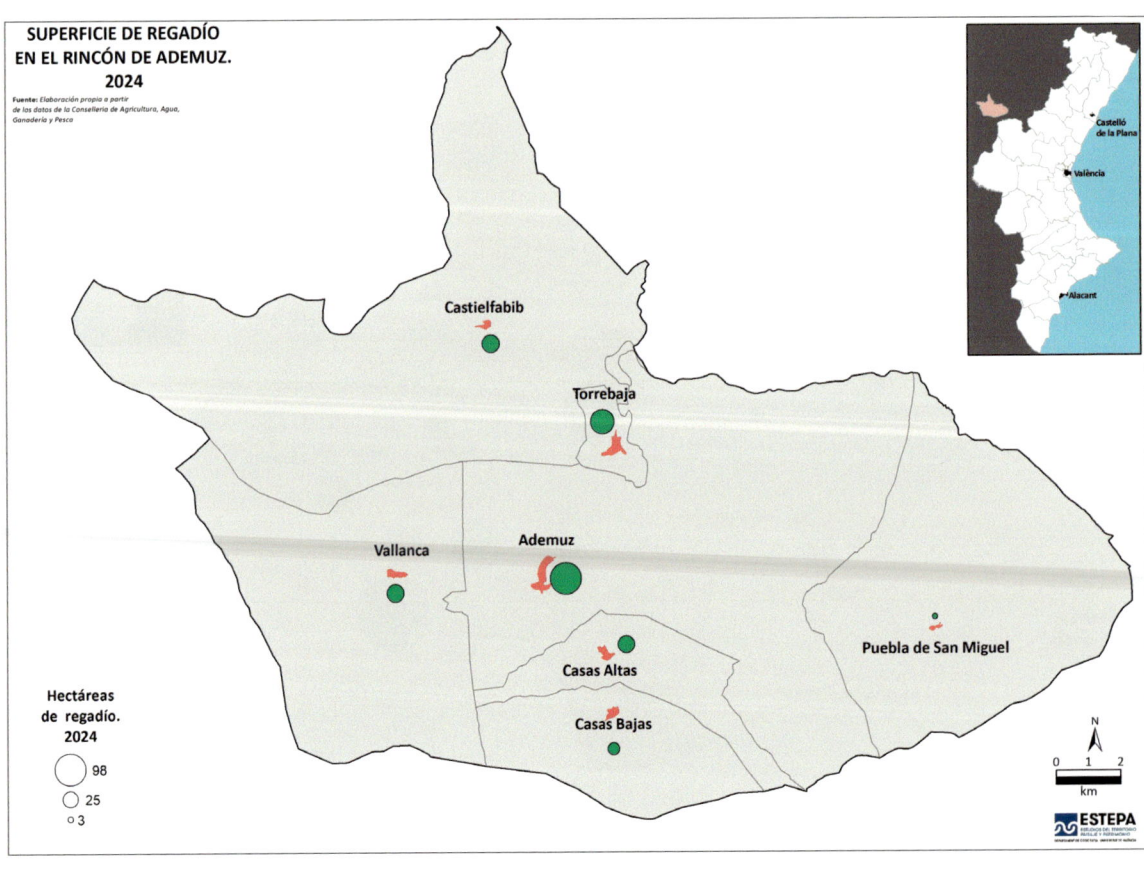

SUPERFICIE DE REGADÍO
EN EL RINCÓN DE ADEMUZ.
2024
Fuente: Elaboración propia a partir
de los datos de la Conselleria de Agricultura, Agua,
Ganadería y Pesca

Castielfabib

Torrebaja

Vallanca

Ademuz

Casas Altas

Puebla de San Miguel

Casas Bajas

Hectáreas
de regadío.
2024
98
25
3

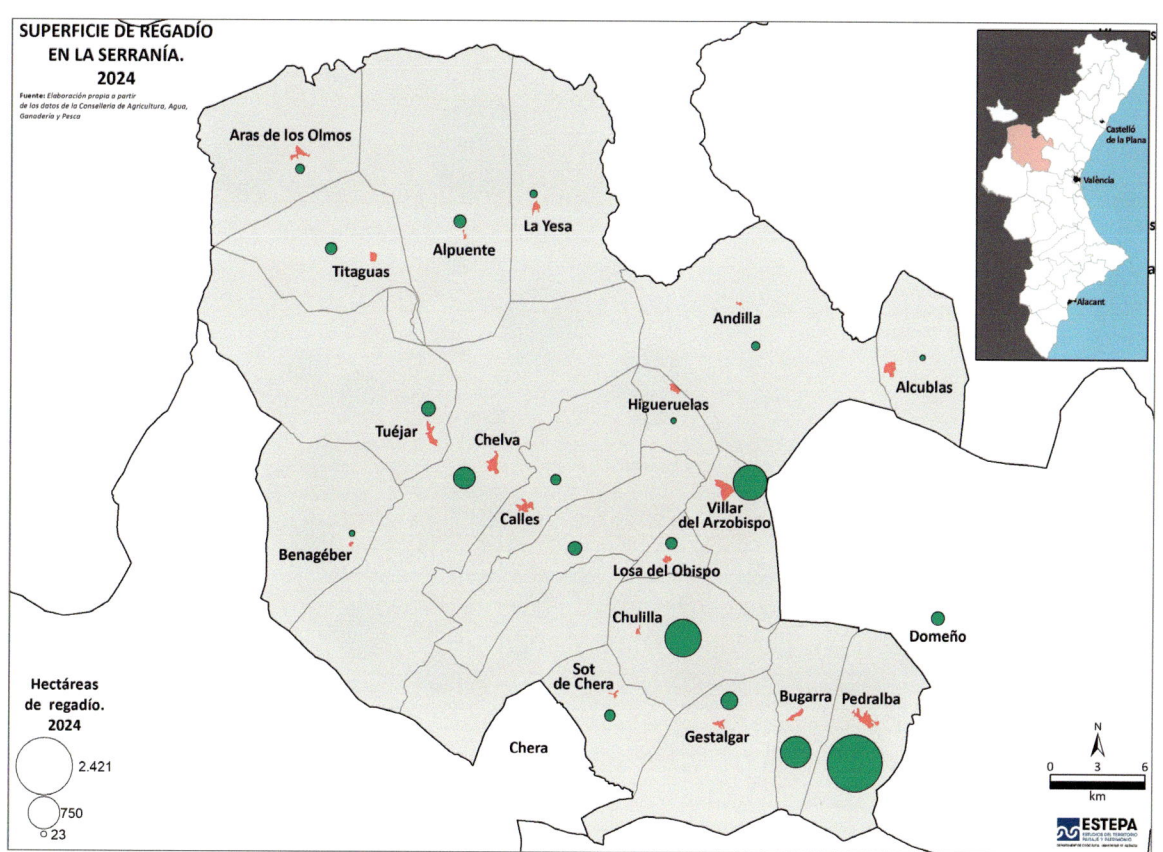

SUPERFICIE DE REGADÍO
EN LA SERRANÍA.
2024

Fuente: Elaboración propia a partir
de los datos de la Conselleria de Agricultura, Agua,
Ganadería y Pesca

Aras de los Olmos

La Yesa

Alpuente

Titaguas

Andilla

Alcublas

Higueruelas

Tuéjar

Chelva

Villar
del Arzobispo

Calles

Losa del Obispo

Benagéber

Chulilla

Domeño

Sot
de Chera

Bugarra Pedralba

Chera

Gestalgar

Hectáreas
de regadío.
2024

2.421

750

23

Castelló
de la Plana

València

Alacant

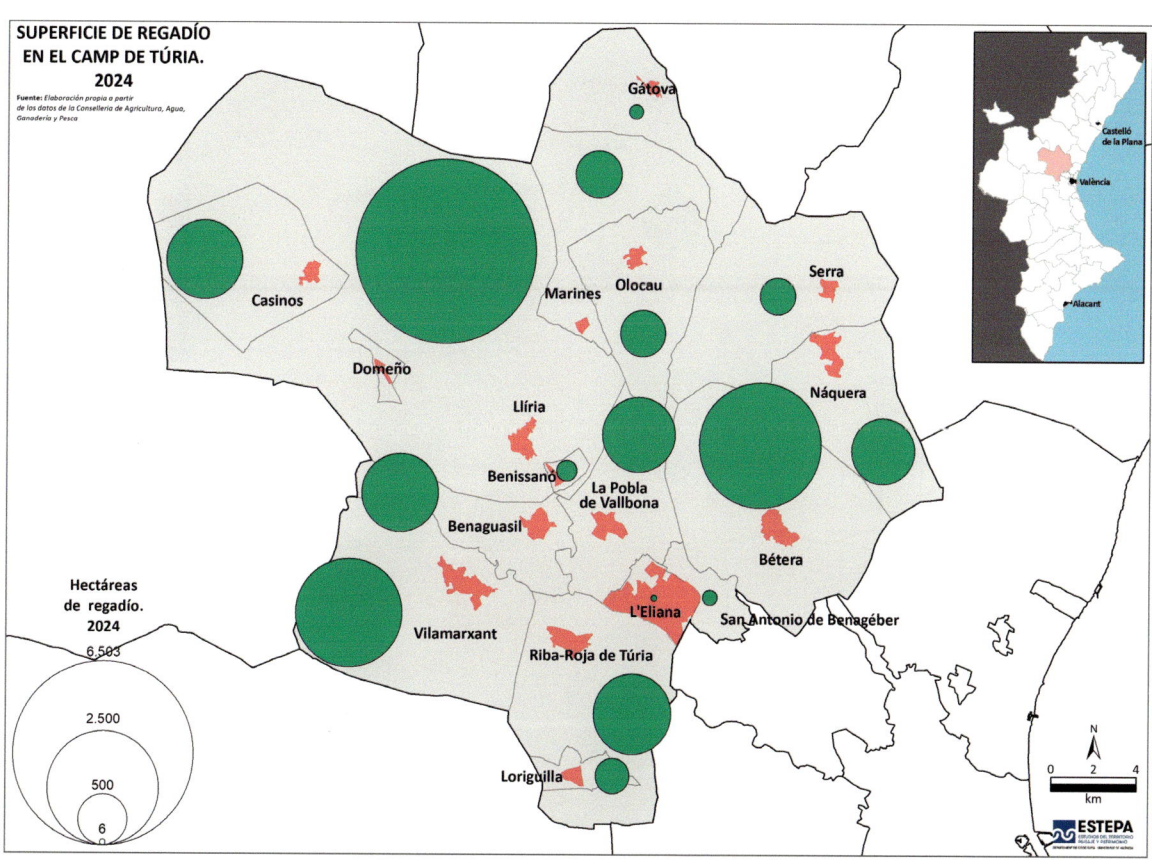

SUPERFICIE DE REGADÍO
EN EL CAMP DE TÚRIA.
2024

Fuente: Elaboración propia a partir
de los datos de la Conselleria de Agricultura, Agua,
Ganadería y Pesca

Gátova

Casinos

Marines Olocau

Serra

Domeño

Náquera

Llíria

Benissanó

La Pobla
de Vallbona

Benaguasil

Bétera

Vilamarxant

L'Eliana

San Antonio de Benagéber

Riba-Roja de Túria

Loriguilla

Hectáreas
de regadío.
2024

6.503

2.500

500

6

Castelló
de la Plana

València

Alacant

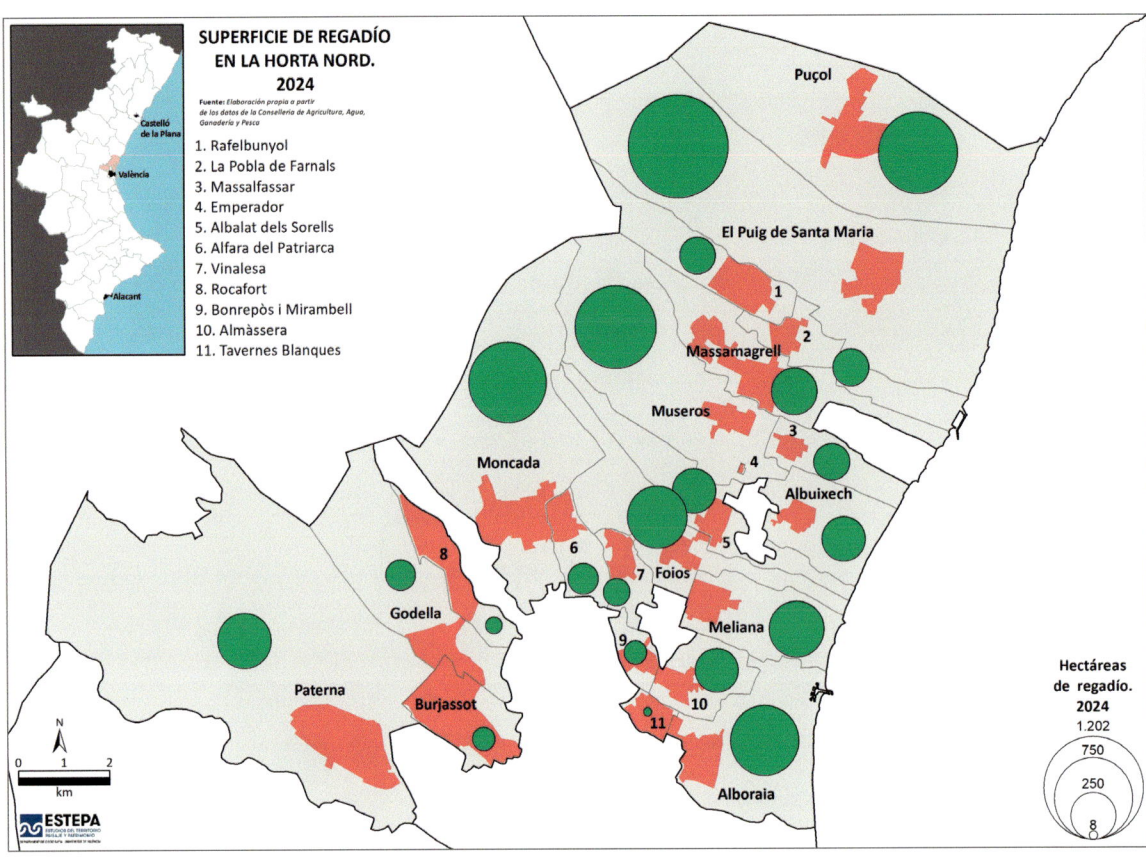

SUPERFICIE DE REGADÍO EN LA HORTA NORD. 2024

Fuente: Elaboración propia a partir de los datos de la Conselleria de Agricultura, Agua, Ganadería y Pesca

1. Rafelbunyol
2. La Pobla de Farnals
3. Massalfassar
4. Emperador
5. Albalat dels Sorells
6. Alfara del Patriarca
7. Vinalesa
8. Rocafort
9. Bonrepòs i Mirambell
10. Almàssera
11. Tavernes Blanques

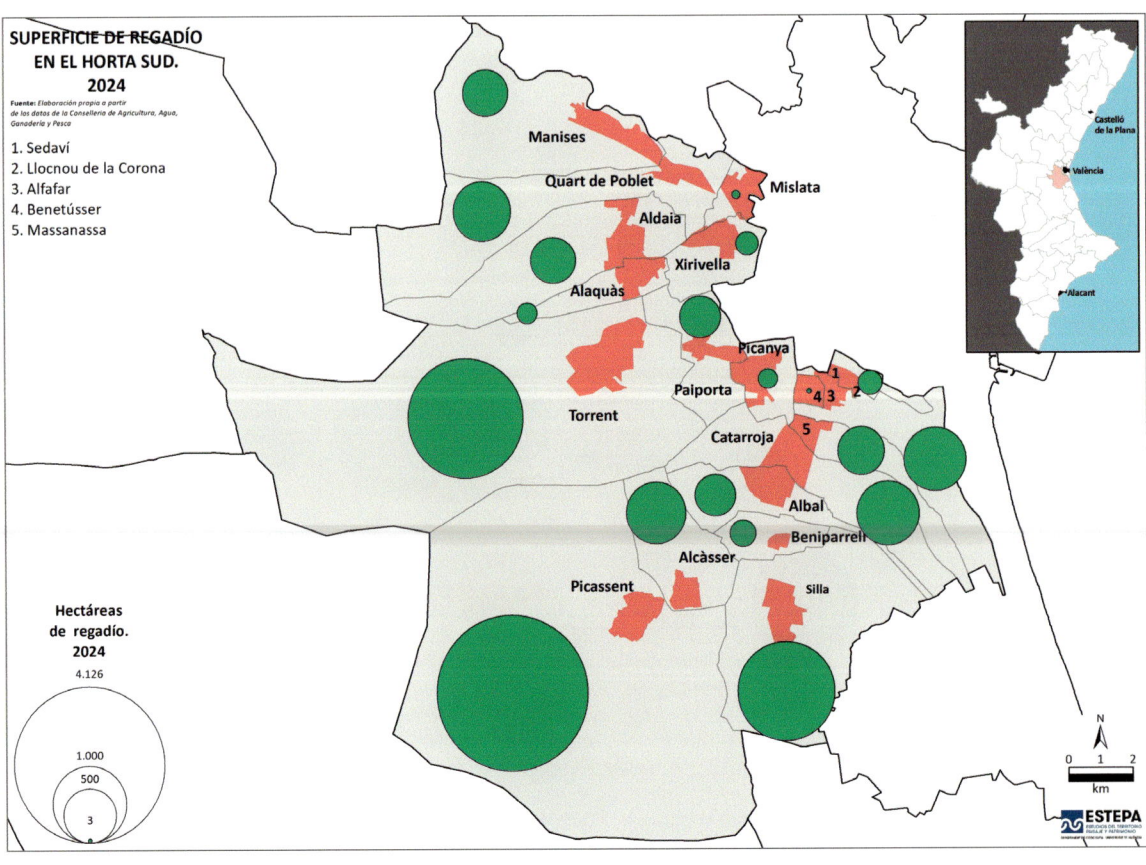

SUPERFICIE DE REGADÍO EN EL HORTA SUD. 2024

Fuente: Elaboración propia a partir de los datos de la Conselleria de Agricultura, Agua, Ganadería y Pesca

1. Sedaví
2. Llocnou de la Corona
3. Alfafar
4. Benetússer
5. Massanassa

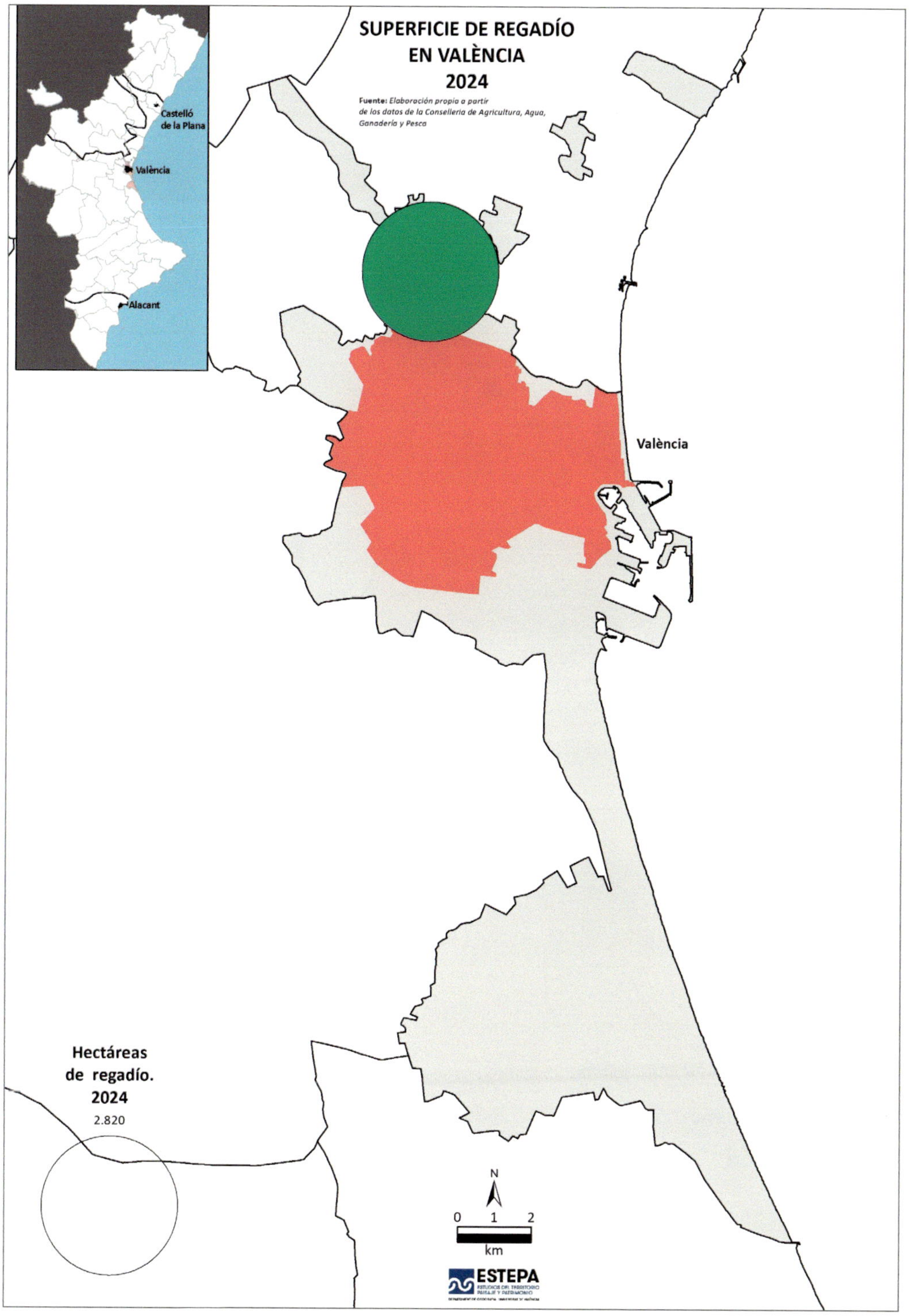

SUPERFICIE DE REGADÍO
EN VALÈNCIA
2024

Fuente: *Elaboración propia a partir de los datos de la Conselleria de Agricultura, Agua, Ganadería y Pesca*

Castelló
de la Plana

València

Alacant

València

**Hectáreas
de regadío.
2024**

2.820

N

0   1   2
km

ESTEPA
ESTUDIOS DEL TERRITORIO
PAISAJE Y PATRIMONIO

40

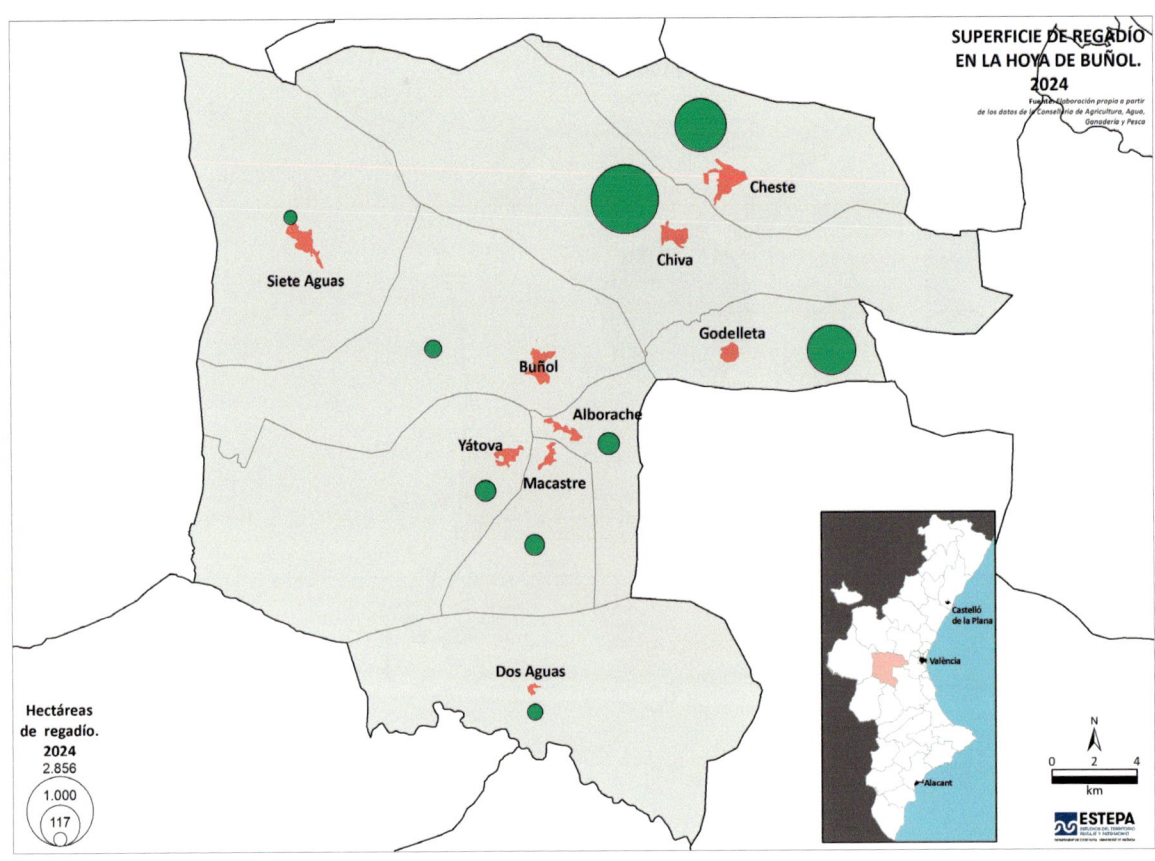

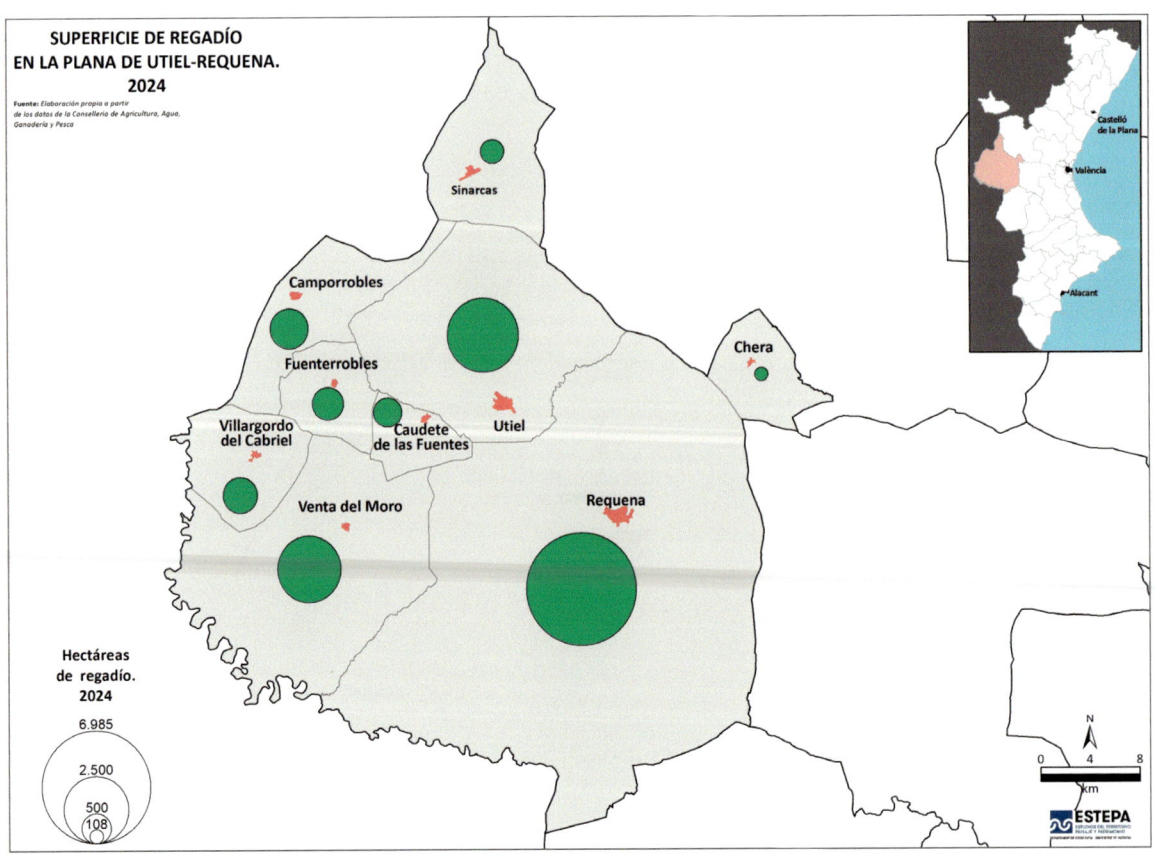

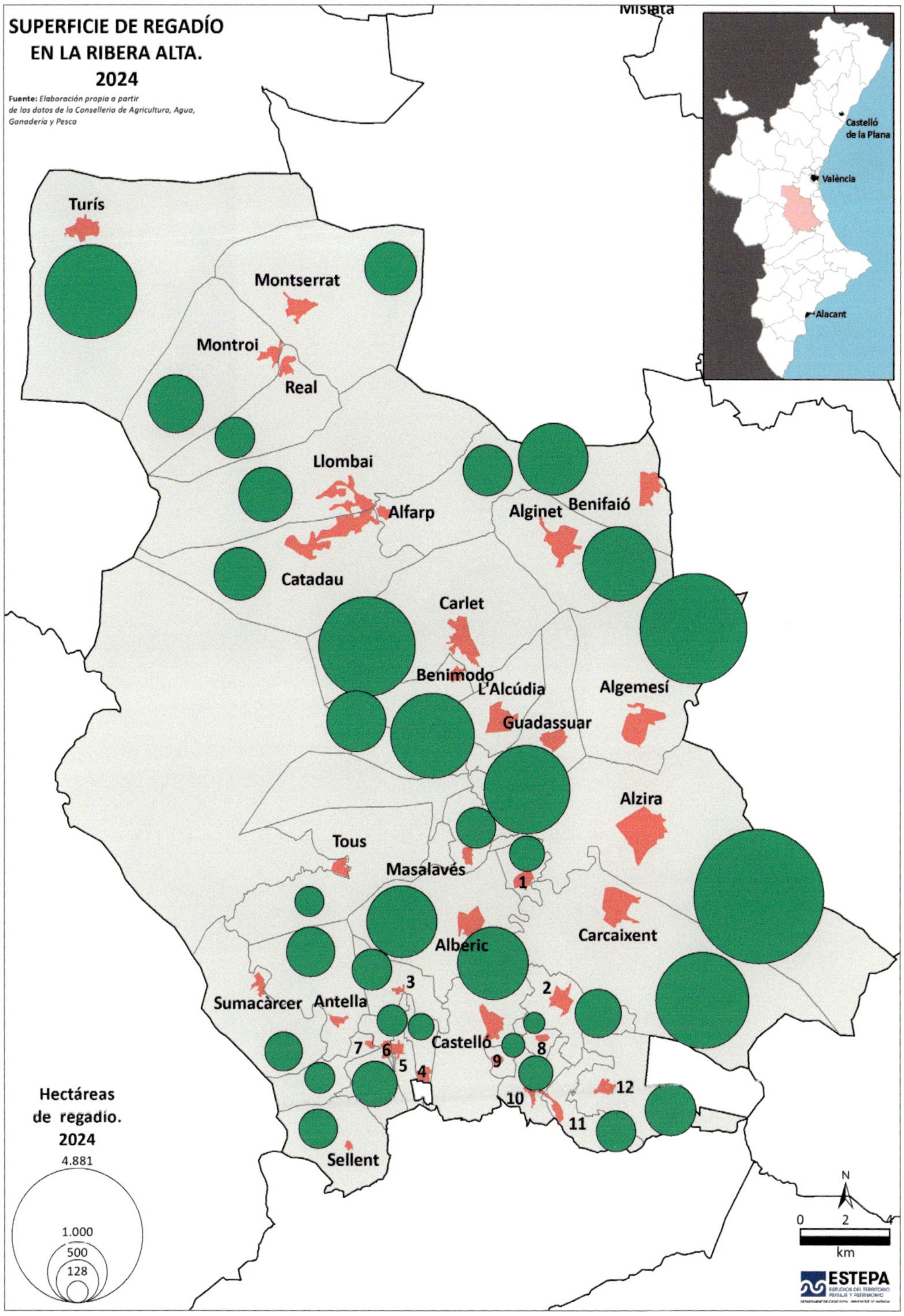

SUPERFICIE DE REGADÍO EN LA RIBERA ALTA. 2024

Fuente: *Elaboración propia a partir de los datos de la Consellería de Agricultura, Agua, Ganadería y Pesca*

Misiata

Castelló de la Plana

València

Alacant

Turís

Montserrat

Montroi

Real

Llombai

Alfarp

Alginet

Benifaió

Catadau

Carlet

Benimodo

L'Alcúdia

Algemesí

Guadassuar

Alzira

Tous

Masalavés

1

Albéric

Carcaixent

Sumacàrcer

Antella

3

2

7   6

Castelló

8

5   4

9

12

10

11

Sellent

Hectáreas de regadio. 2024

4.881

1.000

500

128

N

0   2

km

ESTEPA

41

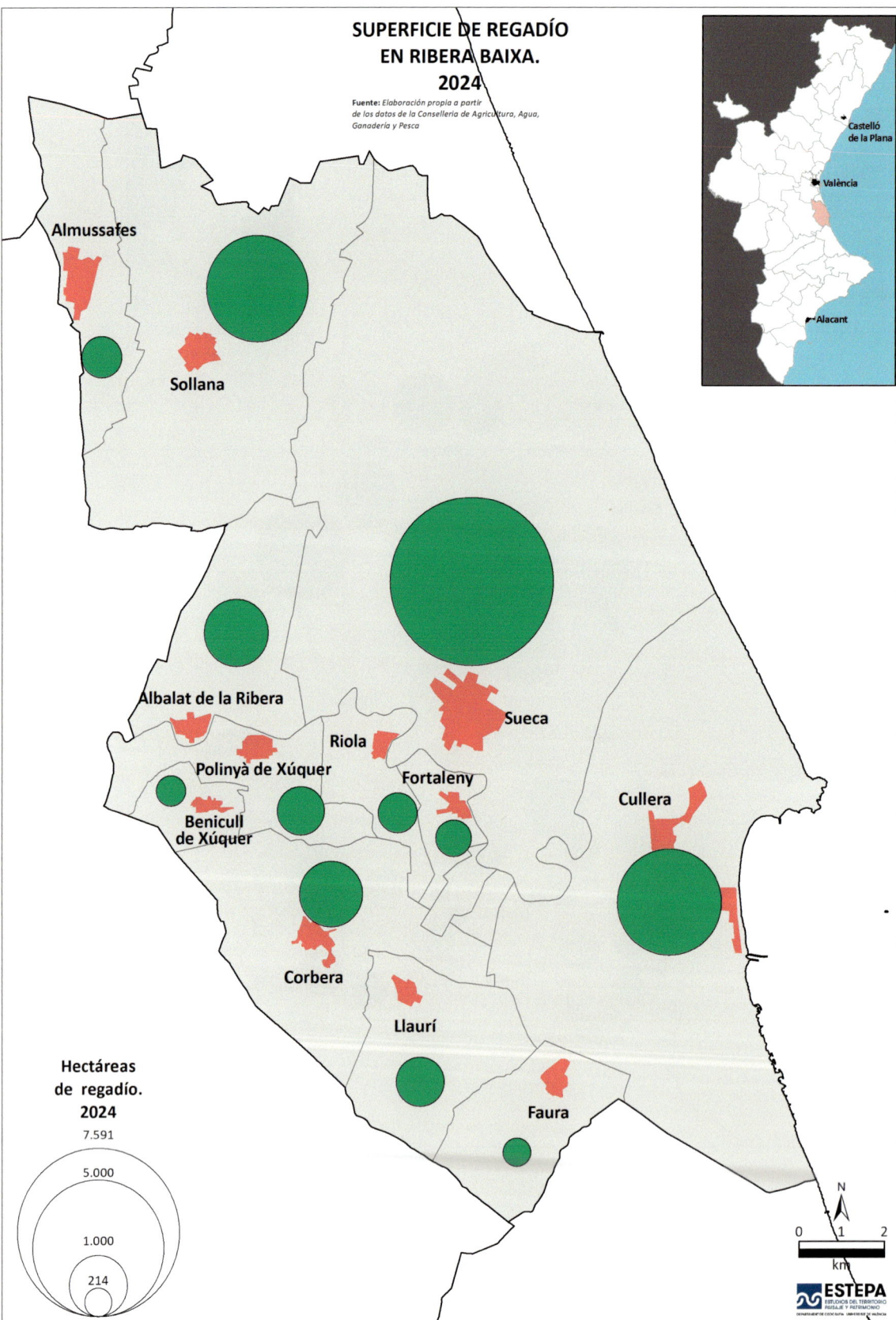

SUPERFICIE DE REGADÍO EN RIBERA BAIXA. 2024

Fuente: *Elaboración propia a partir de los datos de la Conselleria de Agricultura, Agua, Ganadería y Pesca*

Almussafes

Sollana

Albalat de la Ribera

Polinyà de Xúquer

Riola

Fortaleny

Sueca

Benicull de Xúquer

Cullera

Corbera

Llaurí

Faura

Hectáreas de regadío. 2024

7.591

5.000

1.000

214

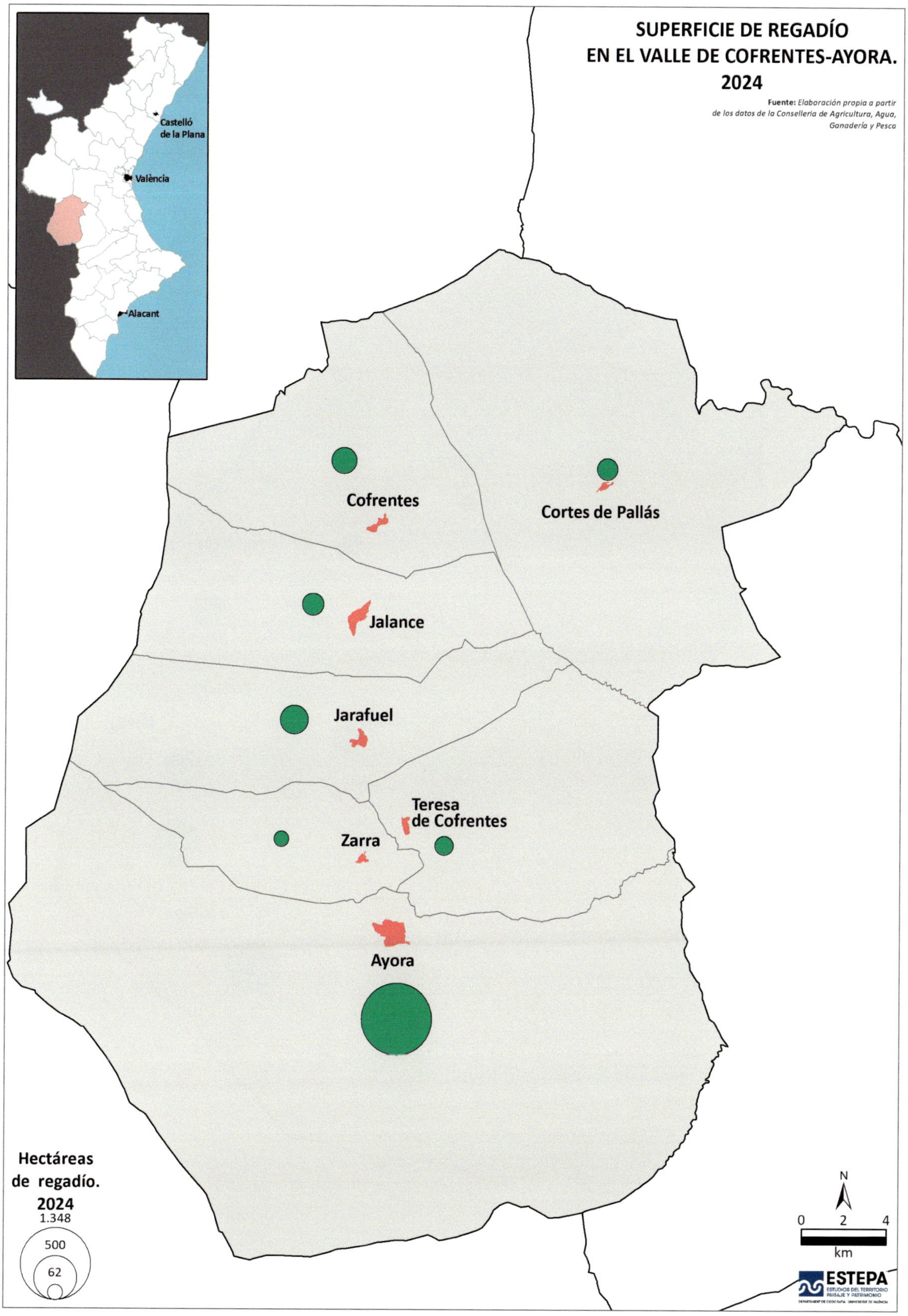

SUPERFICIE DE REGADÍO
EN EL VALLE DE COFRENTES-AYORA.
2024

Fuente: *Elaboración propia a partir
de los datos de la Conselleria de Agricultura, Agua,
Ganadería y Pesca*

Castelló
de la Plana

València

Alacant

Cofrentes

Cortes de Pallás

Jalance

Jarafuel

Teresa
de Cofrentes

Zarra

Ayora

Hectáreas
de regadío.
2024
1.348

500

62

N

0   2   4
km

ESTEPA
ESTUDIOS DEL TERRITORIO
PAISAJE Y PATRIMONIO

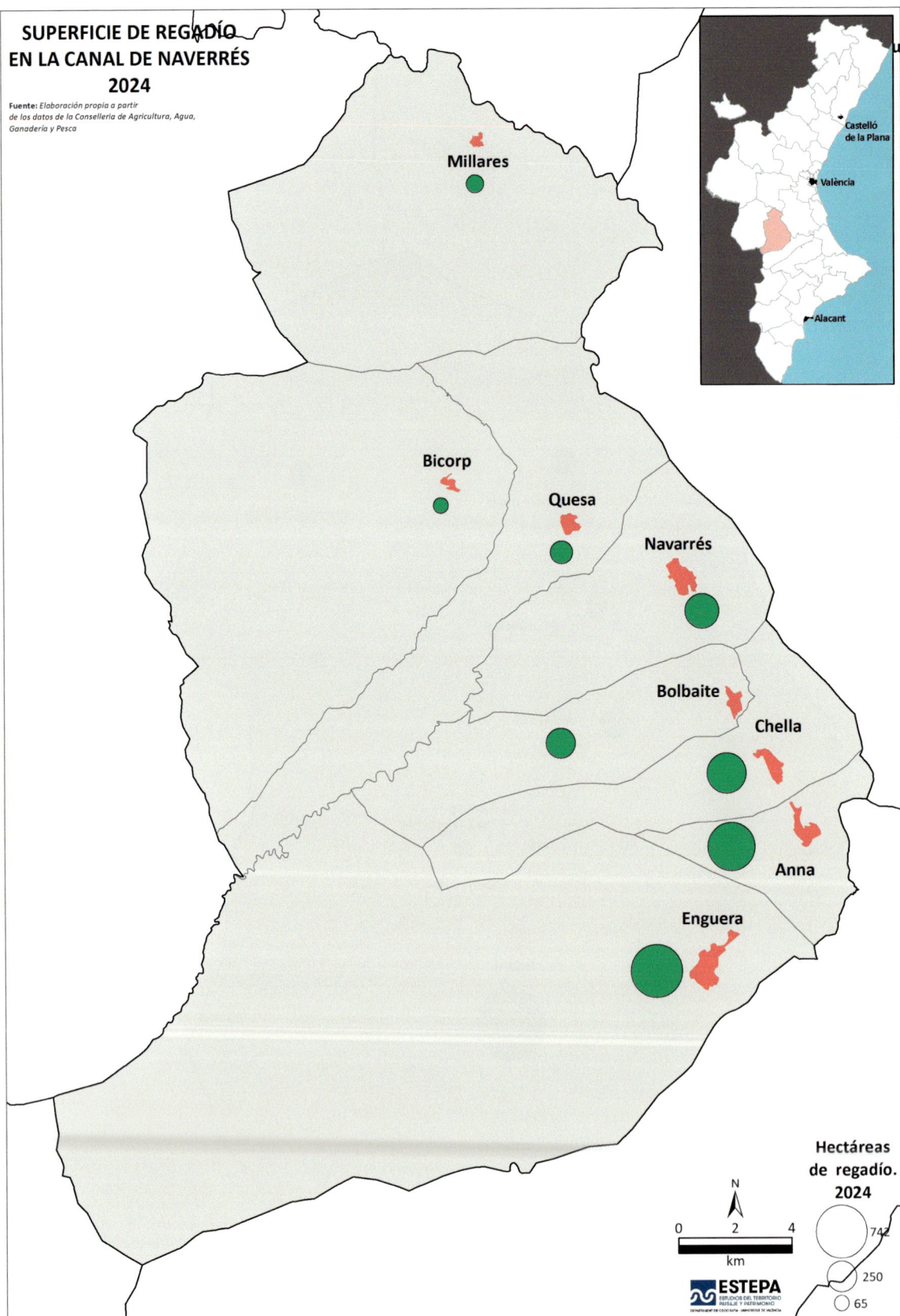

SUPERFICIE DE REGADÍO EN LA CANAL DE NAVERRÉS 2024

Fuente: *Elaboración propia a partir de los datos de la Conselleria de Agricultura, Agua, Ganadería y Pesca*

Millares

Bicorp

Quesa

Navarrés

Bolbaite

Chella

Anna

Enguera

Castelló de la Plana

València

Alacant

Hectáreas de regadío. 2024

742

250

65

N

0   2   4
km

ESTEPA
ESTUDIOS DEL TERRITORIO
PAISAJE Y PATRIMONIO
DEPARTAMENT DE GEOGRAFIA. UNIVERSITAT DE VALÈNCIA

44

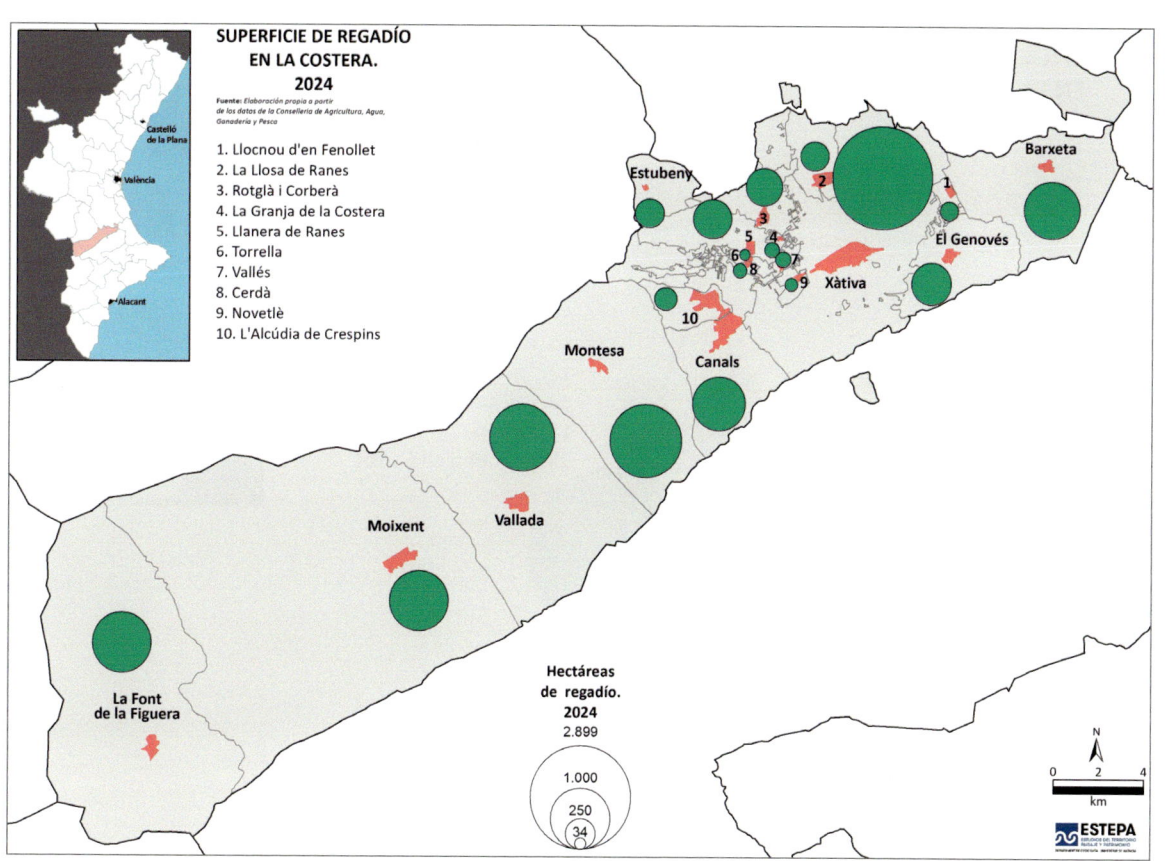

SUPERFICIE DE REGADÍO EN LA COSTERA. 2024

Fuente: Elaboración propia a partir de los datos de la Conselleria de Agricultura, Agua, Ganadería y Pesca

1. Llocnou d'en Fenollet
2. La Llosa de Ranes
3. Rotglà i Corberà
4. La Granja de la Costera
5. Llanera de Ranes
6. Torrella
7. Vallés
8. Cerdà
9. Novetlè
10. L'Alcúdia de Crespins

Castelló de la Plana
València
Alacant

Estubeny
Barxeta
El Genovés
Xàtiva
Montesa
Canals
Moixent
Vallada
La Font de la Figuera

Hectáreas de regadío. 2024
2.899
1.000
250
34

N
0 2 4
km

ESTEPA

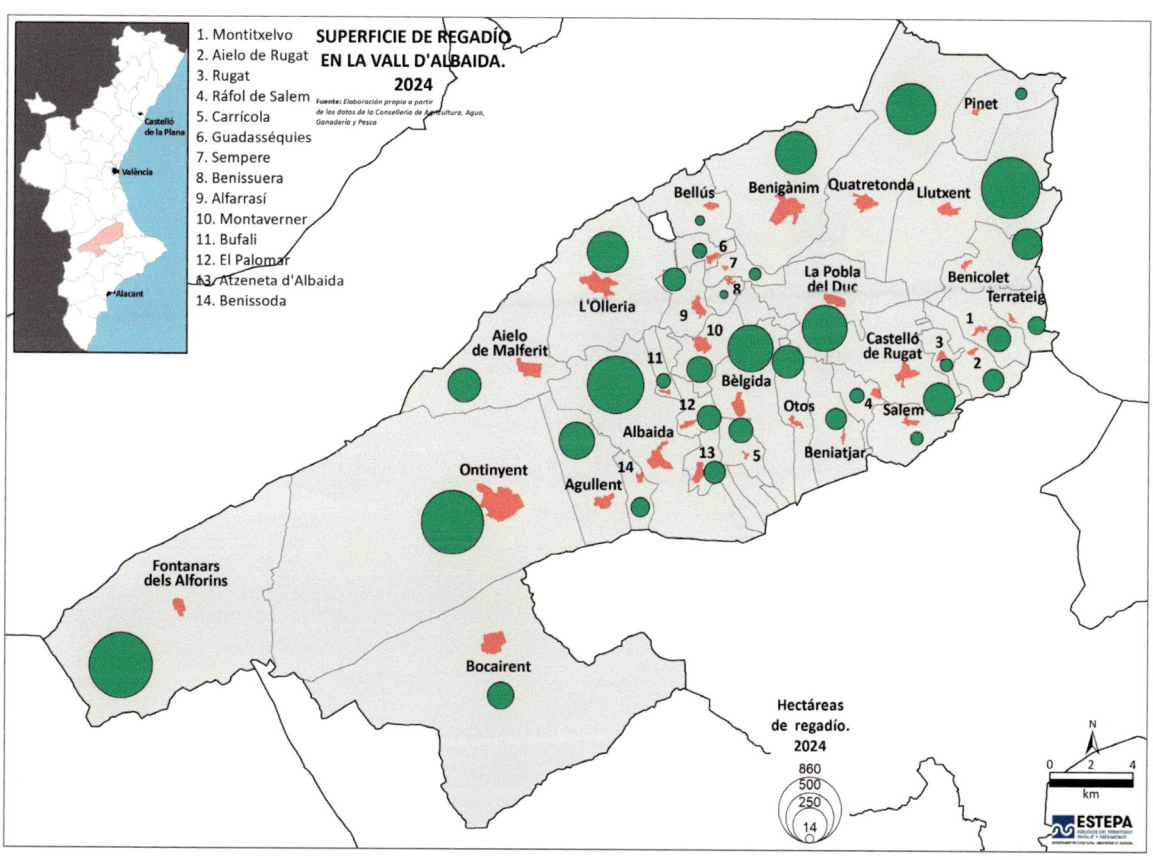

SUPERFICIE DE REGADÍO EN LA VALL D'ALBAIDA. 2024

Fuente: Elaboración propia a partir de los datos de la Conselleria de Agricultura, Agua, Ganadería y Pesca

1. Montitxelvo
2. Aielo de Rugat
3. Rugat
4. Ráfol de Salem
5. Carrícola
6. Guadasséquies
7. Sempere
8. Benissuera
9. Alfarrasí
10. Montaverner
11. Bufali
12. El Palomar
13. Atzeneta d'Albaida
14. Benissoda

Castelló de la Plana
València
Alacant

Pinet
Bellús
Benigànim
Quatretonda
Llutxent
Benicolet
Terrateig
La Pobla del Duc
L'Olleria
Castelló de Rugat
Aielo de Malferit
Bèlgida
Otos
Salem
Albaida
Beniatjar
Ontinyent
Agullent
Fontanars dels Alforins
Bocairent

Hectáreas de regadío. 2024
860
500
250
14

N
0 2 4
km

ESTEPA

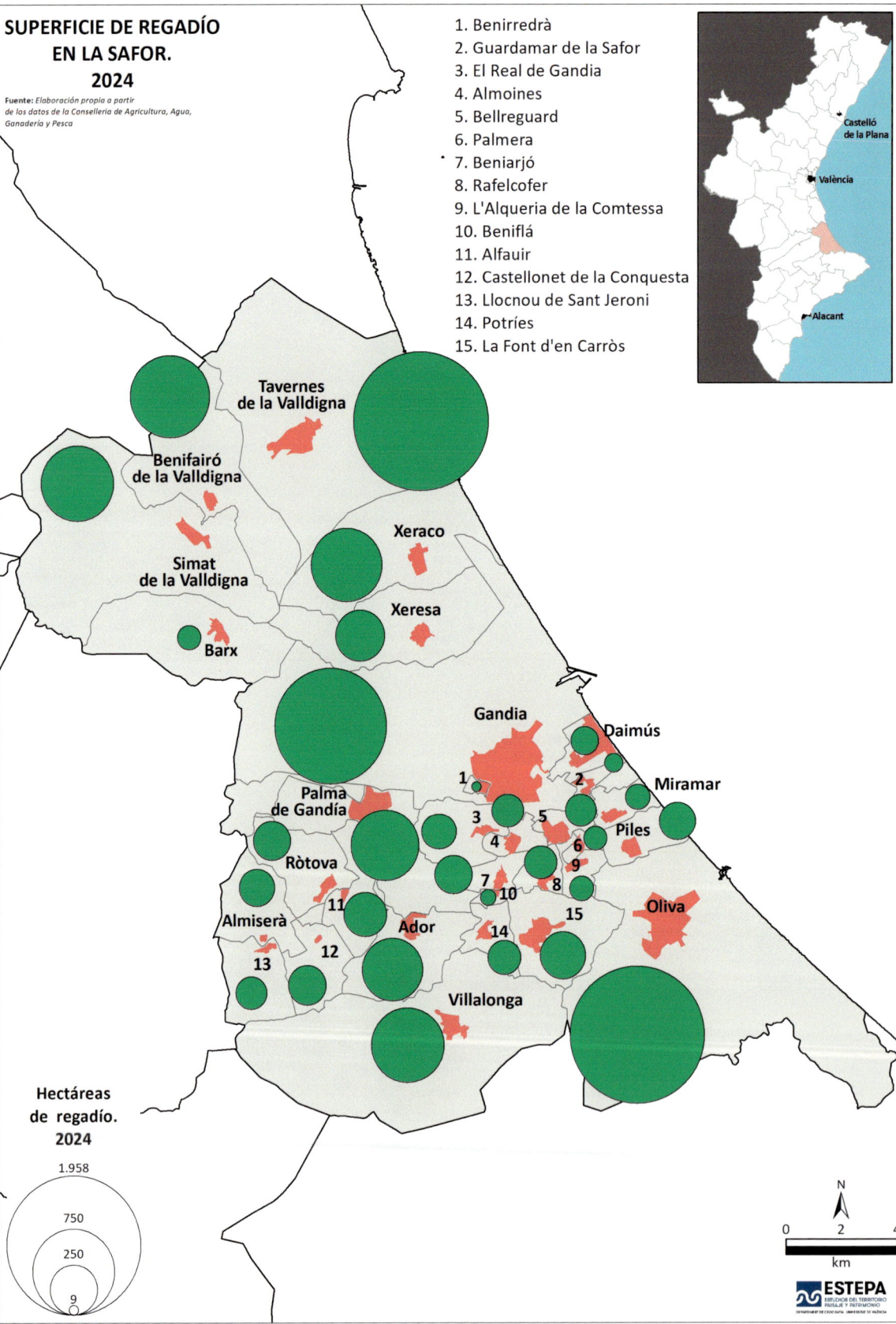

SUPERFICIE DE REGADÍO EN LA SAFOR. 2024

Fuente: *Elaboración propia a partir de los datos de la Conselleria de Agricultura, Agua, Ganadería y Pesca*

1. Benirredrà
2. Guardamar de la Safor
3. El Real de Gandia
4. Almoines
5. Bellreguard
6. Palmera
7. Beniarjó
8. Rafelcofer
9. L'Alqueria de la Comtessa
10. Beniflá
11. Alfauir
12. Castellonet de la Conquesta
13. Llocnou de Sant Jeroni
14. Potríes
15. La Font d'en Carròs

Castelló de la Plana

València

Alacant

Tavernes de la Valldigna

Benifairó de la Valldigna

Simat de la Valldigna

Xeraco

Xeresa

Barx

Gandia

Daimús

Miramar

Palma de Gandía

Piles

Ròtova

Almiserà

Ador

Oliva

Villalonga

Hectáreas de regadío. 2024

1.958

750

250

9

N

0   2   4
km

46

ESTEPA
ESTUDIOS DEL TERRITORIO
PAISAJE Y PATRIMONIO
DEPARTAMENT DE GEOGRAFIA. UNIVERSITAT DE VALÈNCIA

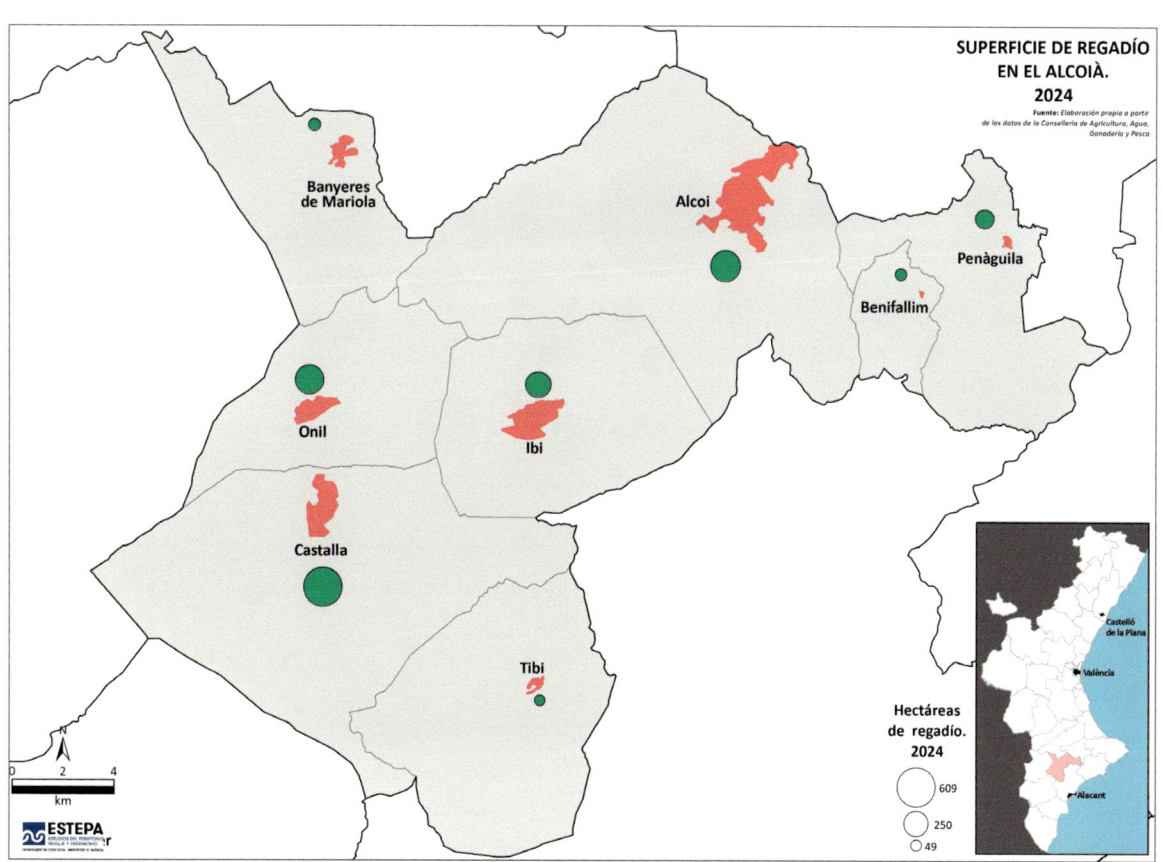

SUPERFICIE DE REGADÍO
EN EL ALCOIÀ.
2024

Fuente: *Elaboración propia a partir de los datos de la Conselleria de Agricultura, Agua, Ganadería y Pesca*

Banyeres de Mariola

Alcoi

Penàguila

Benifallim

Onil

Ibi

Castalla

Tibi

Hectáreas de regadío. 2024

609
250
49

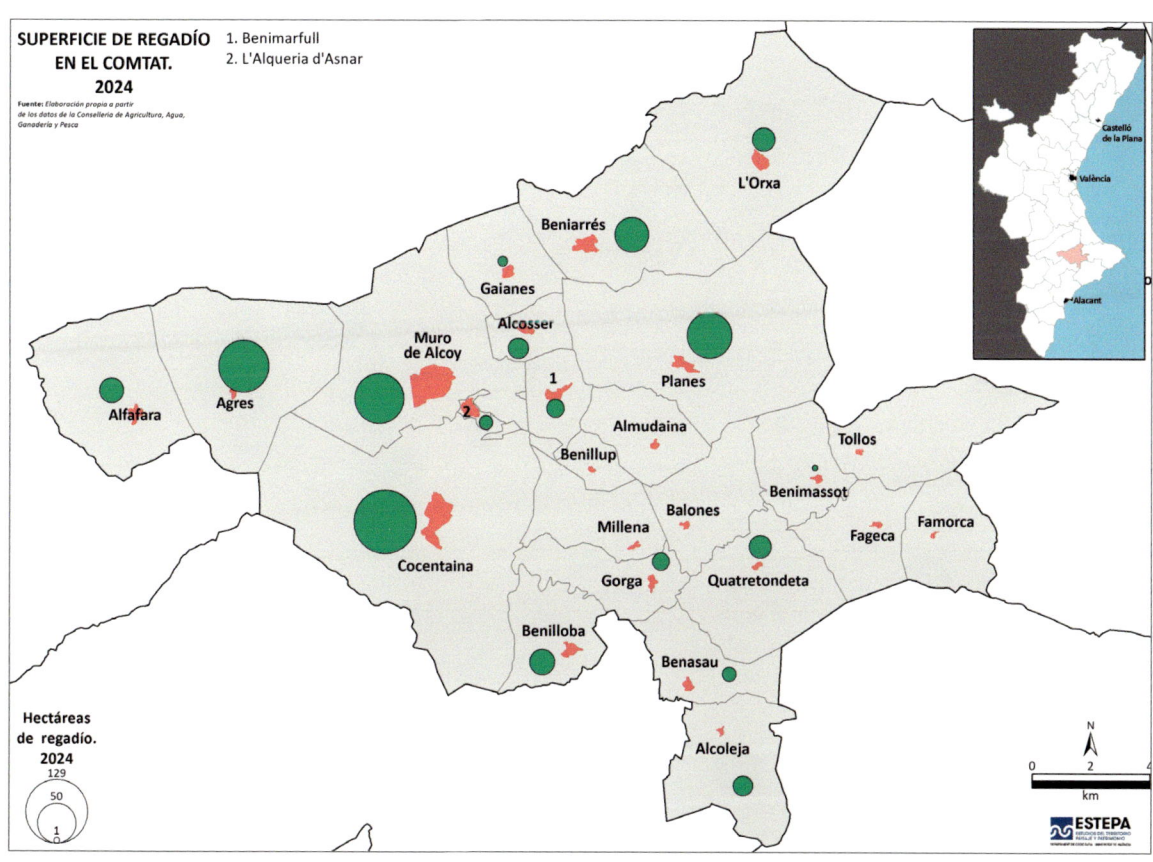

SUPERFICIE DE REGADÍO
EN EL COMTAT.
2024

Fuente: *Elaboración propia a partir de los datos de la Conselleria de Agricultura, Agua, Ganadería y Pesca*

1. Benimarfull
2. L'Alqueria d'Asnar

L'Orxa

Beniarrés

Gaianes

Alcosser

Muro de Alcoy

Planes

1

2

Almudaina

Benillup

Tollos

Benimassot

Famorca

Alfafara

Agres

Balones

Fageca

Millena

Cocentaina

Gorga

Quatretondeta

Benilloba

Benasau

Alcoleja

Hectáreas de regadío. 2024

129
50
1

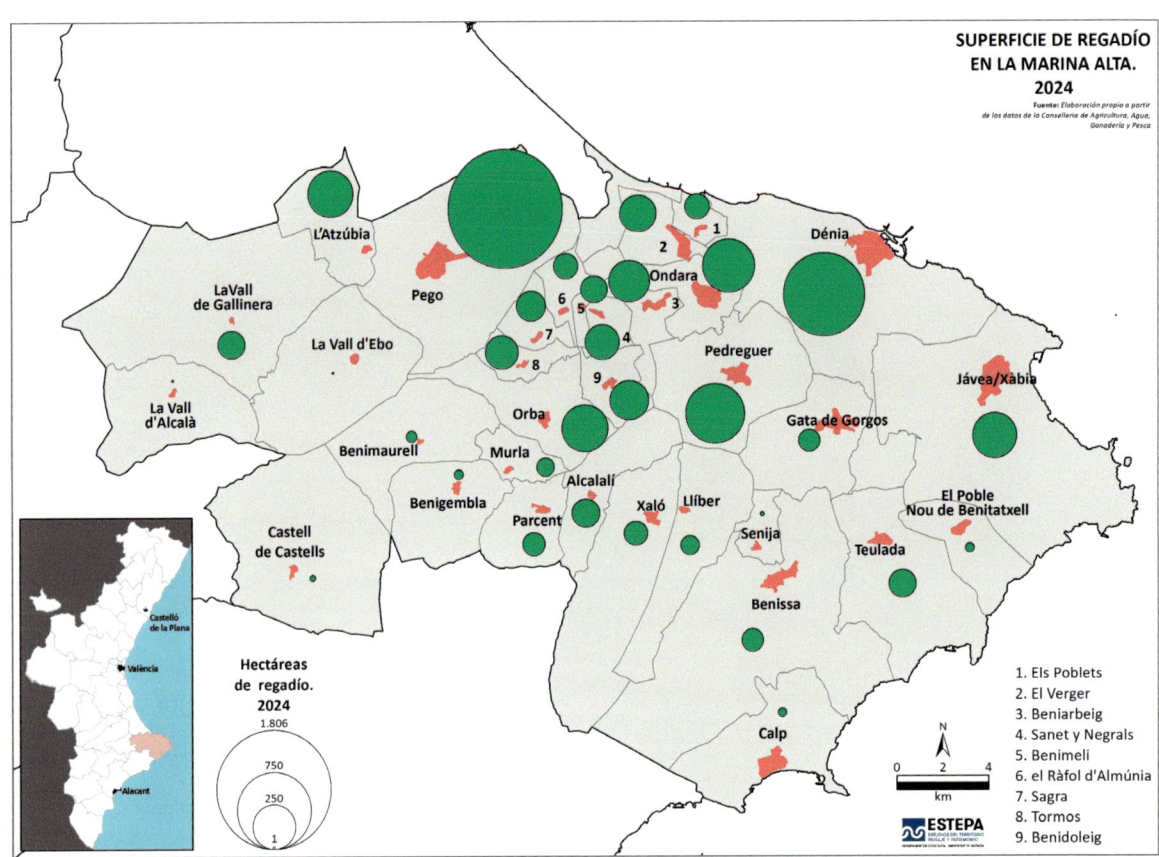

SUPERFICIE DE REGADÍO
EN LA MARINA ALTA.
2024

Fuente: Elaboración propia a partir de los datos de la Conselleria de Agricultura, Agua, Ganadería y Pesca

1. Els Poblets
2. El Verger
3. Beniarbeig
4. Sanet y Negrals
5. Benimeli
6. el Ràfol d'Almúnia
7. Sagra
8. Tormos
9. Benidoleig

Hectáreas de regadío. 2024

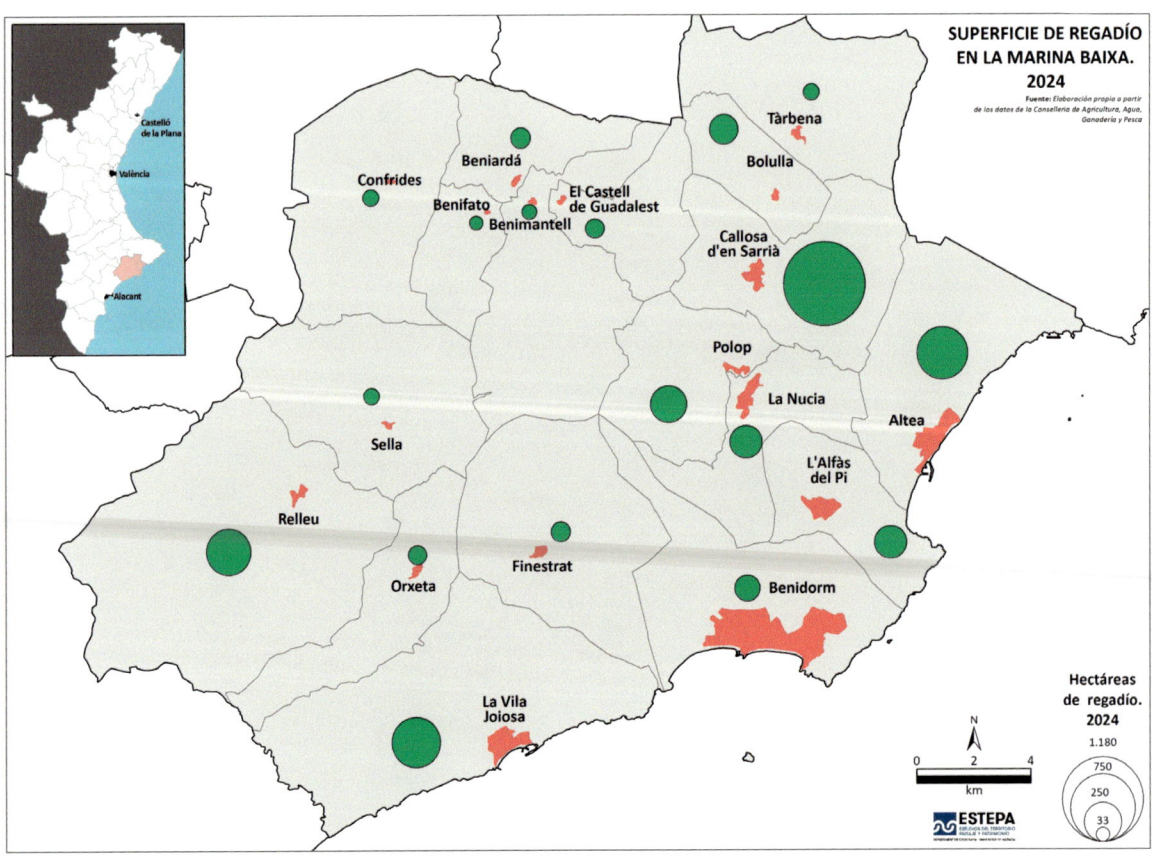

SUPERFICIE DE REGADÍO
EN LA MARINA BAIXA.
2024

Fuente: Elaboración propia a partir de los datos de la Conselleria de Agricultura, Agua, Ganadería y Pesca

Hectáreas de regadío. 2024

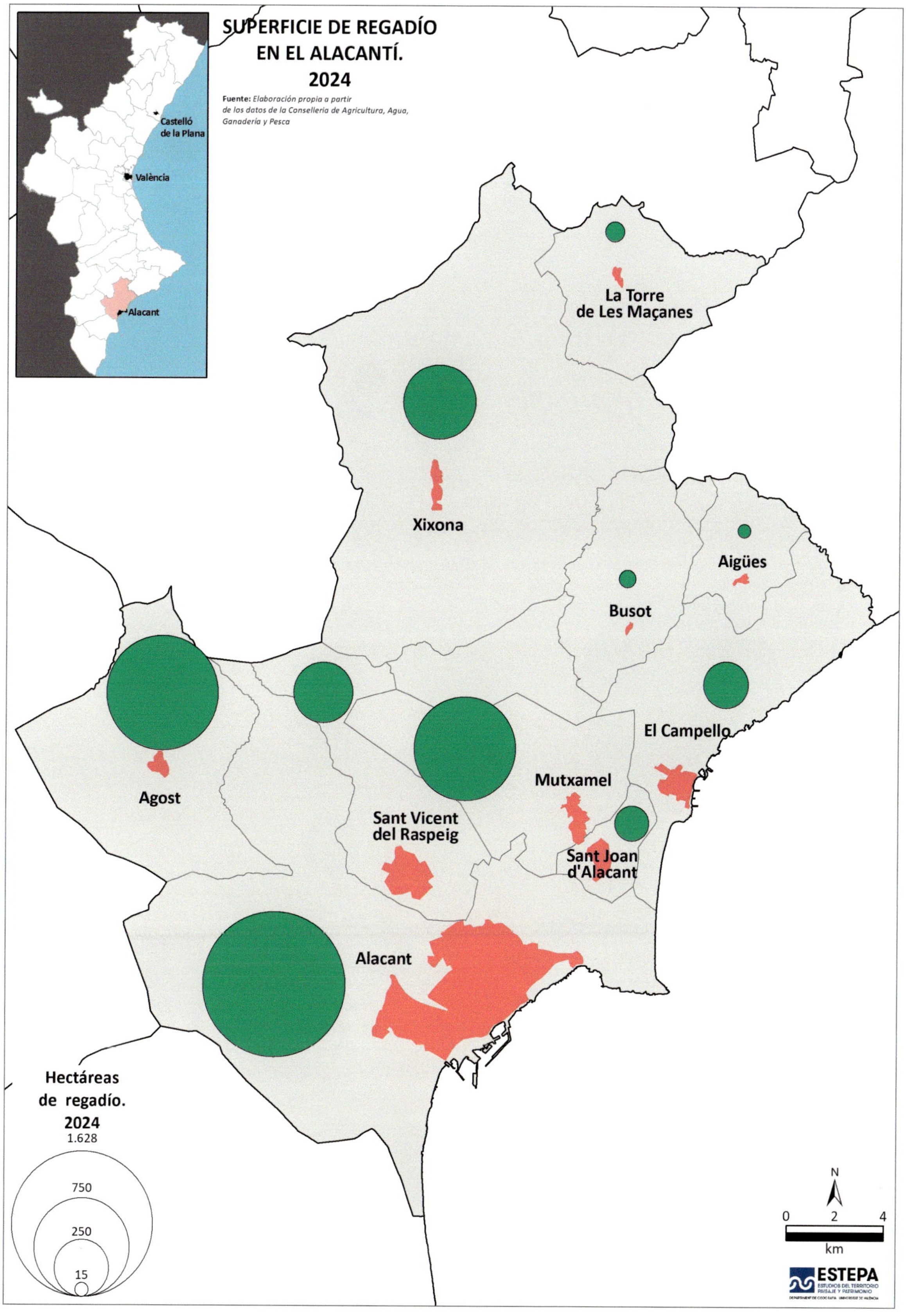

SUPERFICIE DE REGADÍO EN EL ALACANTÍ. 2024

Fuente: *Elaboración propia a partir de los datos de la Conselleria de Agricultura, Agua, Ganadería y Pesca*

Castelló de la Plana

València

Alacant

La Torre de Les Maçanes

Xixona

Aigües

Busot

El Campello

Agost

Mutxamel

Sant Vicent del Raspeig

Sant Joan d'Alacant

Alacant

Hectáreas de regadío. 2024

1.628

750

250

15

N

0 2 4
km

ESTEPA
ESTUDIOS DEL TERRITORIO
PAISAJE Y PATRIMONIO
DEPARTAMENT DE GEOGRAFIA. UNIVERSITAT DE VALÈNCIA

50

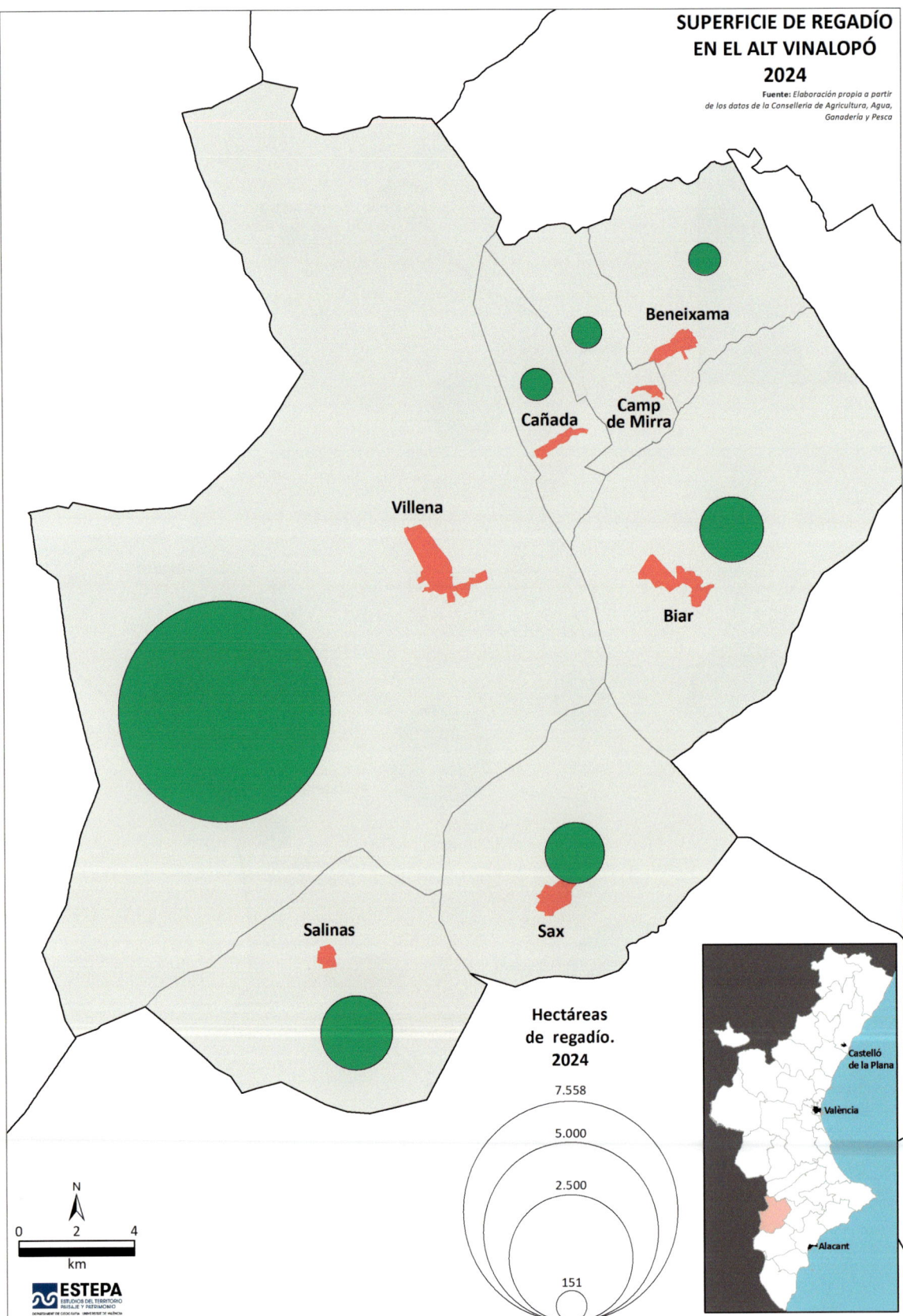

SUPERFICIE DE REGADÍO
EN EL ALT VINALOPÓ
2024

Fuente: *Elaboración propia a partir de los datos de la Conselleria de Agricultura, Agua, Ganadería y Pesca*

Beneixama

Cañada

Camp de Mirra

Villena

Biar

Salinas

Sax

Hectáreas de regadío. 2024

7.558

5.000

2.500

151

N

0   2   4
km

ESTEPA
ESTUDIOS DEL TERRITORIO
PAISAJE Y PATRIMONIO

Castelló de la Plana

València

Alacant

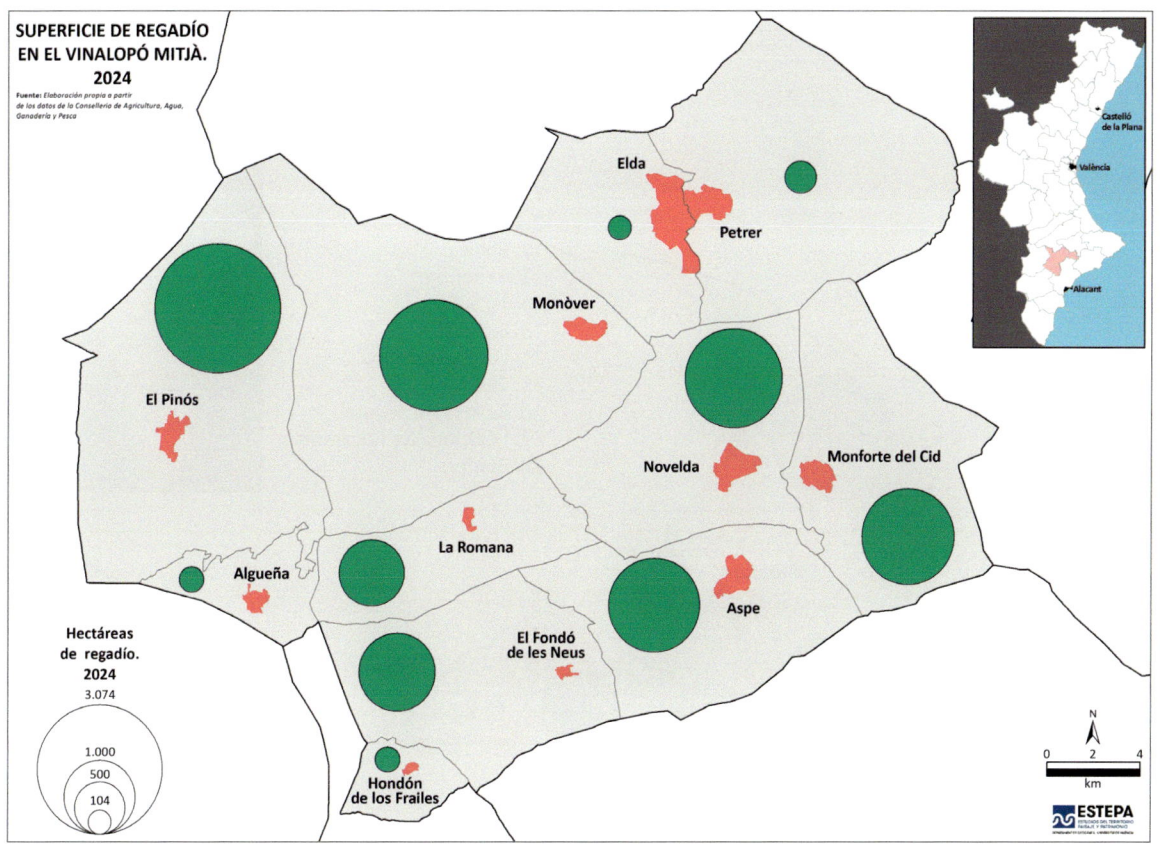

SUPERFICIE DE REGADÍO EN EL VINALOPÓ MITJÀ. 2024

Fuente: Elaboración propia a partir de los datos de la Conselleria de Agricultura, Agua, Ganadería y Pesca

Elda
Petrer
Monòver
El Pinós
Novelda
Monforte del Cid
La Romana
Algueña
Aspe
El Fondó de les Neus
Hondón de los Frailes

Hectáreas de regadío. 2024

3.074

1.000
500
104

Castelló de la Plana
València
Alacant

N

0 2 4
km

ESTEPA

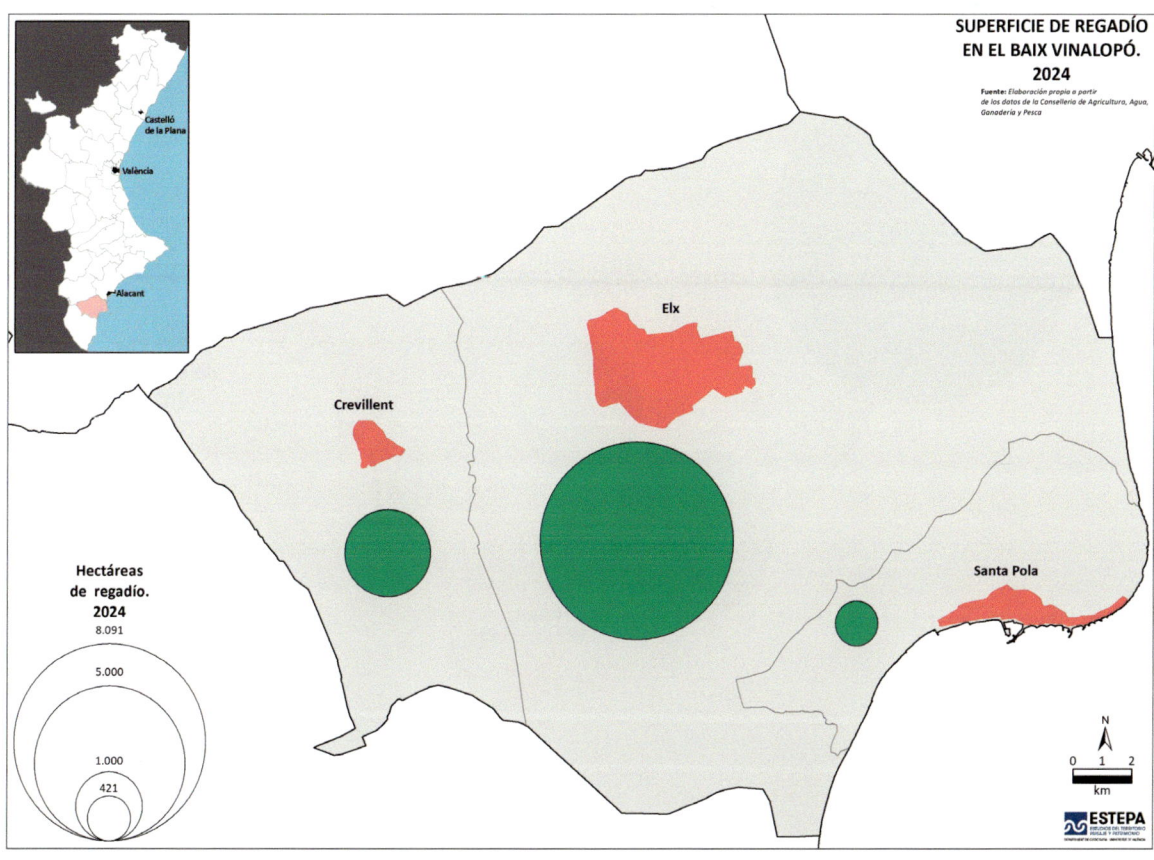

SUPERFICIE DE REGADÍO EN EL BAIX VINALOPÓ. 2024

Fuente: Elaboración propia a partir de los datos de la Conselleria de Agricultura, Agua, Ganadería y Pesca

Castelló de la Plana
València
Alacant

Elx
Crevillent
Santa Pola

Hectáreas de regadío. 2024

8.091

5.000

1.000
421

N

0 1 2
km

ESTEPA

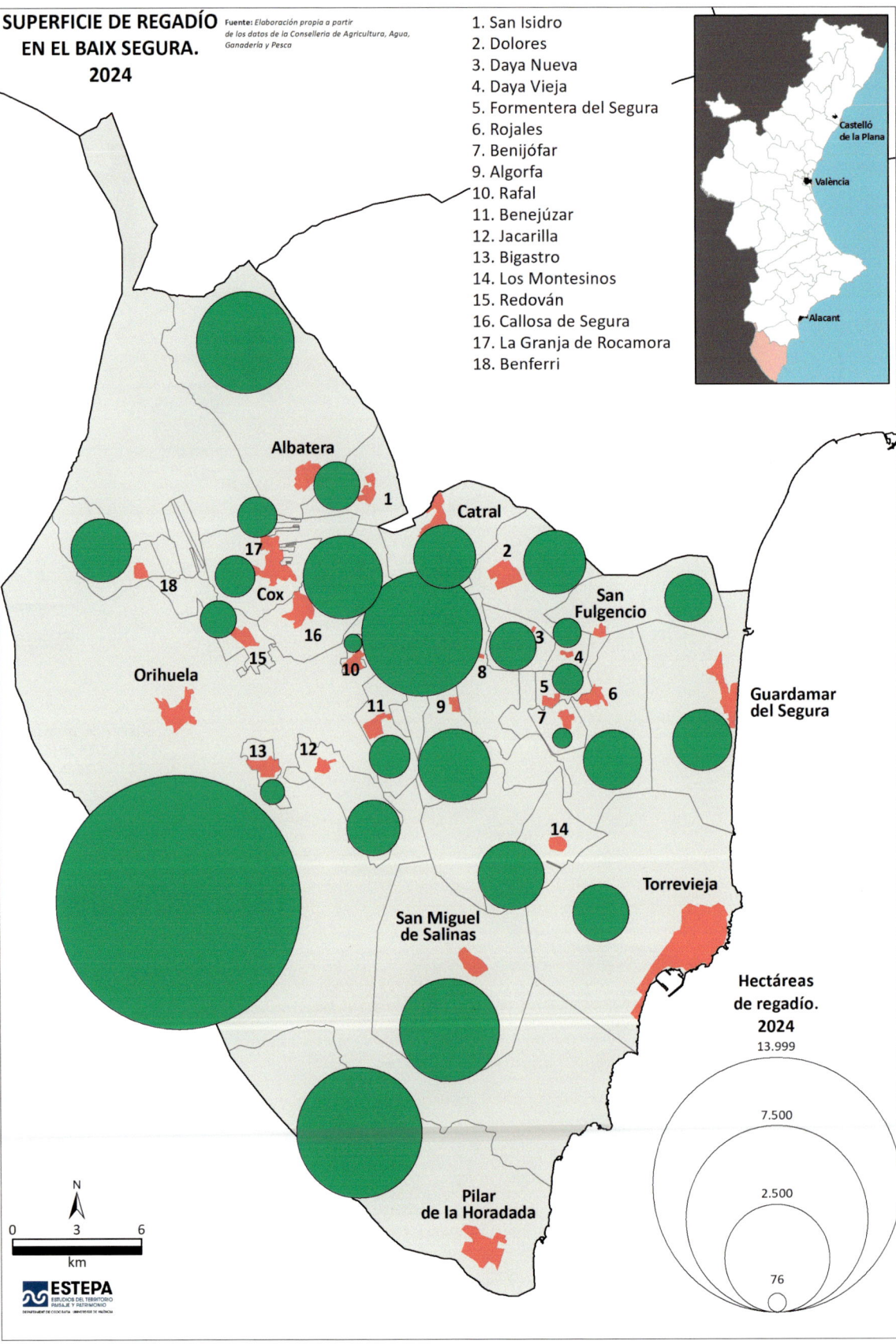

SUPERFICIE DE REGADÍO EN EL BAIX SEGURA. 2024

Fuente: Elaboración propia a partir de los datos de la Conselleria de Agricultura, Agua, Ganadería y Pesca

1. San Isidro
2. Dolores
3. Daya Nueva
4. Daya Vieja
5. Formentera del Segura
6. Rojales
7. Benijófar
9. Algorfa
10. Rafal
11. Benejúzar
12. Jacarilla
13. Bigastro
14. Los Montesinos
15. Redován
16. Callosa de Segura
17. La Granja de Rocamora
18. Benferri

Hectáreas de regadío. 2024

13.999
7.500
2.500
76

52

4. ESPECIALIZACIÓN COMARCAL DE LOS CULTIVOS DE REGADÍO

4.1. EL ALTO MIJARES: DISTRIBUCIÓN MUNICIPAL DEL REGADÍO Y DEL SECANO

La comarca del Alto Mijares, con una superficie cultivada total de 2.575 hectáreas, presenta un marcado predominio del secano (80,7%) frente al regadío (19,3%), reflejo de un territorio interior, montañoso y de relieve abrupto, donde la disponibilidad hídrica es limitada y los suelos cultivables se distribuyen en pequeñas terrazas fluviales o fondos de valle.

Principales municipios en superficie de regadío

El regadío se concentra de forma muy desigual en pocos municipios. Espadilla (59 ha), Cirat (44 ha), Montanejos (34 ha), Fanzara (32 ha) y Toga (40 ha) reúnen cerca de un tercio de toda la superficie regada comarcal, lo que indica una fuerte concentración espacial en torno a los valles del río Mijares y sus afluentes. En cambio, la mayoría de los municipios apenas superan las 20 hectáreas de regadío, lo que evidencia una estructura agraria muy fragmentada y de reducido tamaño medio de explotación.

El contraste más evidente se da entre Espadilla, donde el regadío representa el 55,7% de la superficie cultivada, y municipios de montaña como Cortes de Arenoso (4,3%), Villahermosa del Río (6,3%) o Montán (6,3%), donde el secano domina casi por completo. Este patrón refleja la influencia directa de la altitud, la pendiente y el acceso a cursos fluviales permanentes.

Comparación municipal: regadío, secano y total cultivado

El análisis conjunto muestra que los municipios situados en el valle medio del Mijares –como Cirat, Espadilla, Fanzara o Montanejos– concentran la mayor parte del regadío comarcal, favorecidos por su posición topográfica baja, la disponibilidad de agua superficial y la tradición hortícola vinculada a los pequeños regadíos locales. En cambio, las zonas altas y occidentales, más alejadas del cauce principal, mantienen una agricultura de secano extensivo, centrada en el almendro, el olivo y el cereal, con escasa modernización y fuerte dependencia de la climatología.

En términos globales, el Alto Mijares se caracteriza por un modelo agrícola tradicional y poco tecnificado, condicionado por la geografía y la baja densidad poblacional. La permanencia del regadío en algunos enclaves responde más a la inercia histórica y al aprovechamiento doméstico que a una estrategia de intensificación económica.

4.2. EL ALTO PALANCIA: DISTRIBUCIÓN MUNICIPAL DEL REGADÍO Y DEL SECANO

La comarca del Alto Palancia, con 16.399 hectáreas cultivadas, presenta un predominio del secano (77,9%) frente al regadío (22,1%). Aun así, la proporción de tierras irrigadas es significativamente superior a la de otras comarcas interiores de Castellón, reflejando una transición agrícola entre el sistema litoral valenciano y el interior montañoso del Sistema Ibérico. El valle del río Palancia actúa como eje estructurante del regadío comarcal, concentrando los principales núcleos agrícolas.

Principales municipios en superficie de regadío

Tratamiento estadístico mediante OpenAI. (2025). ChatGPT. https://chat.openai.com/

El regadío se concentra de forma destacada en Viver (778 ha), Segorbe (724 ha), Jérica (408 ha) y Soneja (375 ha), que juntas suman más del 60% del total regado comarcal.

Estas localidades se sitúan en el corredor del Palancia, beneficiadas por la disponibilidad de agua superficial y una topografía favorable para la agricultura intensiva.

Otros municipios con valores notables son Sot de Ferrer (92 ha), Bejís (96 ha) y Gaibiel (60 ha), todos ellos ubicados en el entorno medio del valle, donde el regadío se destina principalmente a hortalizas, frutales y cítricos. En contraste, los municipios del sector occidental y serrano, como Barracas (4,2% de regadío) o El Toro (5,3%), presentan una dedicación casi exclusiva al secano, condicionados por su altitud y régimen hídrico más irregular.

Comparación municipal: regadío, secano y total cultivado

El patrón espacial del Alto Palancia evidencia una clara relación entre proximidad fluvial y densidad de regadío. Los municipios situados en la llanura del Palancia –de Segorbe a Soneja– combinan explotaciones modernas con riegos tradicionales, reflejando un equilibrio entre producción hortícola y frutícola. Por el contrario, las zonas altas o periféricas presentan un paisaje agrario más extensivo, donde predominan el olivo, la vid y el almendro en condiciones de secano.

En términos relativos, Viver es el único municipio donde el regadío supera al secano (54% de superficie regada), evidenciando un proceso de modernización y aprovechamiento intensivo del agua. Geldo, aunque pequeño, también destaca con un 85% de regadío, vinculado a su enclave en el fondo de valle. En el resto del territorio, el regadío cumple una función de complemento productivo, orientado a autoconsumo o cultivos de huerta.

En conjunto, el Alto Palancia muestra una estructura agrícola dual, en la que conviven sistemas de regadío consolidados en el corredor central y amplias extensiones de secano en las sierras occidentales. Esta dualidad refleja tanto la herencia histórica del aprovechamiento hidráulico del Palancia como las limitaciones naturales y demográficas que caracterizan el interior castellonense.

4.3. EL BAIX MAESTRAT: DISTRIBUCIÓN MUNICIPAL DEL REGADÍO Y DEL SECANO

La comarca del Baix Maestrat alcanza una superficie cultivada total de 36.957 hectáreas, con un 62,1% de secano y un 37,9% de regadío. A diferencia del interior castellonense, este territorio presenta una clara orientación agrícola hacia el litoral y las zonas de planicie, donde la disponibilidad de agua y la modernización del riego han permitido desarrollar una agricultura intensiva, especialmente en el entorno de Vinaròs, Benicarló y Peñíscola.

Principales municipios en superficie de regadío

Los municipios con mayor superficie regada son Vinaròs (5.041 ha), Benicarló (2.276 ha), Alcalà de Xivert (1.512 ha) y Sant Jordi (1.036 ha), que concentran más del 75% del total comarcal. Estas localidades, situadas en el corredor litoral, conforman un continuo agrícola intensivo vinculado a los cultivos hortofrutícolas y a la expansión del regadío tecnificado. Peñíscola (1.094 ha) y Traiguera (858 ha) también destacan como núcleos relevantes, aunque en el segundo caso el regadío convive con amplias áreas de secano.

En contraposición, los municipios interiores como Rossell (0,6% de regadío), Canet lo Roig (0,6%) o Sant Mateu (1,5%) mantienen un predominio absoluto del secano, limitado por la altitud, el relieve y la menor disponibilidad de recursos hídricos.

Comparación municipal: regadío, secano y total cultivado

El patrón espacial del regadío en el Baix Maestrat refleja una transición litoral-interior muy marcada. Los municipios costeros concentran la casi totalidad del riego comarcal gracias a la disponibilidad de acuíferos y a la inversión en sistemas de goteo, mientras que en el interior el secano tradicional persiste como actividad complementaria.

Vinaròs y Benicarló, con más del 75% de sus superficies bajo regadío, son los principales centros de producción intensiva, impulsados por una agricultura comercial orientada a la exportación. En San Rafael del Río (52,9%) y Sant Jordi (48,9%) el regadío se aproxima al equilibrio con el secano, fruto de un proceso de modernización reciente. Por el contrario, en Sant Mateu, Rossell, Canet lo Roig o La Salzadella, el secano supera el 95%, evidenciando la permanencia de modelos extensivos de almendro, vid y olivo.

En conjunto, el Baix Maestrat presenta un modelo agrícola dual: un eje litoral tecnificado, intensivo y con fuerte orientación comercial frente a un interior rural de estructura más tradicional. Este contraste responde tanto a la geografía física —con la llanura costera como espacio óptimo para el regadío— como a las dinámicas económicas derivadas de la especialización hortícola y la presión urbanoturística del litoral norte castellonense.

4.4. EL BAIX SEGURA/LA VEGA BAJA: DISTRIBUCIÓN MUNICIPAL DEL REGADÍO Y DEL SECANO

La comarca del Baix Segura, conocida históricamente como la Vega Baja del Segura, constituye el territorio con mayor superficie de regadío de toda la Comunitat Valenciana, con 38.382 hectáreas regadas, lo que supone un 94,6% del total cultivado (40.589 ha). Este dominio absoluto del regadío convierte a la comarca en el principal enclave agrícola intensivo de la región, heredero de un sistema hidráulico milenario vinculado al río Segura y sus acequias históricas.

Principales municipios en superficie de regadío

El regadío se distribuye de forma concentrada en torno a los valles del Segura y sus afluentes, destacando Orihuela (13.999 ha), Almoradí (3.334 ha), Pilar de la Horadada (3.694 ha), Albatera (2.251 ha) y San Miguel de Salinas (2.282 ha) como los principales núcleos productivos. En conjunto, estos cinco municipios reúnen más del 60% del regadío comarcal, articulando un continuo agrícola intensivo que se extiende desde la frontera murciana hasta el litoral.

Prácticamente todos los municipios presentan un porcentaje de regadío superior al 90%, y en más de la mitad –como Benejúzar, Catral, Daya Nueva, Daya Vieja, Cox o Rojales– la totalidad del suelo cultivado está irrigado, alcanzando el 100 % de superficie regada.

Comparación municipal: regadío, secano y total cultivado

La estructura agraria del Baix Segura muestra un modelo de agricultura intensiva y altamente tecnificada, basado en la disponibilidad de agua proveniente del río Segura, los embalses del sistema Tajo-Segura y los acuíferos locales. Los municipios interiores de vega –como Almoradí, Callosa de Segura o Dolores– presentan una agricultura continua de huerta, mientras que en el litoral, localidades como Torrevieja o Pilar de la Horadada combinan usos agrícolas y urbanos, manteniendo aún extensas áreas de riego tradicional.

El secano apenas representa un 5,4% de la superficie comarcal, limitado a enclaves marginales del piedemonte o a pequeñas zonas de transición. Orihuela, pese a ser el municipio más extenso, es también el único donde el secano supera el 10%, concentrado en las sierras interiores.

En conjunto, el Baix Segura constituye el epicentro del regadío valenciano, caracterizado por una red hidráulica densa, una agricultura de alto rendimiento y una notable presión antrópica sobre los recursos hídricos. Su especialización productiva en hortalizas, cítricos y frutales la convierte en una de las áreas agrícolas más dinámicas y rentables de la Comunitat Valenciana, aunque también en una de las más vulnerables frente a la sobreexplotación de acuíferos y la salinización del suelo.

4.5. EL BAIX VINALOPÓ: DISTRIBUCIÓN MUNICIPAL DEL REGADÍO Y DEL SECANO

La comarca del Baix Vinalopó presenta una superficie cultivada total de 10.292 hectáreas, caracterizada por un predominio casi absoluto del regadío (98,3%) frente a un mínimo 1,7% de secano. Este dominio del riego la sitúa entre las zonas de agricultura más intensiva de la Comunitat Valenciana, en un contexto climático árido que ha requerido un notable esfuerzo técnico e infraestructural para sostener dicha actividad.

Principales municipios en superficie de regadío

El regadío se concentra principalmente en el municipio de Elche (8.091 ha), que representa cerca del 80% del total comarcal, seguido de Crevillent (1.603 ha) y Santa Pola (421 ha). Esta distribución evidencia una fuerte concentración territorial del regadío en torno al núcleo ilicitano, donde la modernización de las redes de riego y el aprovechamiento de aguas subterráneas y del trasvase Tajo-Segura han permitido mantener la productividad agrícola en un entorno de escasas precipitaciones.

Los tres municipios superan el 97% de superficie bajo regadío, configurando un sistema agrícola homogéneo, basado en cultivos hortícolas y frutales, aunque también con presencia de parcelas dedicadas a palmerales y cítricos en los márgenes urbanos.

Comparación municipal: regadío, secano y total cultivado

El modelo agrícola del Baix Vinalopó combina tradición y modernización. En Elche, el regadío está profundamente ligado al histórico sistema del Palmeral y las acequias árabes, hoy complementado con redes de riego a presión y aguas procedentes del trasvase. Crevillent mantiene un regadío moderno orientado a cultivos de invernadero y especies de alto valor añadido, mientras que Santa Pola, pese a su carácter costero y turístico, conserva pequeñas huertas irrigadas que aprovechan aguas reutilizadas y pozos locales.

El escaso peso del secano refleja la práctica desaparición de la agricultura extensiva tradicional en la comarca, sustituida por explotaciones intensivas con alta eficiencia hídrica. Este modelo ha permitido sostener la actividad agraria en un medio semiárido, aunque también ha incrementado la presión sobre los recursos hídricos y la dependencia de aportes externos.

En síntesis, el Baix Vinalopó representa un ejemplo paradigmático de agricultura tecnificada en condiciones áridas, donde la innovación hidráulica y la gestión del agua se han convertido en elementos esenciales para la viabilidad económica del territorio.

4.6. EL CAMP DE MORVEDRE: DISTRIBUCIÓN MUNICIPAL DEL REGADÍO Y DEL SECANO

La comarca del Camp de Morvedre, con una superficie cultivada total de 8.192 hectáreas, presenta un marcado predominio del regadío (87,0 %) frente al secano (13,0 %). Esta proporción la sitúa entre las áreas de mayor intensidad agrícola de la provincia de Valencia, impulsada por la modernización del sistema hidráulico del río Palancia y por la consolidación de la agricultura citrícola en torno a Sagunto y sus municipios colindantes.

Principales municipios en superficie de regadío

El regadío se concentra de manera muy clara en Sagunto, con 4.122 hectáreas, lo que representa más de la mitad del total comarcal. Le siguen Algímia d'Alfara (468 ha), Algar de Palancia (300 ha), Quart de les Valls (292 ha) y Benavites (313 ha). En conjunto, estos municipios suman más del 75% del regadío total, concentrado en la llanura prelitoral y en el eje del Palancia. Por el contrario, los municipios de montaña, como Segart (22,1% de regadío) o Estivella (51,9%), mantienen superficies más equilibradas debido a la fragmentación del relieve.

Comparación municipal: regadío, secano y total cultivado

El modelo agrario del Camp de Morvedre combina regadíos tradicionales de huerta y cítricos con nuevas zonas de riego localizado, destacando por su elevada tecnificación y su cercanía a los mercados metropolitanos de València. El secano, cada vez más residual, se mantiene en pequeñas explotaciones de olivar o almendro situadas en las estribaciones montañosas.

El regadío alcanza su máxima expresión en Benavites, Canet d'En Berenguer y Quart de les Valls, donde supera el 94 % de la superficie cultivada, mientras que los municipios interiores conservan un equilibrio algo mayor entre ambos sistemas. En conjunto, la comarca constituye un espacio agrícola intensivo, fuertemente vinculado a la exportación y al mercado urbano, con un modelo de regadío consolidado y sostenible gracias a una gestión eficiente del agua.

4.7. EL CAMP DE TÚRIA: DISTRIBUCIÓN MUNICIPAL DEL REGADÍO Y DEL SECANO

Con una superficie cultivada total de 25.540 hectáreas, el Camp de Túria presenta un 73,7 % de regadío y un 26,3 % de secano, consolidándose como una de las comarcas valencianas con mayor equilibrio entre ambos sistemas. Su localización en el corredor medio del Turia y su proximidad a la capital han favorecido un modelo agrícola diverso, caracterizado por la coexistencia de explotaciones modernas y de pequeñas huertas tradicionales.

Principales municipios en superficie de regadío

Los municipios con mayor extensión regada son Llíria (6.503 ha), Bétera (3.000 ha) y Vilamarxant (2.251 ha), seguidos por Riba-roja de Túria (1.233 ha) y Benaguasil (1.183 ha). Estas cinco localidades reúnen más del 70 % del regadío comarcal, concentrado en la llanura central y en las márgenes del río Turia. En cambio, los municipios situados en las estribaciones de la Sierra Calderona, como Gátova (8 %) o Serra (47,6 %), muestran una clara predominancia del secano.

Comparación municipal: regadío, secano y total cultivado

El Camp de Túria combina regadíos históricos vinculados al Turia con zonas de riego

moderno dependientes de pozos y redes presurizadas. Los municipios con mayor peso del regadío, como Bétera, Benaguasil o la Pobla de Vallbona, concentran cultivos de cítricos, hortalizas y frutales, mientras que en las áreas de transición hacia el interior —Casinos, Marines u Olocau— persisten explotaciones de almendro y olivo de carácter extensivo.

La comarca refleja una transición territorial entre la huerta valenciana y el piedemonte interior, donde la modernización del regadío ha permitido mantener la productividad y contener parcialmente el abandono agrario. En conjunto, el Camp de Túria constituye un espacio de agricultura diversificada y tecnificada, que combina tradición, modernización y una clara vinculación con la expansión metropolitana de València.

4.8. EL COMTAT: DISTRIBUCIÓN MUNICIPAL DEL REGADÍO Y DEL SECANO

La comarca de El Comtat, con 10.575 hectáreas cultivadas, presenta una estructura agrícola claramente dominada por el secano (94,9%) frente al regadío (5,1%). Este predominio responde a un medio físico montañoso, con escasa disponibilidad hídrica y una marcada fragmentación del terreno, lo que limita la implantación de sistemas de riego extensivos. La agricultura comarcal conserva un carácter tradicional, basada en el aprovechamiento de pequeñas parcelas y en cultivos mediterráneos resistentes a la sequía.

Principales municipios en superficie de regadío

Los municipios con mayor extensión de regadío son Cocentaina (129 ha), Planes (67 ha), Muro de Alcoy (80 ha) y Beniarrés (39 ha), que concentran más del 60% del regadío comarcal. Todos ellos se sitúan en el eje meridional de la comarca, en torno al valle del río Serpis y la cuenca del embalse de Beniarrés, donde existen pequeños regadíos de huerta tradicional. En el resto del territorio, el riego tiene un papel meramente residual, siendo inexistente en numerosos municipios como Balones, Millena o Famorca, donde la totalidad de la superficie cultivada es de secano.

Comparación municipal: regadío, secano y total cultivado

El modelo agrario de El Comtat refleja una economía rural de base tradicional, caracterizada por la presencia de cultivos leñosos (almendro, olivo, vid) en secano y pequeños huertos de regadío vinculados a manantiales o rieras locales. El bajo porcentaje de regadío se asocia a las limitaciones hídricas y orográficas, que impiden el desarrollo de infraestructuras modernas.

Los municipios del fondo de valle, como Cocentaina o Muro de Alcoy, han mantenido una cierta estabilidad gracias a su proximidad a centros urbanos y a una agricultura de autoconsumo modernizada, mientras que el resto del territorio acusa una tendencia al abandono agrario. En conjunto, El Comtat constituye un ejemplo representativo de paisaje agrícola de montaña, con baja productividad y fuerte dependencia de las condiciones climáticas.

4.9. EL RINCÓN DE ADEMUZ: DISTRIBUCIÓN MUNICIPAL DEL REGADÍO Y DEL SECANO

La comarca del Rincón de Ademuz, situada en el extremo noroccidental de la Comunitat Valenciana, presenta una superficie cultivada de 3.127 hectáreas, de las cuales el 91,5% corresponde a secano y el 8,5% a regadío. Su aislamiento geográfico y su morfología interior explican un modelo agrario de montaña, con escasa diversificación y un uso del agua muy localizado en las vegas fluviales del río Turia y sus afluentes.

Principales municipios en superficie de regadío

Los principales núcleos regados son Ademuz (98 ha), Torrebaja (57 ha) y Casas Altas (29 ha), que en conjunto suman más del 70% del regadío comarcal. En estos municipios, el riego se distribuye a lo largo de las márgenes del Turia y se destina principalmente a huertos familiares y pequeñas parcelas frutales. En contraste, el resto del territorio –como Puebla de San Miguel, Vallanca o Castielfabib– mantiene un claro predominio del secano, condicionado por la altitud y la falta de infraestructuras hidráulicas permanentes.

Comparación municipal: regadío, secano y total cultivado

El regadío del Rincón de Ademuz es de carácter residual y localizado, concentrado en las vegas más fértiles, donde permite mantener cierta autosuficiencia alimentaria. En Torrebaja, único municipio donde el regadío supera al secano (60%), se ha consolidado un aprovechamiento intensivo de los márgenes fluviales, mientras que en el resto predomina la agricultura de secano, dedicada al cereal, la vid y el almendro.

El conjunto comarcal refleja un modelo agrícola de subsistencia y escasa tecnificación, condicionado por la orografía y el aislamiento. La despoblación y la discontinuidad territorial han limitado la modernización del sector, aunque el regadío existente sigue representando un elemento de estabilidad local en un contexto de progresiva pérdida de actividad agraria.

4.10. EL VALLE DE COFRENTES-AYORA: DISTRIBUCIÓN MUNICIPAL DEL REGADÍO Y DEL SECANO

La comarca del Valle de Cofrentes-Ayora cuenta con 14.124 hectáreas cultivadas, de las cuales el 84,8% corresponde a secano y el 15,2% a regadío. Este territorio, situado en el extremo suroccidental de la provincia de Valencia, combina una topografía irregular con un clima de carácter continental, lo que limita la expansión del regadío y determina una agricultura de base tradicional y fuerte dependencia climática.

Principales municipios en superficie de regadío

El regadío se concentra principalmente en Ayora (1.348 ha), que aglutina cerca del 63% del total comarcal, seguida a gran distancia por Jarafuel (218 ha), Cofrentes (169 ha) y Cortes de Pallás (122 ha). Estas zonas, situadas en torno a los cursos de los ríos Júcar y Cabriel, disponen de mejores condiciones para el aprovechamiento hídrico, gracias a la existencia de manantiales y al uso complementario de aguas subterráneas. En contraste, municipios como Zarra (7,5% de regadío) o Jalance (10,9%) mantienen una dedicación casi exclusiva al secano.

Comparación municipal: regadío, secano y total cultivado

La agricultura comarcal se caracteriza por un predominio de cultivos leñosos de secano –olivo, almendro y vid–, combinados con pequeñas superficies de regadío destinadas a frutales y hortalizas de autoconsumo. Las diferencias internas son notables: mientras que en Ayora el regadío desempeña un papel importante en la economía local, en el resto de municipios tiene un carácter complementario y marginal.

La comarca muestra un modelo agrícola de baja densidad y escasa tecnificación, condicionado por la orografía y la aridez, aunque su proximidad a los embalses del Júcar y a infraestructuras hidroeléctricas abre potenciales para una modernización parcial en el futuro.

4.11. EL VINALOPÓ MITJÀ: DISTRIBUCIÓN MUNICIPAL DEL REGADÍO Y DEL SECANO

El Vinalopó Mitjà presenta una superficie cultivada total de 19.940 hectáreas, de las cuales el 64,9% corresponde a regadío y el 35,1% a secano. Este equilibrio, aunque inclinado hacia el riego, refleja una comarca de agricultura tecnificada en entorno semiárido, donde el aprovechamiento intensivo del agua procedente de pozos, embalses y del trasvase Tajo-Segura ha permitido sostener un sistema agrario de alto valor añadido.

Principales municipios en superficie de regadío

Los municipios con mayor superficie regada son Pinoso (3.074 ha), Monóvar (2.280 ha), Novelda (1.817 ha) y Monforte del Cid (1.700 ha), que concentran cerca del 70 % del regadío comarcal. En estos municipios se ha consolidado una agricultura diversificada basada en viñedos de uva de mesa, hortalizas y frutales, combinando cultivos tradicionales con una clara orientación comercial. Aspe (1.624 ha) y Hondón de las Nieves (1.110 ha) completan este eje agrícola intensivo que estructura el valle medio del Vinalopó.

61

Comparación municipal: regadío, secano y total cultivado

El modelo agrícola de la comarca se apoya en un uso racional del agua mediante riego localizado y gestión de recursos subterráneos. Los municipios más regados, como Aspe o Novelda, superan el 90% de superficie irrigada, mientras que en otros, como Algueña o Pinoso, persiste una importante proporción de secano que combina viñedo y almendro.

El Vinalopó Mitjà representa uno de los ejemplos más característicos de agricultura mediterránea de interior modernizada, donde la iniciativa privada y la cooperación de comunidades de regantes han permitido adaptar un entorno árido a una producción intensiva y tecnológicamente avanzada.

4.12. ELS PORTS: DISTRIBUCIÓN MUNICIPAL DEL REGADÍO Y DEL SECANO

La comarca de Els Ports dispone de una superficie cultivada total de 4.170 hectáreas, de las cuales el 96,9 % corresponde a secano y tan solo el 3,1 % a regadío, situándose entre las zonas menos irrigadas de la Comunitat Valenciana. Se trata de un territorio eminentemente interior, de relieve accidentado, clima frío y pluviometría irregular, factores que condicionan un modelo agrario tradicional basado en cultivos extensivos de bajo rendimiento.

Principales municipios en superficie de regadío

El regadío es muy limitado y se reparte de forma dispersa entre los distintos municipios. Destacan Forcall (24 ha), Morella (21 ha) y Zorita del Maestrazgo (11 ha) como los enclaves con mayor superficie irrigada, concentrando en conjunto casi la mitad del total comarcal. En estas localidades, el riego se localiza en pequeños huertos familiares o parcelas situadas junto a cursos fluviales como el río Bergantes. En el resto de municipios, las cifras de regadío son meramente testimoniales, con valores entre el 2 y el 10% del total cultivado.

Comparación municipal: regadío, secano y total cultivado

El predominio del secano en Els Ports se explica por las limitaciones físicas y climáticas del territorio. La altitud, la pendiente y la lejanía de fuentes hídricas estables han dificultado históricamente la implantación de regadíos. Los cultivos predominantes son el cereal, la vid y el almendro, mientras que el regadío se destina a hortalizas de autoconsumo. Este patrón configura un paisaje agrario de alta montaña mediterránea, de baja densidad y fuerte dependencia de las precipitaciones, con escasas perspectivas de expansión del riego por las limitaciones estructurales y la despoblación rural.

4.13. LA CANAL DE NAVARRÉS: DISTRIBUCIÓN MUNICIPAL DEL REGADÍO Y DEL SECANO

La comarca de La Canal de Navarrés cuenta con 9.381 hectáreas cultivadas, de las cuales el 71,7% corresponde a secano y el 28,3% a regadío. Este equilibrio, más favorable al riego que en otras zonas interiores, se explica por la disponibilidad de recursos hídricos procedentes del río Sellent y de numerosos manantiales, que han permitido el desarrollo de una agricultura de huerta tradicional junto a explotaciones de frutales y cítricos.

Principales municipios en superficie de regadío

Los municipios con mayor superficie regada son Enguera (742 ha), Anna (637 ha) y Chella (426 ha), que concentran más del 65% del regadío comarcal. Estas localidades se ubican en el eje central del valle, donde la topografía más suave y la presencia de infraestructuras hidráulicas favorecen el aprovechamiento agrícola del agua. Por su parte, Navarrés (331 ha) y Quesa (140 ha) mantienen una proporción significativa de regadío, aunque de carácter mixto y disperso. En cambio, municipios como Bicorp o Millares conservan un perfil más de montaña, con predominio del secano.

Comparación municipal: regadío, secano y total cultivado

La Canal de Navarrés representa un modelo agrícola de transición entre las comarcas interiores secas y las vegas regadas del centro valenciano. En los municipios de vega baja, el regadío alcanza valores superiores al 50%, mientras que en las zonas altas domina el secano con cultivos de olivo y almendro. Anna, con un 54% de superficie regada, ejemplifica la coexistencia de una agricultura tradicional de huerta con sistemas de riego modernizados.

En conjunto, la comarca muestra una diversificación productiva y una buena gestión hídrica, sustentada en recursos locales. Su carácter mixto la convierte en un espacio de transición clave entre los sistemas de regadío intensivo del litoral y la agricultura de secano del interior valenciano.

4.14. LA COSTERA: DISTRIBUCIÓN MUNICIPAL DEL REGADÍO Y DEL SECANO

La comarca de La Costera dispone de una superficie cultivada de 15.875 hectáreas, de las cuales el 72,4% corresponde a regadío y el 27,6% a secano. Este predominio del riego sitúa a la comarca entre las áreas más intensivas del interior valenciano, gracias a su localización estratégica en el valle medio del río Cànyoles y a la existencia de una amplia red de acequias y manantiales.

Principales municipios en superficie de regadío

Los municipios con mayor superficie irrigada son Xàtiva (2.899 ha), Montesa (1.443 ha), Vallada (1.217 ha), La Font de la Figuera (1.009 ha) y Moixent (996 ha). Estas cinco localidades reúnen cerca del 65% del regadío comarcal, concentrándose en el eje que conecta la llanura central con el corredor hacia el interior. En cambio, los municipios menores como La Granja de la Costera, Rotglà i Corberà o Cerdà presentan superficies reducidas, aunque con porcentajes de regadío muy altos –superiores al 85%–, asociados a una agricultura hortofrutícola intensiva.

Comparación municipal: regadío, secano y total cultivado

El modelo agrario de La Costera combina huertas tradicionales y regadíos modernizados, con un uso eficiente del agua que ha permitido mantener la competitividad del sector agrícola. Los municipios de la ribera del Cànyoles concentran los cultivos de cítricos, caqui y frutales, mientras que en el piedemonte y zonas altas persisten parcelas de secano dedicadas al olivar y al almendro.

El regadío alcanza su máximo peso en Montesa (96,2%) y Xàtiva (95,2%), confirmando el carácter intensivo del valle central. En contraste, La Font de la Figuera y Moixent muestran un equilibrio relativo entre ambos sistemas, reflejando la transición hacia la agricultura más extensiva del interior. En conjunto, La Costera constituye un espacio agrícola diversificado y modernizado, donde el riego se integra plenamente en la economía local.

4.15. LA HOYA DE BUÑOL: DISTRIBUCIÓN MUNICIPAL DEL REGADÍO Y DEL SECANO

La comarca de La Hoya de Buñol cuenta con 13.762 hectáreas cultivadas, repartidas de manera equilibrada entre el regadío (53,0%) y el secano (47,0%). Su localización en el corredor central de la provincia de Valencia y la influencia del río Buñol explican la coexistencia de un regadío de vega con amplias zonas de cultivo de secano en piedemontes y laderas.

Principales municipios en superficie de regadío

Los municipios con mayor extensión regada son Chiva (2.856 ha), Cheste (1.691 ha) y Godelleta (1.479 ha), que concentran más del 80 % del regadío comarcal. Estas localidades conforman el núcleo agrícola principal de la comarca, caracterizado por el predominio de los cítricos, la vid y las hortalizas. Otros municipios con superficies relevantes son Buñol (194 ha) y Yátova (269 ha), aunque en ambos el secano sigue teniendo un papel importante. En el extremo occidental, Dos Aguas y Siete Aguas mantienen una agricultura de montaña más dependiente del secano y de la disponibilidad de agua local.

Comparación municipal: regadío, secano y total cultivado

El patrón agrícola de la Hoya de Buñol muestra un modelo mixto, donde la modernización del riego ha avanzado de forma desigual. En los municipios más próximos al área metropolitana de Valencia –Chiva, Cheste y Godelleta–, el regadío supera el 60 % y se asocia a cultivos intensivos de frutales y viñedos tecnificados. En cambio, en las zonas más interiores, como Yátova o Dos Aguas, prevalece una agricultura tradicional de secano con limitadas áreas de riego.

La comarca se caracteriza por su heterogeneidad interna y su doble vocación agrícola e industrial, donde la modernización agraria ha coexistido con el crecimiento urbano e infraestructural. En conjunto, la Hoya de Buñol representa una transición geográfica entre las huertas valencianas y las tierras interiores, combinando un regadío tecnificado con una agricultura de secano aún relevante.

4.16. LA MARINA ALTA: DISTRIBUCIÓN MUNICIPAL DEL REGADÍO Y DEL SECANO

La comarca de La Marina Alta dispone de una superficie cultivada total de 11.236 hectáreas, con un 56,1% de regadíoy un 43,9% de secano. Este equilibrio refleja la coexistencia de una agricultura tradicional de montaña con zonas de regadío intensivo en el litoral y en los valles fluviales del Girona, Gorgos y Ràfol. La diversidad paisajística y la fragmentación del territorio explican la marcada heterogeneidad interna en la distribución del riego.

Principales municipios en superficie de regadío

Los municipios con mayor extensión regada son Pego (1.806 ha), Dénia (875 ha), Pedreguer (450 ha), Ondara (356 ha) y Orba (281 ha), que concentran más del 60 % del regadío comarcal. Estos núcleos se localizan en la llanura litoral y en las vegas bajas de los principales ríos, donde predominan cultivos hortícolas y frutales bajo riego intensivo. En contraste, las zonas interiores y montañosas —como Vall de Gallinera, Benissa, Teulada o Castell de Castells— presentan porcentajes de regadío inferiores al 20%, dominados por secanos tradicionales de olivo y almendro.

Comparación municipal: regadío, secano y total cultivado

El regadío en la Marina Alta combina sistemas tradicionales y modernos, con una notable dependencia de pozos, manantiales y pequeñas infraestructuras hidráulicas. Pego destaca por su elevado grado de irrigación (97,8%), ligado a los arrozales de la Marjal de Pego-Oliva, mientras que municipios como Ondara, Verger y Benimeli superan el 90%, consolidando un eje litoral de agricultura tecnificada. En cambio, en las sierras del interior el secano alcanza valores superiores al 90%, manteniendo cultivos de bajo rendimiento. En conjunto, la comarca ilustra un modelo agrario mixto, donde el litoral y las vegas fluviales impulsan el regadío mientras el interior conserva su estructura tradicional.

4.17. LA MARINA BAIXA: DISTRIBUCIÓN MUNICIPAL DEL REGADÍO Y DEL SECANO

La comarca de La Marina Baixa cuenta con 6.868 hectáreas cultivadas, distribuidas en un 54,8% de regadío y un 45,2% de secano, cifras muy próximas a la media autonómica. Esta proporción refleja un equilibrio entre el aprovechamiento intensivo de las vegas fluviales y el mantenimiento de la agricultura de montaña en el interior. El relieve abrupto y la fuerte presión urbana y turística condicionan la estructura agraria, concentrando la actividad agrícola en los valles del Guadalest y Algar.

Principales municipios en superficie de regadío

El regadío se concentra en Callosa d'en Sarrià (1.180 ha), Altea (459 ha), La Vila Joiosa (426 ha) y Polop (225 ha), que reúnen cerca del 70% del total comarcal. Estas localidades forman el eje central de la agricultura de regadío en la comarca, destacando Callosa por su producción de nísperos y cítricos, que sustentan buena parte de la economía agraria local. Otros municipios costeros como Benidorm, L'Alfàs del Pi y La Nucia presentan también

porcentajes elevados de regadío, aunque con superficies más reducidas. En contraste, los municipios del interior montañoso –Relleu, Sella, Confrides o Tàrbena– conservan una estructura agraria extensiva basada en el secano.

Comparación municipal: regadío, secano y total cultivado

El patrón agrícola de la Marina Baixa muestra una clara dualidad litoral-interior. En la franja costera y los valles fluviales, el regadío intensivo domina gracias a la modernización de redes y la reutilización de aguas depuradas. En cambio, en las zonas altas el secano se mantiene, aunque con una tendencia al abandono por la falta de rentabilidad y el envejecimiento de la población agrícola.

La comarca presenta así una agricultura diversificada y adaptada a la presión turística, donde el regadío desempeña un papel clave en la economía local, mientras que el secano mantiene un valor paisajístico y cultural más que productivo.

4.18. LA PLANA ALTA: DISTRIBUCIÓN MUNICIPAL DEL REGADÍO Y DEL SECANO

La comarca de La Plana Alta presenta una superficie cultivada total de 26.317 hectáreas, de las cuales el 33,9% corresponde a regadío y el 66,1% a secano. Se trata de una de las comarcas más extensas y heterogéneas de la provincia de Castellón, donde coexisten una agricultura intensiva en el litoral y un secano tradicional en el interior. El relieve suavemente inclinado hacia el mar y la influencia de los cursos del río Mijares y sus acuíferos costeros han favorecido la consolidación de áreas de regadío muy productivas.

Principales municipios en superficie de regadío

El regadío se concentra de manera clara en los municipios litorales y periurbanos: Castelló de la Plana (3.107 ha), Almassora (1.281 ha), Torreblanca (1.012 ha) y Cabanes (1.360 ha), que en conjunto suman más del 70% del total regado comarcal. Estas zonas, próximas a la costa, presentan una agricultura de alto valor añadido centrada en los cítricos y hortalizas de exportación, con un nivel de tecnificación elevado. En contraste, el interior –Vall d'Alba, Benlloc, Vilanova d'Alcolea o La Pobla Tornesa– mantiene una estructura de secano dominante, con cultivos de almendro, vid y olivo, que ocupan grandes extensiones, pero con menor rentabilidad.

Comparación municipal: regadío, secano y total cultivado

El modelo agrario de La Plana Alta refleja una transición progresiva entre litoral e interior. En los municipios costeros como Almassora o Castelló de la Plana, el regadío supera el 95%, mientras que en las zonas más elevadas, como Sierra Engarcerán o Vall d'Alba, el secano alcanza valores superiores al 90%. Esta dualidad territorial se explica por la disponibilidad hídrica, la accesibilidad al mercado y la urbanización litoral. La comarca combina así un regadío intensivo, moderno y vinculado a la exportación con un secano tradicional de baja densidad, configurando un mosaico agrario representativo del litoral castellonense.

4.19. LA PLANA BAIXA: DISTRIBUCIÓN MUNICIPAL DEL REGADÍO Y DEL SECANO

La comarca de La Plana Baixa cuenta con 21.095 hectáreas cultivadas, de las cuales el 86,6% corresponde a regadío y solo el 13,4% a secano. Es, junto con La Vega Baja y

L'Horta, una de las zonas más intensivamente irrigadas de la Comunitat Valenciana. La amplia llanura costera, la fertilidad de los suelos y la abundancia de recursos hídricos —provenientes del río Mijares, de acuíferos y del uso de aguas regeneradas— han permitido consolidar un modelo agrícola de alta productividad.

Principales municipios en superficie de regadío
El regadío se encuentra altamente concentrado en Vila-real (2.663 ha), Nules (2.610 ha), Onda (3.106 ha) y Borriana (2.520 ha), que en conjunto suman más del 55% del total comarcal. También destacan Alqueries (840 ha) y Almenara (1.321 ha), completando el continuo agrícola intensivo del eje central de la comarca. En cambio, los municipios del sector montañoso –como Eslida, Aín o Suera– presentan una estructura de secano dominante, de carácter marginal.

Comparación municipal: regadío, secano y total cultivado
El modelo agrícola de La Plana Baixa está dominado por los cítricos, especialmente el naranjo, que ocupan la mayor parte del regadío. Municipios como Borriana, Vila-real o Nules alcanzan valores de riego superiores al 98%, configurando un paisaje agrícola continuo y homogéneo. El secano, residual, se conserva en áreas de relieve irregular y menor acceso hídrico.

En conjunto, la comarca representa uno de los espacios de agricultura intensiva más consolidados de la Comunitat Valenciana, donde la eficiencia hídrica, la proximidad al puerto de Castelló y la infraestructura logística refuerzan su competitividad. Frente al modelo mixto de La Plana Alta, la Plana Baixa constituye el núcleo agrario plenamente irrigado del litoral castellonense.

4.20. LA PLANA DE UTIEL-REQUENA: DISTRIBUCIÓN MUNICIPAL DEL REGADÍO Y DEL SECANO
La comarca de La Plana de Utiel-Requena cuenta con 55.598 hectáreas cultivadas, de las cuales el 72,0% corresponden a secano y el 28,0% a regadío. Esta proporción confirma el predominio del secano, aunque en las últimas décadas se ha producido un proceso sostenido de expansión del regadío, impulsado por la modernización de pozos y la diversificación de cultivos. Su localización en la meseta interior, con clima continental y suelos fértiles, explica la vocación vitivinícola dominante.

Principales municipios en superficie de regadío
Los principales municipios regados son Requena (6.985 ha), Utiel (3.004 ha), Venta del Moro (2.470 ha) y Villargordo del Cabriel (729 ha), que concentran más del 85% del total comarcal. Estas localidades aprovechan el acceso al acuífero de Utiel-Requena y a las aguas del río Cabriel, combinando cultivos de vid con parcelas de hortalizas y frutales. En cambio, los municipios más pequeños, como Chera o Sinarcas, presentan porcentajes de regadío más bajos, asociados a pequeñas vegas locales.

Comparación municipal: regadío, secano y total cultivado
El paisaje agrícola de la comarca refleja una estructura polarizada: el secano predomina en amplias extensiones dedicadas al viñedo, mientras el regadío se concentra en los fondos de valle y zonas de vega. Municipios como Villargordo del Cabriel (36,1% de regadío) o

Requena (31,0%) muestran una mayor diversificación, mientras que otros, como Fuenterrobles o Sinarcas, mantienen una orientación casi exclusiva al secano.

En conjunto, La Plana de Utiel-Requena representa un modelo agrícola de interior en proceso de modernización, donde la expansión del regadío ha permitido mejorar la rentabilidad y reducir la vulnerabilidad frente a la sequía, aunque el viñedo continúa siendo el pilar económico principal.

4.21. LA RIBERA ALTA: DISTRIBUCIÓN MUNICIPAL DEL REGADÍO Y DEL SECANO

La comarca de La Ribera Alta constituye uno de los territorios más irrigados de la Comunitat Valenciana, con 40.955 hectáreas cultivadas, de las cuales el 91,7% son de regadío y solo el 8,3% de secano. Su posición en el valle medio del río Júcar y la existencia de un sistema de acequias históricas explican este claro predominio. El regadío de la Ribera Alta representa cerca del 12% del total de la superficie regada de toda la Comunitat Valenciana, lo que refleja su importancia estratégica en el conjunto agrícola autonómico.

Principales municipios en superficie de regadío

Los municipios con mayor superficie regada son Alzira (4.881 ha), Carlet (2.640 ha), Carcaixent (2.507 ha), Turís (2.394 ha), Algemesí (3.272 ha) y Guadassuar (2.107 ha), que suman más del 45% del total comarcal. En estas localidades, el regadío alcanza valores superiores al 95%, sustentado por una red hidráulica eficiente que permite el cultivo intensivo de cítricos, caquis y hortalizas. En la práctica totalidad de los municipios de la comarca, el regadío supera el 90 %, salvo en áreas de transición como Tous o Sumacàrcer, donde el relieve y la pendiente limitan parcialmente su expansión.

Comparación municipal: regadío, secano y total cultivado

La Ribera Alta presenta un modelo agrario intensivo y altamente especializado, centrado en la producción hortofrutícola para exportación y abastecimiento de los mercados urbanos. La totalidad de la franja central de la comarca –entre Alzira, Carcaixent y Benifaió– constituye un continuo agrícola regado, mientras que las zonas de secano se restringen a pequeñas áreas de piedemonte.

La estabilidad del regadío se ha visto reforzada por la modernización de los sistemas de distribución del Júcar y por una estructura cooperativa consolidada. En conjunto, la Ribera Alta representa la síntesis del modelo de huerta valenciana moderna, caracterizada por su alta productividad y por un aprovechamiento hídrico sostenible que mantiene viva la tradición agrícola del territorio.

4.22. LA RIBERA BAIXA: DISTRIBUCIÓN MUNICIPAL DEL REGADÍO Y DEL SECANO

La comarca de La Ribera Baixa constituye el ejemplo más extremo de predominio del regadío en toda la Comunitat Valenciana. De las 19.141 hectáreas cultivadas, prácticamente la totalidad –100%– corresponde a superficie regada. Este hecho responde a la ubicación de la comarca en la vega baja del río Júcar y al aprovechamiento histórico de su sistema de acequias, que ha configurado uno de los paisajes agrícolas más intensivos y continuos del litoral valenciano.

Principales municipios en superficie de regadío

Los municipios con mayor superficie irrigada son Sueca (7.591 ha), Cullera (3.061 ha) y Sollana (3.042 ha), que concentran conjuntamente más del 70% del regadío comarcal. Estos tres núcleos constituyen el eje agrícola principal de la Ribera Baixa, especializado en el cultivo del arroz y, en menor medida, de cítricos y hortalizas. Les siguen Corbera (1.165 ha), Albalat de la Ribera (1.218 ha) y Polinyà de Xúquer (646 ha), municipios de vega media que mantienen una estructura agrícola de gran densidad parcelaria.

Comparación municipal: regadío, secano y total cultivado

La homogeneidad territorial de la Ribera Baixa es prácticamente absoluta: el secano es residual o inexistente, y el regadío ocupa la totalidad de la superficie agrícola en todos los municipios salvo pequeñas excepciones. El sistema de riego se apoya en infraestructuras tradicionales gestionadas por comunidades de regantes que canalizan el agua del Júcar. La alta productividad agrícola y la cercanía a los mercados metropolitanos explican su orientación intensiva.

En conjunto, la Ribera Baixa representa el modelo paradigmático de la huerta valenciana litoral, donde la continuidad espacial del regadío y la especialización en cultivos de arroz y cítricos configuran un paisaje de elevada productividad y valor histórico-cultural.

4.23. LA SAFOR: DISTRIBUCIÓN MUNICIPAL DEL REGADÍO Y DEL SECANO

La comarca de La Safor presenta una superficie cultivada total de 11.388 hectáreas, de las cuales el 97,2% corresponde a regadío y solo el 2,8% a secano. Este predominio del riego sitúa a La Safor entre las comarcas de mayor intensidad agrícola de la Comunitat Valenciana, favorecida por su topografía llana, la presencia de acuíferos y la red fluvial del río Serpis.

Principales municipios en superficie de regadío

Los principales municipios regados son Oliva (1.917 ha), Gandia (1.360 ha), Tavernes de la Valldigna (1.958 ha) y Simat de la Valldigna (588 ha), que concentran en conjunto más del 55% del total comarcal. Estos municipios forman el eje agrícola de la costa sur valenciana, donde el regadío se destina principalmente a cítricos, caqui y hortalizas. Otros núcleos con elevada proporción de riego son Ador (100%), Almiserà (97,2%) y Potries (99,2%), evidenciando la densidad y continuidad del sistema agrícola en la llanura central de la comarca.

Comparación municipal: regadío, secano y total cultivado

El patrón agrario de La Safor combina una agricultura intensiva y tecnificada en el litoral con pequeñas zonas de secano en el interior montañoso, como Barx (62,7% de secano) o Vilallonga (9,6%). El regadío ocupa prácticamente toda la franja costera, sustentado en redes hidráulicas históricas y en el uso de aguas subterráneas.

En conjunto, La Safor mantiene una estructura productiva muy similar a la de la Ribera Baixa, con la diferencia de que la primera diversifica algo más sus cultivos. Ambas comarcas forman el núcleo agrícola más intensivo del litoral central valenciano, caracterizado por su alta productividad, su densa red de regadío y su valor histórico dentro del sistema de huertas mediterráneas.

4.24. LA VALL D'ALBAIDA: DISTRIBUCIÓN MUNICIPAL DEL REGADÍO Y DEL SECANO

La comarca de La Vall d'Albaida presenta una superficie cultivada total de 17.792 hectáreas, con predominio del secano (56,5 %) frente al regadío (43,5 %). Este equilibrio relativo refleja la transición entre el interior seco y las áreas más irrigadas del centro valenciano. La diversidad de condiciones geográficas, un relieve accidentado y la distribución desigual de recursos hídricos explican la marcada heterogeneidad de su estructura agraria.

Principales municipios en superficie de regadío

Los municipios con mayor superficie irrigada son Fontanars dels Alforins (860 ha), Ontinyent (798 ha), Llutxent (742 ha), Albaida (660 ha) y La Pobla del Duc (426 ha), que en conjunto representan más del 45% del total comarcal. Estas localidades conforman los principales ejes agrícolas de regadío, situados en los valles del río Clariano y del Micena, donde el riego se destina a cultivos de hortalizas, frutales y forrajeras. En el resto de la comarca, el regadío se distribuye en pequeñas huertas locales que complementan la producción de secano.

Comparación municipal: regadío, secano y total cultivado

El patrón agrícola de la Vall d'Albaida se caracteriza por una dualidad estructural. En los municipios situados en las zonas bajas del valle –como Llutxent, Quatretonda o Benicolet, con más del 60% de regadío–, el riego tiene un papel destacado, mientras que en los municipios de montaña, como Bocairent, Salem o Beniatjar, el secano supera el 80%.

El cultivo predominante en secano es el olivo, acompañado de almendros y vid, mientras que el regadío se destina a productos hortofrutícolas y al caqui en expansión. En conjunto, la Vall d'Albaida representa un modelo de equilibrio agrario entre la montaña y la llanura, donde la modernización del regadío ha permitido mantener la actividad agrícola en un territorio de fuerte relieve y dispersión poblacional.

4.25. L'ALACANTÍ: DISTRIBUCIÓN MUNICIPAL DEL REGADÍO Y DEL SECANO

La comarca de L'Alacantí dispone de 6.809 hectáreas cultivadas, de las cuales el 66,4% son de regadío y el 33,6% de secano. Este predominio del riego responde al aprovechamiento de las infraestructuras hidráulicas vinculadas al Canal del Cid, a los pozos de Mutxamel y Sant Joan, y al uso de aguas regeneradas en el litoral. El carácter semiárido del territorio ha impulsado un modelo agrícola tecnificado y dependiente de la gestión eficiente del agua.

Principales municipios en superficie de regadío

El regadío se concentra principalmente en los municipios de Alicante (1.628 ha), Agost (1.017 ha), Mutxamel (837 ha) y El Campello (166 ha), que reúnen más del 80% del total comarcal. Estos núcleos conforman el corredor agrícola litoral y periurbano del entorno metropolitano de Alicante, donde los cultivos de regadío, fundamentalmente hortalizas, cítricos y flor cortada, se integran con usos residenciales y de servicios. En contraste, los municipios interiores, como La Torre de les Maçanes (4,3%) o Xixona (31,9%), mantienen una dedicación mayoritaria al secano.

Comparación municipal: regadío, secano y total cultivado

El modelo agrícola de L'Alacantí es el de una agricultura intensiva en entorno semiárido, sustentada por la modernización del riego y la diversificación productiva. Municipios como Sant Joan d'Alacant (97% de regadío) y Mutxamel (95 %) alcanzan valores casi plenos de irrigación, mientras que las áreas de montaña presentan sistemas tradicionales de secano.

En conjunto, la comarca ilustra la adaptación de la agricultura mediterránea a condiciones climáticas áridas, con un equilibrio entre producción intensiva, aprovechamiento hídrico y coexistencia con usos urbanos. Su modelo representa una forma avanzada de agricultura periurbana tecnificada.

4.26. L'ALCALATÉN: DISTRIBUCIÓN MUNICIPAL DEL REGADÍO Y DEL SECANO

La comarca de L'Alcalatén presenta una superficie cultivada total de 5.133 hectáreas, de las cuales el 90,9% corresponde a secano y solo el 9,1% a regadío. Se trata de una de las comarcas más interiores y montañosas de la provincia de Castellón, donde la escasez de agua, la altitud y la pendiente del terreno limitan de forma notable la expansión del riego. La actividad agrícola conserva un carácter tradicional, basada en el aprovechamiento de los recursos locales y en cultivos leñosos de baja exigencia hídrica.

Principales municipios en superficie de regadío

Los municipios con mayor extensión regada son L'Alcora (348 ha) y Les Useres (62 ha), que reúnen en conjunto casi el 90% del regadío comarcal. L'Alcora, como cabecera comarcal, concentra la mayor parte de las huertas irrigadas, situadas en torno al cauce del río Lucena, donde el riego se destina principalmente a hortalizas y frutales. En el resto de municipios, como Costur, Figueroles o Xodos, el regadío tiene un papel residual, con porcentajes que no superan el 6%.

Comparación municipal: regadío, secano y total cultivado

El modelo agrario de L'Alcalatén se basa en el secano extensivo, con predominio del almendro, olivo y vid. La baja proporción de regadío responde a las limitaciones hídricas estructurales y a la falta de infraestructuras modernas de distribución. Los municipios más montañosos, como Les Useres y Llucena del Cid, apenas cuentan con pequeñas huertas familiares.

En conjunto, la comarca se caracteriza por un paisaje agrícola de montaña mediterránea, donde el regadío tiene una función complementaria y de subsistencia, mientras el secano domina por razones tanto geográficas como históricas.

4.27. L'ALCOIÀ: DISTRIBUCIÓN MUNICIPAL DEL REGADÍO Y DEL SECANO

La comarca de L'Alcoià dispone de 10.803 hectáreas cultivadas, con un 82,3% de secano y un 17,7% de regadío. Su relieve accidentado, las altitudes medias elevadas y el clima continental moderado explican el predominio del secano, aunque el desarrollo industrial y la proximidad a áreas urbanas han favorecido cierta modernización del riego en los municipios de fondo de valle.

Principales municipios en superficie de regadío

Los municipios con mayor superficie regada son Castalla (609 ha), Alcoi (387 ha), Onil (333 ha) e Ibi (267 ha), que en conjunto concentran más del 80% del regadío comarcal. Estas localidades, situadas en los valles centrales, disponen de huertas tradicionales que se

abastecen de fuentes, manantiales y pozos locales. Por su parte, municipios como Penàguila (149 ha) y Benifallim (55 ha) mantienen un regadío reducido, vinculado a explotaciones de frutales y hortalizas de autoconsumo.

Comparación municipal: regadío, secano y total cultivado

El paisaje agrícola de L'Alcoià combina un secano dominante –centrado en el olivo, el almendro y la vid– con un regadío localizado en las vegas más fértiles. Municipios como Onil y Castalla presentan una proporción significativa de riego (22,7% y 21,6% respectivamente), fruto de una modernización parcial de los sistemas hidráulicos.

En conjunto, la comarca refleja un modelo agrícola de montaña industrializada, donde el regadío cumple una función complementaria al sector productivo urbano. Aunque su peso económico es limitado, el mantenimiento del mosaico agrícola contribuye al equilibrio territorial y al valor paisajístico de la zona.

4.28. L'ALT MAESTRAT: DISTRIBUCIÓN MUNICIPAL DEL REGADÍO Y DEL SECANO

La comarca de L'Alt Maestrat presenta una superficie cultivada total de 10.183 hectáreas, de las cuales el 98,1% corresponde a secano y tan solo el 1,9% a regadío. Se trata de una de las comarcas con menor proporción de tierras regadas de toda la Comunitat Valenciana, reflejo de su condición de territorio interior, elevado y con acusada escasez de recursos hídricos. El relieve abrupto y el clima frío limitan la expansión del regadío, configurando un paisaje agrario eminentemente extensivo.

Principales municipios en superficie de regadío

Los municipios con mayor extensión irrigada son Albocàsser (40 ha), Culla (34 ha) y Atzeneta del Maestrat (28 ha), seguidos de La Torre d'En Besora (14 ha) y Benassal (15 ha). En conjunto, estos cinco municipios suman casi el 70 % del regadío comarcal, que se localiza principalmente en pequeñas vegas y márgenes de barrancos. La media comarcal apenas supera las 200 hectáreas de regadío, lo que evidencia el carácter marginal del riego.

Comparación municipal: regadío, secano y total cultivado

El patrón agrícola de L'Alt Maestrat se basa casi exclusivamente en el secano tradicional, con cultivos de almendro, olivo y cereal, que ocupan la práctica totalidad de la superficie cultivada. El regadío, de pequeña escala y finalidad doméstica, se mantiene en huertos próximos a los núcleos urbanos. Municipios como Ares del Maestrat, Catí o Vistabella del Maestrat apenas superan el 1% de superficie regada.

En conjunto, la comarca representa un modelo agrario de montaña interior, de baja productividad y escasa modernización, condicionado por la orografía y la disponibilidad limitada de agua. Su agricultura cumple una función principalmente paisajística y de mantenimiento del territorio.

4.29. L'ALT VINALOPÓ: DISTRIBUCIÓN MUNICIPAL DEL REGADÍO Y DEL SECANO

La comarca de L'Alt Vinalopó cuenta con 22.216 hectáreas cultivadas, de las cuales el 54,3% corresponden a secano y el 45,7% a regadío. A diferencia de L'Alt Maestrat, esta comarca del interior alicantino ha desarrollado una agricultura más tecnificada y equilibrada, gracias al aprovechamiento de acuíferos, pozos y aguas del trasvase Tajo-Segura. Su ubicación en el corredor natural del Vinalopó y su moderado relieve han favorecido una diversificación agrícola notable.

Principales municipios en superficie de regadío

Los municipios más regados son Villena (7.558 ha), Sax (572 ha), Biar (660 ha) y Salinas (872 ha), que en conjunto reúnen casi el 90% del regadío comarcal. Destaca el caso de Villena, donde el regadío (59,1%) supera ampliamente al secano, sostenido por una red de pozos y riegos a presión. En contraste, municipios más pequeños como Beneixama, Cañada o El Camp de Mirra presentan proporciones de regadío entre el 20% y el 25%, lo que muestra un equilibrio razonable entre ambos sistemas.

Comparación municipal: regadío, secano y total cultivado

El modelo agrícola del Alt Vinalopó combina un regadío intensivo en los valles y planicies con secano tradicional en las zonas más altas. En municipios como Villena y Salinas, la agricultura irrigada ha evolucionado hacia sistemas de goteo modernizados y cultivos de alto valor añadido –vid, hortalizas y frutales–. Por el contrario, el secano de Beneixama o Biar mantiene la producción de almendros y olivos en estructuras familiares.

En conjunto, la comarca constituye un ejemplo de transición entre la agricultura de interior y el modelo tecnificado del sureste, donde el aprovechamiento hídrico ha permitido contrarrestar las limitaciones climáticas y mantener la actividad agraria como sector relevante.

4.30. L'HORTA NORD: DISTRIBUCIÓN MUNICIPAL DEL REGADÍO Y DEL SECANO

La comarca de L'Horta Nord dispone de una superficie cultivada total de 7.250 hectáreas, de las cuales el 97,1% corresponde a regadío y tan solo el 2,9% a secano. Se trata de una de las áreas agrícolas más intensivas y productivas de la Comunitat Valenciana, herencia directa del histórico sistema de acequias derivadas del río Turia, que ha configurado durante siglos el paisaje de huerta tradicional del norte metropolitano de València.

Principales municipios en superficie de regadío

El regadío se distribuye de forma muy concentrada en los municipios centrales de la llanura litoral. Destacan Moncada (739 ha), Museros (781 ha), Puçol (742 ha) y El Puig de Santa Maria (1.202 ha), que en conjunto reúnen más del 50% del total comarcal. En la franja costera, municipios como Alboraia (565 ha), Meliana (360 ha) y Foios (439 ha) mantienen una agricultura intensiva vinculada a cultivos de hortalizas, cítricos y chufa, esta última de gran valor económico y cultural. Por el contrario, los municipios del borde interior, como Paterna (25,3% de secano) o Godella (30,6%), presentan una estructura mixta con mayores proporciones de secano y fuerte presión urbanística.

Comparación municipal: regadío, secano y total cultivado

L'Horta Nord conserva una de las redes de regadío más antiguas y eficaces de Europa, con un sistema de distribución del agua de origen medieval aún operativo. La totalidad de los municipios –excepto Paterna y Godella– presentan porcentajes de riego superiores al 95%, reflejo de la continuidad del paisaje de huerta.

El secano, muy residual, se concentra en las áreas de transición hacia el Camp de Túria y el piedemonte interior. En conjunto, la comarca representa el modelo clásico de huerta valenciana, donde la agricultura intensiva convive con una creciente presión urbanística y con políticas de protección del suelo agrario destinadas a conservar un patrimonio histórico y ambiental único.

4.31. L'HORTA SUD: DISTRIBUCIÓN MUNICIPAL DEL REGADÍO Y DEL SECANO

La comarca de L'Horta Sud cuenta con 13.358 hectáreas cultivadas, de las cuales el 98,0% son de regadío y tan solo el 2,0% de secano. Este equilibrio extremo convierte a la comarca en el territorio de mayor densidad irrigada de toda la Comunitat Valenciana. Su red hidráulica, derivada también del río Turia y complementada por aguas subterráneas y estaciones de bombeo, sostiene una agricultura de alta productividad y un uso del suelo intensivo en las vegas metropolitanas.

Principales municipios en superficie de regadío

El regadío se concentra en torno a los municipios de Picassent (4.126 ha), Torrent (2.445 ha) y Silla (1.669 ha), que suman más del 60% del total comarcal. Otros núcleos destacados son Catarroja (698 ha), Alfafar (688 ha) y Massanassa (398 ha), todos ellos con un 100 % de superficie regada. En las zonas más urbanizadas –Aldaia, Manises o Quart de Poblet–, el regadío aún mantiene una presencia significativa, aunque con una clara tendencia a la reducción por el crecimiento residencial e industrial.

73

Comparación municipal: regadío, secano y total cultivado

El patrón agrario de L'Horta Sud se caracteriza por su homogeneidad y elevada intensidad agrícola. En la práctica totalidad de los municipios el regadío supera el 95%, sustentado por cultivos de hortalizas, cítricos y frutales. Las únicas excepciones con cierta presencia de secano son Torrent (4,8%) y Manises (8,2%), donde la expansión urbana ha desplazado parcialmente la actividad agraria.

La comarca constituye el núcleo histórico de la huerta sur de València, con una agricultura tecnificada, un alto grado de parcelación y una fuerte vinculación con los mercados urbanos y de exportación. Sin embargo, el crecimiento metropolitano representa una amenaza constante para la conservación de este paisaje agrícola tradicional.

4.32. LA SERRANÍA: DISTRIBUCIÓN MUNICIPAL DEL REGADÍO Y DEL SECANO

comarca de La Serranía cuenta con una superficie cultivada total de 20.295 hectáreas, de las cuales el 67,0% corresponde a secano y el 33,0% a regadío. Este reparto refleja una notable heterogeneidad interna: mientras los municipios del valle del Turia concentran regadíos extensos y tecnificados, las zonas altas y occidentales mantienen una agricultura tradicional de secano adaptada al relieve montañoso y a la escasez de recursos hídricos.

Principales municipios en superficie de regadío

El regadío se concentra fundamentalmente en los municipios situados en el curso medio del Turia. Destacan Pedralba (2.421 ha), Chulilla (1.033 ha), Villar del Arzobispo (938 ha) y Chelva (346 ha), que reúnen más del 75% del total comarcal. Estos núcleos aprovechan las vegas fluviales y las infraestructuras modernas de riego a presión. Por el contrario, municipios como Alcublas (2,9% de regadío), Andilla (4,3%) o Higueruelas (6,7%) conservan una agricultura extensiva y dispersa, donde el secano domina el paisaje agrario.

Comparación municipal: regadío, secano y total cultivado
La Serranía presenta un modelo de dualidad territorial: en las zonas de vega del Turia, el regadío supera el 60%, mientras que en las sierras interiores, el secano puede alcanzar hasta el 95%. Municipios como Pedralba y Chulilla se aproximan al patrón de la huerta valenciana interior, con regadíos intensivos y cultivos de cítricos y hortalizas. En cambio, en las áreas más altas, los cultivos predominantes son el almendro, el olivo y el cereal.

En conjunto, la comarca representa un espacio de transición entre la agricultura de montaña y los regadíos del interior valenciano, con un aprovechamiento equilibrado del agua y una estructura agraria diversificada pero limitada por la despoblación rural.

4.33. VALÈNCIA: DISTRIBUCIÓN MUNICIPAL DEL REGADÍO Y DEL SECANO

El municipio de València, considerado comarca uniprovincial en la estadística agraria, presenta una superficie cultivada total de 2.828 hectáreas, de las cuales el 99,7% corresponde a regadío y solo el 0,3% a secano. Este dato evidencia el carácter eminentemente urbano del territorio, donde las zonas agrícolas supervivientes se concentran en la Huerta de València, especialmente en los sectores de La Punta, Castellar-Oliveral y Pinedo.

Principales municipios en superficie de regadío
La totalidad del regadío corresponde al término municipal de València, organizado en pequeñas parcelas de huerta tradicional irrigadas mediante las acequias históricas del Turia. La agricultura se orienta a hortalizas, arroz y cítricos, manteniendo una función más cultural y paisajística que económica. Las 2.820 hectáreas regadas restantes forman parte del sistema hidráulico de la Real Acequia de Moncada y la Acequia de Favara, que abastecen los últimos vestigios de la huerta periurbana.

Comparación municipal: regadío, secano y total cultivado
El municipio de València constituye un caso singular dentro del sistema agrario autonómico: un espacio agrícola intensivo inserto en un entorno urbano metropolitano. El regadío cumple una función de preservación patrimonial y ecológica más que productiva, aunque sigue aportando valor cultural y turístico. El secano, prácticamente inexistente, se limita a pequeñas parcelas residuales.

En conjunto, València representa el núcleo simbólico del regadío valenciano histórico, heredero directo del modelo hidráulico medieval y paradigma de la sostenibilidad agrícola en un contexto urbano contemporáneo.

5. TIPOLOGÍAS DE CULTIVOS DE REGADÍO, POR COMARCAS. 2024

5.1. EL ALTO MIJARES: ESTRUCTURA DE CULTIVOS DEL REGADÍO

La comarca del Alto Mijares cuenta con una superficie total de 496 hectáreas de regadío, lo que la sitúa entre las zonas de menor dimensión agraria de la Comunitat Valenciana. Dentro de esta superficie, los cultivos leñosos representan el 65,1%, mientras que los herbáceos suponen el 34,9%, una proporción que refleja una cierta diversificación, aunque con predominio del arbolado permanente.

Distribución entre cultivos leñosos y herbáceos

El peso de los cultivos leñosos se explica principalmente por la presencia de cítricos (25,0% del total regado) y frutales (11,1%), acompañados por olivar (11,1%) y frutales en huertos (15,1%). Esta estructura muestra una orientación hacia cultivos mediterráneos tradicionales adaptados a las condiciones del valle medio del Mijares, donde el riego se utiliza para mantener pequeñas explotaciones familiares y huertos de subsistencia.

En cuanto a los cultivos herbáceos, destacan los huertos familiares (21,2%) y las hortalizas (11,3%), que en conjunto agrupan más de un tercio de la superficie regada. Los cereales, tubérculos y cultivos forrajeros tienen una presencia residual, con valores inferiores al 2 % cada uno. Este patrón confirma la orientación del regadío comarcal hacia producciones mixtas, combinando huerta tradicional con pequeños frutales y cítricos.

Nivel de especialización comarcal

El Alto Mijares presenta un bajo nivel de especialización agrícola en términos de volumen, pero un perfil productivo equilibrado entre huerta y leñosos. Los cítricos constituyen el cultivo dominante (una cuarta parte del total regado), lo que demuestra una continuidad con la estructura agrícola litoral, aunque en menor escala. Los huertos familiares y las hortalizas mantienen su importancia social y cultural, siendo los principales responsables de la autosuficiencia alimentaria local.

En términos comparativos, la comarca muestra una menor dependencia de los monocultivos respecto a otras zonas valencianas, y un uso del riego más orientado a la diversificación y el aprovechamiento local que a la intensificación comercial. Este modelo agrícola, aunque de reducida dimensión, constituye un ejemplo representativo del regadío de montaña valenciano, con equilibrio entre cultivos permanentes y de ciclo corto.

5.2. ALTO PALANCIA: ESTRUCTURA DE CULTIVOS DEL REGADÍO

La comarca del Alto Palancia presenta una superficie total de 3.623 hectáreas de regadío, donde los leñosos alcanzan el 85,6% y los herbáceos apenas el 14,4%. Esta marcada diferencia evidencia una alta especialización en cultivos permanentes, sustentada en la topografía de valle y en la consolidación de sistemas de riego de apoyo.

Distribución entre cultivos leñosos y herbáceos

Entre los leñosos, los frutales (38,9%) y el olivar (27,8%) son los grandes dominadores, seguidos por los cítricos (14,0%) y los frutales en huertos (2,7%). Esta combinación define una estructura agraria basada en la diversificación de cultivos arbóreos mediterráneos, con una orientación clara hacia la producción de calidad y la exportación.

Los herbáceos, aunque minoritarios, presentan cierta variedad: hortalizas (5,9%), flores y ornamentales (1,3%) y viveros (3,0%) concentran casi todo el peso, evidenciando una adaptación al mercado local y ornamental. Los cereales, leguminosas y tubérculos tienen una presencia muy residual.

Nivel de especialización comarcal

El Alto Palancia muestra un elevado grado de especialización en frutales y olivar, consolidando su papel como una de las principales áreas productoras del interior castellonense. Esta orientación responde a la existencia de suelos fértiles, disponibilidad de agua en los valles del Palancia y a la tradición frutícola de municipios como Segorbe o Altura. El escaso peso de los herbáceos refuerza su carácter de comarca leñosa intensiva, con cultivos permanentes de alto valor y sostenidos por un riego de apoyo.

5.3. BAIX SEGURA (VEGA BAJA): ESTRUCTURA DE CULTIVOS DEL REGADÍO

La comarca del Baix Segura, también conocida como Vega Baja del Segura, concentra una de las superficies regadas más extensas de toda la Comunitat Valenciana, con 38.382 hectáreas. Dentro de esta superficie, los cultivos leñosos dominan claramente con un 73,5%, frente al 26,5% de herbáceos, lo que revela una estructura agraria consolidada y de alta especialización.

Distribución entre cultivos leñosos y herbáceos

Entre los leñosos destacan de forma abrumadora los cítricos (65,6%), que constituyen el eje productivo comarcal, seguidos a mucha distancia por frutales (4,7%), olivar (0,8%) y viñedo (0,6%). Los frutales en huertos (1,8%) y otros leñosos (0,0%) completan la estructura arbórea.

En cuanto a los herbáceos, las hortalizas (17,3%) son el principal cultivo, seguidas de los tubérculos (2,7%) y los cultivos forrajeros (1,7%). Los cereales, industriales y viveros mantienen una presencia residual. Este patrón evidencia una fuerte orientación hacia el cultivo intensivo de cítricos y hortalizas, sustentado por una red de riego moderna y una notable capacidad exportadora.

Nivel de especialización comarcal

El Baix Segura es la comarca más especializada en cítricos de toda la Comunitat Valenciana, concentrando más del 65% de su regadío en este cultivo, y aportando por sí sola más del 16% de los cítricos valencianos. Este monocultivo se complementa con la producción de hortalizas y tubérculos en los márgenes fluviales, configurando un sistema agrícola de alta productividad y rentabilidad.

La estructura del regadío muestra una elevada tecnificación y una fuerte dependencia del trasvase Tajo-Segura, lo que ha permitido mantener una agricultura intensiva en un contexto climático semiárido. El modelo del Baix Segura representa la huerta moderna de exportación, con predominio absoluto de los leñosos y un papel complementario de los herbáceos.

5.4. BAIX VINALOPÓ: ESTRUCTURA DE CULTIVOS DEL REGADÍO

La comarca del Baix Vinalopó cuenta con 10.115 hectáreas de regadío, distribuidas de manera casi equilibrada entre leñosos (50,3%) y herbáceos (49,7%), lo que refleja un modelo agrícola diversificado, propio de un territorio en transición entre la huerta litoral y el secano interior.

Distribución entre cultivos leñosos y herbáceos

Dentro de los cultivos leñosos, los frutales (28,1%) constituyen el principal grupo, seguidos por los cítricos (15,1%), olivar (4,0%) y viñedo (1,8%). Este equilibrio entre frutales y cítricos confiere a la comarca una notable pluralidad productiva.

Entre los cultivos herbáceos destacan los viveros (21,5%) –una cifra excepcionalmente alta en el contexto valenciano– y las hortalizas (16,4%), seguidas por huertos familiares (3,0%) y cereales (2,7%). La presencia de flores y ornamentales (0,8%) refuerza la vinculación del regadío local con la producción ornamental y de exportación.

Nivel de especialización comarcal

El Baix Vinalopó se caracteriza por una doble especialización: por un lado, en viveros y producción ornamental, y por otro, en frutales de regadío. La alta proporción de viveros (más del 20%) convierte a esta comarca en uno de los principales polos de producción de planta ornamental y cítricos jóvenes de la Comunitat Valenciana.

Este modelo de regadío, diversificado y adaptado a la demanda de los mercados, combina cultivos tradicionales con sectores emergentes de valor añadido. En síntesis, el Baix Vinalopó representa un sistema de regadío tecnificado, mixto y orientado al mercado, donde los cultivos herbáceos intensivos conviven con la estructura leñosa clásica del litoral sur valenciano.

5.5. BAIX MAESTRAT: ESTRUCTURA DE CULTIVOS DEL REGADÍO

La comarca del Baix Maestrat dispone de 13.994 hectáreas de regadío, lo que la sitúa entre las áreas agrícolas de mayor superficie regada del norte valenciano. En su estructura, los cultivos leñosos representan el 77,0% del total, mientras que los herbáceos alcanzan el 23,0%, mostrando una orientación predominante hacia el arbolado permanente y una diversificación moderada.

Distribución entre cultivos leñosos y herbáceos

Dentro de los leñosos, los cítricos dominan de forma clara con un 67,4% del total comarcal, seguidos por frutales (5,6%), olivar (3,0%), frutales en huertos (0,9%) y viñedo (0,0%). Esta estructura evidencia un modelo cítrico consolidado, característico del litoral norte de Castellón, donde el riego garantiza producciones estables y de alta calidad.

En el grupo de los herbáceos destacan las hortalizas (14,3%) y los viveros (5,8%), mientras que el resto –huertos familiares, tubérculos y flores ornamentales– presenta valores residuales inferiores al 2%. La presencia de viveros y hortalizas introduce un componente de diversificación, aunque subordinado al predominio del cítrico.

Nivel de especialización comarcal

El Baix Maestrat muestra una fuerte especialización citrícola, reforzada por su localización costera, suelos fértiles y disponibilidad de agua superficial. La elevada proporción de leñosos refleja un sistema agrícola de alta estabilidad estructural, con un peso creciente de los viveros como complemento económico. En conjunto, la comarca se identifica con un modelo de regadío litoral clásico, de carácter exportador y basado en la continuidad del cultivo de cítricos como principal eje productivo.

5.6. CAMP DE MORVEDRE: ESTRUCTURA DE CULTIVOS DEL REGADÍO

La comarca del Camp de Morvedre cuenta con una superficie de 7.128 hectáreas de regadío, donde los leñosos alcanzan el 95,8% y los herbáceos apenas el 4,2%, reflejando una de las estructuras más especializadas de toda la Comunitat Valenciana. Su agricultura de regadío está fuertemente concentrada en torno a los cítricos, con una limitada presencia de otros cultivos complementarios.

Distribución entre cultivos leñosos y herbáceos

Entre los leñosos, los cítricos ocupan el 84,8% del total regado, seguidos por frutales (8,0%), olivar (1,4%) y frutales en huertos (1,3%). Los restantes cultivos leñosos, como viñedo u otros, presentan valores insignificantes.

En cuanto a los herbáceos, la comarca apenas conserva hortalizas (3,3 %), flores ornamentales (0,1%) y huertos familiares (0,5%), con presencia mínima en superficie. Este patrón refleja una agricultura muy homogénea, con predominio absoluto del árbol cítrico.

Nivel de especialización comarcal

El Camp de Morvedre se configura como una de las comarcas de mayor especialización citrícola de la Comunitat Valenciana, tanto por la proporción de leñosos como por la concentración del cultivo. Su localización litoral, las condiciones climáticas suaves y la fertilidad del valle del Palancia explican esta orientación productiva. La casi ausencia de cultivos herbáceos confirma un modelo de monocultivo consolidado, de gran rendimiento económico, pero también con cierta vulnerabilidad frente a variaciones de precios y disponibilidad hídrica.

5.7. CAMP DE TÚRIA: ESTRUCTURA DE CULTIVOS DEL REGADÍO

La comarca del Camp de Túria presenta una superficie total de 18.821 hectáreas de regadío, con un marcado predominio de cultivos leñosos (90,9%) frente a los herbáceos (9,1%). Esta distribución sitúa al Camp de Túria entre las comarcas de mayor especialización arbórea del centro valenciano, resultado de su relieve suavemente ondulado y de la consolidación de los regadíos tradicionales del río Turia.

Distribución entre cultivos leñosos y herbáceos

El cultivo predominante es el cítrico, que ocupa el 73,6% de la superficie regada, constituyendo el eje vertebrador del paisaje agrícola comarcal. Le siguen los frutales (11,4%), el olivar (3,3%) y el viñedo (1,1%), que completan el conjunto leñoso. Los frutales en huertos (1,2%) y los otros leñosos (0,3%) tienen un papel complementario.

En cuanto a los herbáceos, los más representativos son las hortalizas (6,0%), seguidas de los viveros (1,5%), mientras que el resto —cereales, flores ornamentales y huertos familiares— presentan proporciones marginales. Este reparto evidencia una estructura claramente citricultura-dominante, con presencia residual de cultivos de ciclo corto.

Nivel de especialización comarcal

El Camp de Túria muestra una alta especialización citrícola, con más del 70% de su regadío dedicado a este cultivo. La proximidad a las zonas metropolitanas de València y la buena accesibilidad hídrica han favorecido la permanencia de un modelo de agricultura intensiva de regadío, orientada tanto al mercado interno como a la exportación.

La escasa presencia de herbáceos indica una orientación estructural consolidada, con pocas áreas de diversificación. En síntesis, se trata de un modelo de regadío leñoso intensivo, caracterizado por la estabilidad productiva y una fuerte dependencia del cítrico como monocultivo principal.

5.8. EL COMTAT: ESTRUCTURA DE CULTIVOS DEL REGADÍO

La comarca de El Comtat cuenta con 540 hectáreas de regadío, una de las cifras más reducidas de la Comunitat Valenciana. Dentro de esta superficie, los cultivos leñosos representan el 71,7%, mientras que los herbáceos alcanzan el 28,3%, proporción que denota una diversificación agrícola mayor que en otras zonas interiores.

Distribución entre cultivos leñosos y herbáceos

Entre los leñosos, destacan los frutales (37,6%) y el olivar (32,2%), que en conjunto suman más de dos tercios del total regado. Los frutales en huertos (0,4%) y el viñedo (1,5%) aparecen en proporciones muy reducidas, mientras que los cítricos están prácticamente ausentes, debido a las limitaciones climáticas de altitud y temperatura.

En el grupo de los herbáceos, las hortalizas (16,1%) y los huertos familiares (6,3%) concentran la mayor parte de la superficie, seguidos por los tubérculos (4,4%), reflejando un sistema agrícola de base local y diversificada. La combinación de hortalizas y frutales caracteriza un patrón de regadío de montaña con fuerte componente tradicional.

Nivel de especialización comarcal

El Comtat mantiene un modelo de regadío equilibrado y de pequeña escala, donde la especialización se orienta a frutales y olivar como cultivos permanentes, complementados por huertas mixtas destinadas al consumo interno.

Su estructura agraria responde a una lógica de subsistencia y aprovechamiento local, marcada por la fragmentación parcelaria y el uso eficiente del agua. A diferencia de las comarcas litorales, El Comtat conserva una agricultura de regadío diversificada y adaptada al entorno montañoso, sin dependencia de un cultivo único.

5.9. ELS PORTS: ESTRUCTURA DE CULTIVOS DEL REGADÍO

La comarca de Els Ports presenta una superficie regada de apenas 128 hectáreas, una de las más reducidas de toda la Comunitat Valenciana. En este territorio montañoso y de baja densidad agrícola, los cultivos herbáceos (74,2%) superan ampliamente a los leñosos (25,8%), mostrando un modelo de regadío de montaña orientado al autoconsumo.

Distribución entre cultivos leñosos y herbáceos

Dentro de los cultivos herbáceos, destacan las hortalizas (24,2%) y los cereales para grano (25,0%), seguidos por los huertos familiares (16,4%) y los tubérculos (3,9%). Este patrón revela una estructura diversificada de pequeña escala, donde el agua se destina principalmente a huertos locales y productos de subsistencia.

Entre los leñosos, sobresalen los frutales en huertos (21,9%), mientras que el resto –frutales (3,1%), olivar y viñedo (0,0%)– presenta una incidencia muy limitada. La práctica ausencia de cultivos arbóreos responde tanto a las condiciones de altitud y clima frío como a la falta de infraestructuras hídricas estables.

Nivel de especialización comarcal

El regadío de Els Ports se caracteriza por su baja especialización y su carácter tradicional, basado en huertos familiares y cultivos de ciclo corto. La ausencia de monocultivos refleja una economía agraria de subsistencia y mantenimiento del paisaje rural, donde el agua se emplea de forma racional y localizada.

En conjunto, la comarca representa un modelo agrícola de regadío residual de montaña, con predominio herbáceo, sin orientación comercial, pero con un alto valor ecológico y patrimonial.

5.10. L'ALACANTÍ: ESTRUCTURA DE CULTIVOS DEL REGADÍO

La comarca de L'Alacantí cuenta con 4.523 hectáreas de regadío, de las cuales los cultivos leñosos representan el 74,2% y los herbáceos el 25,8%. Este equilibrio relativo indica una estructura agrícola diversificada, típica de las zonas semiáridas del litoral sur valenciano, donde el aprovechamiento del agua es clave para sostener tanto cultivos arbóreos como hortícolas intensivos.

Distribución entre cultivos leñosos y herbáceos

Dentro del grupo de los leñosos, los frutales (30,3%) constituyen el principal cultivo, seguidos de los cítricos (16,7%)y el viñedo (19,3%). También destacan el olivar (5,8%) y los frutales en huertos (1,2%), reflejando una combinación entre cultivos tradicionales y sistemas más modernos orientados al mercado.

En los herbáceos, las hortalizas (21,3%) tienen un peso destacado, acompañadas por los huertos familiares (2,6%) y los viveros (1,0%). Los cereales, tubérculos y flores ornamentales aparecen con una presencia marginal, inferior al 1%. Este patrón mixto confirma la coexistencia de una agricultura intensiva de regadío y de autoconsumo, con uso eficiente de los recursos hídricos.

Nivel de especialización comarcal

El modelo agrícola de L'Alacantí se caracteriza por su diversificación productiva, en la que ningún cultivo supera el 30% del total regado. Los frutales y el viñedo conforman el eje productivo principal, mientras que las hortalizas aportan flexibilidad y dinamismo al

sistema. Esta estructura responde a la adaptación de la agricultura al clima semiárido, con regadíos tecnificados y un alto grado de especialización local en cultivos de ciclo corto y frutales de secano transformados.

En síntesis, L'Alacantí muestra un regadío equilibrado y multifuncional, donde la diversidad de cultivos garantiza la estabilidad frente a las limitaciones climáticas y la variabilidad del mercado.

5.11. L'ALCALATÉN: ESTRUCTURA DE CULTIVOS DEL REGADÍO

La comarca de L'Alcalatén dispone de una superficie regada de 467 hectáreas, con un claro predominio de los cultivos leñosos (78,2%) frente a los herbáceos (21,8%). Esta proporción refleja un modelo agrícola de interior, de carácter tradicional y reducido en extensión, condicionado por el relieve y la disponibilidad limitada de recursos hídricos.

Distribución entre cultivos leñosos y herbáceos

Dentro de los leñosos, los cítricos (44,1%) ocupan una posición dominante, seguidos por los frutales (16,3%), el olivar (13,5%) y los frutales en huertos (3,6 %). El resto de cultivos leñosos, incluido el viñedo (0,6 %), tienen una presencia casi simbólica. Esta estructura confirma la fuerte orientación citrícola de la comarca, a pesar de sus limitaciones de altitud y disponibilidad de agua.

En cuanto a los herbáceos, las hortalizas (12,2%) constituyen el grupo principal, seguidas de los cultivos forrajeros (5,8%) y los tubérculos (1,7%). Los huertos familiares (2,1%) completan un mosaico productivo de pequeña escala, orientado en gran parte al consumo local.

Nivel de especialización comarcal

El regadío de L'Alcalatén presenta una elevada especialización citrícola, con más del 40 % de su superficie dedicada a este cultivo, pese a tratarse de una comarca interior. La combinación con frutales y olivar refleja un modelo agrario de transición entre el litoral y la montaña, donde el riego se utiliza para sostener producciones estables y de calidad.

La presencia de herbáceos, aunque limitada, introduce cierto grado de diversificación, principalmente en las zonas bajas próximas a L'Alcora. En conjunto, se trata de un regadío pequeño, tecnificado y concentrado, con una clara orientación hacia los cítricos como principal cultivo de mercado.

5.12. L'ALCOIÀ: ESTRUCTURA DE CULTIVOS DEL REGADÍO

La comarca de L'Alcoià cuenta con 1.908 hectáreas de regadío, en las que predominan los cultivos leñosos (79,0%)frente a los herbáceos (21,0%). Este reparto refleja un modelo agrícola de interior mediterráneo, con fuerte presencia de cultivos arbóreos tradicionales y una menor representación de producciones de ciclo corto.

Distribución entre cultivos leñosos y herbáceos

Entre los leñosos, los frutales (39,9%) y el olivar (32,1%) constituyen los principales grupos, seguidos por el viñedo (6,0%) y los frutales en huertos (1,0%). La ausencia de cítricos confirma la orientación climática de la comarca hacia cultivos resistentes al frío y a la altitud.

En el grupo de herbáceos, destacan las hortalizas (7,2%), los cereales para grano (7,8%) y, en menor medida, los tubérculos (1,4%) y los cultivos industriales (1,0%). Los huertos familiares (2,5%) completan el conjunto, reflejando la tradición hortícola local vinculada al consumo doméstico.

Nivel de especialización comarcal

El regadío de L'Alcoià se caracteriza por un equilibrio estructural entre frutales y olivar, ambos de orientación tradicional, y por la práctica ausencia de cultivos tropicales o cítricos. Su especialización responde a las condiciones climáticas de altitud media y a la limitación hídrica, donde el riego cumple una función de apoyo más que de intensificación.

Se trata de un modelo agrario estable, diversificado y de baja presión comercial, que mantiene su valor en términos de sostenibilidad y preservación del paisaje rural.

5.13. L'ALT MAESTRAT: ESTRUCTURA DE CULTIVOS DEL REGADÍO

La comarca de L'Alt Maestrat dispone de una superficie regada de 198 hectáreas, una de las más reducidas de toda la Comunitat Valenciana. Los herbáceos (52,5%) superan ligeramente a los leñosos (47,5%), mostrando una estructura mixta y equilibrada propia del regadío de montaña.

Distribución entre cultivos leñosos y herbáceos

Entre los cultivos leñosos destacan los frutales (28,3%) y los frutales en huertos (14,1%), seguidos por un modesto olivar (4,5%). Los otros leñosos (0,5%) y el viñedo (0,0%) apenas tienen incidencia, lo que confirma la orientación hacia especies frutales adaptadas a la altitud.

En el grupo de herbáceos, predominan las hortalizas (33,8%), seguidas por los huertos familiares (11,6%) y los tubérculos (6,1%). Los cereales (1,0%) son minoritarios, mientras que el resto de categorías carecen de peso significativo. Esta estructura refleja una agricultura de subsistencia y consumo local, muy vinculada al aprovechamiento de pequeños regadíos tradicionales.

Nivel de especialización comarcal

El Alt Maestrat presenta un bajo nivel de especialización comercial, con un sistema agrícola diversificado basado en huertas familiares y frutales mixtos. La falta de cítricos o cultivos de exportación se debe a su clima frío y a la escasez de recursos hídricos, lo que limita la expansión del regadío intensivo.

Se trata de un regadío residual, de carácter tradicional y alta adaptación territorial, donde la prioridad es el mantenimiento del paisaje y del uso racional del agua más que la orientación productiva.

5.14. L'HORTA NORD: ESTRUCTURA DE CULTIVOS DEL REGADÍO

La comarca de L'Horta Nord dispone de 7.038 hectáreas de regadío, una de las mayores concentraciones agrícolas del entorno metropolitano de València. En su estructura productiva, los cultivos leñosos representan el 58,8%, mientras que los herbáceos alcanzan el 41,2%, lo que refleja una diversificación equilibrada entre la citricultura y la huerta tradicional.

Distribución entre cultivos leñosos y herbáceos

Entre los leñosos, los cítricos (52,7%) constituyen el cultivo dominante, seguidos por los frutales (4,9%), frutales en huertos (1,0%) y un mínimo olivar (0,1%). Esta estructura confirma el arraigo histórico del naranjo como cultivo emblemático, vinculado al sistema hidráulico del Turia.

En cuanto a los herbáceos, destacan las hortalizas (25,0%) y los tubérculos (10,6%), especialmente la chufa, cultivo identitario de Alboraia y su entorno. Los viveros (1,7%) y los huertos familiares (3,1%) completan un mosaico agrícola intensivo y de alta rotación. Este patrón evidencia una fuerte continuidad con el modelo tradicional de huerta valenciana.

Nivel de especialización comarcal

El regadío de L'Horta Nord muestra una doble especialización funcional: por un lado, la citricultura, orientada a la exportación y el mercado regional; y por otro, la horticultura intensiva, vinculada al consumo urbano y a la identidad cultural local.

Este equilibrio entre cultivos leñosos y herbáceos, junto con la conservación del paisaje histórico de acequias, convierte a L'Horta Nord en un ejemplo paradigmático de regadío multifuncional, donde la productividad convive con la preservación ambiental y patrimonial.

83

5.15. L'HORTA SUD: ESTRUCTURA DE CULTIVOS DEL REGADÍO

La comarca de L'Horta Sud presenta 13.089 hectáreas de regadío, lo que la sitúa entre las más intensivas y productivas de la Comunitat Valenciana. Su estructura agraria está fuertemente dominada por los leñosos (67,8%) frente a los herbáceos (32,2%), consolidando un modelo de citricultura dominante con coexistencia de cultivos hortícolas y de grano.

Distribución entre cultivos leñosos y herbáceos

Dentro de los leñosos, los cítricos (55,7%) constituyen el cultivo hegemónico, seguidos por los frutales (10,6%) y los frutales en huertos (1,1%). El olivar, viñedo y otros leñosos apenas superan el 0,5%.

Entre los herbáceos, destacan los cereales para grano (17,9%), las hortalizas (8,4%) y los viveros (2,7%), con presencia menor de tubérculos y ornamentales. Esta composición denota un sistema de regadío mixto, donde los cultivos leñosos tradicionales se combinan con producciones de ciclo corto para el abastecimiento del área metropolitana.

Nivel de especialización comarcal

El regadío de L'Horta Sud se caracteriza por una alta especialización citrícola, con más de la mitad de su superficie dedicada a naranjos y mandarinos, apoyada por la fertilidad del suelo y la infraestructura hidráulica del Turia. No obstante, la presencia relevante de cereales y hortalizas aporta diversificación funcional y asegura la continuidad de la huerta tradicional.

La comarca representa un modelo de regadío intensivo y consolidado, donde la modernización convive con los usos agrícolas históricos, configurando un espacio de transición entre la huerta clásica y la agricultura metropolitana contemporánea.

5.16. LA CANAL DE NAVARRÉS: ESTRUCTURA DE CULTIVOS DEL REGADÍO

La comarca de La Canal de Navarrés cuenta con 2.657 hectáreas de regadío, con una clara primacía de los cultivos leñosos (88,0%) frente a los herbáceos (12,0%). Esta estructura refleja un modelo agrícola de interior con fuerte peso de los cultivos arbóreos tradicionales, especialmente el olivar, y una limitada presencia de producciones de ciclo corto.

Distribución entre cultivos leñosos y herbáceos
Entre los leñosos, el olivar (42,6%) constituye el cultivo dominante, seguido por los cítricos (27,8%) y los frutales (14,3%). Los frutales en huertos (0,8%), el viñedo (2,1%) y los otros leñosos (0,6%) completan el conjunto, configurando un paisaje agrícola clásico de valle interior.

En cuanto a los herbáceos, los cultivos más representativos son las hortalizas (4,8%) y los viveros (4,1%), mientras que los cereales (1,5%), los tubérculos (0,3%) y los forrajeros (0,4%) mantienen una presencia marginal. Esta combinación muestra un sistema de regadío complementario al secano, donde la disponibilidad de agua condiciona la diversidad y la escala de producción.

Nivel de especialización comarcal
La Canal de Navarrés presenta un modelo de regadío mixto, donde el olivar destaca como cultivo de referencia, complementado por cítricos en las zonas bajas y frutales en las vegas. El regadío tiene un papel esencialmente de apoyo a la producción tradicional y al mantenimiento de la actividad agrícola, con escasa orientación a la exportación.

Este patrón productivo responde a una especialización adaptada al medio, basada en la estabilidad de los cultivos arbóreos y la diversificación limitada de los herbáceos, que cumplen una función de abastecimiento local.

5.17. LA COSTERA: ESTRUCTURA DE CULTIVOS DEL REGADÍO

La comarca de La Costera dispone de 11.496 hectáreas de regadío, con una clara hegemonía de los cultivos leñosos (93,0%) frente a los herbáceos (7,0%). Se trata de una de las comarcas con mayor grado de especialización arbórea de la Comunitat Valenciana, donde los cítricos configuran el núcleo dominante del paisaje agrícola.

Distribución entre cultivos leñosos y herbáceos
Dentro de los leñosos, los cítricos (64,1%) concentran casi dos tercios del total comarcal, seguidos por los frutales (15,2%), el olivar (6,9%) y el viñedo (5,7%). Los frutales en huertos (1,2%) completan el conjunto, consolidando una estructura agraria basada en el monocultivo cítrico complementado por producciones mediterráneas tradicionales.

Entre los herbáceos, las hortalizas (4,2%) son el principal grupo, seguidas de los viveros (1,8%) y los cereales (0,5%). La presencia de flores ornamentales (0,2%) y otros cultivos de ciclo corto es mínima. Este reparto confirma la orientación de la comarca hacia la producción intensiva y tecnificada, aunque sin perder diversidad funcional.

Nivel de especialización comarcal
La Costera se caracteriza por una alta especialización citrícola, con más del 60% del

regadío dedicado a este cultivo. El resto de los leñosos complementa el paisaje agrícola, mientras que los herbáceos se limitan a pequeñas explotaciones familiares.

Este modelo de regadío, propio del litoral interior valenciano, combina tradición y modernización, con un aprovechamiento eficiente del agua y una estructura productiva fuertemente orientada al mercado.

5.18. LA HOYA DE BUÑOL: ESTRUCTURA DE CULTIVOS DEL REGADÍO

La comarca de La Hoya de Buñol dispone de 7.288 hectáreas de regadío, en las que los cultivos leñosos representan el 94,3%, frente al 5,7% de herbáceos. Este fuerte predominio de los leñosos define una estructura agraria consolidada, típica de las zonas prelitorales del interior valenciano, donde el clima y el relieve favorecen los cultivos arbóreos.

Distribución entre cultivos leñosos y herbáceos

Entre los leñosos, los cítricos (52,6%) constituyen el cultivo dominante, seguidos por el viñedo (19,3%), los frutales (13,7%) y el olivar (7,3%). Los frutales en huertos (1,0%) y los otros leñosos (0,4%) completan un paisaje agrícola centrado en la producción de cítricos, uva y frutales mediterráneos.

En el grupo de los herbáceos, los viveros (4,1%) y las hortalizas (0,9%) son las únicas categorías con cierta relevancia, mientras que el resto –cereales, forrajeros o tubérculos– tienen un peso prácticamente residual. Esta estructura confirma la orientación de la comarca hacia una agricultura de base leñosa con mínima presencia de cultivos de rotación.

Nivel de especialización comarcal

La Hoya de Buñol presenta una alta especialización citrícola, complementada por viñedo y frutales. El peso del cítrico (más del 50% del regadío comarcal) sitúa a la comarca dentro del eje de citricultura interior valenciana, caracterizado por explotaciones medianas y una producción orientada al mercado.

El viñedo y el olivar refuerzan la estabilidad del sistema agrícola, aportando diversidad estructural y resistencia a las variaciones climáticas. En conjunto, la Hoya de Buñol representa un modelo de regadío leñoso intensivo, donde los cultivos permanentes de alta rentabilidad predominan frente a los de ciclo corto.

5.19. LA MARINA ALTA: ESTRUCTURA DE CULTIVOS DEL REGADÍO

La comarca de La Marina Alta cuenta con 6.300 hectáreas de regadío, de las cuales los leñosos suponen el 88,4% y los herbáceos el 11,6%. Esta proporción refleja un modelo agrícola litoral altamente especializado, en el que los cítricos dominan el paisaje y los cultivos herbáceos desempeñan un papel complementario.

Distribución entre cultivos leñosos y herbáceos

Entre los leñosos, los cítricos (76,0%) constituyen el eje absoluto de la agricultura comarcal, seguidos por los frutales (5,8%), el viñedo (3,8%), los frutales en huertos (2,1%) y el olivar (0,5%). Este predominio evidencia la plena integración de la comarca en el sistema citrícola del litoral alicantino, apoyado en una red moderna de regadío.

Los cultivos herbáceos tienen una presencia limitada, pero significativa: los cereales (7,0%) y las hortalizas (1,4%) son los principales, seguidos por los huertos familiares (2,1%) y los viveros (0,6%). Este conjunto refleja una agricultura complementaria, con producciones orientadas al autoconsumo y al abastecimiento local.

Nivel de especialización comarcal

La Marina Alta presenta una especialización citrícola casi monoestructural, donde el 76% de la superficie regada está ocupada por naranjos y mandarinos. Este modelo, favorecido por el clima templado y la abundancia de agua subterránea, se combina con pequeñas áreas de frutales y viñedo que aportan diversidad económica.

La comarca constituye un núcleo agrario de alto valor productivo y exportador, que mantiene la identidad histórica del regadío valenciano litoral. Su estructura refleja una agricultura moderna, tecnificada y altamente dependiente de los cítricos como principal motor económico.

5.20. LA MARINA BAIXA: ESTRUCTURA DE CULTIVOS DEL REGADÍO

La comarca de La Marina Baixa cuenta con 3.761 hectáreas de regadío, de las cuales los cultivos leñosos representan el 95,3% y los herbáceos apenas el 4,7%. Esta estructura evidencia una orientación agraria claramente arbórea, vinculada a los cultivos permanentes típicos del litoral alicantino.

Distribución entre cultivos leñosos y herbáceos

Entre los leñosos, los frutales (41,9%) y los cítricos (40,5%) comparten el protagonismo, seguidos por el olivar (9,5%) y los frutales en huertos (2,1%). El viñedo (0,4%) y los otros leñosos (0,8%) completan el conjunto. Esta combinación refleja una estructura equilibrada entre frutales y cítricos, con una notable diversificación respecto a otras comarcas más especializadas.

En el grupo de los herbáceos, destacan los huertos familiares (2,4%) y las hortalizas (1,1%), seguidos por los viveros (0,8%) y los tubérculos (0,3%). El resto de cultivos –cereales, forrajeros o flores ornamentales– presentan valores residuales. Este patrón mantiene la tradición hortofrutícola del litoral, pero con una clara predominancia de los cultivos leñosos.

Nivel de especialización comarcal

La Marina Baixa presenta una doble especialización en cítricos y frutales, que en conjunto ocupan más del 80% del total regado. Esta estructura, sostenida por el clima templado y la fertilidad del litoral, refuerza la posición de la comarca como uno de los espacios de producción más diversificados del sureste valenciano.

Su agricultura combina cultivos permanentes de alto valor añadido con pequeñas huertas de subsistencia y zonas de horticultura intensiva, lo que permite un equilibrio entre rentabilidad económica y conservación del paisaje agrícola tradicional.

5.21. LA PLANA ALTA: ESTRUCTURA DE CULTIVOS DEL REGADÍO

La comarca de La Plana Alta dispone de 8.913 hectáreas de regadío, con un claro predo-

minio de los cultivos leñosos (85,8%) frente a los herbáceos (14,2%). Este reparto refleja una agricultura estable y orientada a los cítricos, consolidada desde mediados del siglo XX como base del sistema agrario provincial.

Distribución entre cultivos leñosos y herbáceos

Entre los leñosos, los cítricos (66,8%) constituyen el pilar central del regadío comarcal, seguidos por los frutales (15,4%), el olivar (2,1%) y los frutales en huertos (1,2%). Los viñedos (0,2%) y otros leñosos (0,1%) completan un esquema productivo dominado por el naranjo.

En los herbáceos, las hortalizas (10,0%) destacan como principal grupo, acompañadas por los huertos familiares (2,0%), los viveros (0,8%) y los tubérculos (1,1%). Los cereales y forrajeros apenas alcanzan porcentajes testimoniales. Esta combinación pone de manifiesto la coexistencia entre el monocultivo cítrico y la huerta complementaria, orientada al mercado local.

Nivel de especialización comarcal

La Plana Alta constituye uno de los territorios de mayor especialización citrícola de la Comunitat Valenciana, con más de dos tercios de su superficie regada dedicada a este cultivo. La fertilidad del llano litoral, la disponibilidad de agua subterránea y la tradición exportadora consolidan un modelo de regadío intensivo, tecnificado y orientado al comercio internacional.

La presencia de hortalizas y frutales introduce cierta diversificación, aunque subordinada al liderazgo de los cítricos. En conjunto, la Plana Alta representa el modelo paradigmático de la agricultura leñosa litoral valenciana, de alta productividad y especialización estructural.

5.22. LA PLANA BAIXA: ESTRUCTURA DE CULTIVOS DEL REGADÍO

La comarca de La Plana Baixa dispone de 18.274 hectáreas de regadío, con una marcada preeminencia de los cultivos leñosos (93,2%) frente a los herbáceos (6,8%). Este reparto confirma su condición de uno de los territorios de mayor especialización citrícola de la Comunitat Valenciana, sustentado por un sistema de regadío tecnificado y una larga tradición exportadora.

Distribución entre cultivos leñosos y herbáceos

Dentro de los leñosos, los cítricos (87,4%) ocupan prácticamente la totalidad del regadío, seguidos a gran distancia por los frutales (3,8%), el olivar (1,1%) y los frutales en huertos (1,0%). El resto –viñedo, otros leñosos– apenas alcanza cifras marginales. Esta concentración refleja un modelo de monocultivo cítrico consolidado, característico del litoral castellonense.

Entre los herbáceos, destacan las hortalizas (4,0%) y los huertos familiares (1,4%), mientras que los viveros (0,2%)y los tubérculos (0,4%) completan la composición. Los cereales, forrajeros y ornamentales tienen presencia residual. Esta estructura evidencia una agricultura centrada en la producción de cítricos, con una limitada diversificación hacia cultivos de proximidad y autoconsumo.

Nivel de especialización comarcal

La Plana Baixa se configura como la comarca más especializada en cítricos del norte valenciano, aportando más del 50% del total de este cultivo en la provincia de Castellón. Su sistema de regadío intensivo, asociado a una red histórica de acequias y pozos, garantiza una alta productividad.

La limitada presencia de cultivos herbáceos subraya la dependencia de un monocultivo de elevada rentabilidad, pero también vulnerable a factores de mercado y climáticos. En síntesis, la Plana Baixa representa el modelo clásico de citricultura litoral valenciana, de fuerte orientación exportadora y escasa diversificación estructural.

5.23. LA PLANA DE UTIEL-REQUENA: ESTRUCTURA DE CULTIVOS DEL REGADÍO

La comarca de La Plana de Utiel-Requena presenta una superficie de 15.578 hectáreas de regadío, con un claro predominio de los leñosos (95,6%) frente a los herbáceos (4,4%). Esta proporción refleja una agricultura de interior basada en cultivos arbóreos permanentes, especialmente el viñedo, que constituye su principal seña de identidad.

Distribución entre cultivos leñosos y herbáceos

Entre los leñosos, el viñedo (77,1%) es el cultivo hegemónico, seguido por los frutales (15,0%), el olivar (3,2%) y los frutales en huertos (0,2%). Los cítricos están ausentes por razones climáticas y de altitud. Esta estructura define un modelo vitivinícola consolidado, donde el regadío se emplea como riego de apoyo para garantizar la calidad del producto.

Dentro de los herbáceos, los cereales (2,8%) y los viveros (0,6%) son los cultivos más destacados, mientras que los forrajeros (0,4%) y los industriales (0,3%) ocupan superficies reducidas. Las hortalizas, leguminosas y tubérculos apenas superan el 1% en conjunto, evidenciando el carácter marginal de la horticultura en esta zona.

Nivel de especialización comarcal

La Plana de Utiel-Requena constituye la principal comarca vitivinícola de la Comunitat Valenciana, tanto por superficie como por especialización estructural. Su agricultura de regadío se orienta casi exclusivamente al mantenimiento de la vid, con presencia complementaria de frutales y olivar.

El modelo comarcal se caracteriza por una agricultura de regadío de apoyo, donde el agua se utiliza estratégicamente para asegurar la maduración y calidad del vino, sin que ello implique una intensificación general del sistema. En conjunto, esta comarca representa un modelo de regadío leñoso interior, de fuerte identidad productiva y valor añadido en el sector agroalimentario.

5.24. LA RIBERA ALTA: ESTRUCTURA DE CULTIVOS DEL REGADÍO

La comarca de La Ribera Alta presenta una de las superficies regadas más amplias de la Comunitat Valenciana, con 37.571 hectáreas de regadío, dominadas por los cultivos leñosos (94,3%) frente a los herbáceos (5,7%). Este predominio revela una estructura agraria consolidada, basada en la citricultura intensiva, complementada por frutales y viñedo.

Distribución entre cultivos leñosos y herbáceos

Los cítricos (60,7%) constituyen el pilar absoluto del regadío comarcal, seguidos por los frutales (30,1%) y el viñedo (1,4%). El olivar (0,8%) y los frutales en huertos (1,2%) completan el conjunto leñoso, mientras que los otros leñosos (0,1%) apenas tienen relevancia. Esta composición evidencia la supremacía del cítrico como cultivo dominante, en un entorno agrícola con óptimas condiciones edafoclimáticas y de riego.

En cuanto a los herbáceos, los hortícolas (3,1%) destacan como principal grupo, seguidos de los viveros (1,1%) y los tubérculos (0,5%). Los cereales, ornamentales y huertos familiares mantienen una presencia residual. Esta estructura demuestra la coexistencia entre la citricultura comercial y una huerta complementaria, tradicional y diversificada.

Nivel de especialización comarcal

La Ribera Alta constituye el epicentro de la citricultura valenciana, tanto por su extensión como por su productividad. Su agricultura se caracteriza por la intensificación y tecnificación del regadío, con cultivos de alto rendimiento y exportación. Los frutales y el viñedo introducen una diversificación secundaria que refuerza la estabilidad económica.

En conjunto, esta comarca representa un modelo agrario de alta especialización leñosa, donde la citricultura combina tradición y modernización en uno de los sistemas de regadío más emblemáticos del territorio valenciano.

89

5.25. LA RIBERA BAIXA: ESTRUCTURA DE CULTIVOS DEL REGADÍO

La comarca de La Ribera Baixa dispone de 19.133 hectáreas de regadío, con una proporción inversa a la de su vecina Ribera Alta: los cultivos herbáceos (64,8%) superan ampliamente a los leñosos (35,2%). Esta particularidad convierte a la Ribera Baixa en una de las comarcas más diversificadas y hortícolas del conjunto valenciano.

Distribución entre cultivos leñosos y herbáceos

Dentro de los herbáceos, los cereales para grano (59,8%) dominan de forma clara, seguidos por las hortalizas (3,0%), los tubérculos (0,9%) y los viveros (0,4%). La fuerte presencia cerealista refleja la importancia del arrozal en el entorno de la Albufera, eje estructural del paisaje agrícola comarcal.

Entre los leñosos, los cítricos (30,6%) y los frutales (4,2%) son los cultivos principales, acompañados por pequeñas superficies de frutales en huertos (0,4%), olivar (0,0%) y viñedo (0,0%). Este reparto evidencia un sistema productivo mixto, donde la citricultura comparte protagonismo con la agricultura de humedal.

Nivel de especialización comarcal

La Ribera Baixa representa un modelo de regadío doblemente especializado: por un lado, el arroz, que estructura la mayor parte del territorio agrícola, y por otro, los cítricos y frutales, más localizados en las áreas elevadas.

La complementariedad entre ambos sistemas genera una diversificación funcional excepcional, única en el conjunto valenciano, que combina productividad, resiliencia ecológica y valor paisajístico. En suma, la Ribera Baixa es un espacio agrario dual, donde el agua sostiene tanto la huerta como los cultivos de exportación.

5.26. LA SAFOR: ESTRUCTURA DE CULTIVOS DEL REGADÍO

La comarca de La Safor presenta una superficie total de 11.074 hectáreas de regadío, con un claro dominio de los cultivos leñosos (98,2%) frente a los herbáceos (1,8%). Este equilibrio, fuertemente inclinado hacia los cultivos permanentes, refleja una estructura productiva consolidada y de marcada orientación citrícola.

Distribución entre cultivos leñosos y herbáceos

Entre los leñosos, los cítricos (91,1%) constituyen el eje casi exclusivo del regadío comarcal, seguidos a gran distancia por los frutales (5,2%), los frutales en huertos (1,6%) y el olivar (0,2%). Los otros leñosos (0,0%) y el viñedo (0,0%) apenas tienen representación.

En cuanto a los herbáceos, las hortalizas (0,8%), los viveros (0,2%) y los cereales para grano (0,6%) son los más destacados, mientras que los cultivos ornamentales, forrajeros o tubérculos son marginales. Este esquema confirma la supremacía absoluta del cítrico, con una huerta complementaria mínima.

Nivel de especialización comarcal

La Safor es una de las comarcas de mayor especialización citrícola de toda la Comunitat Valenciana, con más del 90 % de su superficie regada dedicada al naranjo. Las condiciones climáticas benignas, la fertilidad del llano litoral y la tradición agrícola histórica han consolidado este modelo de monocultivo intensivo.

Aunque la diversificación es escasa, la comarca destaca por su alto grado de tecnificación y productividad, configurando un paisaje agrícola homogéneo y emblemático del litoral sur valenciano. En síntesis, la Safor representa un modelo de regadío monoestructural, altamente eficiente pero vulnerable a la dependencia de un único cultivo.

5.27. LA SERRANÍA: ESTRUCTURA DE CULTIVOS DEL REGADÍO

La comarca de La Serranía cuenta con 6.703 hectáreas de regadío, con un predominio de los cultivos leñosos (96,9 %)sobre los herbáceos (3,1 %). Este patrón responde a su condición de territorio interior, donde la estructura agrícola está marcada por la permanencia de los cultivos arbóreos y una limitada presencia de huerta.

Distribución entre cultivos leñosos y herbáceos

Entre los leñosos, los cítricos (60,0%) ocupan la mayor parte del regadío, seguidos por los frutales (18,7%), el olivar (8,8%) y el viñedo (7,0%). Los frutales en huertos (1,4%) y los otros leñosos (0,9%) completan la estructura. Este reparto muestra una notable diversificación dentro del grupo leñoso, poco común en comarcas de interior.

En el caso de los herbáceos, los cultivos con mayor presencia son las hortalizas (0,9%), los cereales (0,6%) y los viveros (1,0%), con aportes menores de flores ornamentales o forrajeros. El peso global de estos cultivos es testimonial, confirmando la primacía del arbolado.

Nivel de especialización comarcal

La Serranía combina una base citrícola significativa con una presencia relevante de frutales, olivar y viñedo, configurando un modelo agrícola mixto y adaptado al medio interior. La diversidad de leñosos refleja la adaptación a su topografía irregular y a los microclimas de valle.

Aunque menos intensiva que las comarcas litorales, la Serranía mantiene un regadío estable y funcional, que actúa como soporte del tejido agrario local. En conjunto, representa un sistema de regadío tradicional, diversificado y de baja presión, característico de las zonas intermedias del interior valenciano.

5.28. LA VALL D'ALBAIDA: ESTRUCTURA DE CULTIVOS DEL REGADÍO

La comarca de La Vall d'Albaida presenta una superficie regada de 7.732 hectáreas, con una proporción de cultivos leñosos (83,2%) frente a herbáceos (16,8%). Este equilibrio, dominado por los cultivos arbóreos, evidencia un modelo agrario consolidado, adaptado al interior valenciano y con cierta diversificación productiva.

Distribución entre cultivos leñosos y herbáceos

Entre los leñosos, los frutales (33,9%) y los cítricos (21,1%) son los cultivos predominantes, seguidos por el viñedo (17,9%) y el olivar (8,9%). Los frutales en huertos (1,4%) y los otros leñosos (0,1 %) completan un conjunto agrícola que combina producciones mediterráneas tradicionales con cultivos de regadío diversificados.

En los herbáceos, los viveros (10,3%) constituyen el grupo más destacado, acompañados por las hortalizas (4,5%) y los cereales (0,7%). La presencia de cultivos industriales (0,4%) y flores ornamentales (0,2%) refleja una incipiente especialización hacia actividades de alto valor añadido. Este reparto evidencia un sistema de regadío mixto, donde los leñosos configuran la base productiva y los herbáceos aportan dinamismo.

Nivel de especialización comarcal

La Vall d'Albaida muestra una estructura agraria equilibrada, con predominio de frutales, cítricos y viñedo, lo que le confiere un perfil de comarca de transición entre el litoral citrícola y el interior vitivinícola. La diversidad de cultivos responde tanto a la heterogeneidad del relieve como a la coexistencia de microclimas favorables.

La elevada proporción de viveros indica una especialización creciente en producción vegetal y ornamentales, orientada al mercado regional. En conjunto, se trata de un modelo agrícola estable, diverso y tecnificado, donde el regadío cumple un papel clave en la sostenibilidad económica y ambiental del territorio.

5.29. RINCÓN DE ADEMUZ: ESTRUCTURA DE CULTIVOS DEL REGADÍO

La comarca del Rincón de Ademuz dispone de 267 hectáreas de regadío, una de las superficies más reducidas de toda la Comunitat Valenciana. En su estructura agrícola, los leñosos representan el 59,2% y los herbáceos el 40,8%, lo que la convierte en una de las comarcas con mayor equilibrio interno entre ambos grupos.

Distribución entre cultivos leñosos y herbáceos

Dentro de los leñosos, los frutales (48,3%) ocupan la mayor parte de la superficie regada, seguidos de los frutales en huertos (6,0%), el olivar (4,5%) y el viñedo (0,4%). La ausencia de cítricos y la escasa presencia de otros leñosos evidencian la influencia de la altitud y del clima continental, que limita los cultivos típicamente mediterráneos.

En los herbáceos, los cultivos forrajeros (21,3%) y los cereales (13,9%) concentran la mayor parte de la superficie, acompañados por hortalizas (3,7%) y tubérculos (1,1%). Este patrón confirma una agricultura de subsistencia y de apoyo ganadero, propia de las zonas rurales de montaña.

Nivel de especialización comarcal

El Rincón de Ademuz se caracteriza por un modelo agrario tradicional, con protagonismo de los frutales y un uso del regadío adaptado a las limitaciones hídricas y climáticas. La coexistencia de forrajes y cereales revela la integración funcional entre agricultura y ganadería.

En conjunto, la comarca presenta un regadío diversificado, de pequeña escala y fuerte arraigo local, orientado al consumo interno y al mantenimiento del paisaje agrario de alta montaña valenciana.

5.30. VALÈNCIA: ESTRUCTURA DE CULTIVOS DEL REGADÍO

La comarca de València dispone de 2.820 hectáreas de regadío, con una estructura muy equilibrada y fuertemente orientada a los cultivos herbáceos (87,3%), frente a una proporción reducida de leñosos (12,7%). Este predominio responde al carácter urbano y periurbano de la comarca, donde la agricultura de huerta tradicional mantiene una relevancia cultural y paisajística significativa.

Distribución entre cultivos leñosos y herbáceos

Dentro de los cultivos herbáceos destacan las hortalizas (34,7%) como principal grupo, seguidas por los tubérculos (17,1%) —entre ellos, la patata—, y los cereales para grano (30,2%), principalmente arroz en las zonas más bajas. Los huertos familiares (3,2%) y los viveros (1,2%) completan el conjunto de herbáceos, mostrando la persistencia de pequeñas explotaciones y producciones de proximidad.

Entre los leñosos, los cítricos (11,7%) constituyen el cultivo más representativo, mientras que los frutales (0,7%) y el olivar (0,0%) presentan valores mínimos. El viñedo y los otros leñosos son prácticamente inexistentes, lo que confirma la orientación hortícola de la comarca.

Nivel de especialización comarcal

La comarca de València se identifica con el modelo clásico de huerta mediterránea, donde el regadío tiene una función más paisajística y cultural que económica. La proximidad a la capital y la presión urbanística han reducido la superficie cultivada, pero los espacios agrícolas supervivientes conservan un alto valor patrimonial y productivo, centrado en la horticultura de proximidad y en cultivos de alto rendimiento como el arroz.

En síntesis, se trata de un regadío intensivo, predominantemente herbáceo, que combina tradición, autosuficiencia y sostenibilidad, siendo un referente identitario en el paisaje valenciano.

5.31. VINALOPÓ MITJÀ: ESTRUCTURA DE CULTIVOS DEL REGADÍO

La comarca del Vinalopó Mitjà cuenta con 12.942 hectáreas de regadío, de las cuales los cultivos leñosos representan el 83,8% y los herbáceos el 16,2%. Este equilibrio, aunque inclinado hacia los leñosos, refleja una estructura agrícola diversa, característica del interior alicantino, donde la vid, el olivo y los frutales configuran el paisaje agrario dominante.

Distribución entre cultivos leñosos y herbáceos

Entre los leñosos, el viñedo (50,3%) constituye el cultivo hegemónico, seguido de los frutales (24,1%) y el olivar (8,1%). Los cítricos (0,7%), los frutales en huertos (0,6%) y los otros leñosos (0,0%) tienen una presencia residual. Este patrón confirma la especialización vitivinícola del territorio, acompañada por frutales de regadío adaptados al clima semiárido.

En cuanto a los herbáceos, las hortalizas (12,9 %) son el grupo más destacado, seguidas de los viveros (1,0 %) y los cereales (0,4 %). Los cultivos forrajeros, industriales y ornamentales completan la estructura con aportaciones menores. Este reparto pone de manifiesto una diversificación funcional, donde la horticultura complementa la base leñosa.

Nivel de especialización comarcal

El Vinalopó Mitjà es una comarca de alta especialización vitivinícola, que combina el cultivo de la vid con frutales y olivar. La presencia de hortalizas y viveros introduce dinamismo económico, mientras que los leñosos definen el carácter estructural del paisaje.

El modelo comarcal se asienta sobre un regadío de apoyo, en el que el agua se utiliza para estabilizar la producción más que para intensificarla. En conjunto, el Vinalopó Mitjà representa un sistema de regadío interior diversificado y equilibrado, donde la viticultura actúa como motor económico principal.

93

Los tres cultivos más representativos a escala comarcal. 2024

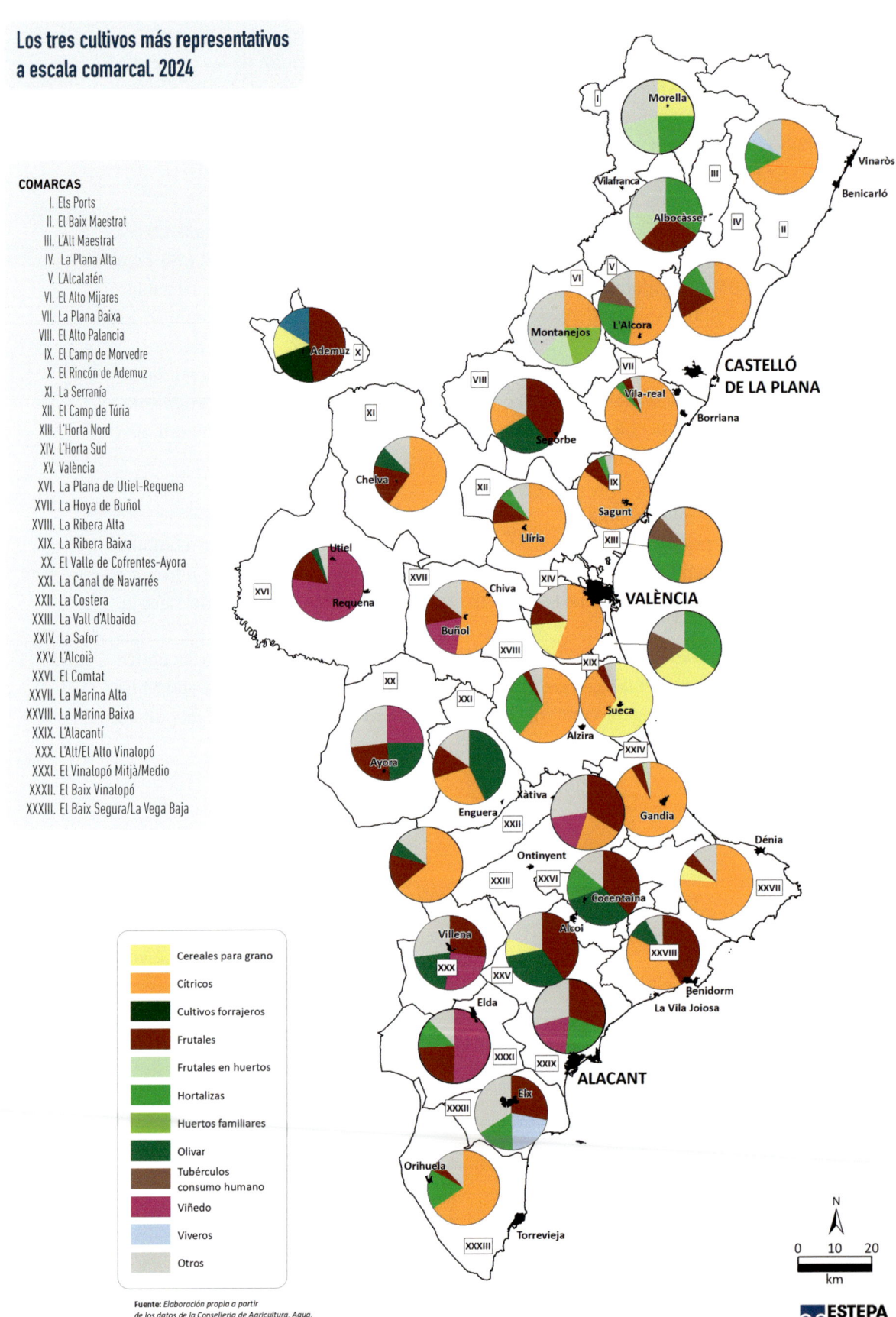

COMARCAS
- I. Els Ports
- II. El Baix Maestrat
- III. L'Alt Maestrat
- IV. La Plana Alta
- V. L'Alcalatén
- VI. El Alto Mijares
- VII. La Plana Baixa
- VIII. El Alto Palancia
- IX. El Camp de Morvedre
- X. El Rincón de Ademuz
- XI. La Serranía
- XII. El Camp de Túria
- XIII. L'Horta Nord
- XIV. L'Horta Sud
- XV. València
- XVI. La Plana de Utiel-Requena
- XVII. La Hoya de Buñol
- XVIII. La Ribera Alta
- XIX. La Ribera Baixa
- XX. El Valle de Cofrentes-Ayora
- XXI. La Canal de Navarrés
- XXII. La Costera
- XXIII. La Vall d'Albaida
- XXIV. La Safor
- XXV. L'Alcoià
- XXVI. El Comtat
- XXVII. La Marina Alta
- XXVIII. La Marina Baixa
- XXIX. L'Alacantí
- XXX. L'Alt/El Alto Vinalopó
- XXXI. El Vinalopó Mitjà/Medio
- XXXII. El Baix Vinalopó
- XXXIII. El Baix Segura/La Vega Baja

94

Leyenda:
- Cereales para grano
- Cítricos
- Cultivos forrajeros
- Frutales
- Frutales en huertos
- Hortalizas
- Huertos familiares
- Olivar
- Tubérculos consumo humano
- Viñedo
- Viveros
- Otros

Fuente: *Elaboración propia a partir de los datos de la Conselleria de Agricultura, Agua, Ganadería y Pesca*

ESTEPA
ESTUDIOS DEL TERRITORIO PAISAJE Y PATRIMONIO
DEPARTAMENT DE GEOGRAFIA · UNIVERSITAT DE VALÈNCIA

N

0 10 20
km

Cultivos de cereales para grano en regadío, en hectáreas, a escala comarcal. 2024

Fuente: *Elaboración propia a partir de los datos de la Conselleria de Agricultura, Agua, Ganadería y Pesca*

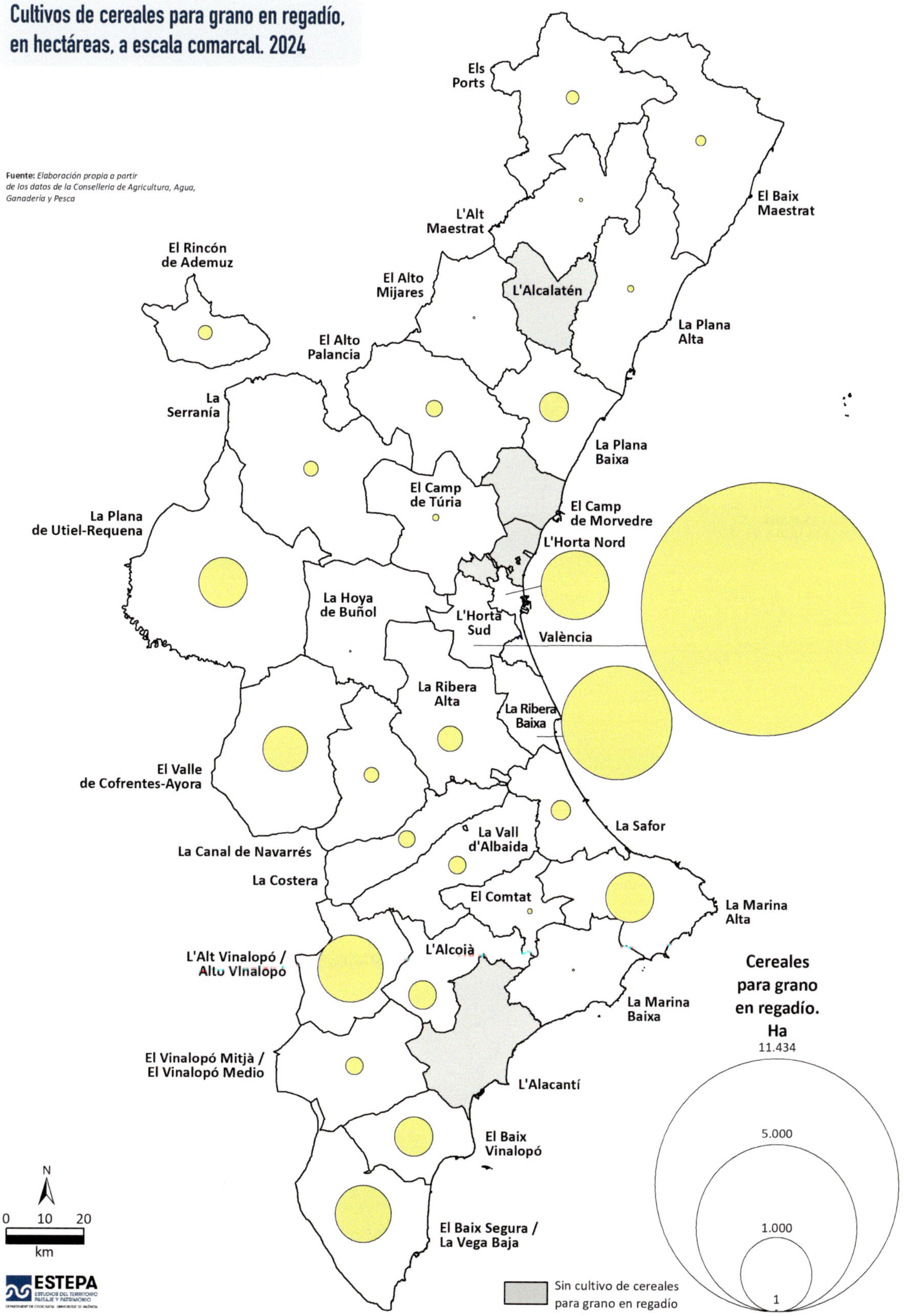

Els Ports

El Baix Maestrat

L'Alt Maestrat

El Rincón de Ademuz

El Alto Mijares

L'Alcalatén

La Plana Alta

El Alto Palancia

La Serranía

La Plana Baixa

La Plana de Utiel-Requena

El Camp de Túria

El Camp de Morvedre

L'Horta Nord

La Hoya de Buñol

L'Horta Sud

València

La Ribera Alta

La Ribera Baixa

El Valle de Cofrentes-Ayora

La Vall d'Albaida

La Safor

La Canal de Navarrés

La Costera

El Comtat

La Marina Alta

L'Alt Vinalopó / Alto Vinalopó

L'Alcoià

La Marina Baixa

El Vinalopó Mitjà / El Vinalopó Medio

L'Alacantí

El Baix Vinalopó

El Baix Segura / La Vega Baja

Cereales para grano en regadío. Ha

11.434

5.000

1.000

1

Sin cultivo de cereales para grano en regadío

N

0 10 20
km

ESTEPA
ESTUDIOS DEL TERRITORIO
PAISAJE Y PATRIMONIO

95

Cultivo de cítrico en regadío, en hectáreas, a escala comarcal. 2024

Fuente: *Elaboración propia a partir de los datos de la Conselleria de Agricultura, Agua, Ganadería y Pesca*

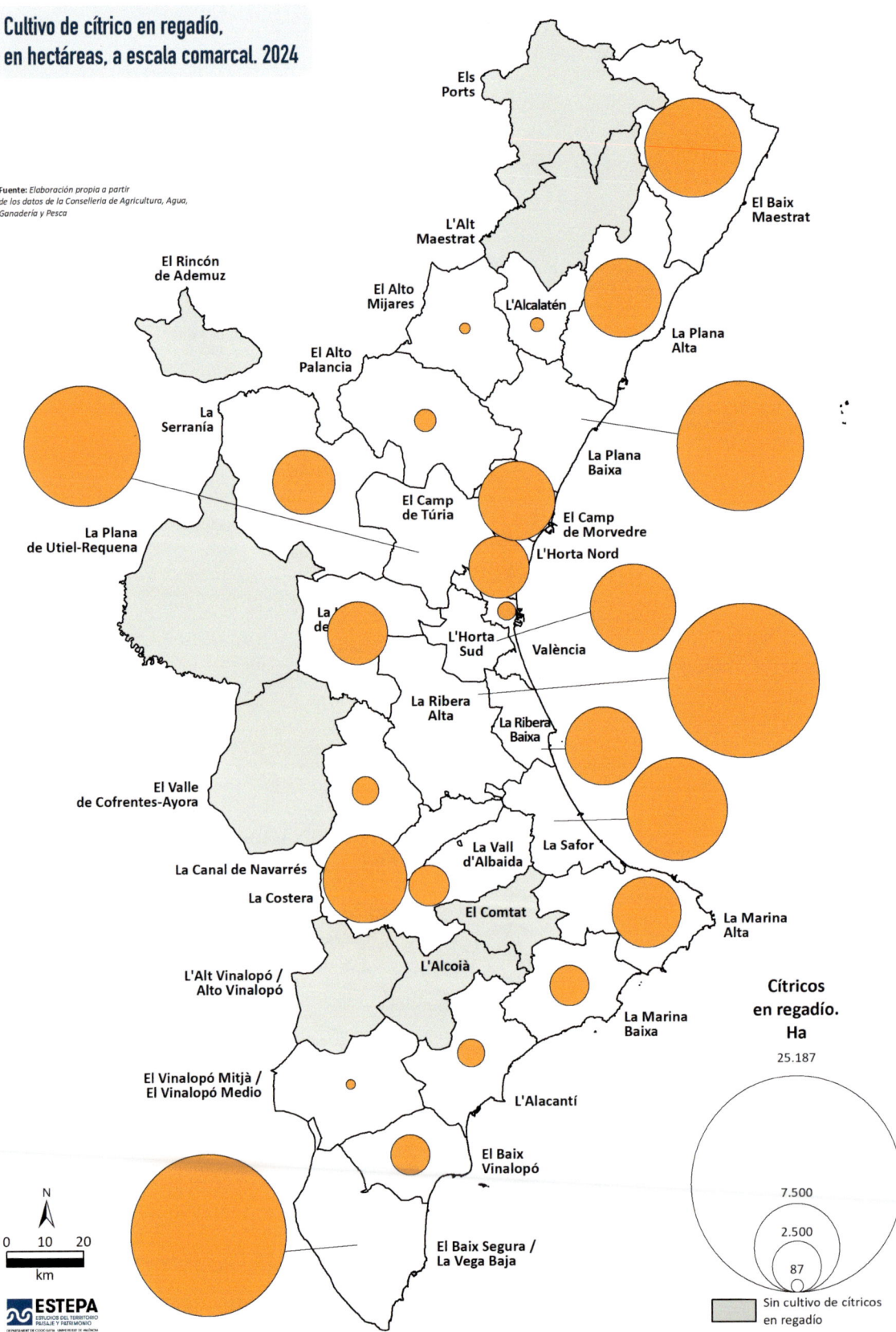

96

Els Ports

L'Alt Maestrat

El Baix Maestrat

El Rincón de Ademuz

El Alto Mijares

L'Alcalatén

La Plana Alta

El Alto Palancia

La Serranía

La Plana Baixa

El Camp de Túria

El Camp de Morvedre

L'Horta Nord

La Plana de Utiel-Requena

L'Horta Sud

València

La Ribera Alta

La Ribera Baixa

El Valle de Cofrentes-Ayora

La Safor

La Vall d'Albaida

La Canal de Navarrés

El Comtat

La Costera

La Marina Alta

L'Alt Vinalopó / Alto Vinalopó

L'Alcoià

La Marina Baixa

El Vinalopó Mitjà / El Vinalopó Medio

L'Alacantí

El Baix Vinalopó

El Baix Segura / La Vega Baja

Cítricos en regadío. Ha

25.187

7.500

2.500

87

Sin cultivo de cítricos en regadío

N

0   10   20
km

ESTEPA
ESTUDIOS DEL TERRITORIO PAISAJE Y PATRIMONIO

Cultivos forrajeros en regadío, en hectáreas, a escala comarcal. 2024

Fuente: *Elaboración propia a partir de los datos de la Conselleria de Agricultura, Agua, Ganadería y Pesca*

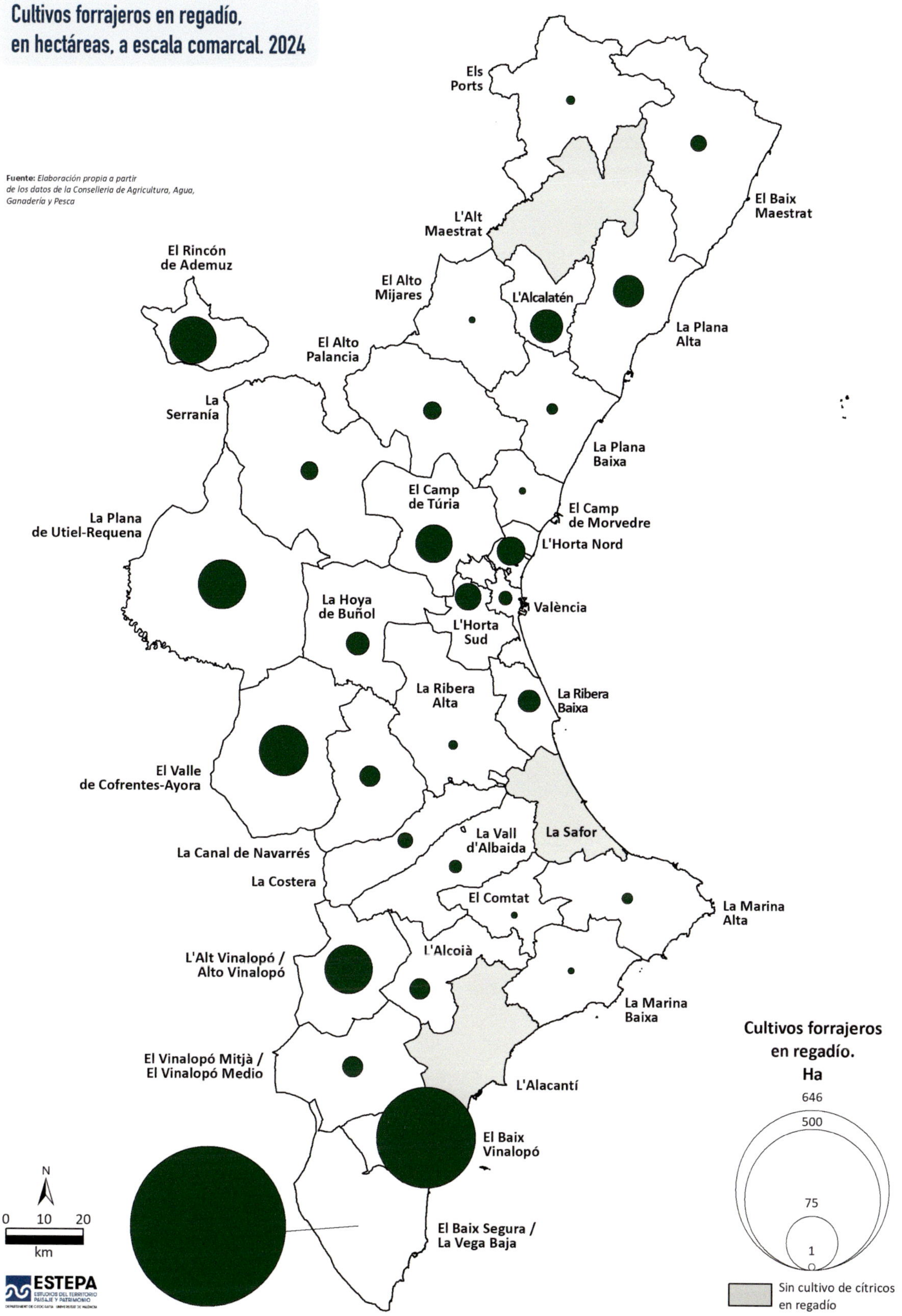

Els Ports

El Baix Maestrat

L'Alt Maestrat

El Alto Mijares

L'Alcalatén

La Plana Alta

El Rincón de Ademuz

El Alto Palancia

La Serranía

La Plana Baixa

La Plana de Utiel-Requena

El Camp de Túria

El Camp de Morvedre

L'Horta Nord

València

La Hoya de Buñol

L'Horta Sud

La Ribera Alta

La Ribera Baixa

El Valle de Cofrentes-Ayora

La Canal de Navarrés

La Costera

La Vall d'Albaida

La Safor

El Comtat

La Marina Alta

L'Alt Vinalopó / Alto Vinalopó

L'Alcoià

La Marina Baixa

El Vinalopó Mitjà / El Vinalopó Medio

L'Alacantí

El Baix Vinalopó

El Baix Segura / La Vega Baja

Cultivos forrajeros en regadío. Ha

646
500
75
1

Sin cultivo de cítricos en regadío

N

0   10   20
km

ESTEPA
ESTUDIOS DEL TERRITORIO PAISAJE Y PATRIMONIO
DEPARTAMENT DE GEOGRAFIA. UNIVERSITAT DE VALÈNCIA

Cultivos industriales en regadío, en hectáreas, a escala comarcal. 2024

Fuente: *Elaboración propia a partir de los datos de la Conselleria de Agricultura, Agua, Ganadería y Pesca*

98

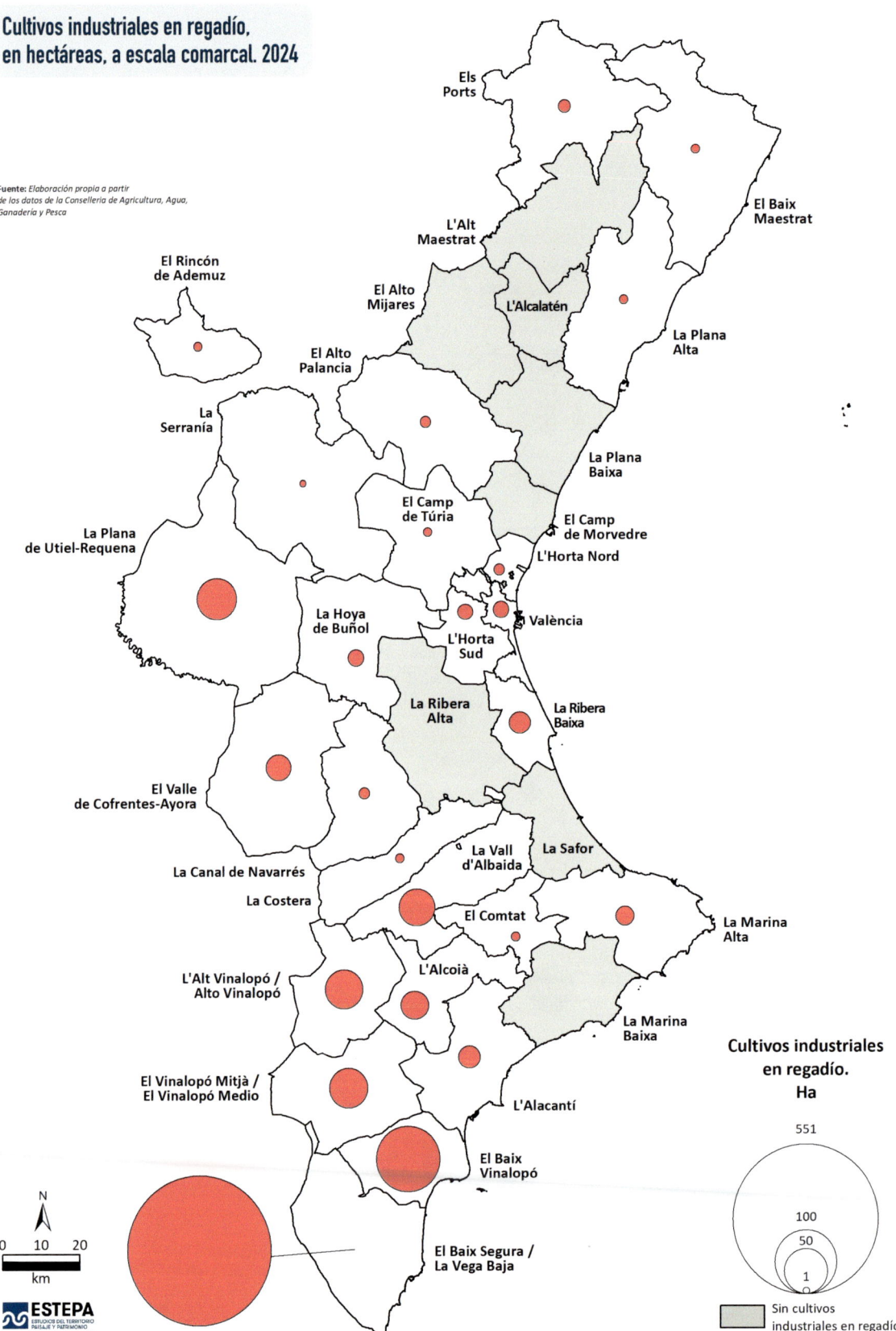

Els Ports

El Baix Maestrat

L'Alt Maestrat

El Alto Mijares

L'Alcalatén

La Plana Alta

El Rincón de Ademuz

El Alto Palancia

La Serranía

La Plana Baixa

El Camp de Túria

El Camp de Morvedre

L'Horta Nord

La Plana de Utiel-Requena

La Hoya de Buñol

L'Horta Sud

València

La Ribera Alta

La Ribera Baixa

El Valle de Cofrentes-Ayora

La Canal de Navarrés

La Vall d'Albaida

La Safor

La Costera

El Comtat

La Marina Alta

L'Alt Vinalopó / Alto Vinalopó

L'Alcoià

La Marina Baixa

El Vinalopó Mitjà / El Vinalopó Medio

L'Alacantí

El Baix Vinalopó

El Baix Segura / La Vega Baja

N

0   10   20
km

ESTEPA
ESTUDIOS DEL TERRITORIO
PAISAJE Y PATRIMONIO

Cultivos industriales
en regadío.
Ha

551

100

50

1

Sin cultivos
industriales en regadío

Cultivo de flores y plantas ornamentales, en regadío en hectáreas, a escala comarcal. 2024

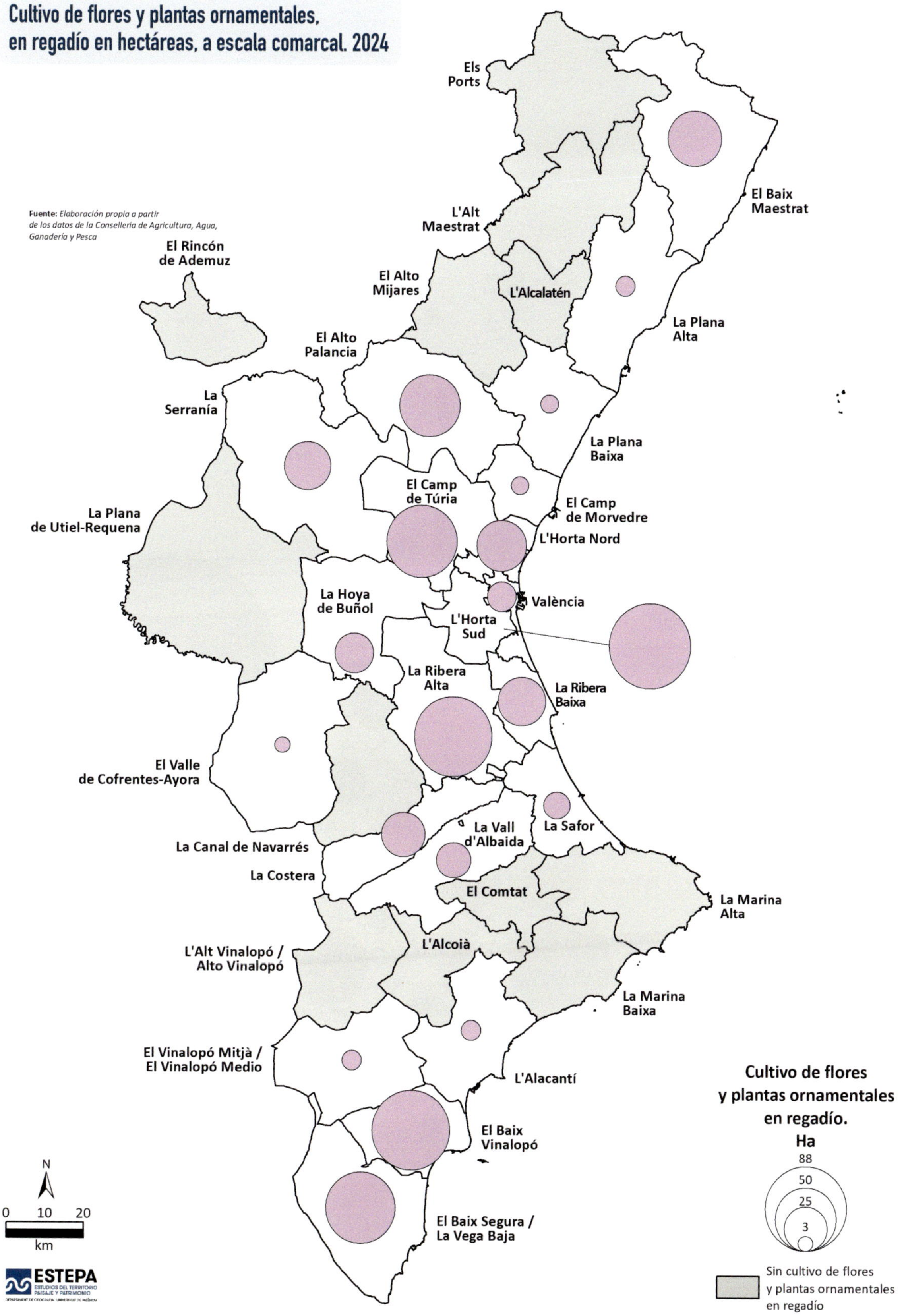

Fuente: *Elaboración propia a partir de los datos de la Conselleria de Agricultura, Agua, Ganadería y Pesca*

Els Ports

L'Alt Maestrat

El Baix Maestrat

El Rincón de Ademuz

El Alto Mijares

L'Alcalatén

La Plana Alta

El Alto Palancia

La Serranía

La Plana Baixa

El Camp de Túria

El Camp de Morvedre

L'Horta Nord

La Plana de Utiel-Requena

La Hoya de Buñol

L'Horta Sud

València

La Ribera Alta

La Ribera Baixa

El Valle de Cofrentes-Ayora

La Canal de Navarrés

La Vall d'Albaida

La Safor

La Costera

El Comtat

La Marina Alta

L'Alt Vinalopó / Alto Vinalopó

L'Alcoià

La Marina Baixa

El Vinalopó Mitjà / El Vinalopó Medio

L'Alacantí

El Baix Vinalopó

El Baix Segura / La Vega Baja

N

0   10   20
km

ESTEPA
ESTUDIOS DEL TERRITORIO
PAISAJE Y PATRIMONIO
DEPARTAMENT DE GEOGRAFIA · UNIVERSITAT DE VALÈNCIA

Cultivo de flores y plantas ornamentales en regadío.
Ha
88
50
25
3

Sin cultivo de flores y plantas ornamentales en regadío

Cultivo de frutales, en regadío, en hectáreas, a escala comarcal. 2024

Fuente: *Elaboración propia a partir de los datos de la Conselleria de Agricultura, Agua, Ganadería y Pesca*

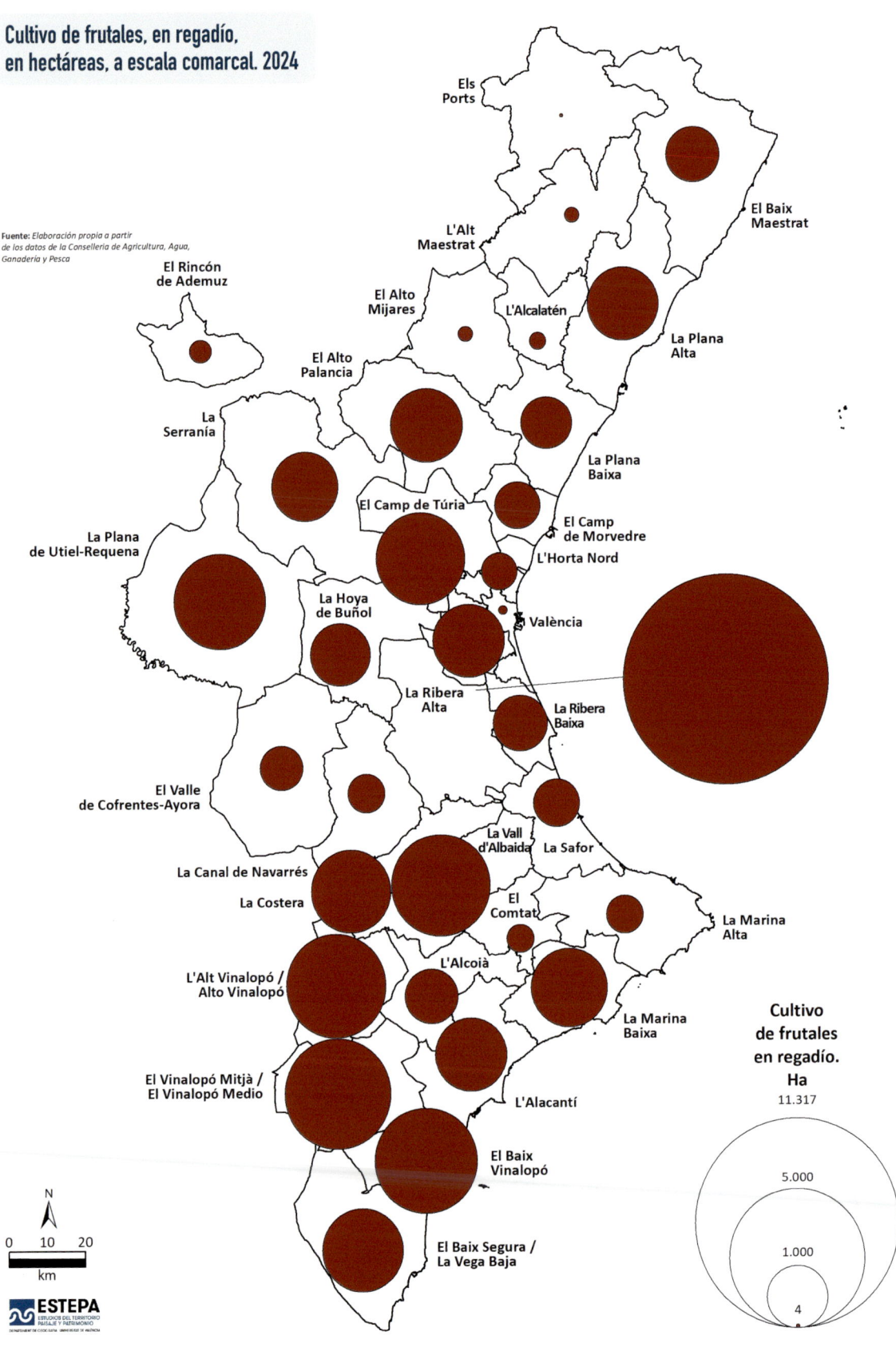

Els Ports

El Baix Maestrat

L'Alt Maestrat

L'Alcalatén

La Plana Alta

El Rincón de Ademuz

El Alto Mijares

El Alto Palancia

La Serranía

La Plana Baixa

El Camp de Túria

El Camp de Morvedre

La Plana de Utiel-Requena

L'Horta Nord

La Hoya de Buñol

València

La Ribera Alta

La Ribera Baixa

El Valle de Cofrentes-Ayora

La Vall d'Albaida

La Safor

La Canal de Navarrés

El Comtat

La Marina Alta

La Costera

L'Alcoià

L'Alt Vinalopó / Alto Vinalopó

La Marina Baixa

El Vinalopó Mitjà / El Vinalopó Medio

L'Alacantí

El Baix Vinalopó

El Baix Segura / La Vega Baja

Cultivo de frutales en regadío. Ha

11.317

5.000

1.000

4

N

0   10   20
km

ESTEPA
ESTUDIOS DEL TERRITORIO
PAISAJE Y PATRIMONIO

Cultivo de frutales, en huertos, en regadío, en hectáreas, a escala comarcal. 2024

Fuente: *Elaboración propia a partir de los datos de la Conselleria de Agricultura, Agua, Ganadería y Pesca*

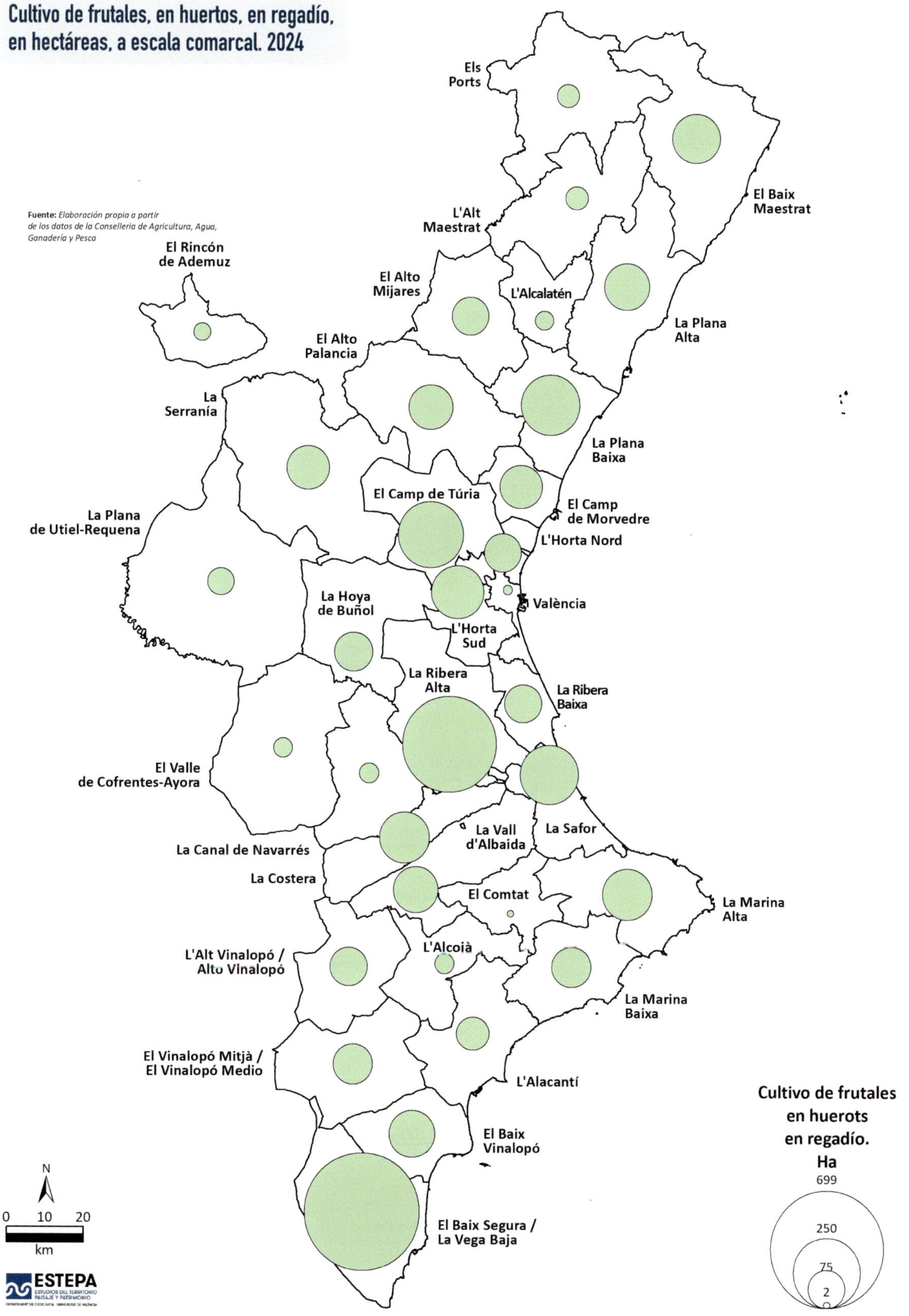

Els Ports

L'Alt Maestrat

El Baix Maestrat

El Rincón de Ademuz

El Alto Mijares

L'Alcalatén

La Plana Alta

El Alto Palancia

La Serranía

La Plana Baixa

La Plana de Utiel-Requena

El Camp de Túria

El Camp de Morvedre

L'Horta Nord

València

La Hoya de Buñol

L'Horta Sud

La Ribera Alta

La Ribera Baixa

El Valle de Cofrentes-Ayora

La Canal de Navarrés

La Vall d'Albaida

La Safor

La Costera

El Comtat

La Marina Alta

L'Alcoià

L'Alt Vinalopó / Alto Vinalopó

La Marina Baixa

El Vinalopó Mitjà / El Vinalopó Medio

L'Alacantí

El Baix Vinalopó

El Baix Segura / La Vega Baja

N

0 10 20
km

ESTEPA
ESTUDIOS DEL TERRITORIO
PAISAJE Y PATRIMONIO
DEPARTAMENT DE GEOGRAFIA · UNIVERSITAT DE VALÈNCIA

Cultivo de frutales
en huerots
en regadío.
Ha

699

250

75

2

Cultivo de hortalizas, en regadío, en hectáreas, a escala comarcal. 2024

Fuente: *Elaboración propia a partir de los datos de la Conselleria de Agricultura, Agua, Ganadería y Pesca*

102

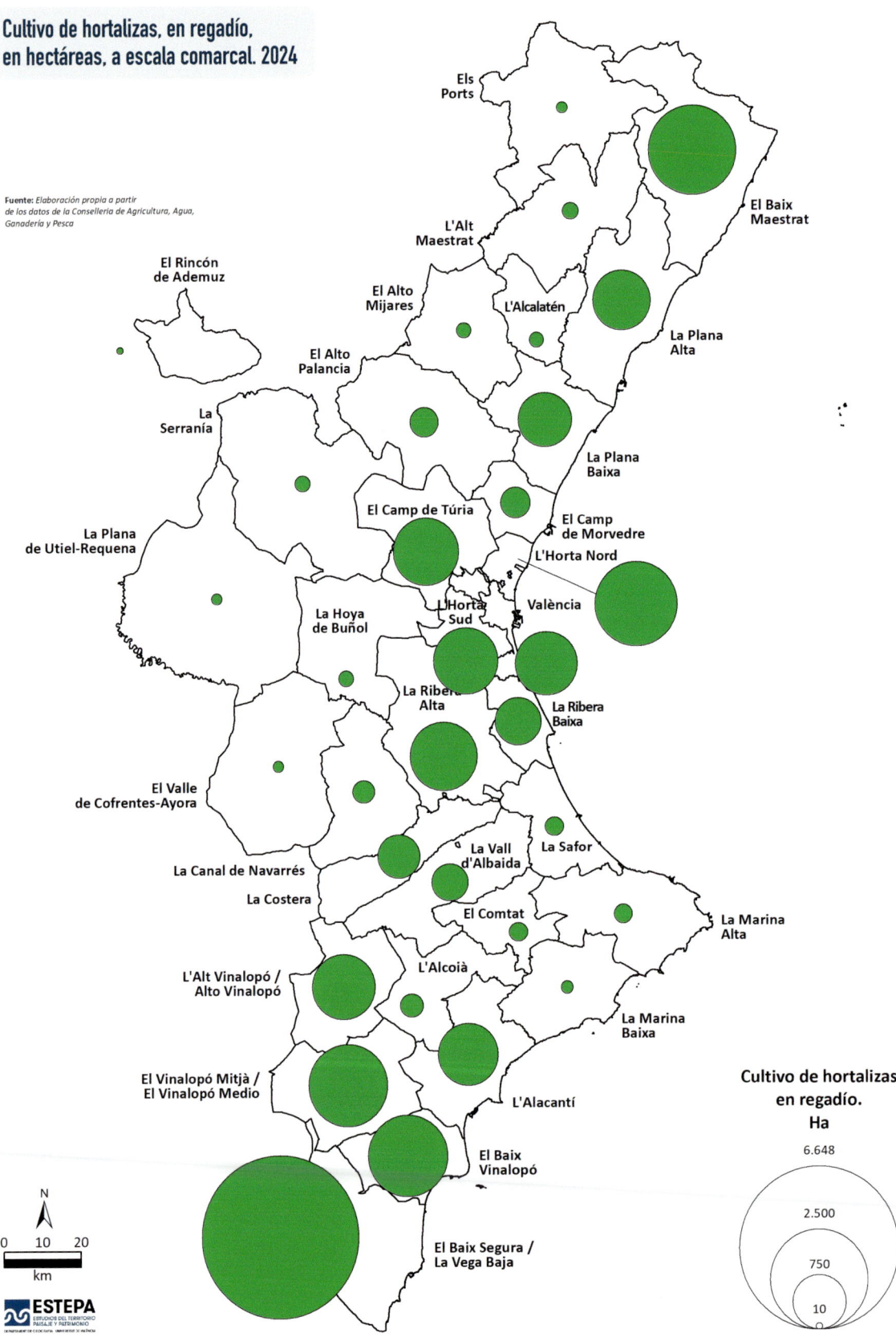

Cultivo de hortalizas en regadío. Ha

6.648

2.500

750

10

Cultivo de leguminosas grano, en regadío, en hectáreas, a escala comarcal. 2024

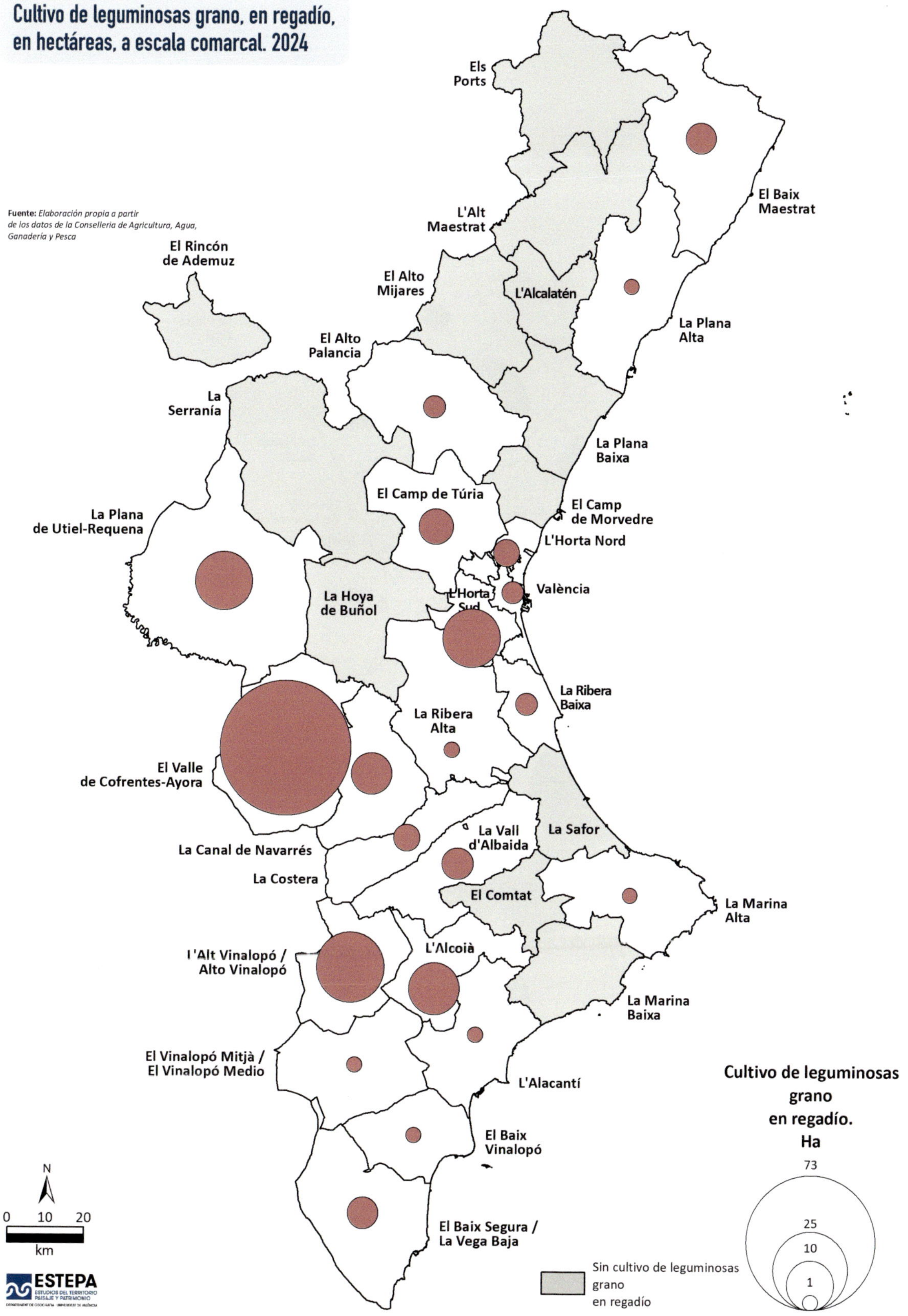

Fuente: *Elaboración propia a partir de los datos de la Conselleria de Agricultura, Agua, Ganadería y Pesca*

Els Ports

El Rincón de Ademuz

L'Alt Maestrat

El Baix Maestrat

El Alto Mijares

L'Alcalatén

El Alto Palancia

La Plana Alta

La Serranía

La Plana Baixa

El Camp de Túria

El Camp de Morvedre

La Plana de Utiel-Requena

L'Horta Nord

La Hoya de Buñol

L'Horta Sud

València

La Ribera Baixa

La Ribera Alta

El Valle de Cofrentes-Ayora

La Safor

La Canal de Navarrés

La Vall d'Albaida

La Costera

El Comtat

La Marina Alta

l'Alt Vinalopó / Alto Vinalopó

L'Alcoià

El Vinalopó Mitjà / El Vinalopó Medio

La Marina Baixa

L'Alacantí

El Baix Vinalopó

El Baix Segura / La Vega Baja

N

0   10   20
km

Cultivo de leguminosas grano en regadío. Ha

73

25

10

1

Sin cultivo de leguminosas grano en regadío

ESTEPA
ESTUDIOS DEL TERRITORIO
PAISAJE Y PATRIMONIO
DEPARTAMENT DE GEOGRAFIA · UNIVERSITAT DE VALÈNCIA

104

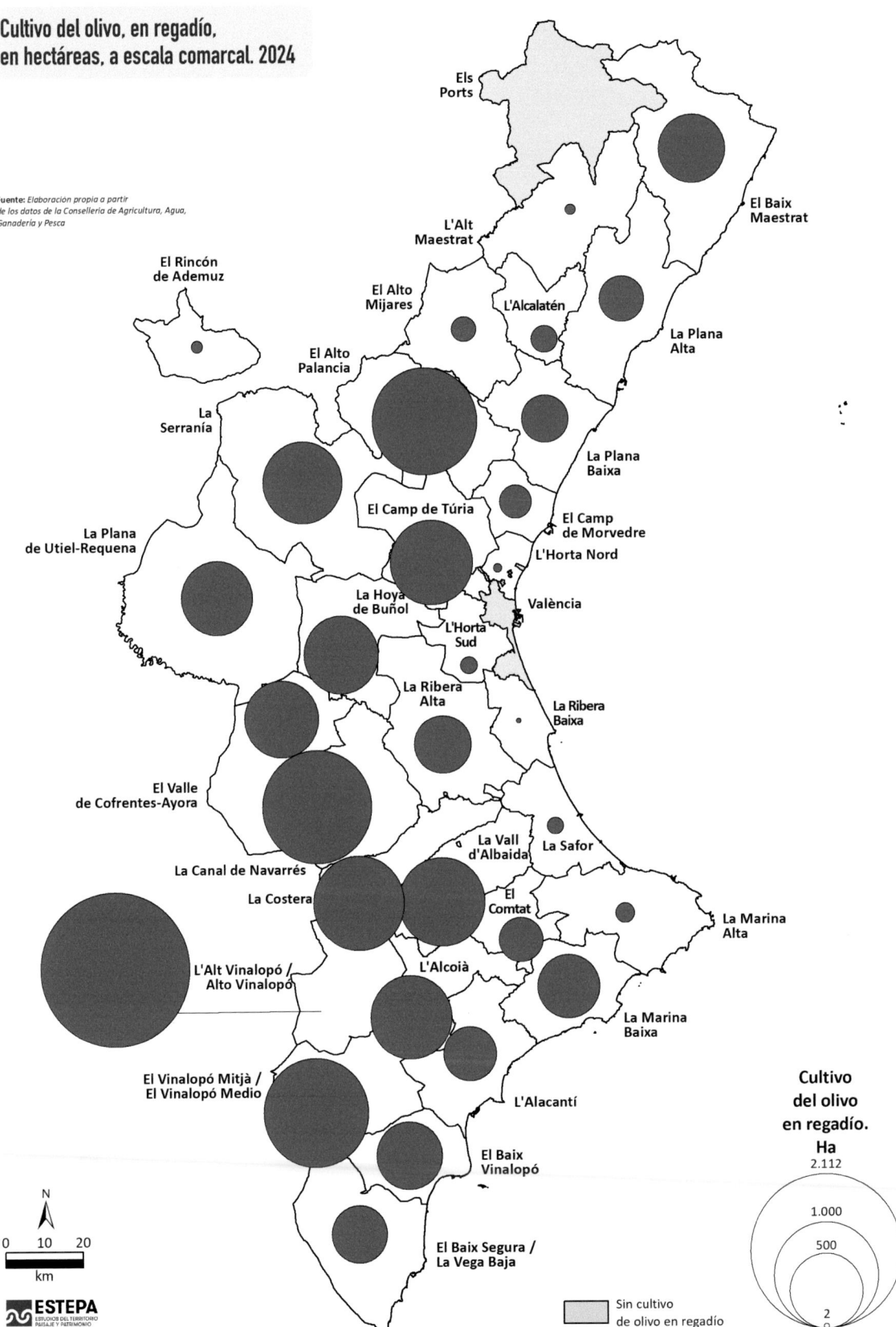

Cultivo del olivo, en regadío, en hectáreas, a escala comarcal. 2024

Fuente: *Elaboración propia a partir de los datos de la Conselleria de Agricultura, Agua, Ganadería y Pesca*

Els Ports

El Baix Maestrat

L'Alt Maestrat

L'Alcalatén

La Plana Alta

El Rincón de Ademuz

El Alto Mijares

El Alto Palancia

La Plana Baixa

La Serranía

El Camp de Túria

El Camp de Morvedre

L'Horta Nord

La Plana de Utiel-Requena

La Hoya de Buñol

L'Horta Sud

València

La Ribera Alta

La Ribera Baixa

El Valle de Cofrentes-Ayora

La Vall d'Albaida

La Safor

La Canal de Navarrés

La Costera

El Comtat

La Marina Alta

L'Alt Vinalopó / Alto Vinalopó

L'Alcoià

La Marina Baixa

El Vinalopó Mitjà / El Vinalopó Medio

L'Alacantí

El Baix Vinalopó

El Baix Segura / La Vega Baja

N

0   10   20
km

ESTEPA
ESTUDIOS DEL TERRITORIO
PAISAJE Y PATRIMONIO

Cultivo del olivo en regadío.
Ha
2.112

1.000

500

2

Sin cultivo de olivo en regadío

Cultivo otros leñosos, en regadío, en hectáreas, a escala comarcal. 2024

Fuente: *Elaboracion propia a partir de los datos de la Conselleria de Agricultura, Agua, Ganaderia y Pesca*

Els Ports

El Baix Maestrat

L'Alt Maestrat

El Rincón de Ademuz

El Alto Mijares

L'Alcalatén

La Plana Alta

El Alto Palancia

La Serranía

La Plana Baixa

La Plana de Utiel-Requena

El Camp de Túria

El Camp de Morvedre

L'Horta Nord

València

La Hoya de Buñol

L'Horta Sud

La Ribera Alta

La Ribera Baixa

El Valle de Cofrentes-Ayora

La Vall d'Albaida

La Safor

La Canal de Navarrés

La Costera

El Comtat

La Marina Alta

L'Alt Vinalopó / Alto Vinalopó

L'Alcoià

La Marina Baixa

El Vinalopó Mitjà / El Vinalopó Medio

L'Alacantí

El Baix Vinalopó

El Baix Segura / La Vega Baja

N

0 10 20
km

ESTEPA
ESTUDIOS DEL TERRITORIO PAISAJE Y PATRIMONIO
DEPARTAMENT DE GEOGRAFIA. UNIVERSITAT DE VALÈNCIA

Cultivo de otros leñosos en regadío.
Ha
73
50
25
1

Sin cultivo de otros leñosos regadío

105

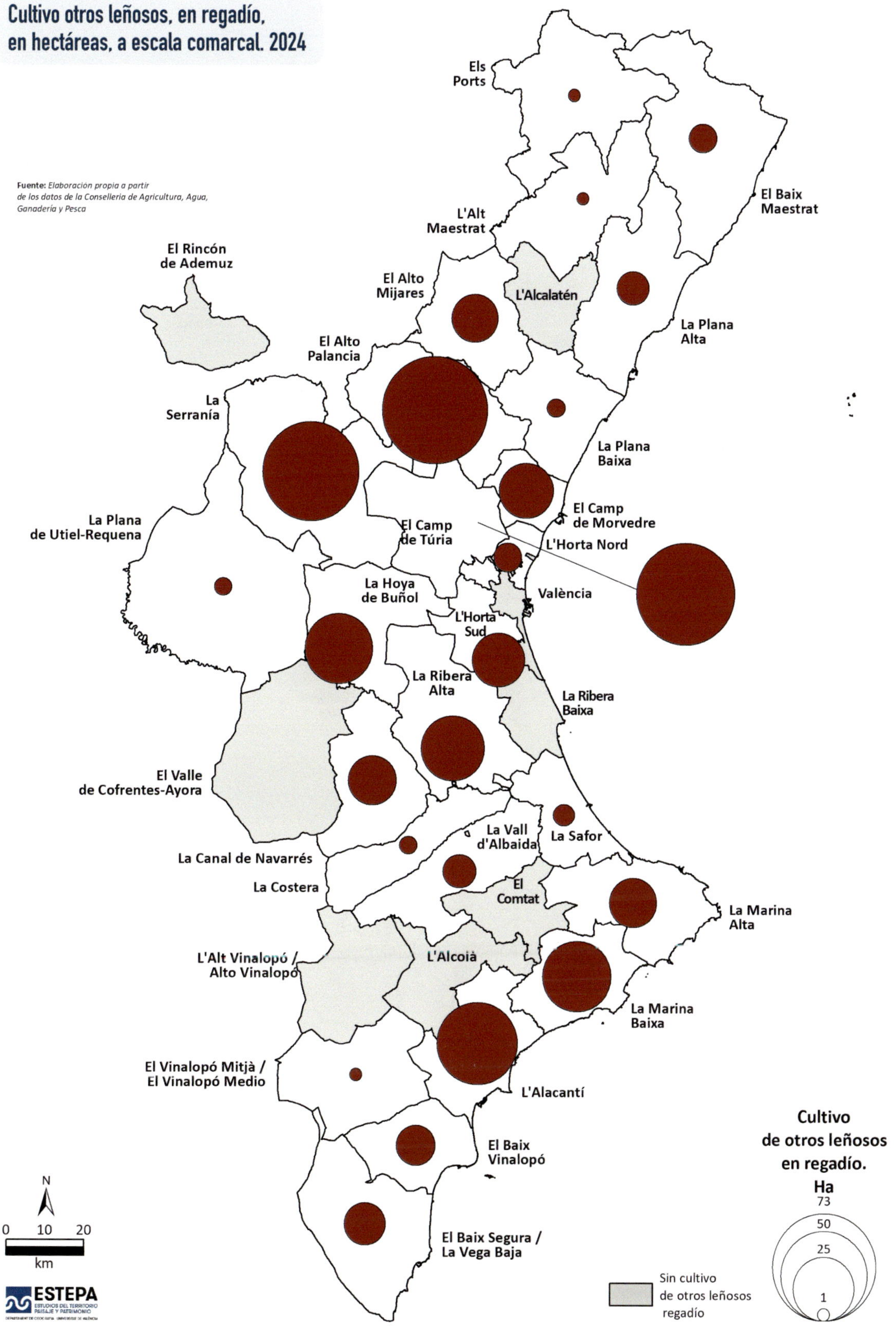

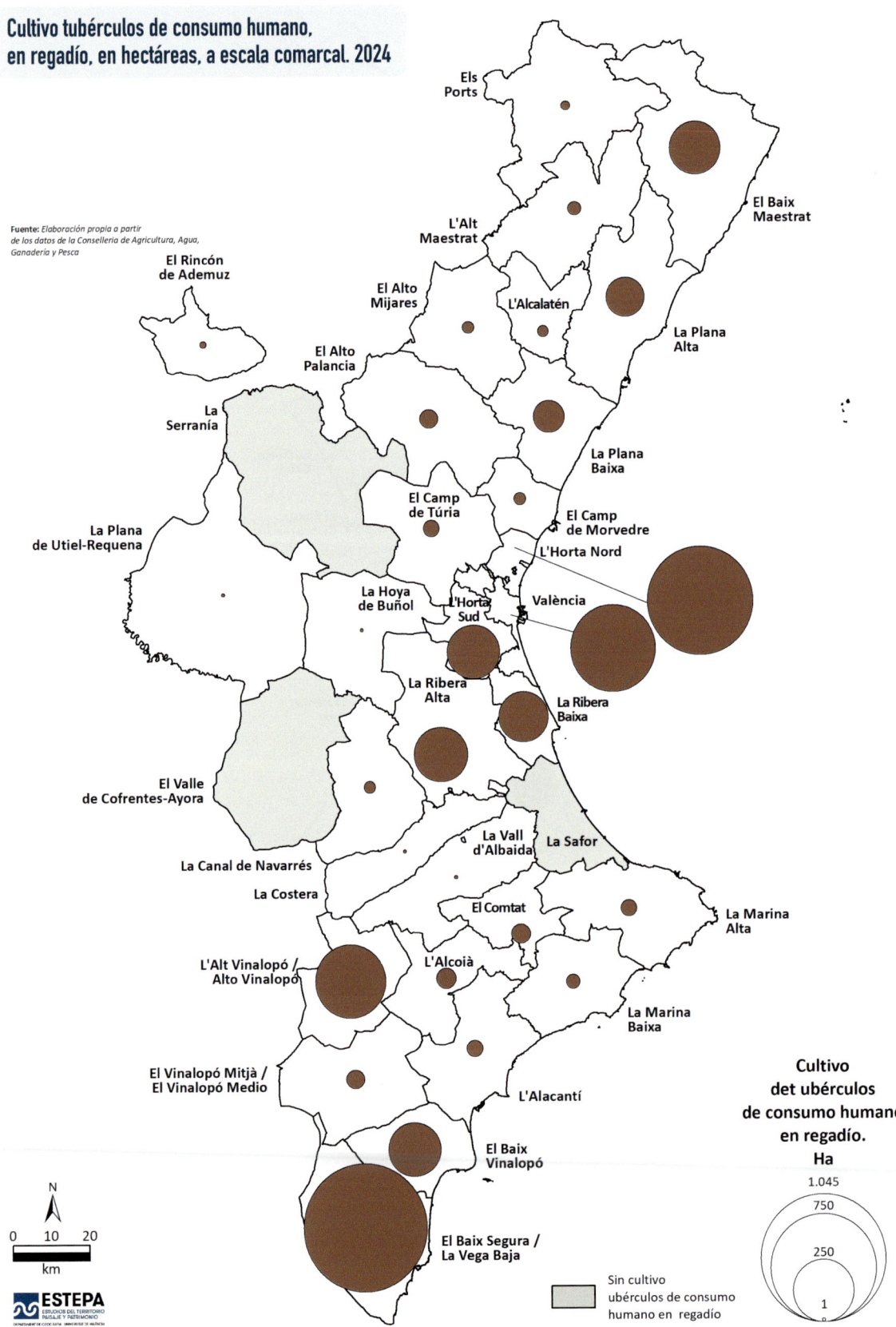

Cultivo tubérculos de consumo humano, en regadío, en hectáreas, a escala comarcal. 2024

Fuente: *Elaboración propia a partir de los datos de la Conselleria de Agricultura, Agua, Ganadería y Pesca*

Els Ports

El Baix Maestrat

L'Alt Maestrat

L'Alcalatén

La Plana Alta

El Rincón de Ademuz

El Alto Mijares

El Alto Palancia

La Plana Baixa

La Serranía

El Camp de Túria

El Camp de Morvedre

L'Horta Nord

La Plana de Utiel-Requena

La Hoya de Buñol

L'Horta Sud

València

La Ribera Alta

La Ribera Baixa

El Valle de Cofrentes-Ayora

La Vall d'Albaida

La Safor

La Canal de Navarrés

La Costera

El Comtat

La Marina Alta

L'Alt Vinalopó / Alto Vinalopó

L'Alcoià

La Marina Baixa

El Vinalopó Mitjà / El Vinalopó Medio

L'Alacantí

El Baix Vinalopó

El Baix Segura / La Vega Baja

Cultivo det ubérculos de consumo humano en regadío.
Ha

1.045
750
250
1

Sin cultivo ubérculos de consumo humano en regadío

N

0 10 20
km

ESTEPA
ESTUDIOS DEL TERRITORIO
PAISAJE Y PATRIMONIO
DEPARTAMENT DE CIOCCRAFIA UNIVERSITAT DE VALENCIA

106

Cultivo del viñedo, en regadío, en hectáreas, a escala comarcal. 2024

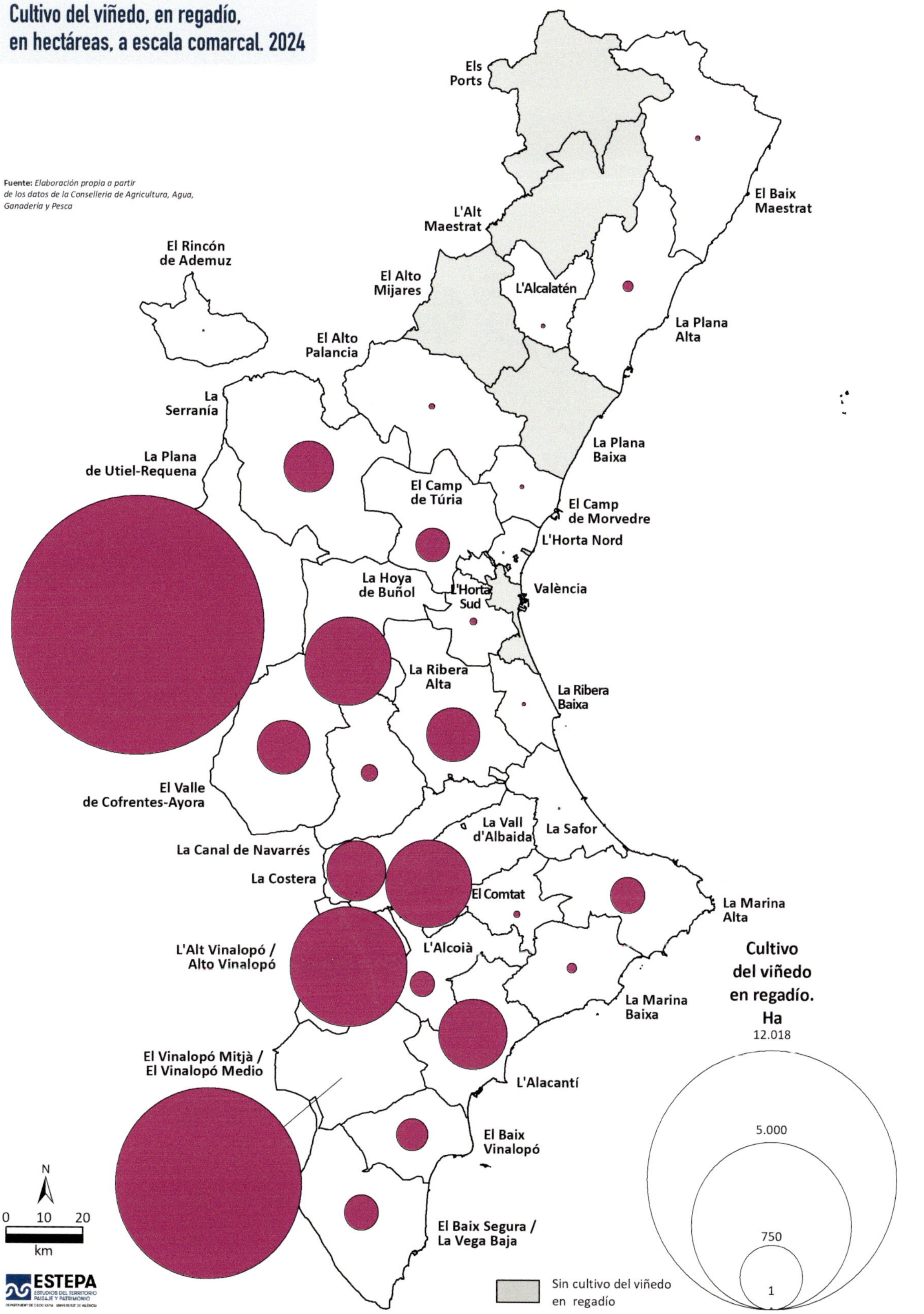

Fuente: *Elaboración propia a partir de los datos de la Conselleria de Agricultura, Agua, Ganadería y Pesca*

Els Ports

L'Alt Maestrat

El Baix Maestrat

El Rincón de Ademuz

El Alto Mijares

L'Alcalatén

La Plana Alta

El Alto Palancia

La Serranía

La Plana de Utiel-Requena

El Camp de Túria

La Plana Baixa

El Camp de Morvedre

L'Horta Nord

La Hoya de Buñol

L'Horta Sud

València

La Ribera Alta

La Ribera Baixa

El Valle de Cofrentes-Ayora

La Canal de Navarrés

La Vall d'Albaida

La Safor

La Costera

El Comtat

La Marina Alta

L'Alt Vinalopó / Alto Vinalopó

L'Alcoià

La Marina Baixa

El Vinalopó Mitjà / El Vinalopó Medio

L'Alacantí

El Baix Vinalopó

El Baix Segura / La Vega Baja

Cultivo del viñedo en regadío. Ha

12.018

5.000

750

1

Sin cultivo del viñedo en regadío

N

0 10 20 km

ESTEPA
ESTUDIOS DEL TERRITORIO
PAISAJE Y PATRIMONIO
DEPARTAMENT DE GEOGRAFIA. UNIVERSITAT DE VALÈNCIA

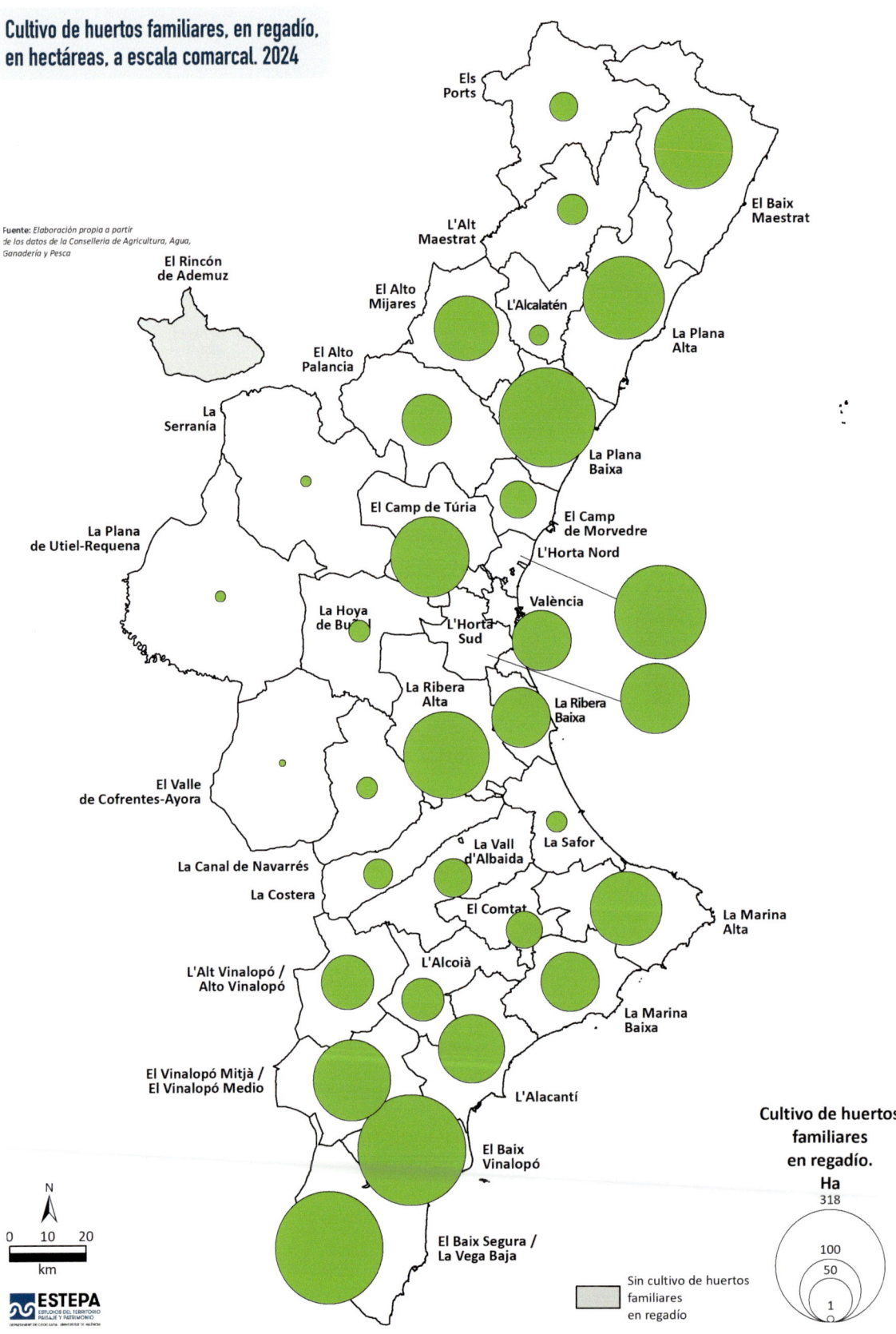

Cultivo de huertos familiares, en regadío, en hectáreas, a escala comarcal. 2024

Fuente: Elaboración propia a partir de los datos de la Conselleria de Agricultura, Agua, Ganadería y Pesca

Els Ports

El Baix Maestrat

L'Alt Maestrat

El Alto Mijares

L'Alcalatén

La Plana Alta

El Rincón de Ademuz

El Alto Palancia

La Serranía

La Plana Baixa

El Camp de Túria

El Camp de Morvedre

L'Horta Nord

La Plana de Utiel-Requena

València

La Hoya de Buñol

L'Horta Sud

La Ribera Alta

La Ribera Baixa

El Valle de Cofrentes-Ayora

La Vall d'Albaida

La Safor

La Canal de Navarrés

El Comtat

La Costera

La Marina Alta

L'Alcoià

L'Alt Vinalopó / Alto Vinalopó

La Marina Baixa

El Vinalopó Mitjà / El Vinalopó Medio

L'Alacantí

El Baix Vinalopó

El Baix Segura / La Vega Baja

N

0   10   20
km

ESTEPA
ESTUDIOS DEL TERRITORIO
PAISAJE Y PATRIMONIO

Cultivo de huertos familiares en regadío.
Ha
318

100
50
1

Sin cultivo de huertos familiares en regadío

Cultivo en vivero, en regadío, en hectáreas, a escala comarcal. 2024

Fuente: *Elaboración propia a partir de los datos de la Conselleria de Agricultura, Agua, Ganadería y Pesca*

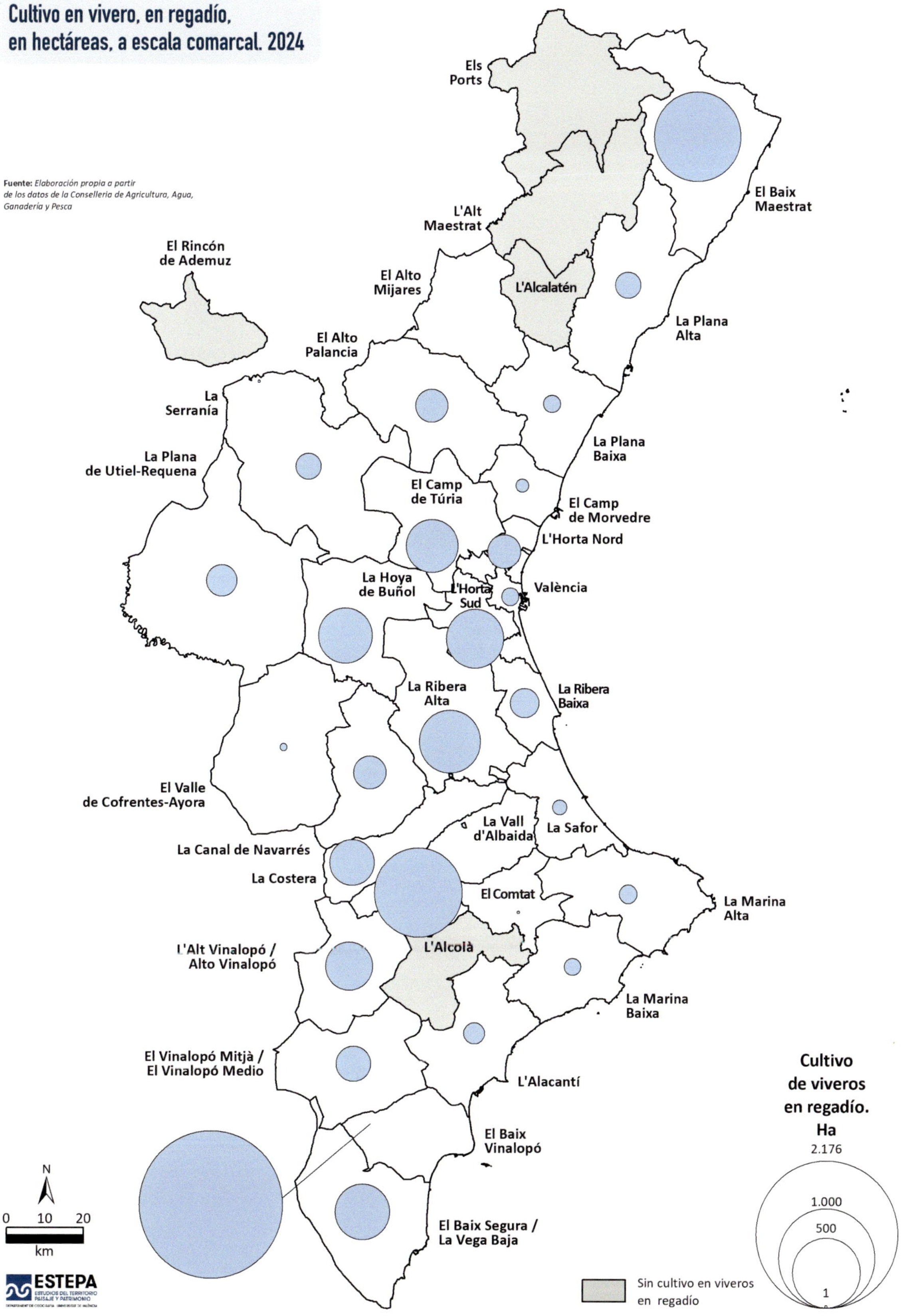

Els Ports

El Rincón de Ademuz

L'Alt Maestrat

El Alto Mijares

L'Alcalatén

El Baix Maestrat

La Plana Alta

El Alto Palancia

La Serranía

La Plana Baixa

La Plana de Utiel-Requena

El Camp de Túria

La Plana Baixa

El Camp de Morvedre

L'Horta Nord

La Hoya de Buñol

L'Horta Sud

València

La Ribera Alta

La Ribera Baixa

El Valle de Cofrentes-Ayora

La Vall d'Albaida

La Safor

La Canal de Navarrés

La Costera

El Comtat

La Marina Alta

l'Alt Vinalopó / Alto Vinalopó

L'Alcolà

La Marina Baixa

El Vinalopó Mitjà / El Vinalopó Medio

L'Alacantí

El Baix Vinalopó

El Baix Segura / La Vega Baja

Cultivo de viveros en regadío. Ha

2.176

1.000

500

1

Sin cultivo en viveros en regadío

N

0   10   20
km

ESTEPA
ESTUDIOS DEL TERRITORIO
PAISAJE Y PATRIMONIO

109

Localización de los cítricos en regadío. Comunitat Valenciana

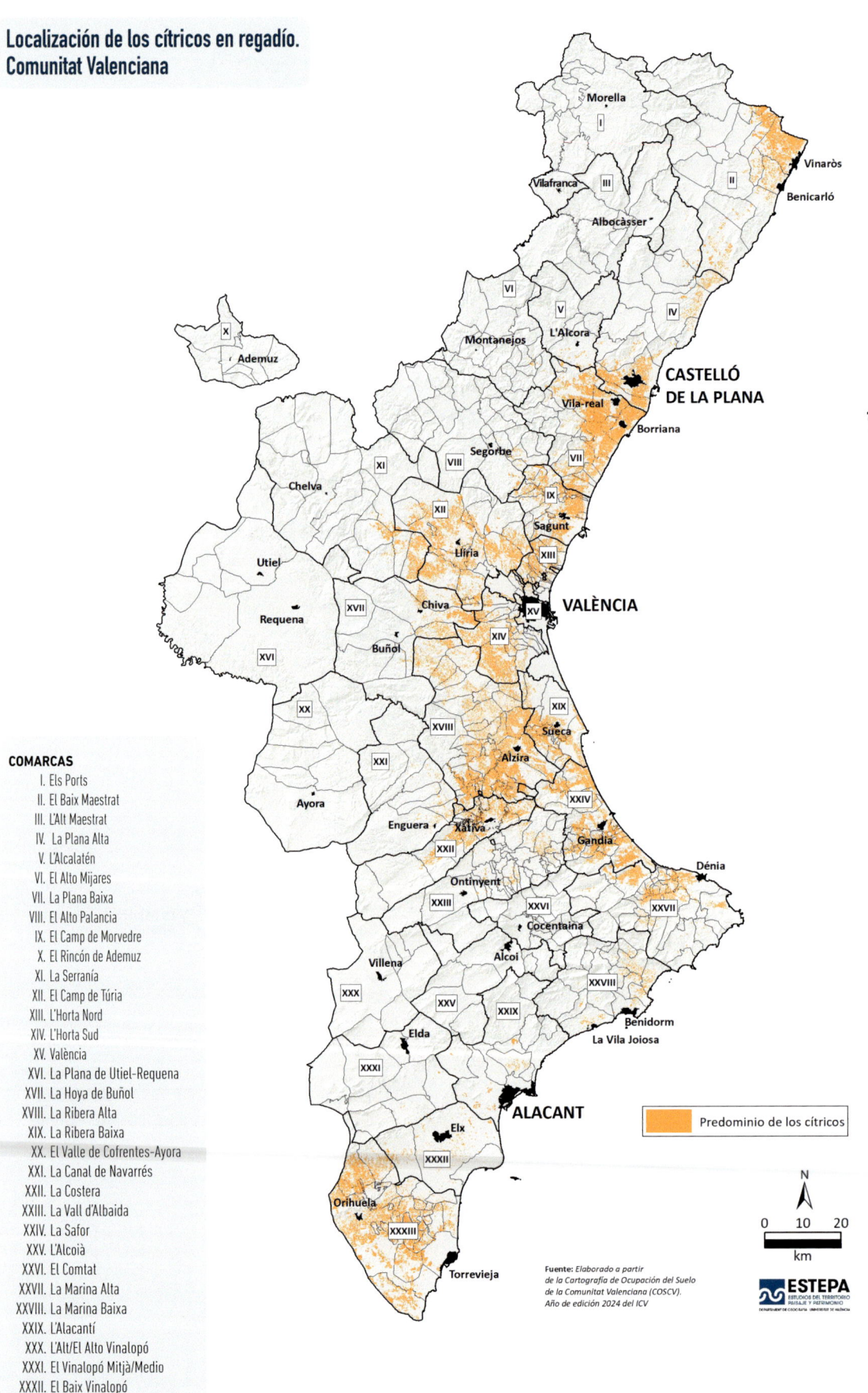

COMARCAS
- I. Els Ports
- II. El Baix Maestrat
- III. L'Alt Maestrat
- IV. La Plana Alta
- V. L'Alcalatén
- VI. El Alto Mijares
- VII. La Plana Baixa
- VIII. El Alto Palancia
- IX. El Camp de Morvedre
- X. El Rincón de Ademuz
- XI. La Serranía
- XII. El Camp de Túria
- XIII. L'Horta Nord
- XIV. L'Horta Sud
- XV. València
- XVI. La Plana de Utiel-Requena
- XVII. La Hoya de Buñol
- XVIII. La Ribera Alta
- XIX. La Ribera Baixa
- XX. El Valle de Cofrentes-Ayora
- XXI. La Canal de Navarrés
- XXII. La Costera
- XXIII. La Vall d'Albaida
- XXIV. La Safor
- XXV. L'Alcoià
- XXVI. El Comtat
- XXVII. La Marina Alta
- XXVIII. La Marina Baixa
- XXIX. L'Alacantí
- XXX. L'Alt/El Alto Vinalopó
- XXXI. El Vinalopó Mitjà/Medio
- XXXII. El Baix Vinalopó
- XXXIII. El Baix Segura/La Vega Baja

Predominio de los cítricos

Fuente: Elaborado a partir de la Cartografía de Ocupación del Suelo de la Comunitat Valenciana (COSCV). Año de edición 2024 del ICV

Localización de los frutales en regadío.
Comunitat Valenciana

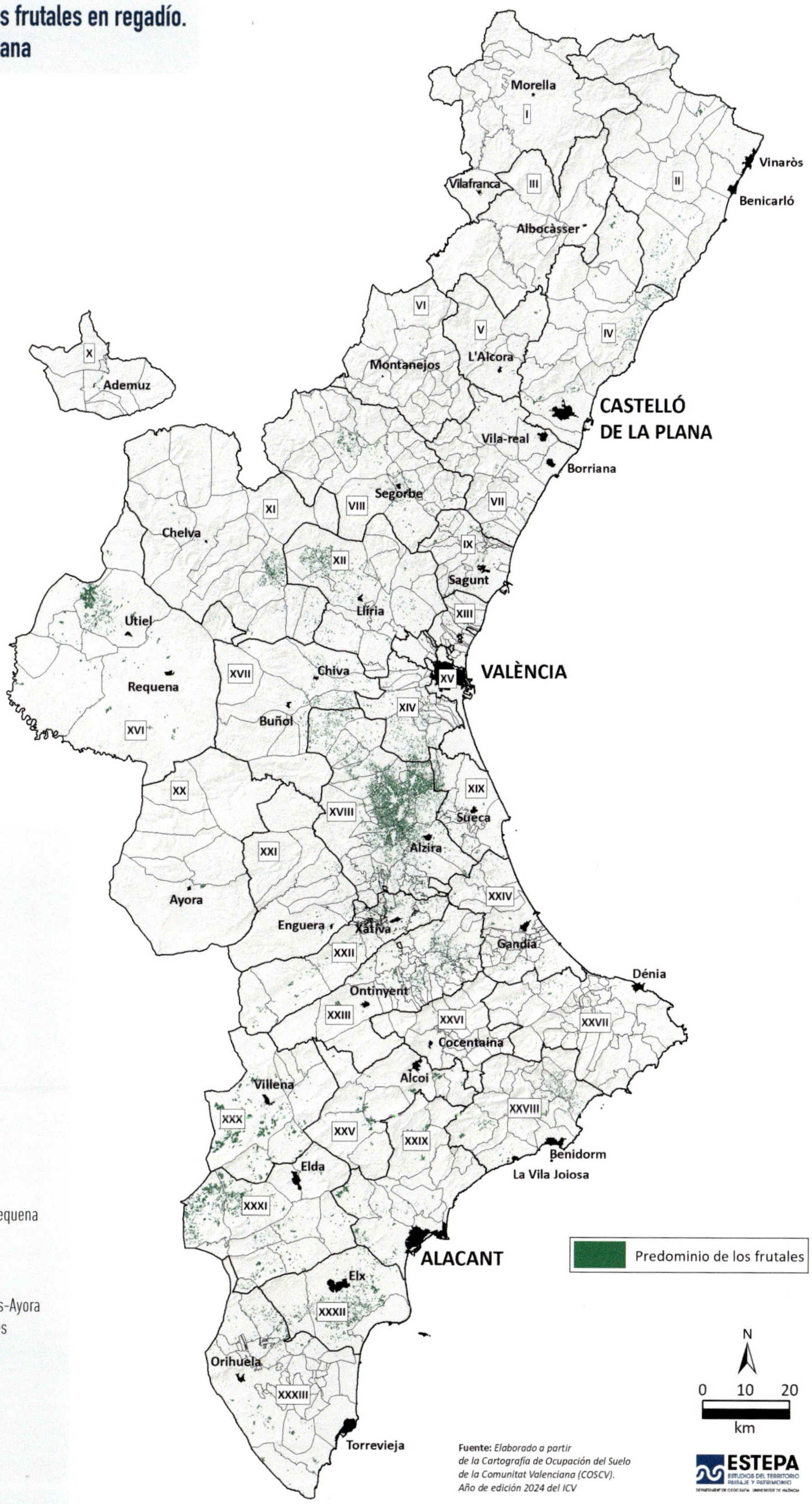

Morella
I

Vinaròs
Benicarló

Vilafranca
III

II

Albocàsser

VI

V
IV

L'Alcora

Montanejos

CASTELLÓ
DE LA PLANA

X

Ademuz

Vila-real

Borriana

Segorbe

XI

VIII

VII

Chelva

IX

Sagunt

XII

Llíria

XIII

Utiel

XVII

Chiva

XV

VALÈNCIA

Requena

XIV

XVI

Buñol

XIX

XX

XVIII

Sueca

Alzira

XXI

XXIV

Ayora

Enguera

Xàtiva

Gandía

XXII

Dénia

Ontinyent

XXVI

XXVII

XXIII

Cocentaina

Villena

Alcoi

XXVIII

XXX

XXV

XXIX

Benidorm
La Vila Joiosa

Elda

XXXI

Elx

ALACANT

XXXII

Orihuela

XXXIII

Torrevieja

COMARCAS

I. Els Ports
II. El Baix Maestrat
III. L'Alt Maestrat
IV. La Plana Alta
V. L'Alcalatén
VI. El Alto Mijares
VII. La Plana Baixa
VIII. El Alto Palancia
IX. El Camp de Morvedre
X. El Rincón de Ademuz
XI. La Serranía
XII. El Camp de Túria
XIII. L'Horta Nord
XIV. L'Horta Sud
XV. València
XVI. La Plana de Utiel-Requena
XVII. La Hoya de Buñol
XVIII. La Ribera Alta
XIX. La Ribera Baixa
XX. El Valle de Cofrentes-Ayora
XXI. La Canal de Navarrés
XXII. La Costera
XXIII. La Vall d'Albaida
XXIV. La Safor
XXV. L'Alcoià
XXVI. El Comtat
XXVII. La Marina Alta
XXVIII. La Marina Baixa
XXIX. L'Alacantí
XXX. L'Alt/El Alto Vinalopó
XXXI. El Vinalopó Mitjà/Medio
XXXII. El Baix Vinalopó
XXXIII. El Baix Segura/La Vega Baja

Predominio de los frutales

N

0   10   20
km

Fuente: *Elaborado a partir
de la Cartografía de Ocupación del Suelo
de la Comunitat Valenciana (COSCV).
Año de edición 2024 del ICV*

ESTEPA
ESTUDIOS DEL TERRITORIO
PAISAJE Y PATRIMONIO

Localización del olivo en regadío.
Comunitat Valenciana

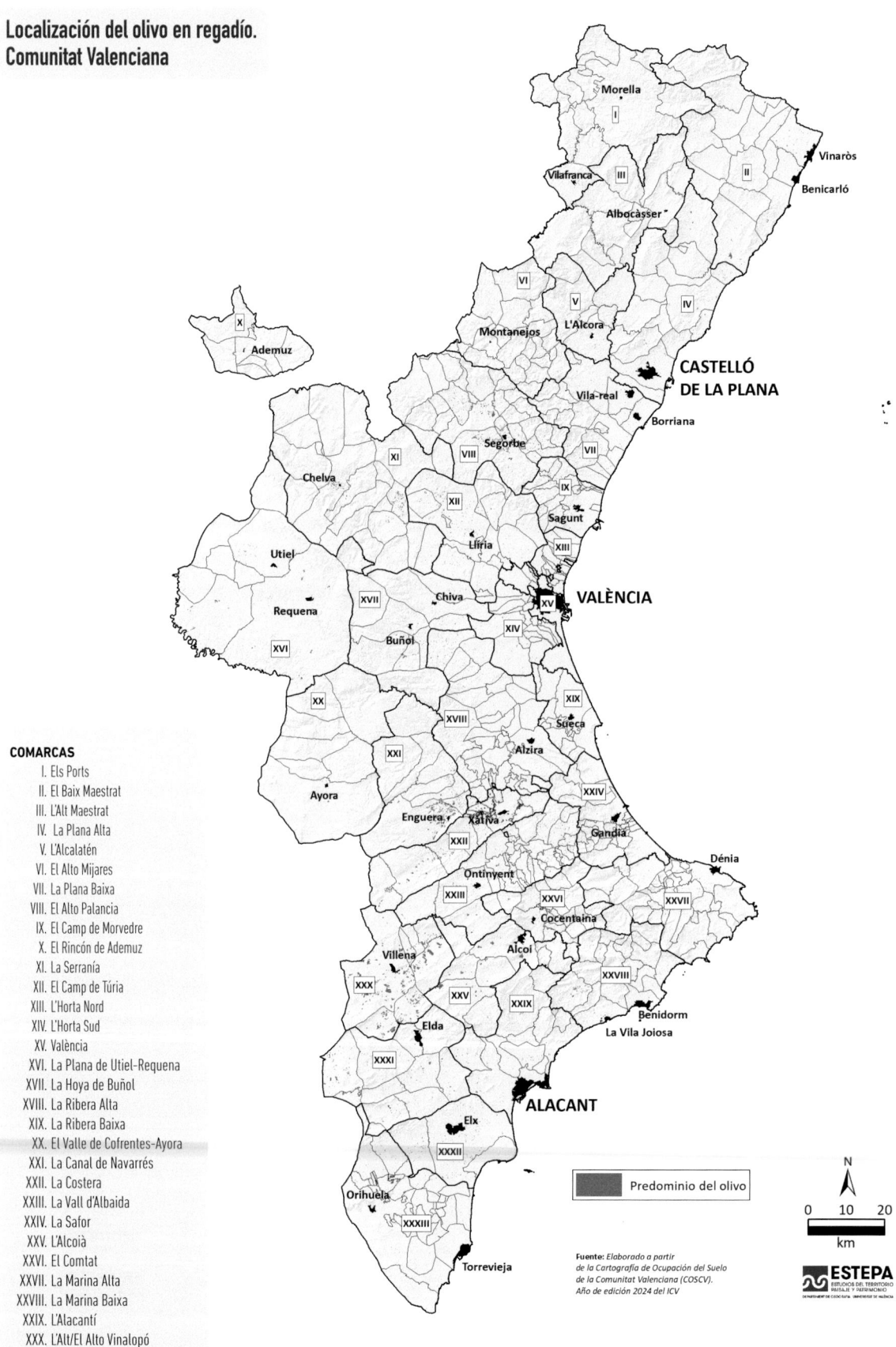

COMARCAS
I. Els Ports
II. El Baix Maestrat
III. L'Alt Maestrat
IV. La Plana Alta
V. L'Alcalatén
VI. El Alto Mijares
VII. La Plana Baixa
VIII. El Alto Palancia
IX. El Camp de Morvedre
X. El Rincón de Ademuz
XI. La Serranía
XII. El Camp de Túria
XIII. L'Horta Nord
XIV. L'Horta Sud
XV. València
XVI. La Plana de Utiel-Requena
XVII. La Hoya de Buñol
XVIII. La Ribera Alta
XIX. La Ribera Baixa
XX. El Valle de Cofrentes-Ayora
XXI. La Canal de Navarrés
XXII. La Costera
XXIII. La Vall d'Albaida
XXIV. La Safor
XXV. L'Alcoià
XXVI. El Comtat
XXVII. La Marina Alta
XXVIII. La Marina Baixa
XXIX. L'Alacantí
XXX. L'Alt/El Alto Vinalopó
XXXI. El Vinalopó Mitjà/Medio
XXXII. El Baix Vinalopó
XXXIII. El Baix Segura/La Vega Baja

Predominio del olivo

Fuente: *Elaborado a partir
de la Cartografía de Ocupación del Suelo
de la Comunitat Valenciana (COSCV).
Año de edición 2024 del ICV*

ESTEPA
ESTUDIOS DEL TERRITORIO
PAISAJE Y PATRIMONIO
DEPARTAMENT DE GEOGRAFIA · UNIVERSITAT DE VALÈNCIA

Localización de la huerta.
Comunitat Valenciana

CASTELLÓ
DE LA PLANA

VALÈNCIA

ALACANT

Morella
Vinaròs
Benicarló
Vilafranca
Albocàsser
Montanejos
L'Alcora
Vila-real
Borriana
Segorbe
Chelva
Sagunt
Llíria
Utiel
Requena
Chiva
Buñol
Sueca
Alzira
Ayora
Enguera
Xàtiva
Gandia
Dénia
Ontinyent
Cocentaina
Villena
Alcoi
Elda
Benidorm
La Vila Joiosa
Elx
Orihuela
Torrevieja

COMARCAS

I. Els Ports
II. El Baix Maestrat
III. L'Alt Maestrat
IV. La Plana Alta
V. L'Alcalatén
VI. El Alto Mijares
VII. La Plana Baixa
VIII. El Alto Palancia
IX. El Camp de Morvedre
X. El Rincón de Ademuz
XI. La Serranía
XII. El Camp de Túria
XIII. L'Horta Nord
XIV. L'Horta Sud
XV. València
XVI. La Plana de Utiel-Requena
XVII. La Hoya de Buñol
XVIII. La Ribera Alta
XIX. La Ribera Baixa
XX. El Valle de Cofrentes-Ayora
XXI. La Canal de Navarrés
XXII. La Costera
XXIII. La Vall d'Albaida
XXIV. La Safor
XXV. L'Alcoià
XXVI. El Comtat
XXVII. La Marina Alta
XXVIII. La Marina Baixa
XXIX. L'Alacantí
XXX. L'Alt/El Alto Vinalopó
XXXI. El Vinalopó Mitjà/Medio
XXXII. El Baix Vinalopó
XXXIII. El Baix Segura/La Vega Baja

Huerta

N

0   10   20
km

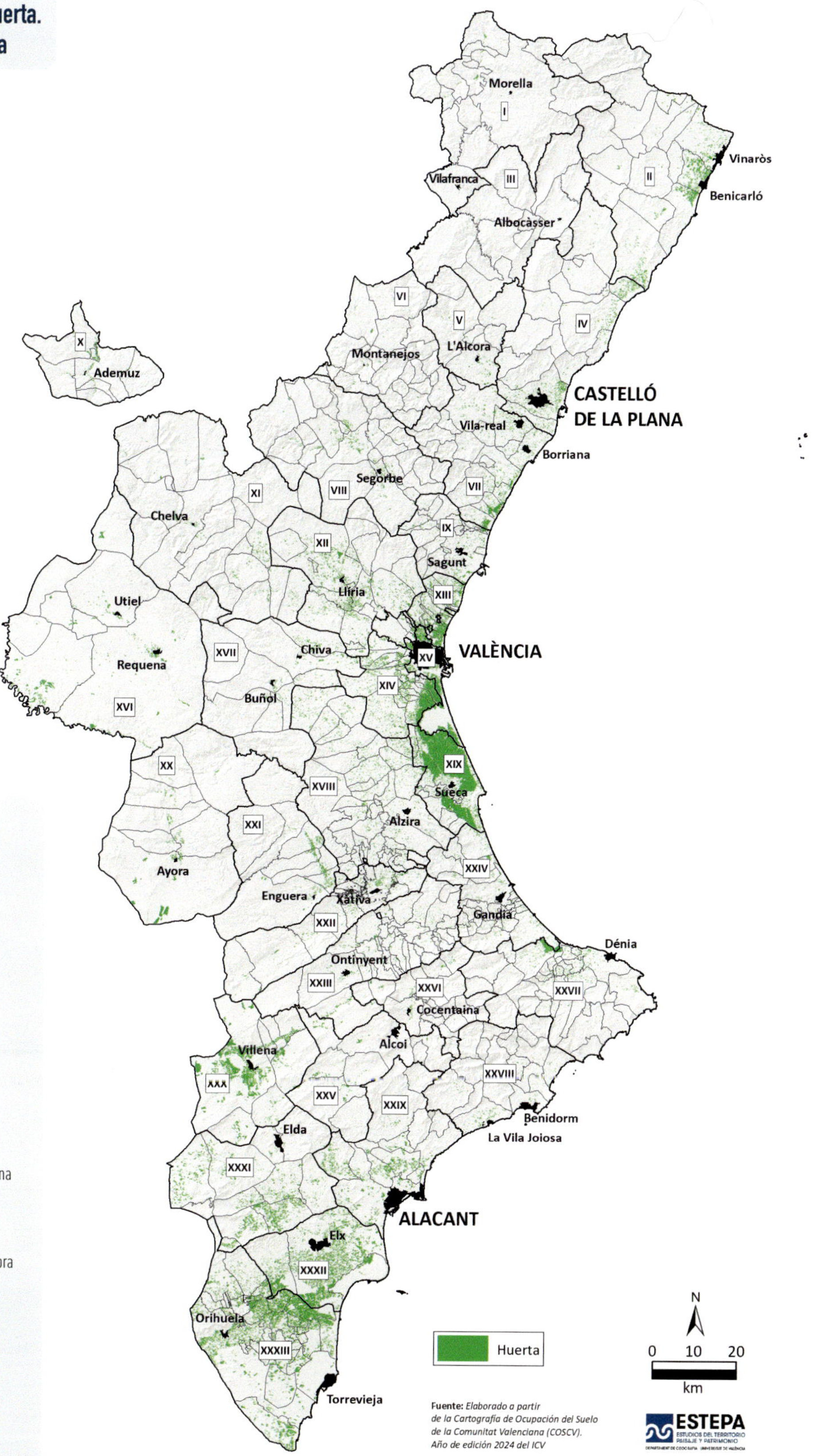

Fuente: *Elaborado a partir
de la Cartografía de Ocupación del Suelo
de la Comunitat Valenciana (COSCV).
Año de edición 2024 del ICV*

ESTEPA
ESTUDIOS DEL TERRITORIO
PAISAJE Y PATRIMONIO
DEPARTAMENT DE GEOGRAFIA · UNIVERSITAT DE VALÈNCIA

113

Localización del viñedo en regadío. Comunitat Valenciana

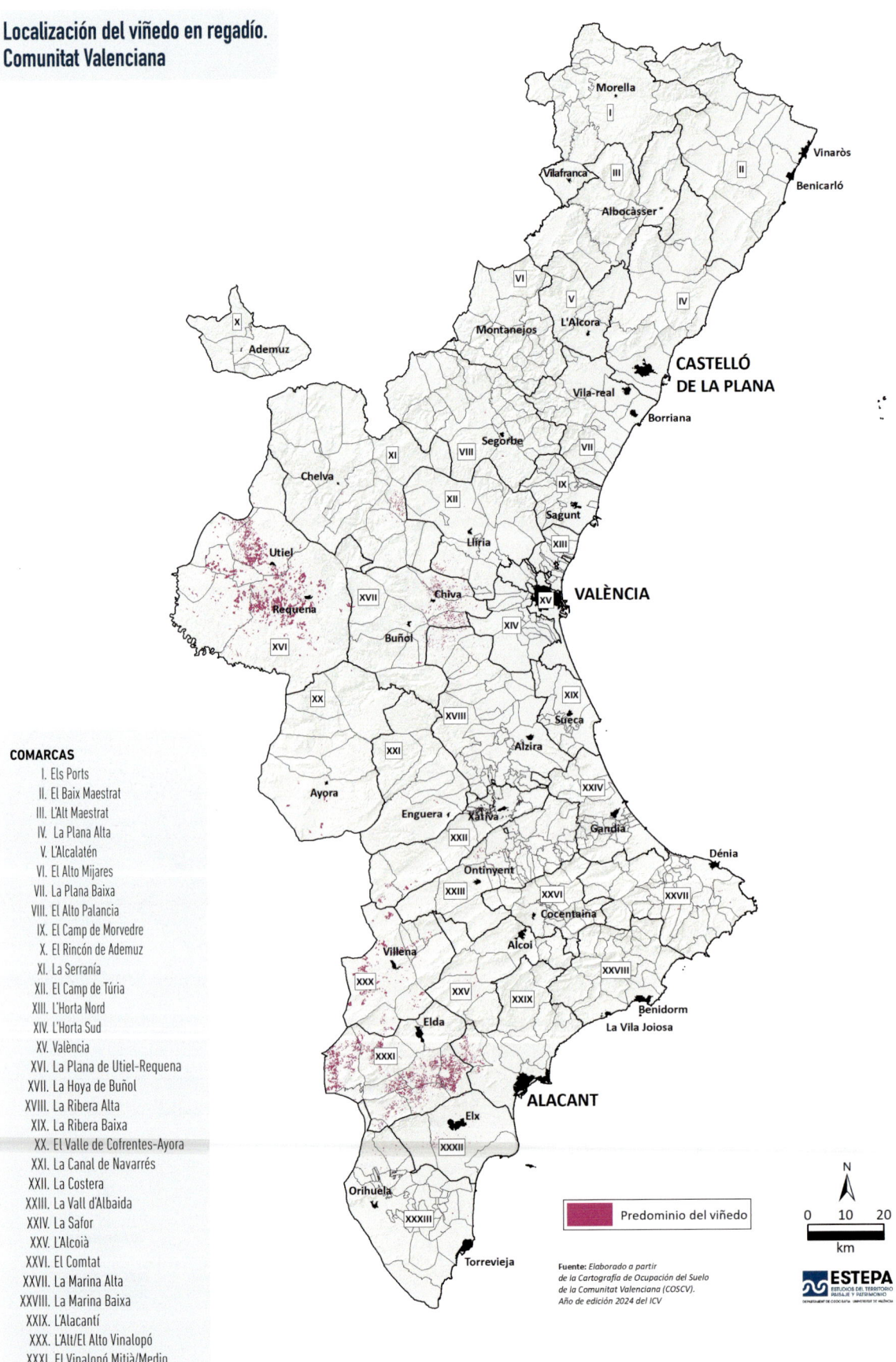

COMARCAS

I. Els Ports
II. El Baix Maestrat
III. L'Alt Maestrat
IV. La Plana Alta
V. L'Alcalatén
VI. El Alto Mijares
VII. La Plana Baixa
VIII. El Alto Palancia
IX. El Camp de Morvedre
X. El Rincón de Ademuz
XI. La Serranía
XII. El Camp de Túria
XIII. L'Horta Nord
XIV. L'Horta Sud
XV. València
XVI. La Plana de Utiel-Requena
XVII. La Hoya de Buñol
XVIII. La Ribera Alta
XIX. La Ribera Baixa
XX. El Valle de Cofrentes-Ayora
XXI. La Canal de Navarrés
XXII. La Costera
XXIII. La Vall d'Albaida
XXIV. La Safor
XXV. L'Alcoià
XXVI. El Comtat
XXVII. La Marina Alta
XXVIII. La Marina Baixa
XXIX. L'Alacantí
XXX. L'Alt/El Alto Vinalopó
XXXI. El Vinalopó Mitjà/Medio
XXXII. El Baix Vinalopó
XXXIII. El Baix Segura/La Vega Baja

Predominio del viñedo

Fuente: *Elaborado a partir
de la Cartografía de Ocupación del Suelo
de la Comunitat Valenciana (COSCV).
Año de edición 2024 del ICV*

ESTEPA
ESTUDIOS DEL TERRITORIO
PAISAJE Y PATRIMONIO

N

0   10   20
km

6. TIPOLOGÍAS DE CULTIVOS DE REGADÍO. CLASIFICACIÓN COMARCAL

6.1. CEREALES PARA GRANO EN LA COMUNITAT VALENCIANA

La superficie dedicada a cereales para grano en la Comunitat Valenciana alcanza las 18.429 hectáreas, lo que supone apenas un 6% del total cultivado. Este dato confirma su papel secundario dentro del sistema agrario valenciano, donde el regadío y los cultivos leñosos —en especial los cítricos y frutales— concentran la mayor parte del territorio productivo.

Distribución entre cultivos leñosos y herbáceos

Aunque los cereales forman parte del grupo de cultivos herbáceos, su distribución territorial responde a una lógica muy concreta: aparecen en zonas de humedal, vega baja o interior frío, donde las condiciones naturales favorecen este tipo de producción.

El caso más representativo es el de la Ribera Baixa, que con 11.434 hectáreas (62% del total autonómico) acapara casi dos tercios del cereal valenciano, principalmente dedicado al arroz, cultivado en los entornos húmedos de la Albufera y el Marjal de Cullera. Le siguen, a gran distancia, L'Horta Sud (12,7%), València (4,6%) y Alt Vinalopó (4,4%), donde se cultivan cereales de secano y pequeños regadíos de apoyo.

En el resto de comarcas, la superficie es testimonial: apenas unas decenas de hectáreas repartidas entre zonas interiores como Els Ports, El Valle de Ayora o Rincón de Ademuz, donde los cereales mantienen un carácter complementario o de subsistencia.

Grado de especialización comarcal

El grado de especialización en cereales es bajo y muy localizado. Solo la Ribera Baixa puede considerarse una comarca cerealista a escala valenciana, gracias a la consolidación histórica del arrozal, que supera el 60% de su superficie agrícola útil.

En el resto del territorio, la producción de cereal actúa como actividad auxiliar, integrada en sistemas mixtos de agricultura y ganadería o en rotaciones tradicionales con frutales y olivar.

Este patrón evidencia que los cereales son un componente funcional del mosaico agrario valenciano, esenciales en términos ecológicos y culturales, pero sin peso estructural dentro del modelo productivo regional, fuertemente orientado hacia el regadío leñoso y la citricultura.

6.2. CÍTRICOS: ANÁLISIS DEL CONJUNTO DE LA COMUNITAT VALENCIANA

Los cítricos constituyen el cultivo más emblemático y extendido de la Comunitat Valenciana, con una superficie de 153.623 hectáreas, lo que representa en torno al 38% del total de la superficie de regadío autonómica y más del 50% de todos los cultivos leñosos. Este predominio sitúa a la citricultura como base estructural del sistema agrario valenciano, tanto por su peso económico como por su valor cultural y paisajístico.

Distribución entre cultivos leñosos y herbáceos

El cultivo de cítricos se distribuye de forma muy desigual, con una concentración casi exclusiva en las comarcas litorales y prelitorales, donde el clima templado, la baja altitud y la calidad del suelo permiten un aprovechamiento intensivo del regadío.

Las principales áreas productoras son:
- Baix Segura (25.187 ha), que encabeza el conjunto autonómico.
- Ribera Alta (22.807 ha) y Plana Baixa (15.971 ha), auténticos ejes históricos de la citricultura.
- Camp de Túria (13.844 ha), La Safor (10.088 ha) y Baix Maestrat (9.436 ha), donde el cultivo se mantiene de forma estable y tecnificada.

La expansión citrícola disminuye progresivamente hacia el interior: en comarcas como Utiel-Requena, El Comtat, Rincón de Ademuz o L'Alt Maestrat, la presencia de cítricos es prácticamente nula debido a las limitaciones climáticas (frío invernal, altitud y déficit hídrico).

En este contexto, los leñosos —con los cítricos a la cabeza— dominan ampliamente sobre los herbáceos, configurando un modelo de monocultivo de regadío intensivo, especializado en naranjos y mandarinos.

Grado de especialización comarcal

La citricultura valenciana presenta un altísimo grado de especialización comarcal, concentrado en el litoral mediterráneo. En comarcas como La Safor, Camp de Morvedre, Ribera Alta o Plana Baixa, los cítricos superan el 85–90% de la superficie regada, mientras que en otras como Baix Segura o Camp de Túria mantienen un peso superior al 70%.

Esta concentración genera una estructura agraria altamente tecnificada y orientada a la exportación, con redes de riego modernizadas, sistemas de producción intensivos y fuerte dependencia de los mercados internacionales.

Al mismo tiempo, la citricultura ha configurado un paisaje identitario, símbolo del litoral valenciano y de su economía agraria. Sin embargo, su elevada especialización implica también riesgos de vulnerabilidad frente a fluctuaciones de precios, plagas y competencia exterior.

En conjunto, los cítricos representan el núcleo funcional del regadío valenciano, articulando un corredor agrícola continuo desde la Vega Baja hasta la Plana de Castellón. Su peso territorial, económico y cultural convierte a este cultivo en el principal elemento estructurador del paisaje agrario de la Comunitat Valenciana.

6.3. CULTIVOS FORRAJEROS: ANÁLISIS DEL CONJUNTO DE LA COMUNITAT VALENCIANA

La superficie dedicada a cultivos forrajeros en la Comunitat Valenciana asciende a 1.385 hectáreas, lo que representa un 0,45% del total cultivado. Este valor refleja su escaso peso estructural dentro del sistema agrario valenciano, donde su presencia se limita a zonas de interior o de carácter ganadero. Los cultivos forrajeros constituyen, en este sentido, un uso agrícola de apoyo vinculado a explotaciones mixtas o tradicionales.

Distribución entre cultivos leñosos y herbáceos

Los cultivos forrajeros pertenecen al grupo de los herbáceos, y su distribución es muy fragmentada y localizada. La mayor concentración se registra en la Vega Baja del Segura (Baix Segura), que con 646 hectáreas agrupa el 46,6% del total autonómico, convirtiéndose en el principal núcleo forrajero de la Comunitat.

A gran distancia le siguen el Baix Vinalopó (18,5%) y la Plana de Utiel-Requena (4,4%), donde el forraje se asocia a explotaciones de carácter ganadero o de autoconsumo. También destacan el Alt Vinalopó y el Rincón de Ademuz, ambos con un 4% de la superficie total, en zonas donde los pastos y los forrajes forman parte de sistemas agrícolas de montaña o de transición.

En el resto del territorio, la presencia de cultivos forrajeros es residual, con porcentajes inferiores al 2% por comarca. Las áreas litorales (Safor, L'Alacantí, Marina Alta y Baixa) apenas superan unas pocas hectáreas, mientras que las comarcas citrícolas carecen prácticamente de este tipo de cultivo.

Grado de especialización comarcal
La especialización en cultivos forrajeros es muy baja y responde a un modelo agrario de interior o de baja densidad, donde el regadío se orienta a cubrir necesidades ganaderas o a mantener el equilibrio en la rotación de suelos.

Solo la Vega Baja presenta un grado de especialización relevante, con una estructura mixta de hortalizas, forrajes y frutales. En el resto de la Comunitat, los forrajes son testimoniales, ligados a pequeñas explotaciones o zonas de montaña.

En conjunto, los cultivos forrajeros representan un uso complementario del suelo agrícola valenciano, con un papel secundario dentro del sistema productivo, aunque esencial para el mantenimiento de la ganadería local y la diversidad agraria.

6.4. CULTIVOS INDUSTRIALES: ANÁLISIS DEL CONJUNTO DE LA COMUNITAT VALENCIANA
La superficie dedicada a cultivos industriales en la Comunitat Valenciana asciende a 266 hectáreas, lo que supone un 0,09% del total cultivado, una cifra muy reducida que evidencia su carácter testimonial dentro del sistema agrario autonómico. Este grupo engloba principalmente cultivos destinados a la transformación agroindustrial –como el girasol, la remolacha o el cáñamo–, cuya presencia se ha visto progresivamente sustituida por cultivos leñosos de mayor rentabilidad o por usos no agrícolas.

Distribución entre cultivos leñosos y herbáceos
Los cultivos industriales se incluyen dentro del grupo de los herbáceos, y su distribución es extremadamente dispersa. Las mayores superficies se concentran en comarcas de interior con tradición agraria diversificada, donde el suelo y la disponibilidad de agua permiten estos cultivos como complemento a los principales.

Las comarcas con mayor presencia son el Vinalopó Mitjà (28,9% del total autonómico), seguida por el Alt Vinalopó (15,0%), el Rincón de Ademuz (11,3%) y La Vall d'Albaida (10,9%). En conjunto, estas cuatro comarcas agrupan más del 65% de toda la superficie industrial valenciana, lo que muestra su clara vinculación con territorios de interior y con condiciones de regadío limitado.

En el resto de la Comunitat, la superficie es residual: las comarcas litorales apenas superan unas pocas hectáreas, y en zonas como la Safor, la Ribera o la Plana su presencia es prácticamente inexistente debido a la competencia del cultivo de cítricos y hortalizas.

Grado de especialización comarcal

El grado de especialización en cultivos industriales es muy bajo, sin ninguna comarca que alcance un peso significativo sobre su superficie cultivada total. En los casos de mayor presencia –Vinalopó Mitjà y Alt Vinalopó–, su importancia radica en la diversificación agrícola y no en una orientación productiva principal.

Estos cultivos, tradicionalmente vinculados a la industria textil, aceitera o biocombustible, han perdido competitividad frente a los leñosos y hortícolas, más rentables y adaptados a las condiciones locales.

En síntesis, los cultivos industriales representan un segmento residual pero funcional del mosaico agrícola valenciano, ligado a estrategias de diversificación en comarcas interiores. Su papel actual es marginal, aunque mantiene cierto interés en el marco de la transición hacia modelos agrícolas sostenibles y de bioeconomía rural.

6.5. FRUTALES: ANÁLISIS DEL CONJUNTO DE LA COMUNITAT VALENCIANA

La superficie dedicada a frutales en la Comunitat Valenciana asciende a 46.349 hectáreas, lo que supone alrededor del 15,2% de la superficie regada autonómica, consolidándose como el segundo grupo leñoso más importante después de los cítricos. Este peso confirma su papel fundamental dentro del mosaico agrario valenciano, especialmente en las zonas prelitorales e interiores, donde complementan o sustituyen a los cultivos citrícolas.

Distribución entre cultivos leñosos y herbáceos

Los frutales se distribuyen de manera heterogénea, predominando en comarcas de transición entre el litoral y el interior, donde las condiciones edafoclimáticas son favorables. Las comarcas más destacadas son:

- Ribera Alta (11.317 ha, 24,4% del total autonómico), principal área frutícola, especializada en caqui y otros frutales de regadío.
- Vinalopó Mitjà (3.116 ha, 6,7%), con una fuerte tradición en frutales de hueso.
- Alt Vinalopó (2.742 ha, 5,9%) y Vall d'Albaida (2.620 ha, 5,7%), donde los frutales se combinan con viñedo y olivar.
- Camp de Túria (2.154 ha, 4,6%) y Utiel-Requena (2.338 ha, 5,0%), zonas donde los frutales tienen un papel estructural complementario.

En el conjunto litoral (Safor, Marina Alta y Baixa, Plana Baixa), los frutales tienen una presencia minoritaria (1–3%), ya que el suelo está dominado por cítricos y hortalizas. En cambio, en el interior y prelitoral, los frutales constituyen una alternativa sólida y diversificada al monocultivo cítrico.

Grado de especialización comarcal

El grado de especialización frutícola presenta fuertes contrastes territoriales:

- Máxima especialización en la Ribera Alta, donde los frutales suponen casi una cuarta parte del regadío valenciano.
- Nivel medio en el Vinalopó Mitjà, Alt Vinalopó, Vall d'Albaida y Utiel-Requena, con sistemas agrícolas diversificados que combinan frutales con viñedo y olivar.
- Escasa especialización en el litoral norte y sur, donde los frutales tienen un papel residual frente a los cítricos.

En conjunto, los frutales representan un componente esencial del equilibrio agrario valenciano, garantizando la diversificación productiva y aportando resiliencia frente a las oscilaciones de mercado de los cítricos. Su expansión en áreas prelitorales e interiores refuerza la sostenibilidad del modelo agrícola valenciano.

6.6. FLORES Y PLANTAS ORNAMENTALES

La superficie destinada a flores y plantas ornamentales en la Comunitat Valenciana alcanza las 647 hectáreas, lo que equivale a un 0,2% del total cultivado. Aunque su peso territorial es muy reducido, este tipo de cultivos posee una relevancia económica creciente, especialmente por su vinculación al sector viverista y ornamental en áreas periurbanas y comarcas con tradición hortícola.

Distribución entre cultivos leñosos y herbáceos

Los cultivos ornamentales pertenecen al grupo de los herbáceos, con una distribución claramente concentrada en las comarcas más urbanizadas y de regadío intensivo:

- L'Horta Sud (88 ha, 13,6% del total), principal núcleo productor vinculado al cinturón verde metropolitano de València.
- Ribera Alta (77 ha, 11,9%) y Baix Vinalopó (77 ha, 11,9%), donde la producción ornamental se asocia al viverismo y a la jardinería profesional.
- Camp de Túria (64 ha, 9,9%) y Baix Segura (62 ha, 9,6%), comarcas con alto grado de tecnificación y orientación al mercado.

El resto de comarcas presenta valores testimoniales (menos del 2%), aunque cabe destacar la presencia emergente de explotaciones ornamentales en L'Horta Nord, Costera y Vall d'Albaida, donde estos cultivos sirven como alternativa económica complementaria a la horticultura tradicional.

Grado de especialización comarcal

La especialización ornamental es moderada y geográficamente focalizada. Las áreas metropolitanas (Horta Sud y Camp de Túria) muestran la mayor concentración, favorecidas por la proximidad a centros logísticos y demanda urbana.

En el resto del territorio, las flores y plantas ornamentales cumplen una función de diversificación económica y paisajística, contribuyendo al mantenimiento de pequeñas explotaciones y a la sostenibilidad del regadío periurbano.

En síntesis, los cultivos ornamentales representan un segmento reducido pero estratégico del sistema agrícola valenciano, por su valor añadido, dinamismo comercial y vinculación con sectores emergentes como la jardinería, el paisajismo y la bioeconomía local.

6.7. FRUTALES EN HUERTOS

La superficie dedicada a frutales en huertos en la Comunitat Valenciana asciende a 3.678 hectáreas, lo que equivale al 1,2% del total cultivado. Este grupo representa una forma tradicional de cultivo asociada a pequeñas explotaciones familiares o a huertos de regadío diversificados, que combinan árboles frutales con hortalizas o cítricos en espacios reducidos.

Distribución entre cultivos leñosos y herbáceos

Los frutales en huertos se enmarcan dentro del grupo de cultivos leñosos, aunque su naturaleza es mixta y multifuncional, al convivir con especies herbáceas. Su distribución territorial muestra una mayor presencia en las comarcas litorales y prelitorales, especialmente en zonas de tradición hortofrutícola:

- Baix Segura (699 ha, 19,0% del total autonómico) y Ribera Alta (461 ha, 12,5%) encabezan el listado, reflejando la importancia de los huertos mixtos en las vegas fértiles del Segura y del Júcar.
- Les siguen La Plana Baixa (182 ha, 4,9%), La Safor (177 ha, 4,8%), Camp de Túria (220 ha, 6,0%) y La Costera (134 ha, 3,6%), donde el modelo de huerto tradicional mantiene una función económica y cultural destacada.
- En el interior, la presencia disminuye de forma notable, con porcentajes inferiores al 2%, aunque se mantienen pequeñas áreas en Utiel-Requena, Vall d'Albaida, Serranía y Rincón de Ademuz, vinculadas al autoconsumo.

Grado de especialización comarcal

El grado de especialización en frutales en huertos es reducido y responde principalmente a factores culturales y paisajísticos más que a estrategias de mercado. Las comarcas del Baix Segura y Ribera Alta concentran más del 30% de la superficie total, evidenciando un modelo de regadío tradicional de alta fragmentación.

Estas explotaciones desempeñan una función ambiental y social esencial, preservando el patrimonio agrícola histórico y la biodiversidad cultivada. En conjunto, los frutales en huertos simbolizan el regadío de pequeña escala, característico del paisaje agrícola valenciano, más orientado al equilibrio ecológico y cultural que a la intensificación productiva.

6.8. HORTALIZAS DE LA COMUNITAT VALENCIANA

Las hortalizas ocupan una superficie total de 24.586 hectáreas en la Comunitat Valenciana, representando aproximadamente el 8% del total cultivado y consolidándose como uno de los pilares del regadío intensivo junto con los cítricos y frutales. Este grupo es esencial tanto por su peso económico como por su relevancia territorial, especialmente en las zonas de huerta tradicional.

Distribución entre cultivos leñosos y herbáceos

Las hortalizas pertenecen al grupo de cultivos herbáceos, caracterizados por su alta productividad y rotación estacional. Su distribución es eminentemente litoral, concentrándose en las vegas fértiles y áreas periurbanas:

- Destaca la Vega Baja del Segura (6.648 ha, 27% del total autonómico), principal núcleo hortícola de la Comunitat.
- Le siguen el Vinalopó Mitjà (1.675 ha, 6,8%), el Baix Vinalopó (1.654 ha, 6,7%) y L'Horta Nord (1.759 ha, 7,2%), todos con una fuerte orientación al mercado y una agricultura tecnificada.
- También sobresalen La Ribera Alta (1.164 ha, 4,7%), Camp de Túria (1.134 ha, 4,6%) y L'Horta Sud (1.094 ha, 4,4%), zonas donde la horticultura mantiene una tradición histórica ligada al regadío del Turia y del Júcar.

En el interior, la presencia hortícola es testimonial, limitada a pequeñas explotaciones familiares en comarcas como El Comtat, Vall d'Albaida o Serranía, con menos del 0,5% del total.

Grado de especialización comarcal

El grado de especialización hortícola es alto en las comarcas del litoral sur (Baix Segura, Baix y Mitjà Vinalopó) y del área metropolitana de València (Horta Nord y Sud), donde las hortalizas constituyen entre el 20% y el 30% del total regado.

En estas zonas, el sistema de regadío intensivo permite una producción continua y altamente tecnificada, con variedades adaptadas a la exportación y al abastecimiento regional.

En conjunto, las hortalizas representan el núcleo productivo del regadío herbáceo valenciano, combinando tradición hortelana y modernización agrícola, y configurando uno de los sectores más dinámicos y competitivos del sistema agrario de la Comunitat Valenciana.

6.9. HUERTOS FAMILIARES

La superficie dedicada a huertos familiares en la Comunitat Valenciana asciende a 3.107 hectáreas, lo que representa aproximadamente el 1 % del total cultivado. Aunque su peso económico es limitado, este tipo de uso agrícola tiene una gran relevancia social y territorial, al actuar como espacio de autoconsumo, mantenimiento de variedades locales y preservación de la estructura histórica del regadío.

Distribución entre cultivos leñosos y herbáceos

Los huertos familiares, por su naturaleza mixta, integran tanto cultivos herbáceos (hortalizas, legumbres, flores ornamentales) como leñosos (cítricos, frutales, olivos). Su distribución territorial se concentra en las comarcas litorales y periurbanas, donde existe mayor densidad de población y tradición hortelana.

Las comarcas más destacadas son:
- Baix Segura (318 ha, 10,2% del total autonómico) y Baix Vinalopó (304 ha, 9,8%), que concentran más del 20% de la superficie total, asociadas a huertas de regadío y parcelas de autoconsumo.
- Ribera Alta (191 ha, 6,1%) y La Plana Baixa (248 ha, 8,0%), donde los huertos familiares mantienen una función complementaria al regadío citrícola.
- También destacan L'Horta Nord (219 ha, 7,0%) y Camp de Túria (161 ha, 5,2%), vinculadas al cinturón metropolitano de València.

En el interior, la presencia es testimonial, con valores por debajo del 1 % en la mayoría de comarcas, reflejando la dependencia de la tradición huertana del litoral.

Grado de especialización comarcal

El grado de especialización en huertos familiares es bajo en términos productivos, pero alto en términos territoriales y culturales. Su importancia radica en la preservación del paisaje agrario tradicional, el uso racional del agua y la transmisión del conocimiento agrícola local.

Las comarcas más representativas –Baix Segura, Baix Vinalopó, Ribera Alta y Horta Nord–
constituyen el núcleo de la huerta valenciana contemporánea, donde la agricultura familiar
se mantiene activa como complemento socioeconómico.

En conjunto, los huertos familiares representan un regadío social y de proximidad, esencial para la conservación del patrimonio rural y la sostenibilidad del entorno periurbano
valenciano.

6.10. LEGUMINOSAS PARA GRANO

La superficie cultivada de leguminosas para grano en la Comunitat Valenciana alcanza las
174 hectáreas, lo que supone una proporción inferior al 0,1% del total agrícola autonómico. Su presencia es muy limitada, restringida a zonas de interior donde estos cultivos se
asocian a la agricultura tradicional de secano o regadío de apoyo.

Distribución entre cultivos leñosos y herbáceos

Las leguminosas se incluyen dentro del grupo de herbáceos, con una distribución muy
concentrada y fragmentaria. La mayor superficie se localiza en el Valle de Ayora (73 ha,
42% del total autonómico), auténtico núcleo del cultivo, donde la altitud, el clima seco y la
estructura parcelaria favorecen las leguminosas de ciclo corto (garbanzo, lenteja o alfalfa).

A continuación destacan Alt Vinalopó (20 ha, 11,5%), Utiel-Requena (14 ha, 8,0%) y
L'Horta Sud (14 ha, 8,0%), donde las leguminosas se introducen en rotaciones con cereal
o viñedo.

En el resto del territorio, la presencia es residual, con menos de 5 hectáreas por comarca y
sin incidencia significativa en el total comarcal.

Grado de especialización comarcal

El grado de especialización es muy bajo en casi todo el territorio valenciano, excepto en el
Valle de Ayora, que concentra más del 40% de la superficie total y donde las leguminosas
mantienen un valor estratégico como cultivo rotacional y de fijación de nitrógeno.

En las comarcas vitivinícolas del interior (Utiel-Requena, Vinalopó, Alcoià), su papel es
complementario, ayudando a la fertilización natural del suelo y al mantenimiento del
sistema agrícola tradicional.

En conjunto, las leguminosas para grano constituyen un cultivo marginal pero ambientalmente relevante, cuya función principal es ecológica más que económica, contribuyendo
a la sostenibilidad y al equilibrio de los suelos agrícolas valencianos.

6.11. OLIVAR DE REGADÍO EN LA COMUNITAT VALENCIANA

El cultivo de olivar en la Comunitat Valenciana ocupa una superficie de 13.053 hectáreas,
lo que representa aproximadamente el 4,3% del total cultivado. Aunque su peso global
es moderado, el olivo conserva un fuerte valor paisajístico y cultural, especialmente en
las comarcas del interior, donde constituye un componente esencial del mosaico agrícola
tradicional.

123

Distribución entre cultivos leñosos y herbáceos

El olivar se integra dentro del grupo de cultivos leñosos, con una distribución claramente interior y prelitoral. Las principales comarcas olivareras son:

- Alt Vinalopó (2.112 ha, 16,2% del total autonómico), principal núcleo de producción, con olivares adaptados al clima semiárido y suelos calizos.
- La Canal de Navarrés (1.131 ha, 8,7%) y Vinalopó Mitjà (1.044 ha, 8,0%), que conforman un eje de olivar diversificado en las tierras del interior sur.
- Alto Palancia (1.008 ha, 7,7%) y La Costera (788 ha, 6,0%), donde el olivo se combina con frutales y viñedo en sistemas de regadío complementario.
- También destacan La Vall d'Albaida (688 ha), L'Alcoià (612 ha) y Los Serranos (592 ha), con olivares de montaña tradicionales y baja mecanización.

En cambio, las comarcas litorales (Horta, Ribera, Marina, Plana) presentan valores residuales, inferiores al 2%, debido a la competencia del cultivo de cítricos y hortalizas.

Grado de especialización comarcal

El grado de especialización en olivar es medio en las comarcas interiores y bajo en las litorales. Su mayor presencia se asocia a territorios con condiciones climáticas secas y orografía irregular, donde el olivo se adapta mejor que otros leñosos.

El cultivo mantiene una función estructural y ecológica importante, al prevenir la erosión y conservar suelos en áreas de montaña. Aunque su rentabilidad económica es limitada, el olivar valenciano conserva valor patrimonial y ambiental, siendo una pieza clave del paisaje agrícola interior.

En síntesis, el olivar representa un cultivo tradicional de gran resiliencia, que equilibra el sistema agrario valenciano aportando diversidad, estabilidad ecológica y arraigo cultural.

6.12. OTROS CULTIVOS LEÑOSOS DE REGADÍO

La categoría de otros leñosos agrupa cultivos minoritarios –como almendros ornamentales, nogales, algarrobos o pequeñas plantaciones forestales– y ocupa una superficie total de 462 hectáreas, equivalente al 0,15% del total cultivado en la Comunitat Valenciana. Su peso económico es residual, pero tiene valor complementario en la estructura agraria y paisajística del territorio.

Distribución entre cultivos leñosos y herbáceos

Estos cultivos pertenecen al grupo de leñosos, y su distribución es muy fragmentada, con concentraciones puntuales en determinadas comarcas del interior y prelitoral.

Las principales zonas son:

- Camp de Túria (64 ha, 13,9% del total autonómico) y Los Serranos (61 ha, 13,2%), donde los otros leñosos se integran en explotaciones mixtas o como bordes de cultivo.
- L'Alacantí (42 ha, 9,1%), con presencia de algarrobos y pequeños frutales de secano.
- Alto Palancia (71 ha, 15,4%), la comarca más destacada en proporción relativa, con plantaciones dispersas vinculadas al paisaje forestal.
- La Hoya de Buñol (30 ha, 6,5%) y La Marina Baixa (30 ha, 6,5%) completan el conjunto.

El resto de comarcas presenta valores testimoniales, con menos de 10 hectáreas por unidad territorial. La ausencia de estos cultivos en gran parte del litoral refleja su adaptación preferente a entornos interiores.

Grado de especialización comarcal

El grado de especialización en otros leñosos es muy bajo, sin ninguna comarca que destaque por concentración significativa. Su importancia reside en su papel ecológico y paisajístico, al contribuir a la heterogeneidad del territorio y a la diversificación del arbolado mediterráneo.

Estos cultivos cumplen funciones ambientales y de transición entre la agricultura y el monte, ayudando a la estabilización del suelo y al mantenimiento de la biodiversidad.

En conjunto, los otros leñosos representan un elemento marginal pero relevante del paisaje rural valenciano, que refuerza la multifuncionalidad del espacio agrario y la sostenibilidad ambiental del territorio interior.

6.13. TUBÉRCULOS PARA CONSUMO HUMANO

125

La superficie dedicada a tubérculos para consumo humano en la Comunitat Valenciana asciende a 3.906 hectáreas, lo que representa aproximadamente el 1,3% de la superficie total cultivada. Aunque su peso dentro del sistema agrario es limitado, este grupo de cultivos desempeña un papel importante en la diversificación productiva y en el abastecimiento local, especialmente en las zonas de huerta tradicional.

Distribución entre cultivos leñosos y herbáceos

Los tubérculos pertenecen al grupo de los cultivos herbáceos, caracterizados por su elevada rotación y su dependencia del regadío. Su distribución es claramente litoral y periurbana, concentrándose en las principales áreas hortícolas:

- Baix Segura (1.045 ha, 26,8% del total autonómico) y L'Horta Nord (746 ha, 19,1%) son los principales núcleos de producción, con más del 45% de la superficie total.
- Les siguen València (483 ha, 12,4%), Ribera Alta (190 ha, 4,9%) y Baix Vinalopó (184 ha, 4,7%), donde los tubérculos (principalmente patata y boniato) se combinan con hortalizas en regadíos intensivos.
- En el norte, El Baix Maestrat (179 ha, 4,6%) y La Plana Alta (97 ha, 2,5%) mantienen una presencia menor pero estable.

En las comarcas interiores, su extensión es muy reducida (menos del 0,5 %), limitada a pequeñas explotaciones familiares en Los Serranos, Vall d'Albaida o Rincón de Ademuz.

Grado de especialización comarcal

El grado de especialización en tubérculos es alto en las comarcas hortícolas tradicionales, donde representan un componente estructural del regadío. En Baix Segura y L'Horta Nord, los tubérculos suponen más del 20% de la superficie hortícola, integrándose en sistemas de rotación junto a hortalizas y cereales.

En el resto del territorio, su papel es complementario, orientado al consumo interno y a la diversificación agrícola.

En conjunto, los tubérculos constituyen un cultivo característico de la huerta valenciana, de alta productividad y fuerte arraigo cultural, esencial para la estabilidad de los sistemas agrícolas intensivos del litoral.

6.14. VIÑEDO DE REGADÍO EN LA COMUNITAT VALENCIANA

El viñedo ocupa una superficie total de 28.045 hectáreas en la Comunitat Valenciana, lo que equivale a cerca del 9,2% de la superficie cultivada, consolidándose como uno de los principales cultivos leñosos del interior. Su importancia trasciende lo agrícola, al tener un papel clave en la identidad cultural, económica y paisajística de las comarcas vitivinícolas valencianas.

Distribución entre cultivos leñosos y herbáceos

El viñedo forma parte del grupo de los cultivos leñosos y presenta una distribución muy concentrada en determinadas áreas del interior:

- La Plana de Utiel-Requena (12.018 ha, 42,9% del total autonómico) es el principal núcleo vitivinícola, que por sí solo concentra casi la mitad del viñedo valenciano.
- Le siguen Vinalopó Mitjà (6.515 ha, 23,2%) y Alt Vinalopó (2.575 ha, 9,2%), que constituyen el eje vitivinícola alicantino.
- En menor medida, destacan La Vall d'Albaida (1.381 ha, 4,9%) y La Hoya de Buñol (1.403 ha, 5,0%), donde el viñedo se integra con frutales y olivar.

El resto de comarcas, especialmente las litorales, presentan una presencia casi testimonial del cultivo, debido a las limitaciones hídricas y a la competencia del suelo urbano y citrícola.

Grado de especialización comarcal

El grado de especialización vitivinícola es muy elevado en las comarcas del interior:

- En Utiel-Requena, el viñedo supone más del 40% de la superficie cultivada, consolidando su posición como denominación de origen de referencia en España.
- En el Vinalopó Mitjà y Alt Vinalopó, el viñedo representa el principal cultivo leñoso, vinculado a la producción de vino y uva de mesa.
- En el resto del territorio, su presencia es secundaria, aunque mantiene un valor simbólico y de conservación del paisaje.

En conjunto, el viñedo configura un modelo agrícola especializado y territorialmente concentrado, con alto valor económico, cultural y exportador. Representa el eje estructural del regadío leñoso interior valenciano, complementario a la citricultura del litoral y fundamental para el equilibrio productivo de la Comunitat Valenciana.

6.15. VIVEROS DE LA COMUNITAT VALENCIANA

La superficie dedicada a viveros en la Comunitat Valenciana alcanza las 6.880 hectáreas, lo que representa el 2,3% del total cultivado autonómico. Aunque no constituye un cultivo tradicional, este grupo ha adquirido una creciente relevancia económica y territorial, especialmente por su vinculación con la jardinería, la producción ornamental y el abastecimiento de plantas frutales y forestales.

126

Distribución entre cultivos leñosos y herbáceos

Los viveros se clasifican dentro del grupo de cultivos herbáceos, si bien su carácter productivo los aproxima a los sistemas intensivos tecnificados. Su distribución es muy desigual, concentrándose en determinadas comarcas con infraestructura agrícola avanzada y proximidad a mercados:

- Baix Vinalopó (2.176 ha, 31,6% del total autonómico) es el principal núcleo viverista, asociado al área de Elche-Crevillent, donde se concentra un importante clúster de producción ornamental y de exportación.
- Le siguen El Baix Maestrat (816 ha, 11,9%) y La Vall d'Albaida (797 ha, 11,6%), ambas con una larga tradición en viveros frutales y forestales.
- Otras comarcas con presencia significativa son La Ribera Alta (395 ha, 5,7%), L'Horta Sud (350 ha, 5,1%) y La Hoya de Buñol (301 ha, 4,4%), donde los viveros se orientan tanto a la producción hortícola como a la comercialización local.
- En el conjunto restante del territorio, su presencia es testimonial, aunque destacan pequeños focos en el Camp de Túria (277 ha) y en el Baix Segura (317 ha).

Esta concentración territorial muestra la estrecha relación entre la actividad viverista y los entornos de alta especialización hortícola y ornamental, donde la demanda de planta viva y la logística de exportación son determinantes.

Grado de especialización comarcal

El grado de especialización en viveros es elevado en determinadas comarcas –especialmente Baix Vinalopó, Baix Maestrat y Vall d'Albaida–, donde el viverismo ha evolucionado desde una actividad complementaria a un sector con entidad propia, generador de empleo y valor añadido.

En el resto de la Comunitat, la especialización es baja, aunque los viveros cumplen un papel estratégico en la sostenibilidad y renovación del sistema agrario, proporcionando material vegetal a otros cultivos leñosos y herbáceos.

En conjunto, los viveros representan un sector dinámico y tecnológicamente avanzado, clave en la diversificación agrícola y en la modernización del regadío valenciano, y un ejemplo de cómo la especialización productiva puede derivar en una economía agrícola de servicios y alto valor añadido.

127

7. CARACTERIZACIÓN DEL REGADÍO VALENCIANO: ANÁLISIS POR CULTIVOS Y COMARCAS. VISIÓN EN CONJUNTO

7.1. INTRODUCCIÓN GENERAL

El sistema agrario valenciano presenta en 2024 una estructura caracterizada por la fuerte especialización en cultivos leñosos, que representan cerca del 80% de la superficie de regadío y más del 70% del total cultivado.

El grupo dominante –los cítricos– constituye la columna vertebral del modelo productivo valenciano, complementado por frutales, viñedo y olivar. En cambio, los cultivos herbáceos –hortalizas, cereales, tubérculos, forrajes o viveros– tienen un peso menor, pero son fundamentales para la diversificación funcional, el abastecimiento local y el equilibrio ecológico.

El territorio valenciano se organiza en tres espacios agrícolas funcionales:
1. El litoral citrícola y hortícola, intensivo y orientado a la exportación.
2. El prelitoral diversificado, con equilibrio entre frutales, viñedo y olivar.
3. El interior tradicional, con agricultura extensiva, rotacional y de bajo rendimiento.

Estos tres niveles configuran un mosaico agroterritorial complejo, donde las condiciones naturales (clima, suelo, relieve, disponibilidad hídrica) se entrelazan con la evolución histórica del regadío, la modernización tecnológica y la presión urbanística.

7.2. DISTRIBUCIÓN GENERAL DE LOS TIPOS DE CULTIVOS

GRUPO PRINCIPAL	Superficie estimada (ha)	% del total cultivado	Tipo dominante
Cítricos	153.600	38 %	Leñoso
Frutales	46.300	15 %	Leñoso
Viñedo	28.000	9 %	Leñoso
Olivar	13.000	4 %	Leñoso
Otros leñosos	460	<1 %	Leñoso
Hortalizas	24.600	8 %	Herbáceo
Cereales para grano (incl. arroz)	18.400	6 %	Herbáceo
Viveros	6.900	2 %	Herbáceo
Tubérculos	3.900	1,3 %	Herbáceo
Frutales en huertos	3.700	1,2 %	Leñoso
Huertos familiares	3.100	1,0 %	Mixto
Cultivos forrajeros	1.400	0,45 %	Herbáceo
Flores y ornamentales	650	0,2 %	Herbáceo
Cultivos industriales	260	0,1 %	Herbáceo
Leguminosas para grano	170	<0,1 %	Herbáceo

Total estimado: 305.000 hectáreas cultivadas, de las cuales el 80% corresponde a cultivos leñosos y el resto a herbáceos o mixtos.

128

7.3. ESTRUCTURA TERRITORIAL Y DISTRIBUCIÓN COMARCAL

A. Comarcas litorales

Incluyen la **Plana, Ribera, Safor, Marina, Baix Vinalopó y Baix Segura.**

- Predomina un modelo intensivo y tecnificado de regadío, dominado por cítricos (70–90% de la superficie cultivada) y hortalizas (10–20%).
- Las comarcas más especializadas son Ribera Alta, La Safor y Baix Segura, que superan las 20.000 hectáreas de regadío citrícola cada una.
- Estas zonas muestran elevada productividad y dependencia del mercado exterior, con infraestructuras modernas y gran valor añadido por hectárea.

B. Comarcas prelitorales

Comprenden el **Camp de Túria, Vall d'Albaida, Costera, Canal de Navarrés, Vinalopó Mitjà y Alto Palancia.**

- Presentan una estructura agraria diversificada, con coexistencia de frutales (25–40%), viñedo (20–30%), olivar (10–15%) y pequeñas áreas de herbáceos.
- Son territorios de transición climática y productiva, con modelos agrícolas mixtos y progresiva modernización del regadío.
- Destacan por su capacidad de resiliencia frente a los cambios de mercado, gracias a la variedad de cultivos.

C. Comarcas interiores y de montaña

Incluyen **Utiel-Requena, Rincón de Ademuz, Els Ports, Serranía, Alto Mijares, Valle de Ayora.**

- Predomina una agricultura tradicional y de bajo rendimiento, con viñedo, olivar y cultivos forrajeros o de rotación.
- En Utiel-Requena, el viñedo representa más del 40% de la superficie cultivada, constituyendo el mayor núcleo vitivinícola valenciano.
- En comarcas como Rincón de Ademuz o Valle de Ayora, las leguminosas y forrajes mantienen un papel de apoyo ganadero y ecológico.

129

7.4. ANÁLISIS TEMÁTICO POR GRUPOS DE CULTIVO: LEÑOSOS, HERBÁCEOS Y MIXTOS

Cultivos leñosos: 230.000 ha, 75–80% del total

- **Cítricos:** principal cultivo valenciano, concentrado en el litoral sur y central. Supone la base exportadora del sistema agrario, con alta tecnificación y especialización comarcal (Safor, Ribera Alta, Plana Baixa, Baix Segura).
- **Frutales:** segundo grupo en importancia, con fuerte presencia en el prelitoral (Ribera Alta, Vall d'Albaida, Vinalopó Mitjà). Diversifican la economía agrícola y aportan estabilidad frente al monocultivo citrícola.
- **Viñedo:** cultivo emblemático del interior, pilar económico de Utiel-Requena y Vinalopó. Su producción de vino y uva de mesa genera identidad y valor añadido.
- **Olivar:** extendido por el interior (Alt Vinalopó, Canal de Navarrés, Alto Palancia). Aunque su rentabilidad es moderada, mantiene una función ambiental, cultural y paisajística.
- **Otros leñosos y frutales en huertos:** minoritarios pero importantes en términos de biodiversidad y estructura territorial.

B. Cultivos herbáceos: 70.000 ha; 20–25% del total

- **Hortalizas:** representan el núcleo del regadío intensivo, con epicentros en Baix Segura, Horta Nord y Baix Vinalopó.
- **Cereales:** localizados casi exclusivamente en la Ribera Baixa (arrozales), que concentran más del 60% del total autonómico.
- **Tubérculos y viveros:** aportan dinamismo económico en áreas de alta tecnificación (Horta, Baix Segura, Vall d'Albaida).
- **Forrajes e industriales:** de presencia testimonial, vinculados a sistemas mixtos o ganaderos.
- **Flores y ornamentales:** en expansión en el entorno metropolitano de València y Elche, con orientación a mercados especializados.

C. Cultivos mixtos y de pequeña escala

- **Huertos familiares:** con más de 3.000 ha, constituyen una red de agricultura social, de autoconsumo y de mantenimiento del paisaje.
- **Leguminosas:** aunque apenas alcanzan 174 ha, tienen valor ambiental por su papel en la fijación de nitrógeno y rotación de suelos.

7.5. GRADO DE ESPECIALIZACIÓN COMARCAL

Tipo de especialización	Comarcas destacadas	Características principales
Cítricos (alta)	Ribera Alta, Safor, Baix Segura, Plana Baixa	Monocultivo exportador, alta tecnificación
Frutales (media-alta)	Vall d'Albaida, Costera, Camp de Túria, Vinalopó Mitjà	Diversificación, equilibrio climático
Viñedo (muy alta)	Utiel-Requena, Vinalopó Mitjà, Alt Vinalopó	Producción vitivinícola y uva de mesa
Olivar (media)	Canal de Navarrés, Alto Palancia, Vall d'Albaida	Cultivo tradicional, valor paisajístico
Hortalizas (alta)	Baix Segura, Horta Nord, Ribera Alta	Regadío intensivo, abastecimiento regional
Cereales (alta localizada)	Ribera Baixa	Dominio del arroz, ecosistema húmedo
Viveros/Ornamentales (media)	Baix Vinalopó, Vall d'Albaida, Horta Sud	Producción tecnificada, alto valor añadido
Forrajeros/Leguminosas (baja)	Valle de Ayora, Rincón de Ademuz	Uso rotacional y ecológico
Huertos familiares (media)	Horta Nord, Baix Segura, Ribera Alta	Agricultura social, patrimonio cultural

7.6. TENDENCIAS Y DINÁMICAS TERRITORIALES (2024–2030)

1. Consolidación del modelo leñoso-costero:
Los cítricos y frutales seguirán dominando la franja litoral, aunque con tendencia a la diversificación hacia frutales tropicales y viveros ornamentales.

2. Transformación del regadío interior:
Las comarcas prelitorales (Costera, Vall d'Albaida, Vinalopó) tienden a modernizar sus infraestructuras hídricas y orientarse hacia cultivos de mayor valor añadido.

3. Riesgos del monocultivo citrícola:
La alta especialización conlleva vulnerabilidad frente a la competencia exterior, plagas y fluctuaciones de precios. Se observa una tendencia incipiente a la reconversión parcial hacia variedades híbridas y producción ecológica.

4. Recuperación y valorización del interior agrícola:
En comarcas como Utiel-Requena o el Valle de Ayora, la diversificación mediante viñedo, olivar y frutales autóctonos se presenta como vía de sostenibilidad económica y territorial.

5. Emergencia del viverismo y la producción ornamental:
Sectores como los viveros del Baix Vinalopó y Horta Sud impulsan la transformación del modelo agrícola tradicional hacia una bioeconomía verde y especializada.

6. Presión urbana y pérdida de suelo agrícola:
Las áreas periurbanas de València, Elche y Alicante sufren un proceso de sustitución del suelo agrícola, con la consiguiente reducción de la huerta tradicional.

7.7. CONCLUSIONES GENERALES

- El sistema agrícola valenciano combina una estructura productiva dual: un litoral intensivo y exportador, frente a un interior extensivo y multifuncional.
- Los cultivos leñosos (especialmente cítricos, frutales y viñedo) definen la identidad y el paisaje agrario valenciano, mientras que los herbáceos (hortalizas, arroz, tubérculos) aseguran la diversidad y la autosuficiencia alimentaria.
- Existen diferencias comarcales marcadas entre el norte citrícola (Plana y Maestrat), el eje central diversificado (Ribera, Vall d'Albaida, Costera) y el sur hortícola (Baix Segura y Vinalopó).
- Las tendencias de modernización, tecnificación y especialización comercial han incrementado la productividad, pero también la dependencia de mercados exteriores y recursos hídricos.
- A medio plazo, la sostenibilidad del modelo dependerá de la revalorización del territorio interior, la innovación agraria, la gestión eficiente del agua y la diversificación del regadío.

8. ANÁLISIS DE LA EDAD MEDIA DE LOS JEFES DE EXPLOTACIÓN AGRÍCOLA POR COMARCAS VALENCIANAS (2020)

1. FACTORES GENERALES DEL ENVEJECIMIENTO

El conjunto de la Comunitat Valenciana presenta un fuerte envejecimiento del sector agrario, con más de la mitad de los jefes de explotación (50,1%) mayores de 65 años, y solo un 0,3% menores de 25 años.

Este patrón confirma la crisis generacional del campo valenciano, producto de varios procesos estructurales:

- Despoblación rural e incorporación laboral limitada: la juventud tiende a abandonar las actividades agrarias, orientándose a sectores urbanos más rentables o estables.
- Feminización tardía y baja profesionalización: la mayor parte de nuevas incorporaciones son familiares de edad media, sin relevo generacional estable.
- Estructura de propiedad envejecida: la elevada edad media de los titulares responde a la transmisión intergeneracional tardía y a la fragmentación parcelaria, que desincentiva la profesionalización.
- Escasa rentabilidad agrícola: el precio de los productos agrarios y los costes crecientes de producción dificultan el acceso de jóvenes emprendedores, especialmente en secano e interior.
- Falta de políticas de atracción: aunque existen programas de incorporación juvenil, su alcance es limitado frente a las barreras estructurales de acceso a la tierra y al crédito.

En suma, el envejecimiento agrario valenciano no es coyuntural, sino estructural y territorialmente desigual.

2. DIFERENCIAS COMARCALES Y CARACTERIZACIÓN TERRITORIAL

El análisis comarcal permite agrupar las comarcas valencianas en tres grandes categorías según el peso de los jefes mayores de 65 años y el porcentaje de jóvenes (<45 años):

A. Comarcas con envejecimiento muy alto (≥ 55% mayores de 65 años)

Predominan en las áreas interiores, montañosas o de agricultura marginal, donde la población rural es escasa y envejecida:

- La Safor (61,7%), El Valle de Cofrentes-Ayora (61,2%), La Marina Alta (56,6%), La Plana Baixa (55,6%), L'Alcoià (55,4%), La Ribera Baixa (55,3%) y L'Horta Nord (59,8%).
- Estas comarcas presentan una fuerte herencia de minifundio, explotaciones familiares envejecidas y una débil entrada de jóvenes.
- El componente litoral en algunos casos (Safor, Horta) combina envejecimiento agrario con presión urbanística y terciarización del suelo.

B. Comarcas con envejecimiento alto pero equilibrado (45–55% mayores de 65 años)

Incluyen tanto zonas prelitorales como interiores con cierta vitalidad agrícola:

- La Vall d'Albaida (46,3%), Camp de Túria (48,8%), Alto Palancia (49,9%), Ribera Alta (50,1%), Baix Vinalopó (45,6%), Alt Vinalopó (47,7%), Los Serranos (45,7%), Comtat (51,5%).
- Muestran una estructura mixta con agricultores activos de mediana edad y cierto relevo familiar, especialmente en frutales, viñedo y regadíos modernizados.
- La edad media es más baja en áreas con cooperativas y sistemas de regadío tecnificado.

C. Comarcas con envejecimiento medio o moderado (≤ 45% mayores de 65 años)

Son minoritarias, pero representan los núcleos agrícolas más dinámicos:

- Els Ports (20,9%), Plana de Utiel-Requena (41,6%), Baix Maestrat (39,9%), Vinalopó Mitjà (45,5%), Hoya de Buñol (46,4%).
- Aquí, la proporción de titulares jóvenes (25–44 años) es la más alta de la Comunitat (10–22%).
- Coinciden con comarcas donde la agricultura conserva viabilidad económica y especialización exportadora o vitivinícola, facilitando la continuidad generacional.

3. CAUSAS DE LAS DIFERENCIAS COMARCALES Y DE EDAD

El contraste territorial responde a una combinación de factores físicos, económicos y sociales, que determinan la edad media del agricultor y el grado de renovación del sector:

A. Factores físicos y ambientales

- En el interior montañoso (Mijares, Cofrentes-Ayora, Rincón de Ademuz), la orografía, baja fertilidad y falta de agua limitan la modernización y el atractivo del trabajo agrario.

- En el litoral, la presión urbana y el turismo provocan abandono parcial del campo, pero el valor del suelo mantiene la propiedad en manos de mayores.

B. Factores económicos

- La rentabilidad diferencial entre cultivos explica la atracción de jóvenes hacia determinadas zonas: el viñedo de Utiel-Requena o los cítricos de Ribera Alta siguen siendo focos activos.
- En cambio, las comarcas de secano o sin cooperativas rentables presentan abandono y envejecimiento acelerado.
- Las zonas con economía agrícola diversificada (hortalizas, viveros, flores) logran cierto rejuvenecimiento.

C. Factores sociales y demográficos

- La migración juvenil hacia el litoral urbano y la falta de relevo familiar son causas recurrentes del envejecimiento rural.
- El acceso a vivienda y financiación agraria penaliza especialmente a nuevos agricultores en comarcas interiores.
- El patrón de sucesión hereditaria –donde los hijos heredan tarde la titularidad– mantiene la media de edad elevada, incluso cuando trabajan en la explotación.

D. Factores estructurales y de política agraria

- El escaso impacto de los programas de incorporación juvenil y la burocracia administrativa actúan como barreras.
- La falta de infraestructura digital y logística en el interior agrava la brecha territorial.
- El peso de la agricultura a tiempo parcial incrementa la edad media estadística, al coexistir con empleo no agrario.

4. CONCLUSIÓN GENERAL

A. El envejecimiento del sector agrario valenciano es generalizado, aunque con intensidades distintas según comarca y tipo de agricultura.

- En el litoral, el envejecimiento se combina con la presión urbana y la pérdida de suelo agrícola.
- En el prelitoral, persiste un equilibrio entre agricultores veteranos y una base de edad media activa.
- En el interior, el abandono y la despoblación elevan el peso de los mayores de 65 años.

B. El futuro del campo valenciano dependerá de la renovación generacional y la diversificación productiva, especialmente mediante políticas que:

- Fomenten el acceso de jóvenes a la tierra y al crédito.
- Revaloricen el trabajo agrario como actividad profesional.
- Integren innovación, digitalización y sostenibilidad como motores de relevo.

C. La edad media de los jefes de explotación no solo refleja una estructura demográfica, sino el pulso social y económico del territorio valenciano, donde la tradición, la modernización y el relevo se entrecruzan en un momento decisivo para el futuro rural.

133

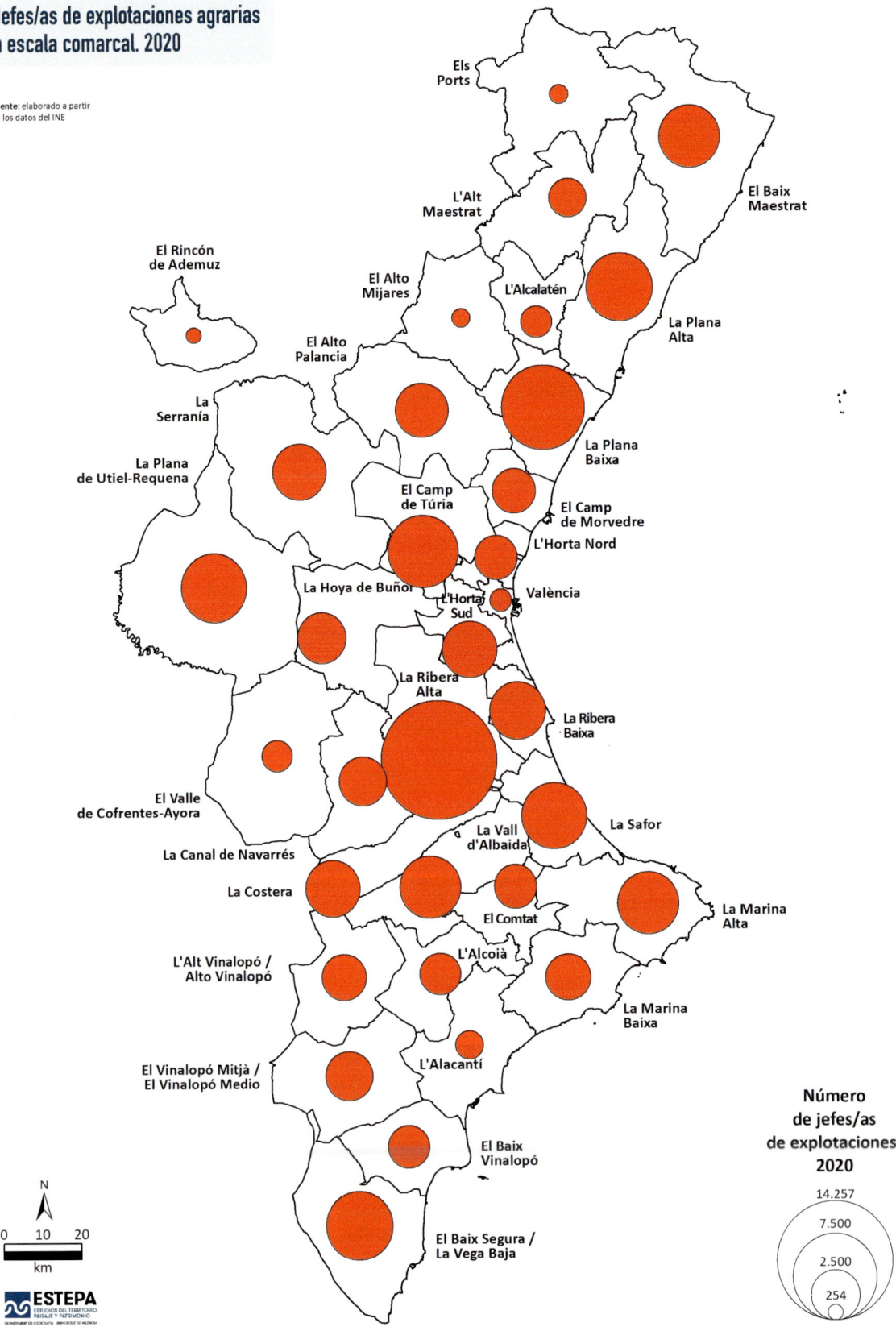

Jefes/as de explotaciones agrarias
a escala comarcal. 2020

Fuente: elaborado a partir
de los datos del INE

Els
Ports

El Baix
Maestrat

L'Alt
Maestrat

El Rincón
de Ademuz

El Alto
Mijares

L'Alcalatén

La Plana
Alta

El Alto
Palancia

La
Serranía

La Plana
de Utiel-Requena

El Camp
de Túria

La Plana
Baixa

El Camp
de Morvedre

L'Horta Nord

La Hoya de Buñol

L'Horta
Sud

València

La Ribera
Alta

La Ribera
Baixa

El Valle
de Cofrentes-Ayora

La Vall
d'Albaida

La Safor

La Canal de Navarrés

La Costera

El Comtat

La Marina
Alta

L'Alt Vinalopó /
Alto Vinalopó

L'Alcoià

La Marina
Baixa

El Vinalopó Mitjà /
El Vinalopó Medio

L'Alacantí

El Baix
Vinalopó

El Baix Segura /
La Vega Baja

N

0   10   20
km

ESTEPA
ESTUDIOS DEL TERRITORIO
PAISAJE Y PATRIMONIO

Número
de jefes/as
de explotaciones.
2020

14.257

7.500

2.500

254

134

Jefes/as de explotaciones agrarias, por tramos de edad, a escala comarcal. 2020

Fuente: elaborado a partir de los datos del INE

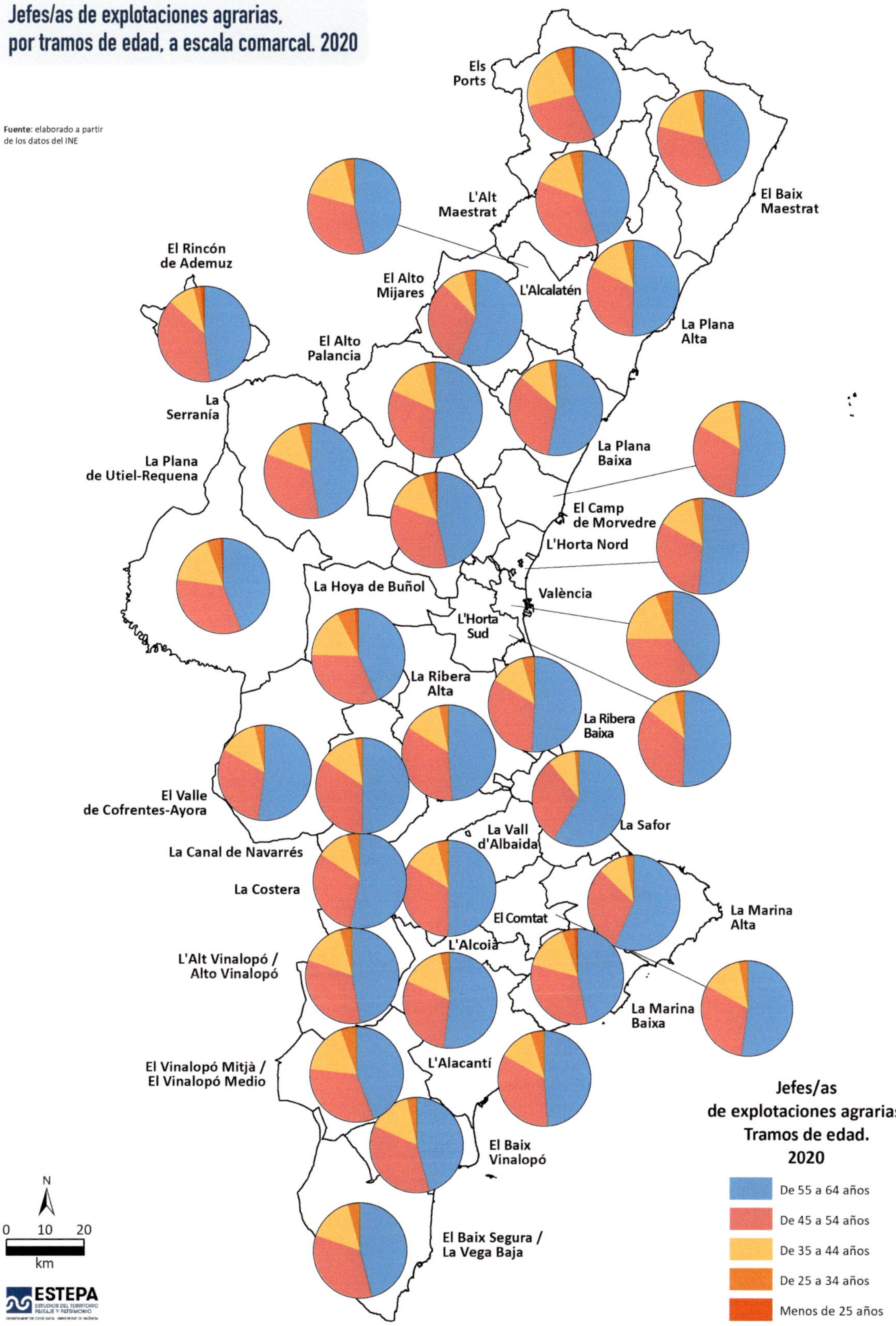

Els Ports

L'Alt Maestrat

El Baix Maestrat

El Rincón de Ademuz

El Alto Mijares

L'Alcalatén

La Serranía

El Alto Palancia

La Plana Alta

La Plana de Utiel-Requena

La Plana Baixa

El Camp de Morvedre

L'Horta Nord

La Hoya de Buñol

València

L'Horta Sud

La Ribera Alta

La Ribera Baixa

El Valle de Cofrentes-Ayora

La Vall d'Albaida

La Safor

La Canal de Navarrés

La Costera

El Comtat

La Marina Alta

L'Alt Vinalopó / Alto Vinalopó

L'Alcoià

La Marina Baixa

El Vinalopó Mitjà / El Vinalopó Medio

L'Alacantí

El Baix Vinalopó

El Baix Segura / La Vega Baja

Jefes/as de explotaciones agrarias. Tramos de edad. 2020

- De 55 a 64 años
- De 45 a 54 años
- De 35 a 44 años
- De 25 a 34 años
- Menos de 25 años

N

0   10   20
km

ESTEPA
ESTUDIOS DEL TERRITORIO PAISAJE Y PATRIMONIO
DEPARTAMENT DE GEOGRAFIA · UNIVERSITAT DE VALÈNCIA

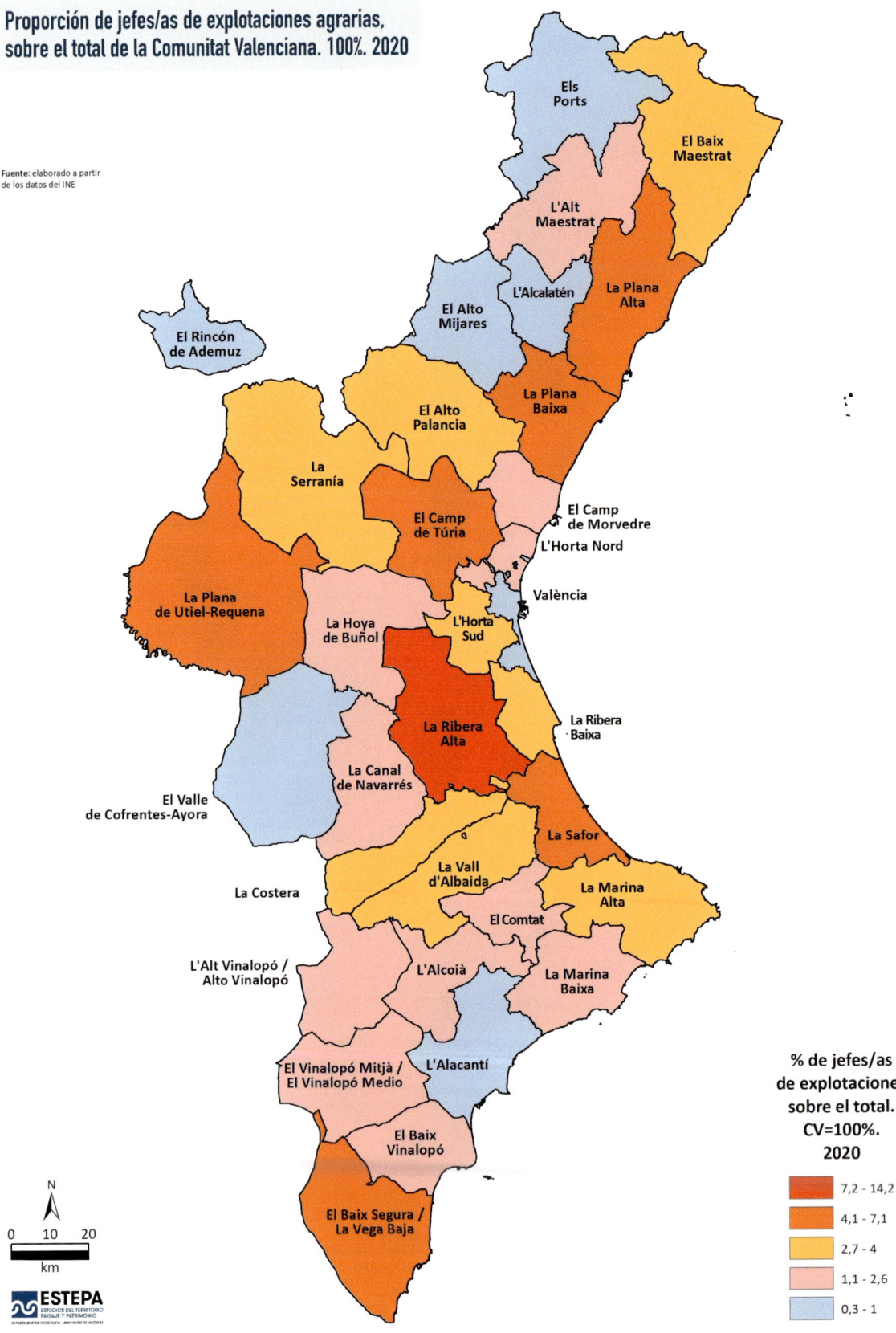

Proporción de jefes/as de explotaciones agrarias,
sobre el total de la Comunitat Valenciana. 100%. 2020

Fuente: elaborado a partir
de los datos del INE

136

% de jefes/as
de explotaciones
sobre el total.
CV=100%.
2020

7,2 - 14,2
4,1 - 7,1
2,7 - 4
1,1 - 2,6
0,3 - 1

N

0   10   20
km

ESTEPA
ESTUDIOS DEL TERRITORIO
PAISAJE Y PATRIMONIO

Municipios con cooperativas agroalimentarias. Comunitat Valenciana. 2025

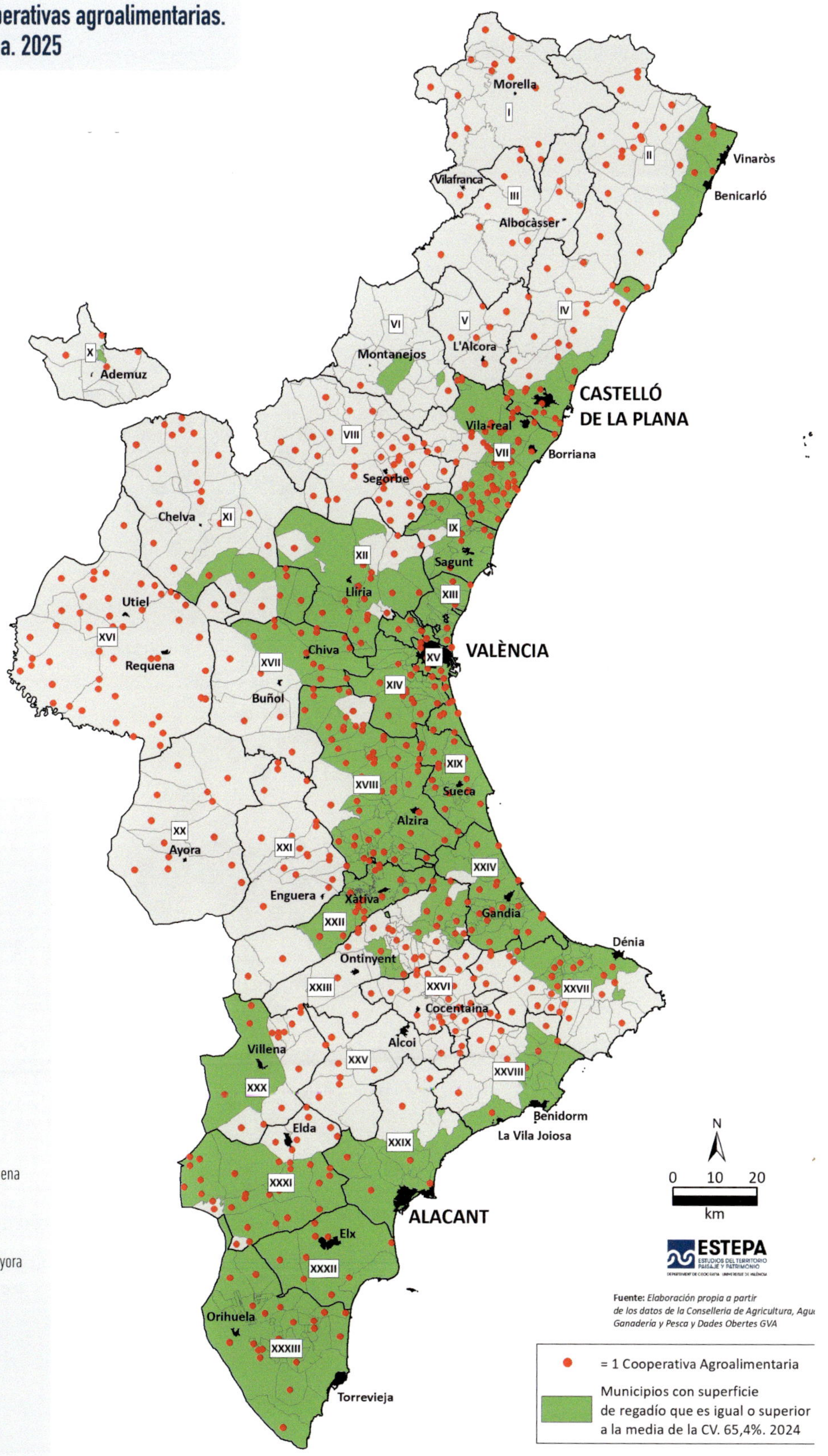

Morella

Vinaròs

Benicarló

Vilafranca

Albocàsser

Montanejos

L'Alcora

CASTELLÓ
DE LA PLANA

Vila-real

Borriana

Segorbe

Ademuz

Sagunt

Chelva

Llíria

Utiel

Chiva

VALÈNCIA

Requena

Buñol

Sueca

Alzira

Enguera

Xàtiva

Dénia

Ayora

Ontinyent

Gandia

Cocentaina

Alcoi

Villena

Benidorm

La Vila Joiosa

Elda

Elx

ALACANT

Orihuela

Torrevieja

COMARCAS

- I. Els Ports
- II. El Baix Maestrat
- III. L'Alt Maestrat
- IV. La Plana Alta
- V. L'Alcalatén
- VI. El Alto Mijares
- VII. La Plana Baixa
- VIII. El Alto Palancia
- IX. El Camp de Morvedre
- X. El Rincón de Ademuz
- XI. La Serranía
- XII. El Camp de Túria
- XIII. L'Horta Nord
- XIV. L'Horta Sud
- XV. València
- XVI. La Plana de Utiel-Requena
- XVII. La Hoya de Buñol
- XVIII. La Ribera Alta
- XIX. La Ribera Baixa
- XX. El Valle de Cofrentes-Ayora
- XXI. La Canal de Navarrés
- XXII. La Costera
- XXIII. La Vall d'Albaida
- XXIV. La Safor
- XXV. L'Alcoià
- XXVI. El Comtat
- XXVII. La Marina Alta
- XXVIII. La Marina Baixa
- XXIX. L'Alacantí
- XXX. L'Alt/El Alto Vinalopó
- XXXI. El Vinalopó Mitjà/Medio
- XXXII. El Baix Vinalopó
- XXXIII. El Baix Segura/La Vega Baja

N

0   10   20
km

ESTEPA
ESTUDIOS DEL TERRITORIO
PAISAJE Y PATRIMONIO
DEPARTAMENT DE GEOGRAFIA · UNIVERSITAT DE VALÈNCIA

Fuente: *Elaboración propia a partir
de los datos de la Conselleria de Agricultura, Agua
Ganadería y Pesca y Dades Obertes GVA*

● = 1 Cooperativa Agroalimentaria

Municipios con superficie
de regadío que es igual o superior
a la media de la CV. 65,4%. 2024

Distribución de las Comunidades de regantes a escala municipal. Comunitat Valenciana

Fuente: *Elaboración propia a partir de los datos de la Confederación Hidrográfica del Júcar, la Confederación Hidrográfica del Ebro, la Confederación Hidrográfica del Segura y https://www.scrats.es/*

*En la Comunidad de Regantes de Riegos de Levante de la Margen izquierda se adscriben otras Comunidades de Regantes

138

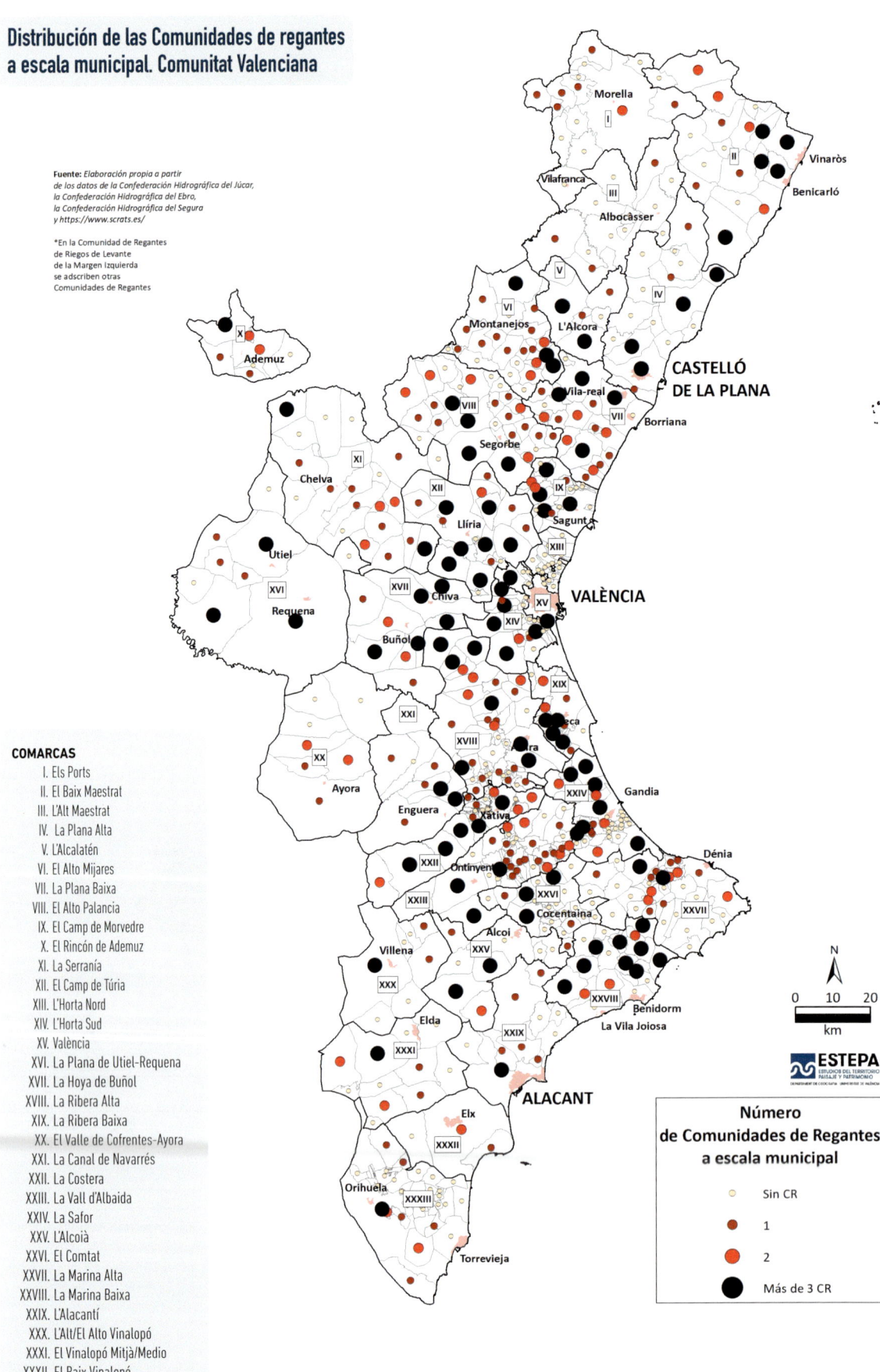

COMARCAS

I. Els Ports
II. El Baix Maestrat
III. L'Alt Maestrat
IV. La Plana Alta
V. L'Alcalatén
VI. El Alto Mijares
VII. La Plana Baixa
VIII. El Alto Palancia
IX. El Camp de Morvedre
X. El Rincón de Ademuz
XI. La Serranía
XII. El Camp de Túria
XIII. L'Horta Nord
XIV. L'Horta Sud
XV. València
XVI. La Plana de Utiel-Requena
XVII. La Hoya de Buñol
XVIII. La Ribera Alta
XIX. La Ribera Baixa
XX. El Valle de Cofrentes-Ayora
XXI. La Canal de Navarrés
XXII. La Costera
XXIII. La Vall d'Albaida
XXIV. La Safor
XXV. L'Alcoià
XXVI. El Comtat
XXVII. La Marina Alta
XXVIII. La Marina Baixa
XXIX. L'Alacantí
XXX. L'Alt/El Alto Vinalopó
XXXI. El Vinalopó Mitjà/Medio
XXXII. El Baix Vinalopó
XXXIII. El Baix Segura/La Vega Baja

Número de Comunidades de Regantes a escala municipal

○ Sin CR
● 1
● 2
● Más de 3 CR

ESTEPA
ESTUDIOS DEL TERRITORIO PAISAJE Y PATRIMONIO

Distribución de las Comunidades de regantes a escala municipal. Comunitat Valenciana

Fuente: *Elaboración propia a partir de los datos de la Confederación Hidrográfica del Júcar, la Confederación Hidrográfica del Ebro, la Confederación Hidrográfica del Segura y https://www.scrats.es/*

*En la Comunidad de Regantes de Riegos de Levante de la Margen Izquierda se adscriben otras Comunidades de Regantes

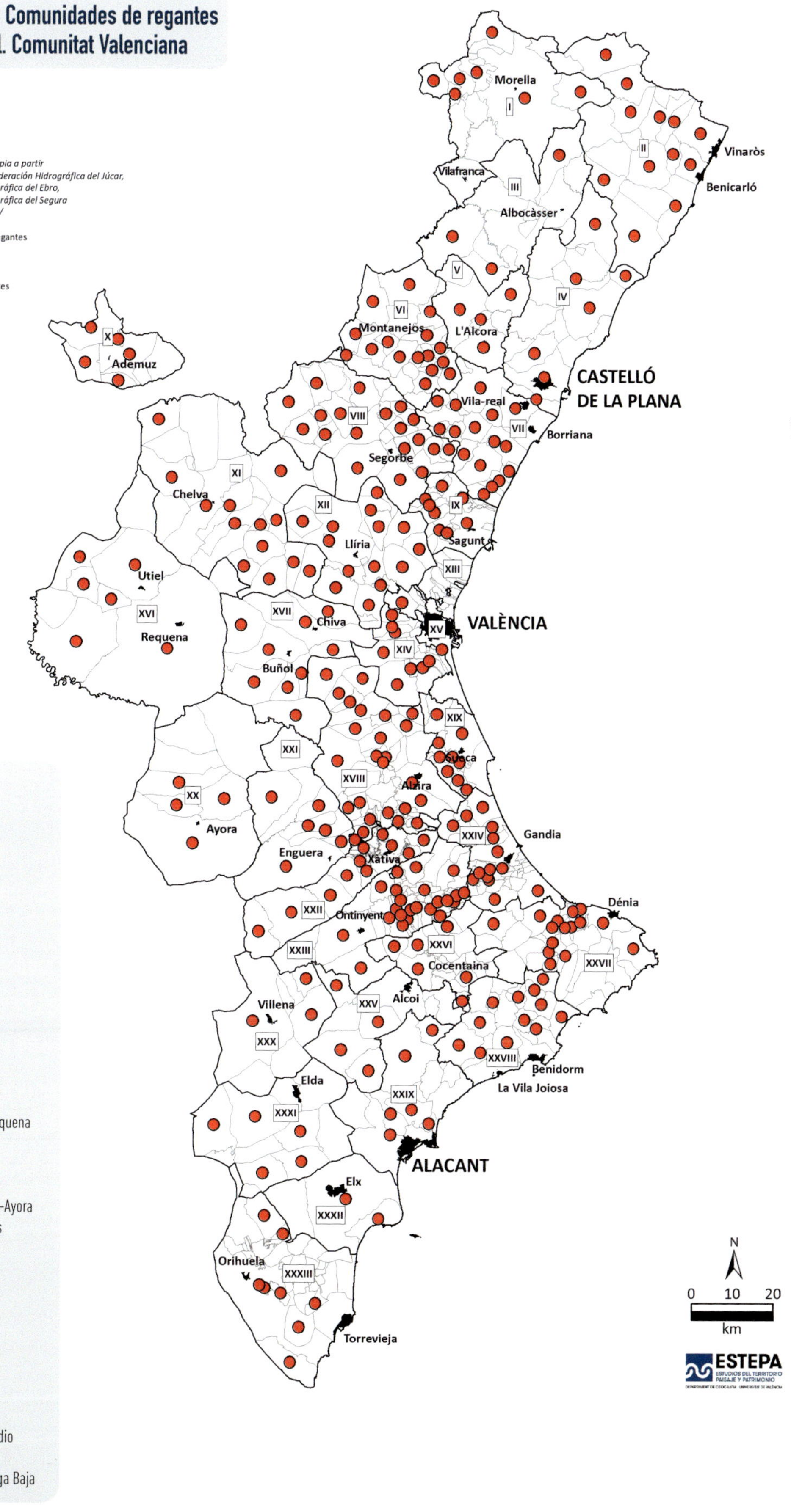

COMARCAS
- I. Els Ports
- II. El Baix Maestrat
- III. L'Alt Maestrat
- IV. La Plana Alta
- V. L'Alcalatén
- VI. El Alto Mijares
- VII. La Plana Baixa
- VIII. El Alto Palancia
- IX. El Camp de Morvedre
- X. El Rincón de Ademuz
- XI. La Serranía
- XII. El Camp de Túria
- XIII. L'Horta Nord
- XIV. L'Horta Sud
- XV. València
- XVI. La Plana de Utiel-Requena
- XVII. La Hoya de Buñol
- XVIII. La Ribera Alta
- XIX. La Ribera Baixa
- XX. El Valle de Cofrentes-Ayora
- XXI. La Canal de Navarrés
- XXII. La Costera
- XXIII. La Vall d'Albaida
- XXIV. La Safor
- XXV. L'Alcoià
- XXVI. El Comtat
- XXVII. La Marina Alta
- XXVIII. La Marina Baixa
- XXIX. L'Alacantí
- XXX. L'Alt/El Alto Vinalopó
- XXXI. El Vinalopó Mitjà/Medio
- XXXII. El Baix Vinalopó
- XXXIII. El Baix Segura/La Vega Baja

Morella · Vilafranca · Vinaròs · Benicarló · Albocàsser · Montanejos · L'Alcora · CASTELLÓ DE LA PLANA · Vila-real · Borriana · Segorbe · Sagunt · Chelva · Llíria · Ademuz · Utiel · Requena · Chiva · VALÈNCIA · Buñol · Sueca · Alzira · Gandia · Enguera · Xàtiva · Ayora · Ontinyent · Dénia · Cocentaina · Alcoi · Villena · Benidorm · La Vila Joiosa · Elda · ALACANT · Elx · Orihuela · Torrevieja

0 10 20 km

N

ESTEPA
ESTUDIOS DEL TERRITORIO PAISAJE Y PATRIMONIO
DEPARTAMENT DE GEOGRAFIA · UNIVERSITAT DE VALÈNCIA

03

≋

CONTEXTO HISTÓRICO DE LOS REGADÍOS VALENCIANOS

3.1. EL REGADÍO VALENCIANO A PRINCIPIOS DEL SIGLO XX EN EL CONTEXTO ESPAÑOL[1]

El proceso de formación de los regadíos históricos concluye en los inicios del siglo XX. El proceso de modernización que experimentó desde entonces la agricultura de regadío aceleró las transformaciones del agro, en un contexto general de desarrollo de la agricultura comercial y competitiva.

Las principales características del regadío español de las primeras décadas del siglo XX se deducen del análisis de la información recogida en la publicación de la *Junta Consultiva Agronómica,* de 1918 :

1. Se regaba alrededor de 1.350.000 hectáreas, cifra no muy superior a la superficie irrigada a principios del siglo XIX. De forma permanente se regaba un millón de hectáreas.

2. La superficie de regadío se distribuía de forma desigual por el territorio español. Se concentraba en determinadas cuencas. El Valle del Ebro reunía alrededor del 30% del regadío español. Destacaban Lleida (8,5%), Zaragoza (8,4), y Huesca (4,6); con menos relevancia se hallaban Teruel (2,9%), La Rioja (2,6) y Navarra (2,5). El eje mediterráneo aglutinaba un tercio del regadío español, concretamente un 33,4%; Granada (7,9%) y Valencia (7,8) despuntaban respecto al resto de provincias de la fachada oriental de la Península Ibérica: Tarragona (2,5%), Barcelona (1,5), Castellón (2), Alicante (3,7), Murcia (4,2), Málaga (1,9) y Almería (1,9). Las provincias españolas más significativas eran Lleida, Zaragoza, Granada, Valencia, Huesca y Murcia; todas ellas superaban las 55.000 hectáreas. En cambio, otras provincias y regiones españolas se caracterizaban por una presencia testimonial de la superficie irrigada a escala nacional: Extremadura apenas alcanzaba el 1,2%, la Meseta Norte, 9,5%, Meseta Sur, 9,3%, el valle del Guadalquivir, 7%, y la cornisa Cantábrica y Galicia, 7%. Las razones de estas diferencias hay que hallarlas en el condicionamiento climático, en los contrastes térmicos y en particular los pluviométricos. De alguna manera se repiten sistemáticamente los siguientes principios: "a más precipitaciones, menos superficie regada" y "a más aridez, más regadío". El proceso histórico de formación de los regadíos del mismo modo influyó. Se observa una continuidad temporal de los espacios más destacados, motivada por la influencia del medio físico y las continuas ampliaciones de las áreas de regadío. No cabe duda que el peso de la tradición constituye un factor fundamental.

[1] Capítulo basado en la publicación "Los regadíos históricos españoles. Paisajes culturales sostenibles". HERMOSILLA, J. (2010).

Cuadro 1. SUPERFICIE DE REGADÍO EN ESPAÑA. 1915.

PROVINCIAS	Total superficie regada (ha)	Sobre total superficie regada %
MADRID	30.205	2,2
ALBACETE	29.654	2,1
CIUDAD REAL	29.861	2,1
TOLEDO	13.130	0,9
GUADALAJARA	15.177	1,1
CUENCA	7.742	0,5
VALLADOLID	8.068	0,5
BURGOS	28.366	2,0
ÁVILA	29.030	2,1
SEGOVIA	2.890	0,2
SORIA	11.747	0,8
BARCELONA	20.711	1,5
TARRAGONA	34.622	2,5
GERONA	8.347	0,6
LÉRIDA	116.852	8,5
BALEARES	62.55	0,4
VALENCIA	107.545	7,8
CASTELLON	27.501	2,0
ALICANTE	51.386	3,7
MURCIA	57.478	4,2
JAÉN	41.300	3,0
GRANADA	108.838	7,9
MALAGA	26.835	1,9
ALMERIA	26.350	1,9
SEVILLA	5.251	0,3
CÓRDOBA	4.617	0,3
HUELVA	1.746	0,1
CÁDIZ	3.140	0,2
BADAJOZ	3.637	0,2
CÁCERES	14.109	1,0
PALENCIA	8.287	0,6
SALAMANCA	2.352	0,1
LEÓN	39.185	2,8
ZAMORA	12.613	0,9
CORUÑA	35.580	2,6
LUGO	33.730	2,4
ORENSE	110	0,0
PONTEVEDRA	¿?	¿?
GUIPÚZCOA	68	0,0
ÁLAVA	439	0,0
VIZCAYA	29	0,0
NAVARRA	34.402	2,5
SANTANDER	¿?	¿?
ASTURIAS	66.000	4,8
ZARAGOZA	115.734	8,4
LOGROÑO	36.275	2,6
HUESCA	63.124	4,6
TERUEL	39.679	2,9
LAS PALMAS	1.837	0,1
SANTA CRUZ DE TENERIFE	4.607	0,3
MELILLA	¿?	¿?
TOTAL	1.366.441	100

Fuente: Elaboración propia a partir de la Junta Consultiva Agronómica 1918.

142

3. El regadío permanente disponible, durante todo el año, era la modalidad más extendida. Representaba el 66,7% del riego total, es decir, 912.323 hectáreas. En Valencia el regadío permanente representaba el 96,2%.

4. El régimen pluviométrico y la disponibilidad de agua embalsada condicionaban la práctica de otras modalidades de riego. El regadío estacional, de forma fija, representaba el 18% del regadío español. Destacaban provincias mediterráneas como Granada, Alicante, Murcia o Almería, y provincias pirenaicas como Huesca o Navarra. Los riegos eventuales ocupaban el 13,4% de la superficie regada. Destacaba el sector suroriental formado por las provincias de Granada, Murcia, Jaén, Alicante y Almería, el central, con Madrid, Guadalajara y Albacete.

5. El regadío de principios del siglo XX procedía mayoritariamente de aguas superficiales. No menos de dos tercios de la superficie irrigada dependía de los recursos hídricos procedentes de "ríos, arroyos, canales y acequias" (62,7%) y de "lagos, pantanos, depósitos" (5,9%). Esta modalidad de riego no dejó de incrementarse por las continuas actuaciones prolongadas durante décadas, incluso siglos, participadas de la iniciativa pública y privada.

   La captación de aguas subterráneas para riego, o bien de forma natural mediante "fuentes y manantiales" (17,5%), o bien mediante la participación antrópica, a través de "pozos" (7,2%) y "galerías" (2,6%), ostentaba cierto protagonismo al sobrepasar una cuarta parte de la superficie regada total. A partir de mediados del siglo XIX se incrementó el volumen del agua extraída del subsuelo al incorporar nuevas tecnologías como el motor de vapor. En Valencia se instaló por primera vez en Carcaixent por el Marqués de Montortal. La innovación facilitó un aumento continuo de la superficie regada.

6. En función del origen del agua se puede establecer una zonificación del regadío español. La distribución de la red hidrográfica española, de sus principales ejes fluviales y de sus afluentes más caudalosos, así como los rasgos de la hidrogeología de la península Ibérica, condicionan (sino determinan) las diferencias territoriales apreciadas en la modalidad de captación de agua predominante. Las aguas superficiales destacan en provincias como Zaragoza, Huesca, Lérida, Madrid, Barcelona, Granada, etc. En cambio, las aguas subterráneas adquieren un papel relevante allí donde las coyunturas sociales, comerciales y técnicas lo permitieron hasta entonces.

   La superficie regada mediante pozos destacaba en Ciudad Real (26.000 hectáreas), Valencia (13.000) o Castellón (9.400); la regada mediante fuentes y manantiales, en Granada (26.000), Murcia (12.000), Jaén (11.800), Alicante (9.100) o Albacete (7.000). Los regadíos bonificados mediante galerías drenantes no eran muy frecuentes, si bien destacaron en el sureste peninsular y en los archipiélagos: en Tarragona (13.400 hectáreas), Almería (7.200), Albacete (4.600), Alicante (2.750), Murcia, Granada y Málaga (más de 1.200 hectáreas por provincia) y Canarias (1.800).

7. Los sistemas de regadío por medio de acequias que se extendían hasta 250 hectáreas (por sistema), funcionales en 1915, eran mayoritarios. Representaban el 83% del total. Los sistemas que no sobrepasaban las 50 hectáreas por sistema representaban alrededor de la mitad (51,3%). En cambio, los sistemas de mayores dimensiones, calificados como meso, macro y megasistemas, aún siendo los más espectaculares, son los minoritarios: los sistemas entre 250 y 1.000 Ha, 12,3%; entre 1.000 y 2.500, 3,6%; y los que sobrepasan las 2.500, tan sólo el 1,1%.

8. En una veintena de provincias se localizaban los principales sistemas de regadío con agua superficial, mediante acequias y canales. En unos casos se trata de sistemas

de una dilatada tradición histórica, incluso de origen musulmán, que han experimentado ampliaciones posteriores; en otros casos, de regadíos creados en los siglos predecesores (siglos XVII al XIX), en los que adquirieron protagonismo los relacionados con los canales.

LOS REGADÍOS HISTÓRICOS VALENCIANOS. PATRIMONIO Y PAISAJE

Los regadíos históricos forman parte del patrimonio hidráulico español y, en consecuencia, reúnen aquellos rasgos (3) que definen a todo hecho patrimonial: la durabilidad, pues en cierta medida siguen en uso, están funcionales; la evolución a lo largo del tiempo, mediante un proceso de formación y constitución de los espacios irrigados, de tal manera que han dado lugar a edificios hidráulicos complejos; y la concienciación por parte de la sociedad del valor cultural del regadío tradicional, pues las sociedades (especialmente las locales) asumen el significado patrimonial de los regadíos, no sin dudas respecto a la dimensión real y objetiva de dicha valoración.

El patrimonio hidráulico derivado del regadío adquiere diversas manifestaciones: (a) la arquitectónica, pues son innumerables y variados los elementos y los sistemas que se hallan repartidos por el territorio peninsular e insular, y que tienen su razón de ser en un proceso constructivo, basado en la aplicación de técnicas innovadoras; (b) la etnológica, estrechamente vinculada a los instrumentos, las técnicas y los conocimientos ancestrales ligados a la gestión del agua; (c) la documental y jurídica, recogida en los numerosos archivos de los sindicatos de riegos, comunidades de regantes, ayuntamientos, diputaciones provinciales, confederaciones hidrográficas, etc.; (d) la toponímica, tan estrechamente ligada al territorio; (e) y la paisajística. El regadío tradicional es motivo de creación de unidades paisajísticas, constituye la respuesta visual de aquellos ecosistemas antrópicos creados en áreas deficitarias de agua (áridas y semiáridas), que han sido dominadas mediante la técnica y la obra hidráulicas. En consecuencia, los sistemas de regadío históricos han dado lugar a lo largo de siglos a una gran variedad de paisajes agrarios culturales.

El espacio hidráulico se halla articulado mediante la participación de tres factores técnicos que condicionan la morfología y las dimensiones de los sistemas de irrigación (y del espacio hidráulico correspondiente): (a) la localización del lugar de captación del recurso hídrico, es decir, del acuífero; (b) la naturaleza del área por donde discurre el agua, mediatizada por la pendiente y supeditada al principio geográfico de la gravedad; (c) y el espacio estricto de irrigación, estructurado mediante las parcelas regadas. De la misma manera los espacios hidráulicos históricos actuales son el reflejo de la intervención secular de las sociedades que los han creado, ampliado o modelado. En definitiva, ha sido y es determinante la influencia del factor social en la configuración de esos espacios.

Los sistemas hidráulicos de regadío se clasifican en función de las dimensiones, es decir, de la escala del riego tradicional existente. El diseño y la confección de una clasificación específica de los sistemas del regadío histórico por superficies regables, habitualmente en hectáreas, ha constituido una labor fundamental para el desarrollo de este apartado. Partimos de la propuesta de jerarquización de los regadíos históricos efectuada por K.W. Bútzer (1989), modificada en función de la labor de documentación realizada en primer lugar, y de la experiencia adquirida mediante nuestro trabajo de campo. El resultado obtenido

ha sido una detallada distribución de los sistemas hidráulicos de riego adaptada al caso español y valenciano, a partir de tres rangos de tamaño: grandes, medianos y menores; a su vez en cada uno de ellos diferenciamos dos categorías: megaescala (>20.000 Ha.) y macro (de 5.000 a 20.000 Ha.), escala intermedia (de 1.500 a 5.000 Ha.) y meso (de 250 a 1.500 Ha.), pequeña escala (de 50 a 250 Ha.) y micro (<50 Ha.).

METODOLOGÍA PARA LA EVALUACIÓN DEL PATRIMONIO HIDRÁULICO

La evaluación se fundamenta en el uso de 10 criterios de valoración, que a su vez están ligados al cumplimiento de 3 variables específicas por indicador. Con ello se obtiene por campo un registro numérico en sintonía con su correspondencia y con las variables enunciadas: de "0 a 3".

El sumatorio del conjunto de criterios nos proporciona una puntuación global (máximo "30"), que transformamos a una escala más sencilla y legible para proceder a su evaluación global (mínimo "0" y máximo "10").

Criterios de valoración del patrimonio hidráulico: criterios y variables

CRITERIOS	VARIABLES
Cultura del agua	Importancia del agua en la localidad
	Importancia del sistema en el que se integra
	Importancia en relación a bienes similares
Representatividad	Representativo por los rasgos constructivos
	Representativo por los rasgos de funcionalidad
	Representativo por la tipología del sistema en el que se integra
Autenticidad	Imagen fiel a la originaria
	Acciones que preservan la "armonía" del inmueble
	Alteraciones no perjudiciales del sistema
Integridad	Conservación óptima
	Uso primigenio
	Conservación y uso racional del sistema
Histórico-social	Conocimiento y reconocimiento por parte de la sociedad local
	Referencias escritas, cartográficas y/o fotográficas
	Noticias en pesquisa documental histórica
Tecnología	"Ingenio" de la técnica utilizada
	Innovación y mejora tecnológica
	Arte de nivelación
Artístico	Valor artístico
	Valor artístico del diseño del sistema
	Figuras o acciones de protección del diseño artístico primigenio
Territorial	Entorno paisajístico de interés
	Visibilidad del inmueble
	Armonía con el entorno
Hidráulica	Pertenencia a un regadío tradicional de referencia
	Localización en un sistema de riego de entidad contrastada
	Dimensiones en relación al conjunto del área
Participación y concienciación de agentes sociales	Inversión de las administraciones o entidades público-privadas
	Insertado en rutas o circuitos turísticos-culturales
	Material documental, gráfico y audiovisual de difusión

Fuente: Elaboración propia ESTEPA.

CULTURA DEL AGUA

El primer criterio de valoración es el de la "Cultura del agua", como su propio nombre indica, a la que se adscribe un bien desde distintos puntos de vista. Nos referimos a la relación que posee la obra con los contextos específicos del agua que se pueden dar en la escala local. De tal modo, definimos tres variables que hacen referencia a cada uno de los ámbitos que pertenecen a esta escala de detalle.

Importancia del agua en la localidad

Estamos refiriéndonos al grado de aprovechamiento y uso del agua tradicional para riego en cualquier población. Se ha de entender que no existe una relación directa con una posible economía agraria de secano, ya que incluso en espacios del mundo rural dominada por ésta, la cultura del agua es muy significativa, tanto a nivel de superficie, sistemas, patrimonio hidráulico, etc.

Importancia del sistema en el que se integra

Establece su asociación a una jerarquía preponderante de sistema tradicional de riego. Ésta se define por los aspectos analizados en el catálogo de acequias, tales como historia, longitud, patrimonio, superficie, etc.

Importancia en relación a bienes similares

Valora la dimensión del bien estudiado en comparación con los otros de su misma naturaleza presentes en el entorno. Nos referimos a cuál es la obra más importante por uso en una población. En el caso de su aplicación para las acequias, esta variable se matiza porque lo que se valora es la importancia de su red de cequiaje en relación a las dispuestas en otras acequias. No obstante, en algunos casos podemos encontrarnos ante una situación en la que ninguna obra predomine sobre otra, como sucede con los molinos, o sean varios los que tengan la distinción de "importantes".

REPRESENTATIVIDAD

La "Representatividad" de la tipología de un sistema o elemento está ligada al ejemplo estándar o modalidad que predomina en la zona. Se contempla una serie de aspectos tales como la constructiva, la funcionalidad o sistema en el que se halla emplazado o elementos de los que se rodea.

Representativo por los rasgos constructivos

Se trata de la representatividad desde la óptica de la construcción de la obra, es decir, de su técnica de factura y sus materiales de construcción. Por ejemplo un tipo de acequia (cajero de calicanto revestido con hormigón o cemento), acueducto (un arco de mampostería careada de sillar), lavadero (de planta rectangular, cubierto, con una pila y facturado con mampostería ordinaria revestida y enlucida), etc.

Representativo por los rasgos de funcionalidad

Se refiere a la funcionalidad más común (activo o inactivo) de la que disponen los elementos según tipología específica en un determinado territorio.

146

Representativo por la tipología del sistema en el que se integra

Es la inclusión de un bien hidráulico en un sistema clásico de riego en el espacio de estudio en cuanto a su composición (captación, transporte y uso).

AUTENTICIDAD

La "Autenticidad" de un sistema u obra debemos de entenderla como el grado de fidelidad que guarda con la estructura primigenia en todo su conjunto, tanto a nivel visual, de "imagen", como desde otros puntos de vista, por ejemplo materiales o modificaciones que se han podido incorporar con las actuaciones realizadas a lo largo del tiempo.

Imagen fiel a la originaria

Se refiere a la fidelidad o conservación que guarda un sistema o bien hidráulico con su fisonomía prístina. Es el caso por ejemplo de la mayor parte de sistemas, que conservan su imagen tradicional; o de algunos elementos, que se mantienen respetando la construcción originaria.

Acciones que preservan la "armonía" del inmueble

Se trata de considerar las actuaciones (de acondicionamiento y/o restauración) que se han producido de modo respetuoso sobre los edificios y que preservan e incluso mejoran la "armonía" de los bienes. Los modelos de restauración técnicos y rigurosos (de especialistas) que se emplean pueden ser un paso en la defensa y protección del arte hidráulico.

Alteraciones no perjudiciales del sistema

Atiende a las modificaciones naturales o antrópicas que ha podido sufrir el sistema de forma perjudicial, tales como deterioro por desuso, modificación de trazados, transformación de la obra, etc., muy relacionadas a su vez con el crecimiento urbano, la construcción de accesos y viales de comunicación, el abandono de la actividad agraria, la "modernización" de regadíos, etc.

INTEGRIDAD

Este cuarto criterio se refiere a "lo integro" que es el bien cultural en relación a cómo y para qué se concibe en su tiempo. Por lo tanto, tiene que ver tanto con el estado de conservación como con la funcionalidad para regadío de la que dispone en la actualidad. Además, no sólo se ha de considerar la integridad a título particular sino también en consonancia con el resto de componentes del sistema.

Conservación óptima

Se valora de modo positivo si el mantenimiento con el que cuenta el bien es óptimo o cuanto menos aceptable para poder efectuar mejoras de funcionalidad y puesta en valor sobre el mismo.

Uso primigenio

Esta variable se entiende como el uso o sentido originario para el que se realizó la obra en su tiempo. En nuestro caso no es otro que el de edificios concebidos para el suministro de aguas y el incremento de la productividad de los cultivos de regadío. Es por ello que, no se valora como positivo el desuso de cualquier bien por abandono, por degradación, etc. e incluso el cambio de uso, que en ocasiones no suele apreciarse a primera vista.

Conservación y uso "racional" del sistema
Aúna los dos conceptos abordados con anterioridad para aplicarlos a una escala mayor, al sistema, que agrupa al conjunto de acequias y de elementos restantes.

CRITERIO HISTÓRICO-SOCIAL

Es uno de los criterios para comprender la importancia, conocimiento y opinión que se le ha conferido a lo largo de la historia por parte de las distintas sociedades y, en consecuencia, valorar la componente histórico-social de la obra hidráulica.

Conocimiento y reconocimiento por parte de la sociedad local
Corresponde a la información que podemos obtener hoy en día mediante la fuente oral, muy relacionada con la preservación de la memoria histórica.

Referencias escritas, cartográficas y/o fotográficas
Comprende la existencia de cualquier tipo de referencia por medio de la consulta bibliográfica (ordenanzas, documentación de monografías, análisis geográficos, etc.); planimétrica (catastro de rústica, cartografía de comunidad de regantes, planos de las normas urbanísticas, mapas y alzados topográficos de la Confederación Hidrográfica etc.); y fotográfica (recopilación de fotografía antigua en archivos gráficos, publicaciones u otros soportes).

Referencias en pesquisa documental histórica
Presencia de información en expedientes históricos localizados en diversos archivos (municipales, provinciales, regionales) o constancia de estudios contrastados desde distintas disciplinas.

CRITERIO TECNOLÓGICO

Se centra en el valor que contiene la componente tecnológica de la obra hidráulica, de las acequias y elementos, tanto en lo que respecta a las técnicas específicas utilizadas (de captación, uso o transporte), al diseño y complejidad de los sistemas, como a los "añadidos" históricos que se les ha procurado para aumentar su rendimiento y eficacia.

"Ingenio" de la técnica utilizada
Nos referimos al valor del que dispone la técnica empleada: captación, transporte, distribución, acumulación y uso. Cuanto más excepcional, novedosa, compleja y curiosa sea la técnica, en el contexto de un periodo histórico determinado, más significado se le da a esta variable.

Innovación y mejora tecnológica
Se trata de las posibles mejoras "tradicionales" (acorde a su imagen racional) que se han podido efectuar históricamente en el proceso tecnológico de cualquier obra o incluso la

innovación con la que puede contar y diferenciarse un determinado sistema o elemento de los demás.

Arte de nivelación

El arte de la nivelación hace mención realmente al grado de complejidad que registra el sistema, es decir, el diseño del sistema asociado a los porcentajes y tipo de gradiente con el que cuenta el sistema de riego. Es por ello que, entra en juego una serie de aspectos: el aprovisionamiento o toma del sistema (captación-acuífero), el franqueo de los posibles obstáculos o accidentes geográficos (transporte-pendiente) y el servicio a los distintos elementos que configura la red de riego (uso y acumulación-emplazamientos estratégicos), así como al mosaico agrario de regadío (distribución-parcelario).

CRITERIO ARTÍSTICO

El criterio "Artístico" implica la existencia de bienes hidráulicos con una imagen racional, funcional, fiel y estética que la identifican con la arquitectura del agua de una época. El arte de la construcción se plasma, por lo tanto, en obras con unas características que las identifican, las definen y que les proporcionan el sentir de su propia existencia en un período concreto de la historia. Nos referimos a un bien hidráulico con unos rasgos constructivos propios del saber de un tiempo (técnicas y materiales), a lo que además contribuye su conservación óptima, su papel como parte de un sistema histórico en uso, el añadido de "ingenios" que hayan enriquecido su valía tradicional, etc.

Valor artístico

Es el valor de "arte", definido en los párrafos anteriores, del que puede disfrutar una obra hidráulica.

Valor artístico del diseño del sistema

Se traslada el valor "artístico" del bien hidráulico al diseño del sistema en el que se integra el conjunto de la acequia, los elementos y el parcelario.

Figuras legales o acciones de protección del diseño artístico primigenio

Alude a las acciones encaminadas a salvaguardar el diseño artístico originario de los sistemas, tanto de acequias como de elementos, a través de figuras de declaración, protección y reconocimiento histórico-artístico-cultural por parte de las distintas administraciones. Entre otros ejemplos podemos mencionar la protección de la huerta y su patrimonio hidráulico a través del Plan General de Ordenación Urbana; o la puesta en valor de cualquier sistema o elemento por medio de la declaración de Bien de Interés Cultural (BIC), etc.

CRITERIO TERRITORIAL

En el criterio "Territorio" se considera la interacción entre la obra hidráulica y el entorno en el que se emplaza, tanto por el paisaje que le rodea, por su visibilidad no sólo a grandes distancias sino también a pequeñas, por su correcta "armonía" con el territorio.

Entorno paisajístico de interés

Se ha de valorar positivamente la presencia de un bien hidráulico en un espacio paisajístico de relevancia, puesto que existen notables diferencias entre un patrimonio localizado en suelo urbano (residencial o industrial), en suelo rústico (agrario o forestal) e incluso en una zona protegida LIC. Los valores paisajísticos, arquitectónicos, bióticos y turísticos presentes en un territorio (existencia de agua, corrientes fluviales, masas forestales, hitos del relieve, etc.) contribuyen de distinta manera a realzar la belleza de la arquitectura del agua.

Visibilidad del inmueble

Se trata de la visibilidad de las redes de cequiaje y sus obras, tanto a largas distancias, que incrementa su impacto, como a escasos metros. Las distancias próximas garantizan la presencia de un acceso que puede posibilitar a su vez su identificación, su análisis y su futura revalorización.

Armonía con el entorno

Nos referimos a la convivencia "armónica" entre la obra hidráulica y el territorio donde se ha integrado tradicionalmente, dando lugar a la creación de paisaje. Es fundamental considerar cual es el escenario original donde se emplazaba el bien cultural, sus posibles cambios o transformaciones (expansión urbana, construcción de edificaciones, nuevas actividades, etc.) que hayan podido desvirtuar la más que posible "sintonía" entre ambos; de tal modo, la integridad de un molino, un partidor o una acequia en un paisaje tradicional de huerta se ha podido ver alterada en el tiempo con su transformación por el crecimiento de la trama urbana, u otro proceso territorial invasor, de tal manera que quedan fuera de su "hábitat natural" y pierden, en consecuencia, su estrecha relación histórica con el territorio. Así mismo la presencia de un elemento en un entorno paisajístico de interés pero que no se corresponde con su localización originaria (por ejemplo norias, muelas de molinos, etc.), carecen de dicho valor específico.

CRITERIO HIDRÁULICO

Responde a los rasgos de un espacio hidráulico estructurado por la red de acequias y los elementos de un territorio; a su integración en un sistema histórico de riego contrastado; y a sus dimensiones en relación al tamaño medio en un área bien definida (dimensiones mayores de ciertas presas, acueductos, acequias, etc.).

Pertenencia a un regadío tradicional de referencia

Se trata de la pertenencia de los bienes hidráulicos a una comarca o territorio similar con un regadío histórico de referencia por distintos argumentos, tanto en espacios eminentemente de regadío, como en medios rurales de secano, donde el modelo de huerta también ha destacado por su superficie, tipología, patrimonio asociado, historia-cultura, valores ambientales, etc.

Localización en un sistema de riego de entidad contrastada

Se apunta a la vinculación de una acequia u obra hidráulica a un sistema tradicional de regadío de interés no sólo por su magnitud sino también por su contribución y consideración en la estructura comarcal y local (p.e. acequias madres o mayores de cada localidad).

150

Dimensiones en relación al conjunto del área

Se valora el tamaño de los edificios hidráulicos de acuerdo con las magnitudes habituales del espacio que los acoge. En la mayor parte de las ocasiones no se producen excesivas diferencias.

PARTICIPACIÓN Y CONCIENCIACIÓN DE LOS AGENTES SOCIALES

Este criterio alude a la implicación de los agentes sociales en la protección, conservación y puesta en valor del patrimonio hidráulico de sus poblaciones. Esta implicación que toma forma mediante la participación y concienciación de los ciudadanos se puede identificar mediante las inversiones público-privadas en restauraciones, las rutas turístico-culturales relacionadas con el agua y materiales de difusión de la riqueza monumental del patrimonio hidráulico.

Inversión de las administraciones o entidades público-privadas

Recoge la valoración de los medios económicos desembolsados por parte de los gobiernos estatales (Confederación Hidrográfica), regionales (diputaciones y consellerias), comarcales-locales (ayuntamientos y mancomunidades), así como por otros entes (comunidades de regantes) para desarrollar actuaciones dirigidas la promoción cultural y/o turística del patrimonio del agua. Los organismos públicos pueden aprovechar los recursos, de modo total o parcial, de ciertos programas europeos (LEADER, PRODER e incluso LIFE) con líneas estratégicas encaminadas a la puesta en valor del patrimonio cultural-natural.

Insertado en rutas o circuitos turísticos-culturales

Inclusión de los bienes hidráulicos en la red europea de caminos, rutas locales-intermunicipales o, al menos, con posibilidades por su accesibilidad, que permiten la posibilidad de conocer al resto de la ciudadanía la existencia de un patrimonio generalmente desconocido.

Material documental, gráfico y audiovisual de difusión

Presencia de señalítica y soportes didácticos basados en paneles, trípticos, publicaciones, guías, audiovisuales, etc., que contribuyan a la explicación y difusión del significado, los valores y los usos del patrimonio hidráulico.

151

3.2. CONFIGURACIÓN DEL REGADÍO VALENCIANO. PERÍODOS HISTÓRICOS DE REFERENCIA[2]

1. ÉPOCA ROMANA. ORIGEN

A la hora de proceder a realizar una síntesis histórica referente a las obras hidráulicas valencianas es inevitable comenzar con la mención al secular debate que trata sobre el origen de los regadíos en el ámbito mediterráneo español. Tras haberse puesto durante muchos decenios el acento en la creación misma de los sistemas irrigados, en la actualidad se ha llegado a un consenso general sintetizado en la siguiente conclusión: "no ha existido ni una sola generación que no haya modificado, ampliado y adaptado a sus necesidades las redes de riego y drenaje" (Marco, J. y Sanchis, C., 2003). Efectivamente, en la actualidad se puede sostener la certidumbre sobre el origen romano de las infraestructuras hídricas del Mediterráneo, el desarrollo, intensificación y magistral ordenamiento de éstas por los musulmanes y, finalmente, el mantenimiento de dichas obras hidráulicas y la ampliación de éstas durante los siglos bajomedievales y modernos. Cronológicamente, las primeras obras que se pueden rastrear en el ámbito de la Confederación Hidrográfica del Júcar corresponden a la época de dominación romana. Se trata de un recuento complicado a consecuencia del proceso referido con anterioridad sobre la reutilización secular de las obras hidráulicas por las civilizaciones posteriores. Sin embargo, se pueden destacar media docena de obras claramente romanas, lo que las sitúa como las infraestructuras hidráulicas más antiguas del territorio valenciano:

A. Acueducto de Peña Cortada. Situado entre las poblaciones de Chelva y Calles, se trata de la obra de uso hídrico más señera de las situadas en el interior del ámbito de estudio. La obra presenta varios kilómetros excavados directamente en la roca, varios minados y dos conjuntos de arcadas que salvan sendos barrancos. El primer tramo de la infraestructura es utilizado aún hoy por la Acequia Mayor de Chelva. Además, la obra arranca del actual azud de la referida acequia en el término municipal de Tuéjar, por lo que podemos deducir un primigenio azud romano.

B. Les Séquies del Diable. Estas infraestructuras romanas se hallan en la Plana de Castellón, en los términos municipales de Onda y Vila-real. Se trata de dos acequias de riego que parten desde el río Mijares en término de Onda y tras discurrir paralelas al cauce del Mijares durante varios kilómetros viran hacia el sur, hasta desaparecer su rastro en las inmediaciones del río Sec. La acequia más baja es de gran interés porque conserva restos de tres acueductos: el Pont de la Bruixa sobre el barranc de Espasers, els Arquets sobre el barranc de Ràtils y algunos machones sobre el río Sec (López Gómez, 1974).

C. Acequias de riego entre Vilamarxant y Riba-roja de Túria. Se trata de tres conducciones abandonadas de clara fábrica romana que parten desde la partida de la Pea, aguas arriba de Vilamarxant y, tras salvar el barranc de Portxinos, discurrían a bonificar el Pla de Quart. Persisten los restos del azud y las notables ruinas de un acueducto de 14,5 metros en Riba-roja de Túria (López Gómez, 1974).

D. Trazado de la Acequia Mayor de Elx. El origen romano de las redes de irrigación mediterráneas se puede observar con excelente precisión en el caso de la Huerta de Elx. La red de riego ilicitana coincide plenamente con el parcelario o centuriato de la ciudad

[2] Capítulo basado en "Una aproximación a la evolución de los regadíos valencianos. Infraestructura, hidrología e hidráulica". MARCO, J.B. y SANCHÍS, C. (2003); LÓPEZ GÓMEZ, A. "Riegos y cultivos en las huertas valencianas" (1964, 1968, 1974, 1975); "El patrimonio hidráulico en el ámbito territorial de la CHJ". HERMOSILLA, J. (2011).

romana de Ilici. En el mismo sentido, el topónimo de algunas de sus acequias (Marchena, por Martinae, Albinella, por Albinus o Asnell, derivación de Asinius), consagran el origen romano de los riegos de Elx. Se trata de la vega que con mejor precisión se puede datar.

E. Otros acueductos notables. Merecen que destaquemos tres obras de transporte hidráulico situadas en el interior del ámbito de estudio. El primero de ellos el acueducto de Els Arquets, sobre el barranco de Manises, de probable origen romano. La infraestructura, de 28 arcos, sigue en la actualidad prestando servicio a la Acequia de Quart. La segunda infraestructura es el acueducto que utiliza la Acequia Mayor de Sagunt para salvar el río Palancia. Si bien el actual elemento obedece a una reconstrucción del siglo XVI, algunos de los arcos de la margen izquierda son de factura romana (López Gómez, 1974). Finalmente, es obligado reseñar el acueducto de Bejís, que, si bien su origen romano ha empezado a ser cuestionado entre los historiadores, no podemos descartar el primigenio origen latino.

Estas obras de uso hidráulico de fábrica romana que hemos sintetizado en los anteriores epígrafes poseen dos características fundamentales: la función primordial por las que fueron construidas residía en la irrigación y, en otro orden, se trata de infraestructuras que mayoritariamente fueron abandonadas. Naturalmente las ingentes realizaciones romanas reutilizadas por las civilizaciones posteriores no sólo no fueron abandonadas sino que han gozado de continuidad funcional hasta nuestros días. Sin embargo, llama poderosamente la atención el abandono de las infraestructuras situadas más allá de la cota de 100 metros sobre el nivel del mar, esto es, alejadas de las llanuras aluviales. Esta situación revela una preferencia de la cultura romana por los hábitats alejados de la costa, lugares con frecuencia ocupados por marjales y en consecuencia menos saludables. Serán los musulmanes los que intensifiquen el regadío gracias al desarrollo de las elaboradas redes fluviales en torno a las vegas litorales que han llegado hasta la actualidad. Sistemas de regadío de origen romano como los situados en el Camp de Túria o en la Plana, mencionados anteriormente, quedaron abandonados hasta la introducción de los nuevos regadíos por elevación del siglo XX.

Las infraestructuras conservadas de época romana están relacionadas con la actividad de la irrigación. Las numerosas cisternas de abastecimiento de aguas y los acueductos de transporte de aguas potables, si bien se pueden datar en ocasiones en el período romano, como el acueducto de abastecimiento de La Vall d'Uixó, sus fábricas actuales nos llevan hasta los siglos medievales o modernos. Merece especial referencia el acueducto de origen romano que discurre excavado en la roca entre las localidades turolenses de Albarracín y Cella, magna obra de ingeniería que tomaba sus aguas del río Guadalaviar para abastecer el altiplano norte de Teruel. El sistema de abastecimiento romano a la ciudad de Ilici, es uno de los más sobresalientes y primigenios ejemplos de reparto de aguas a una urbe del mediterráneo español, como atestiguan los restos de alcantarillado, tuberías de plomo, piscinas y baños termales encontrados en el yacimiento ilicitano de Alcudia.

2. ÉPOCA MUSULMANA. DESARROLLO E INTENSIFICACIÓN

Si el origen primigenio de las infraestructuras hidráulicas en el espacio mediterráneo se sitúa en época romana, fue durante el período musulmán cuando se alcanzó la edad de oro de la hidráulica en la Península Ibérica en general, y en el territorio valenciano

153

en particular. La vigente red de acequias en las grandes vegas mediterráneas, los modos de gestión de las aguas y el paisaje resultante a partir del hábitat asociado a los usos del agua proceden de forma directa de los tiempos musulmanes. Iniciada la transformación del territorio en época califal, no será hasta los siglos de los reinos de taifas (siglos XI-XIII) cuando quede concluida la red hidráulica que heredarán los cristianos tras la conquista del territorio musulmán (finales del siglo XII y siglo XIII). Pese a la importancia crucial que se deriva de la influencia islámica, no es posible presentar un numeroso catálogo de obras hidráulicas procedentes de dicha época. Las obras que han llegado hasta nosotros, si bien son de origen inequívocamente musulmán, han sido sucesivamente rehechas y reutilizadas por las gentes que han ocupado nuestro territorio durante los últimos siete siglos. La escasa herencia material musulmana que ha llegado hasta la actualidad se debe a que los musulmanes primaban lo práctico a lo artístico en sus realizaciones funcionales. De este modo, al utilizar materiales frágiles y fáciles de construir y rehacer como la piedra en seco o elementos no permanentes como troncos y tierra, no existen apenas fábricas de hidráulica que podamos atribuir de forma directa a la cultura islámica. Esta realidad contrasta con la colosal impronta histórica musulmana en nuestros sistemas de regadío y abastecimiento. La herencia islámica más directa se halla en la creación de los vigentes paisajes urbanos y rurales modelados por la secular domesticación de las aguas, no tanto en el número de realizaciones materiales íntegras que han llegado hasta la actualidad.

En la Comunitat Valenciana existe un ingente número de azudes, acequias, partidores, molinos, aljibes, abastecimientos urbanos, fuentes, y otros muchos elementos de origen musulmán relacionados con el uso del agua, que han llegado hasta la actualidad en perfecto estado de funcionalidad, merced a un proceso paralelo de continuidad y transformación protagonizado tras la conquista cristiana y realizado sobre la base de la herencia musulmana. Tres son los usos hídricos que bajo el mundo musulmán se desarrollan con más fuerza en el área mediterránea: el regadío, que alcanza su culminación organizativa histórica, el abastecimiento urbano y el uso industrial del agua, simbolizado en la proliferación de molinos harineros por toda nuestra geografía.

Una característica típicamente musulmana es la mezcla de usos varios que otorgaban a los canales de aguas que alimentaban las ciudades. Frente a los romanos, los cuales separaban las funciones de abastecimiento y de regadío, será usual encontrar en las medinas islámicas (según la RAE, barrio antiguo de una ciudad árabe) uno o varios canales que atraviesan el núcleo habitado con la finalidad de abastecer baños, talleres, abrevaderos, servir de colector de aguas residuales y finalmente, irrigar los campos adyacentes. Conviene recordar la importancia que, por disposiciones coránicas, tiene el acceso regular al agua para los musulmanes. En las grandes ciudades del Mediterráneo musulmán, como Elx, Xàtiva, Sagunt, Borriana o València, una gran acequia urbana permitía a los habitantes satisfacer todas sus necesidades hídricas. Es muy notable el ejemplo de la Acequia de Rovella en la ciudad de València, donde tras abastecer a la población, las aguas vierten a los fosos de la muralla y a las cloacas y discurren en dirección a las huertas adyacentes donde procedían a bonificar los cultivos. Se configuraba de este modo un espacio hidráulico integrado, caracterizado por la complementariedad urbana y huertana (Marco, J. y Sanchis, C. 2003).

Con la excepción de las nuevas arterias construidas durante la época foral, que más adelante se referirán, y con la certidumbre de un primigenio uso romano, el entramado de cequiaje en las grandes vegas, tanto litorales (Valencia, La Plana, Morvedre, Elx), como interiores

no valencianas (Teruel, Cuenca), el abastecimiento regular a partir de grandes manantiales (Fuentes de San Miguel de Llíria, Quart de les Valls, Simat de la Valldigna o Sant Josep de La Vall d'Uixó) procede de los siglos musulmanes. A la hora de establecer una cronología aproximada de la creación de los grandes sistemas de regadío del territorio valenciano seguimos el estudio realizado por Juan *B. Marco Segura y Carles Sanchis sobre hidráulica histórica en el marco de las Jornadas sobre el Patrimonio de la Ingeniería Civil (2003).* Del mismo modo y para discernir entre acequias puramente musulmanas y prolongaciones de época cristiana, los referidos autores aplican de forma pionera a los regadíos de las cuencas del Júcar el análisis que el erudito Díaz Cassou formalizó en 1889 para el estudio de los regadíos murcianos. Establece Díaz Cassou tres criterios: *"1° Las acequias de toma abierta y sin tanda pertenecen a la huerta primitiva, organizada en tiempo del califato (o de las taifas, añadimos nosotros). 2° Las acequias de toma cerrada deben casi todas su origen a concesiones posteriores, hechas en tiempo de musulmanes o de cristianos (exactamente, en el caso valenciano nos permite datar las ampliaciones cristianas). 3° En las acequias cuya primera parte o trazo no está sujeto a tanda y las posteriores sí, puede asegurarse que éstas últimas son prolongaciones –más o menos modernas– de la primera, que fue el cauce primitivo".* Estas bases cronológicas permiten el análisis de las grandes acequias de derivación fluvial del Mediterráneo.

Las fases evolutivas de los regadíos islámicos son las siguientes:

Fase 1. Riego de aguas subterráneas o superficiales de carácter modesto. Esta modalidad consistente en microrregadíos de montaña o de llanura aluvial se origina antes de la construcción de las grandes vegas. Este tipo de regadío se encuentra asociado a pequeños asentamientos, bien de montaña, o bien de alquerías de la llanura litoral. Los sistemas montanos, abastecidos por una rambla, pequeños ríos o algún manantial han llegado incólumes hasta la actualidad. Por todas las tierras interiores albaceteñas, conquenses, valencianas, castellonenses o alicantinas se pueden encontrar un gran número de regadíos a partir de fuentes, galerías drenantes (qanats) o pequeños azudes que provienen de época musulmana. Naturalmente, muchos aprovechamientos son de época posterior, pero la introducción de técnicas como el qanat, el profuso aterrazamiento irrigado y el intenso aprovechamiento de los recursos hídricos provienen del período islámico.

Fase 2. Regadío fluvial andalusí antiguo. Las alquerías de las llanuras litorales se encontraban asociadas del mismo modo que las zonas montanas o las pequeñas vegas a un manantial o a un aprovechamiento de aguas modesto. La creación de los macrosistemas de derivación fluvial en las vegas de Valencia, la Plana, Alzira, Sagunt o Elx incorporará estos primitivos riegos de fuente en el interior de las grandes redes de acequias a partir de los principales ríos de la cuenca. En el caso de las múltiples alquerías de las zonas bajas bastaba con una zanja perpendicular realizada sobre el nivel freático para originar una o más acequias a partir de las numerosas fuentes situadas en el entorno de los humedales de las planas litorales (Marco, J. y Sanchis, C. 2003). Junto a la surgencia se situaba el lugar habitado y a sus pies se desarrollaba la red hidráulica. Este paisaje primigenio se transformará completamente con la creación de los grandes sistemas de acequias derivados de los grandes ríos de la cuenca. Un ejemplo muy notable donde se puede observar esta integración es el caso de la Acequia valenciana de Mestalla. Posee ésta tres brazos (Petra, Algirós y Rambla) que constituyen una unidad hidráulica independiente. Cada uno de estos brazos, trazados en direcciones diferentes, eran independientes y se alimentaban de sendos manantiales inmediatamente antes de ser integrados en el microsistema de la Acequia Madre de Mestalla, creada con posterioridad a los citados ramales. Este proceso de integración se puede rastrear en todas las grandes vegas mediterráneas. Otro ejemplo notable es el caso de la Séquia Reial d'Alcoi (Huerta de Gandia). Los brazales de ésta se dirigen a cada uno de los pueblos del contorno. Estos núcleos, antaño alquerías, nacieron a partir de una fuente. Cuando se creó la Séquia Reial d'Alcoi (Huerta de Gandia), estos pequeños canales se integraron en la macro-red del sistema gandiense.

Fase 3. Regadío fluvial andalusí tardío. Los sistemas que según clasificación de Carles Sanchis han sido denominados "regadío fluvial andalusí antiguo" poseen otra característica notable que permitirá diferenciarlos de los riegos clasificados como "regadíos andalusíes tardíos". Es en este momento cuando procede aplicar la distinción de Díaz Cassou (1889) para datar los riegos de la huerta murciana. Los primeros poseen partidores proporcionales y no están sujetos a tanda. Surgen entonces los característicos partidores denominados llengües, cuya finalidad estriba en el reparto igualitario y proporcional entre acequias con independencia del caudal que discurra por la acequia madre. Los riegos, antaño independientes y pertenecientes a una alquería concreta, se integran con iguales derechos de caudal en el sistema mayor de la acequia madre. Este preciso análisis morfológico de los sistemas hidráulicos y la existencia de partidores proporcionales nos llevan por el contrario a identificar los regadíos posteriores denominados "andalusíes tardíos". Se trata de partes de un sistema de riego que poseen una morfología diferente a la inmediata anterior y además sus brazales parten desde tomas o partidores cerrados y sujetos a tanda. En estos casos, se sostiene que la primera parte de la acequia madre forma parte del sistema más antiguo y que cuando ha sido necesario ampliar la superficie regada, bien en tiempos tardíos musulmanes o incluso durante la época cristiana, estas prolongaciones gozan de menores derechos al aprovechamiento hídrico y se dotan de partidores cerrados, los cuales sólo se pueden abrir una vez satisfechas las necesidades hídricas del primer tramo del sistema, más antiguo y que goza de ancestrales derechos. Existen dos ejemplos arqueípicos de esta situación en las huertas de la llanura de Valencia: la Acequia de Favara y la Acequia de Montcada. La primera de ellas cuenta con dos partes diferenciadas: (a) "L'Horta", que corresponde con el núcleo islámico de Patraix y que se gestiona por partidores proporcionales garantizándose la mayor parte del caudal de la acequia; (b) y la parte conocida antaño como "els llocs", encargada de bonificar las poblaciones más meridionales de la comarca actual de L'Horta, como Catarroja y Massanassa, sometida a riegos de tanda. Otro ejemplo notable es el caso de la Real Acequia de Montcada, donde también se distinguen dos tramos de características diferentes: el primero, más corto, dispone de 30 partidores mayoritariamente proporcionales; el segundo, de mucha mayor longitud, posee únicamente 11 tomas cerradas y con una distribución a tanda.

Los ejemplos anteriores permiten poner de manifiesto las seculares transformaciones que han experimentado las obras hidráulicas en nuestro territorio por parte de las diferentes civilizaciones que las han construido, heredado, ampliado y mantenido. La huella musulmana resulta, no obstante, abrumadora en la evolución histórica de la hidráulica mediterránea.

Hemos expuesto con anterioridad que no es en las obras materiales, fabricadas con materiales perecederos, donde hemos de rastrear la huella islámica. Además de las redes de regadío y de los paisajes resultantes, la acción histórica musulmana se manifiesta también en la gestión

de los usos del agua y en la toponimia relacionada con los usos hídricos. Las Comunidades de Regantes que desde tiempo inmemorial se organizaron de forma consuetudinaria en cada sistema de riego estaban basadas en la gestión heredada de la época musulmana inmediata. Oficiales como el acequiero valenciano, derivado del árabe "Sabih al-saqiya" o el alamín o fiel de aguas ilicitano, proveniente del "amin al-ma", además del posible sustrato islámico del Tribunal de las Aguas de la ciudad de València, consagran la herencia musulmana de nuestros regadíos. Otra herencia no material procedente de los siglos musulmanes es la existencia en nuestro territorio de dos modelos de reparto de las aguas para el bonificado de los campos: el modelo sirio y el modelo yemenita (Glick, T., 1984).

El modelo Sirio, más habitual y extendido se caracteriza por una distribución proporcional del agua y por una unión inseparable entre la propiedad de la tierra y el derecho al agua. Este es el modo de distribución de riego en las grandes vegas (Valencia, Gandia, La Plana, Teruel o Sagunt). Por el contrario, en el modelo Yemenita, característico de las huertas de Elx y Alacant, destaca por estar fundamentado en medidas de tiempo y asociado a la venta del agua. Este sistema, típico de áreas muy áridas, mantiene separadas la propiedad de la tierra y la del agua, que se pueden enajenar a voluntad.

Usos del agua diferentes al regadío

El período musulmán no fue únicamente pródigo en el arte del regadío, sino que resultó igualmente notable para la difusión en nuestro territorio de la industria molinera y de construcciones asociadas al abastecimiento de aguas potables. De este modo, la molinería hidráulica utilizada para la molienda de harina y basado en el movimiento del rodezno o rueda horizontal ya era conocida en la antigüedad, pero recibirá un impulso notabilísimo durante los siglos musulmanes al compás del constante desarrollo de los sistemas de acequias. No obstante, no será hasta la época feudal cuando la molinería alcance su máximo apogeo. En el período islámico los molinos se ubicaban preferentemente al final de los sistemas de riego, por lo que no entraban en conflicto con los regantes. Será a impulsos de los señores feudales, que guardaban para sí el monopolio de los molinos, cuando comiencen a ser instalados en mitad de las arterias de riego iniciando de este modo la secular conflictividad entre molineros y regantes. En la actualidad, València conserva el excepcional ejemplo de un molino califal del siglo X, ubicado en el subsuelo de la calle Salvador Giner, considerándose uno de los ejemplos molineros más antiguos de España. Como en el caso de las obras de riego, muchos otros edificios que albergaban artilugios de molienda fueron renovados en época cristiana, sin que por ello se pueda dudar de su origen islámico.

Hemos comentado con anterioridad la articulación de las ciudades musulmanas a partir de una acequia principal que atravesaba de parte a parte la medina, y era utilizada por la población para múltiples funciones: abastecimiento potable, abrevado de ganado, uso industrial y, finalmente, labor de colector y regadío. De este modo, resulta difícil hallar construcciones expresas dedicadas al abastecimiento de agua potable urbana, situación agravada por la posterior reutilización y transformación de las infraestructuras hidráulicas por los feudales. No obstante, es procedente destacar tres obras musulmanas destinadas al abastecimiento de aguas potables que han llegado hasta nosotros: el Canal de Bellús para abastecimiento de la ciudad de Xàtiva, los aljibes del castillo de esta misma ciudad y la cisterna árabe de Quart de Poblet. El abastecimiento de la ciudad de Xàtiva a partir del Canal de Bellús es la obra más importante del período islámico en lo que respecta al transporte de agua potable. Construido el sistema en el siglo XII, permitió articular una segunda ampliación de la ciudad árabe de Xàtiva en torno al canal, eje vertebrador del nuevo callejero (González Baldoví, 1988). Con reformas posteriores cristianas, el Canal de Bellús sigue vigente en la actualidad.

En la misma ciudad setabense, en el interior del recinto del castillo se halla otra muestra capital de almacenamiento hídrico musulmán. Se trata de un conjunto de cuatro aljibes musulmanes de mampostería y bóvedas de ladrillo recientemente restaurados, que albergaban las aguas pluviales y posteriormente la distribuían gracias a un hábil sistema de canalizaciones y balsas de decantación. La obra data, como el Canal de Bellús, del siglo XI.

Finalmente, la cisterna de Quart de Poblet, situada en el subsuelo de la población y abastecida por la acequia de Quart, está datada entre los siglos XII y primer cuarto del XIII. Tras haber experimentado ampliaciones y reconstrucciones en épocas posteriores, el monumento se ha mantenido funcional hasta mediados del siglo XX.

3. CONQUISTA Y REPOBLACIÓN. OBRAS HIDRÁULICAS Y ESTRATEGIAS DE OCUPACIÓN

Los siglos medievales inmediatamente posteriores a la reconquista cristiana, observaron la consolidación y expansión de la red hidráulica heredada de los musulmanes. La nueva sociedad feudal acometió una reorganización en profundidad del territorio ocupado acomodándolo a los usos feudales medievales. Sin embargo, el territorio heredado era extenso y urgía poblarlo y ponerlo en explotación para su total incorporación al occidente cristiano. Se puede decir que el dominio de la hidráulica, la herencia más notable que dejaban los musulmanes a los nuevos dominadores fue el motor que posibilitó el rápido proceso repoblador. En unos siglos, en los que la hegemonía del sector agrario resultaba abrumadora en el proceso productivo, el hecho de disponer de miles de hectáreas irrigadas de cultivos intensivos y comercializables fomentó la llegada de numerosos colonos cristianos, los cuales recibieron donaciones particulares por un lado, y en tanto a su condición de vecinos de las nuevas pueblas de repoblación, donaciones colectivas por otro lado. Las nuevas villas, regidas por el colectivo de colonos recién llegados, recibían del Rey a través de las Cartas Pueblas todo un amplio término municipal donde residían entre otros elementos favorecedores del poblamiento, las acequias, las balsas, las fuentes y, en general el uso y disfrute de todas las aguas del término (Guinot, E., 2005). La herencia musulmana de las infraestructuras, gestión y usos generales del agua queda acreditada al leer todos y cada uno de los documentos de donación del siglo XIII, en los que se constata la repetitiva apelación a gestionar las aguas "como en tiempos de los moros". Esta formulación es equivalente en un documento de donación real de Jaime I: *"…así que podáis de ellas regar, y tomar aguas sin ninguna servidumbre ni servicio ni tributo, y que toméis aquellas aguas según que antiguamente era y fue establecido y acostumbrado en tiempo de sarracenos"*, como en un documento señorial, como el siguiente, perteneciente a Don Juan Manuel, señor de Elx: *"el agua con que se regaban las alcarias do son destadas heredades, que la ayan assi como solien aver los moros en so tiempo"*. Estas consideraciones resultaban igualmente válidas para la gestión de las infraestructuras hidráulicas heredadas como en la de las nuevas obras impulsadas por la Corona para impulsar la repoblación de los territo-

rios conquistados. No en vano, podemos afirmar que si bien los musulmanes introducen y perfeccionan las artes hidráulicas y construyen buena parte del paisaje regado valenciano, será el impulso cristiano tras la Reconquista el que acabe de vertebrar el territorio hidráulico que ha llegado hasta nosotros, impulsando importanísimas obras, en los siglos medievales obras especialmente de riego, que acabará configurando el paisaje agrario que ha llegado hasta la actualidad. El tramo final del siglo XII, en las provincias de Teruel y Cuenca, y especialmente, el siglo XIII, en las llanuras litorales y en el resto del territorio resultaron decisivos en la conformación secular de los legendarios regadíos mediterráneos. Sólo entre 1239 y 1274 se crearon en el Reino de Valencia 15.000 hectáreas nuevas de regadío (Marco, J. y Sanchis, C., 2003). Los hitos fundamentales en cuanto a construcción de obras hidráulicas durante este período, esencialmente grandes canales de riego, fueron los siguientes:

A. Acequia Real de Alzira o del Xúquer (1258-1273). Se trata de la principal realización del Rey Jaime I. Los musulmanes de Alzira no habían desarrollado el regadío en la actual comarca de La Ribera como sí lo hicieron en otras vegas mediterráneas históricas. Fundamentaban los riegos en ríos secundarios y en manantiales. La nueva arteria cristiana se iniciaba en Antella y en 1273 arribó hasta Almussafes. Gracias a las tierras bonificadas por la acequia pudo prosperar la repoblación de los pueblos de La Ribera, recortando la hegemonía histórica de Alzira.

159

B. Acequia de Vila-real (1272-1274). La construcción de este canal permitió afrontar la completa repoblación de la Plana de Castelló. De tiempos musulmanes, fueron heredadas las acequias de Borriana y de Almassora. La fundación por Jaime I de la ciudad de Vila-real comportó la construcción de la acequia asociada. Este canal ha sido propuesto tradicionalmente como modelo de acequia cristiana de colonización. Se caracteriza por abastecer a la ciudad por un ramal y derivar los restantes para riego de forma perpendicular al canal principal, paralelos entre sí, formando la tipología llamada "de peine". Se trata de una acequia pensada conjuntamente con la ciudad, a modo de colonización.

C. Acequias de La Safor (Nova, Ahuïr y del Rei) (1273-1274). La fundación de Gandia sobre la llanura aluvial comportó la creación de las referidas infraestructuras hidráulicas, que favorecieron la repoblación de la nueva ciudad, refundada en la llanura y de su zona de influencia. Complementaban estas nuevas arterias al principal sistema de regadío derivado de época musulmana.

D. Acequia Real de Montaverner (1271). Este canal fue acompañado de la creación de la villa homónima sobre una de las rutas principales del nuevo Reino de Valencia.

E. Prolongación de Acequias de la Vega de Valencia (Favara o Montcada). La milenaria huerta de Valencia, ya conformada en los siglos musulmanes, vio en el siglo XIII la prolongación de parte de su red de acequias. Tal es el caso de Montcada, que al ser prolongada hacia el norte permitió la entrega de lotes de tierra regada a repobladores en las alquerías más septentrionales de la comarca de L'Horta. O la acequia de Favara, que permitió favorecer la repoblación de los núcleos más meridionales de L'Horta -Benetusser, Alfafar, Massanassa (Marcos, J. y Sanchis, C., 2003).

Los siglos bajomedievales (XIV-XV) vieron la consolidación de la obra colonizadora durante el siglo XIII. Se continuó la fábrica de notables acequias, se impulsaron las desecaciones para ganar terreno de cultivo en zonas pantanosas, se realizaron obras de defensa para evitar inundaciones y fueron construidas obras de envergadura para garantizar el suministro de agua potable a villas y ciudades (acueductos y aljibes) y salvar obstáculos orográficos (puentes de paso y acueductos de riego). Muchas de estas obras, consideradas en la actualidad como monumentos protegidos con la categoría de Bien de Interés Cultural representan el primer conjunto homogéneo de monumentos hidráulicos situados en el territorio valenciano. Las realizaciones más importantes del período son las siguientes:

A. Acequias bajomedievales de los siglos XIV y XV

La prolongación de la Acequia Sobirana de Borriana. Esta obra posibilitó la irrigación de las poblaciones de Nules y Mascarell, obra que facilitó la consolidación de su poblamiento.

La construcción del Azud Nou y Acequia del Gualeró en Alicante (1377). Situado aguas abajo del azud viejo, permite ampliar la huerta alicantina gracias a los recursos obtenidos del tramo inferior del río Montnegre.

Nuevas acequias en la Ribera del Xúquer: Acequia Mayor de Cullera (1415), Acequia Mayor de Sueca (1484) y Acequia dels Quatre Pobles. Estos nuevos canales guardan relación directa con la fragmentación municipal acaecida durante el siglo XV en la comarca de La Ribera, tras perder la ciudad de Alzira el omnipresente dominio ejercido desde época musulmana sobre parte de sus alquerías.

Acequia Nova del Pou Clar (Ontinyent) (1410), situada al sur de la población.

Acequias de la parte alta del regadío consolidado de Gandia: Acequia d'Encarrós (1407) y d'En March (1457). Se trataba de acequias complementarias del sistema de regadío histórico de La Safor, puestas en funcionamiento en relación con la puesta en cultivo de grandes extensiones de caña de azúcar, destinada al comercio desde los puertos valencianos.

Canalización definitiva de la Séquia Major de Morvedre, desde Algar hasta Canet d'en Berenguer, con la construcción de tres acueductos de fábrica.

Acueductos de riego. El trazado de centenares de acequias a lo largo y ancho del territorio de la Comunitat Valenciana necesitó de obras de transporte para salvar los obstáculos que al trayecto de las acequias oponían los numerosos barrancos, ramblas y cauces fluviales existentes en la complicada orografía mediterránea. Al principio, se construyeron modestos acueductos, consistentes en troncos huecos o canales sencillos en base a elementos naturales o sencillos tapiales. Con el correr de los siglos, el aumento de la población y la consiguiente demanda, aconsejaron la realización de perdurables obras de sillar que garantizaran el continuado transporte de agua. Será en el siglo XV cuando se construyan dos de los acueductos para riego más notables del territorio: el acueducto de Estivella de la Acequia Mayor de Sagunt sobre el río Palancia y el acueducto sobre el río de Vernissa en la margen izquierda de la vega de Gandia. Ambas obras, robustas, consistentes en arcos fabricados de ladrillo y sillares, analizadas con más detenimiento en el fichado anexo, representan una de las mejores muestras de arquitectura utilitaria del período bajomedieval de la región mediterránea.

160

B. Obras de defensa bajomedievales

La Junta de Murs i Valls, institución foral de la ciudad de València dependiente de la municipalidad, representa el primigenio y más señero ejemplo de encauzamiento de ríos para evitar inundaciones del ámbito controlado por la Confederación Hidrográfica del Júcar, y uno de los más importantes de España. La referida institución municipal se creó tras la devastadora riada padecida por los habitantes de València en 1358, bajo el reinado de Pedro IV. Entre sus funciones residía el encauzamiento del río Turia a su paso por la ciudad y la construcción de puentes sobre su cauce. Se inician en esos años las primeras obras perdurables de canalización del río, si bien la ingente obra actual procede de la época renacentista.

C. Desecaciones bajomedievales

La línea de costa valenciana ha estado históricamente separada de tierra adentro por una barrera de tierras palustres denominadas marjales que impedían el poblamiento regular de asentamientos en la zona más próxima al mar. La Repoblación cristiana comportó la voluntad de la Corona y de las posteriores instituciones municipales de poner en cultivo la totalidad del territorio e instalar colonos en la mayor parte del término municipal. De este modo, existe constancia histórica de donaciones de amplios lotes de marjal a lo largo de la costa, desde Peníscola hasta Dénia. Las acequias abiertas en La Safor tras la conquista (Ahuïr, Nova y del Rei) fueron utilizadas para drenar el sector septentrional de la nueva ciudad de Gandia y consolidar el poblamiento. En la ciudad de València, Pedro IV, en 1386, ratificó el acuerdo municipal destinado al saneamiento de los francos, marjales y extremales del entorno litoral de la capital (Marco, J. y Sanchis, C., 2003). Estos drenajes, colonizados a instancias de las autoridades, contaban con una o más acequias de drenaje que en todos los lugares eran denominadas "acequias del Rey". En València, Sueca, Peníscola, Almenara, Sagunt, Gandia o Elx se repite el topónimo, revelando el interés real por las lagunas, como L'Albufera, donde el Patrimonio Real extraía cuantiosos beneficios gracias a la pesca, la caza, la recolección de plantas palustres o el comercio de sal.

161

D. Abastecimientos y conducciones de agua bajomedievales

El siglo XV resulta excepcionalmente pródigo en construcciones relacionadas con el abastecimiento urbano a las cada vez más poderosas ciudades mediterráneas. Durante la Baja Edad Media, nuestras ciudades y villas alcanzaron la máxima madurez en términos de institucionalización municipal. El abastecimiento de agua potable para satisfacer las necesidades humanas de los ciudadanos se convirtió en una de las máximas prioridades de las autoridades. En muchos lugares, se contaba con una acequia destinada a los usos urbanos, que databa de tiempos musulmanes (Rovella, en València por ejemplo) o que había sido prevista durante la etapa de repoblación cristiana (como Vila-real). Es en las villas que no se sitúan de lleno sobre la vega de un río donde los restos de canalizaciones para abastecimientos se pueden rastrear con mayor facilidad. Se trata además de monumentos notables que jalonan en la actualidad el marco espacial de nuestros pueblos. Los ejemplos más destacados son los siguientes:

Canal de Bellús. Si bien la arteria hidráulica es anterior al siglo XV, será en este siglo cuando se canalice y se reforme adquiriendo en esencia la traza actual. Se trata del sistema de abastecimiento a la ciudad de Xàtiva a partir de la fuente homónima. El Rey Marín el Humano, en 1406 autoriza la obra de canalización. El trazado incluye un monumental acueducto de nueve arcos apuntados sobre el barranc del río Sec, "les Arcaetes d'Alboi", uno de los más notables monumentos medievales situados en el área de influencia de la Confederación Hidrográfica del Júcar. En el corazón de la ciudad de Xàtiva merece ser resaltada la Font de la Trinitat, de estilo gótico y coetánea a la canalización de las aguas de Bellús.

Otros acueductos medievales. Los acueductos góticos de La Vall d'Uixó y de Sagunt representan otro excelso ejemplo de abastecimientos a partir de fuentes que fueron utilizados durante siglos por los habitantes de las referidas poblaciones. Los acueductos medievales de Planes y Biar, también compuestos de arcos ojivales, eran utilizados para la doble función abastecimiento-regadío. El acueducto de Bejís, fabricado con arcos de medio punto, podría datar, según diversos autores, de la misma época, pese a la secular creencia sobre su origen romano, no descartable en absoluto. Las fuentes urbanas de Bocairent tienen un origen igualmente medieval, a raíz de la canalización de agua hacia la plaza de la villa realizada en 1496 (Soler, A., 2003). Finalmente, el territorio de estudio cuenta con otros dos ejemplos notables de abastecimiento de aguas, en este caso a monasterios, como son los acueductos góticos que se conservan en Porta Coeli, en la Serra Calderona y en Sant Jeroni de Cotalba, en La Safor.

E. Puentes sobre cauces, bajomedievales

Los puentes históricos son en muchos casos origen romano o musulmán. Sin embargo, reconstruidos en múltiples ocasiones en el correr de los siglos, los monumentales puentes que han llegado hasta la actualidad proceden de época medieval. Los ejemplos medievales más sobresalientes, analizados en detalle en el fichero adjunto y fabricados con robustos sillares son: el puente de Santa Quitéria, que salva el Mijares en término de Vila-real; los puentes de Sant Miquel de La Pobla del Ballestar, en Vilafranca y de Vistabella del Maestrat, que libran respectivamente los cauces de los ríos de las Truchas y el Montlleó. Estas infraestructuras permiten la comunicación entre los reinos de Valencia y de Aragón; el puente del Olivar, sobre el río Sénia; dos arcos del puente de Les Jovades, en Torres Torres sobre el Palancia; del siglo XV es el puente de la Trinitat, en la ciudad de València, el más antiguo de los conservados sobre el cauce viejo del Turia. Finalmente, al final del período medieval se construyó el puente de Darrere la Vila de Bocairent (Sanchis, C. y Piqueras, J., 1994).

En definitiva, los siglos del medievo acabaron conformando en líneas generales los paisajes históricos de las huertas históricas. Los pequeños sistemas hidráulicos de montaña de diseño islámico, las balsas de acumulación que pueblan la geografía mediterránea, la introducción de norias de corriente y norias de sangre, de tracción animal y las varias veces seculares tradiciones comunitarias de reparto del agua dibujaron el paisaje hidráulico que ha perdurado hasta nuestros días, cuyo resultado espacial es el de un territorio, que acoge ejemplos de los mejores paisajes de huertas tradicionales a escala mundial.

"Para regar las huertas los Valencianos ponen a contribución todas las aguas de las fuentes; registran las entrañas de los montes y cerros sin perdonar a fatigas y gastos para descubrir su origen, y aumentarlas con excavaciones y conductos subterráneos: taladran montes, levantan arcos para sostener aqüeductos, construyen depósitos o pantanos en el fondo de los barrancos para recoger las aguas de las lluvias, que se perderían en otro país de menos industria". CAVANILLES, A. J. (1795): "Observaciones sobre la Historia Natural, Geografía, Agricultura, población y frutos del Reyno de Valencia"

4. LAS OBRAS HIDRÁULICAS EN LA EDAD MODERNA

LOS EMBALSES LEVANTINOS

El territorio de la Confederación Hidrográfica del Júcar custodia un conjunto homogéneo de embalses para regulación de aguas, construidos entre los siglos XVI y XVII, que constituyen uno de los patrimonios hidráulicos más importantes del mundo. Los monumentos de acopio de aguas más importantes de la Europa del Antiguo Régimen se sitúan entre las provincias de Albacete y Alicante. Por sus características constructivas -presas curvas- por su temprana ejecución -primeros siglos modernos- y por su colosal fábrica, los embalses levantinos ocupan un lugar de excepción en la historia mundial de las obras hidráulicas.

Seguimos en la siguiente síntesis la monografía definitiva que el profesor Antonio López Gómez dedicó a los embalses levantinos en 1971. Se trata de un conjunto de siete obras hidráulicas, que tras su construcción en la Edad Moderna han experimentado suertes diferentes; arruinadas unas, reconstruidas y modificadas otras o activas todavía en la actualidad, poseen, además de su origen, una característica esencial: se sitúan en ríos de escaso caudal y sometidos a fuertes estiajes, lo que provocó que su construcción obedeciera a la regulación de aguas para la bonificación de una superficie de riego histórica que contaba desde los siglos medievales con más superficie que la que podía servir el caudal de los ríos que la nutrían. Se trata por tanto de un tipo de obra pública o privada característica del espacio mediterráneo más árido, lejos de la función posterior de los embalses de otras latitudes, cuya tarea primordial era la de aumentar la superficie regada. Las siete obras de regulación estudiadas son: los pantanos de Almansa y Tibi, del siglo XVI, y los de Relleu, Elx, Elda, Ontinyent y Petrer, del siglo XVII. En territorio valenciano se encuentra también la arruinada presa de L'Alcora, coetánea del grupo denominado "alicantino". Los monumentos son de gravedad: "el empuje del agua, perpendicular al paramento, es contrarrestado en sentido vertical por el peso del muro" (López Gómez, A. 1971). Los dos primeros ejemplos citados inauguran en Europa la técnica de presa curva. En el siglo XVII las presas de Elx y de Relleu mejoran el empleo de la curva hasta dar lugar a los primigenios ejemplos de presa-bóveda del mundo. Las características pormenorizadas de los monumentos se tratarán en el anexo. Los pantanos de Almansa y Tibi son los más antiguos, del siglo XVI. El embalse de Almansa, plenamente funcional en la actualidad abre la serie sirviendo de modelo a los posteriores. La presa de Tibi, la más alta del mundo durante dos siglos, sigue cuatro siglos después atendiendo las necesidades de regadío de la vega alicantina. En sus obras participaron los más célebres arquitectos de la época de Felipe II como es el caso de Antonelli, y posiblemente, Juanelo Turriano. Del siglo XVII, el embalse de Relleu, activo hasta mediados del siglo XX, es como se ha dicho, uno de los primeros ejemplos de pantano del mundo construido con la técnica de presa-bóveda. Los embalses de Elx y Elda resultan paradigmáticos para entender el principal problema que aquejaba la funcionalidad de estas construcciones. El arrastre de sedimentos provocado por las trombas de agua características en los parajes de clima mediterráneo copaba regularmente los vasos de los pantanos, inutilizándolos por completo y arruinando durante décadas la operatividad de la obra. Todos los embalses estudiados padecieron los aterramientos, pero los casos de Elx y Elda, asentados sobre el tramo medio-bajo del Vinalopó, resultaron los ejemplos más evidentes de esta problemática secular. El embalse de Elx, reconstruido en el siglo XVIII e inutilizado casi inmediatamente, apenas resultó operativo durante los siglos que reguló el riego de la vega de Elx. El caso de Elda es todavía más dramático, destruida la magna obra a finales del siglo XVIII por una catastrófica avenida fue rehecha en el siglo XIX. Los pantanos de Petrer y Ontinyent, también del siglo XVII, arruinados y aterrados completan el catálogo de presas históricas denominadas renacentistas valencianas.

NUEVAS OBRAS PARA LA AMPLIACIÓN DEL REGADÍO

Los sistemas históricos de regadío presentes en las vegas mediterráneas no variaron en demasía durante la Edad Moderna. Tanto los microrriegos de montaña y pequeñas vegas de origen musulmán como las grandes vegas litorales tenían conformado su red de infraestructuras desde los tiempos medievales. No obstante, sí es posible citar algunas nuevas obras destinadas a la conversión en regadío de centenares de hectáreas del siempre mayoritario secano. Excepción hecha de la colosal construcción de pantanos, cuestión ya tratada, los hitos hidráulicos de los siglos XVI y XVII en el ámbito de nuestro estudio son los siguientes:

Acequia de Llocnou d'en Fenollet. Derivada del río Albaida y trazada a instancias del señor de Genovés, Miquel de Fenollet, en 1591 para poner en cultivo varios terrenos de secano en torno a la nueva población.

Acequia Real de Escalona. Derivada del río Júcar y propiciada por la segregación de Vilanova de Castelló de la ciudad de Xàtiva. La arteria se construye para bonificar los terrenos anexos a la nueva villa. Felipe III autorizó la creación de la acequia en 1604.

Acequia Nova de Carcaixent. Construida por los vecinos de Carcaixent tras privilegio dado por Felipe IV en 1654. La obra, derivada del río Júcar y construida entre 1654 y 1679, posibilitó multiplicar la superficie de regadío en torno al término municipal (Ferri, M., 2003).

En todo caso, la mayor parte de las arterias de riego estaban ya construidas desde hacía siglos. Regidas por comunidades de regantes amparadas en rígidos derechos consuetudinarios, estas seculares comunidades trababan enormemente la creación de nuevos sistemas de regadío. Las acequias de Escalona y Carcaixent, situadas aguas abajo de la Acequia Real del Xúquer, poseían inferiores derechos que ésta en caso de insuficiencia de caudales. Revelador de este dominio de las comunidades antiguas sobre nuevas construcciones es el caso del veto impuesto por las comunidades de regantes de Beneixama y Biar frente a los intentos de las villas de Bocairent y Banyeres de Mariola de edificar un nuevo azud (Soler, A., 2003). El nuevo sistema de riego, situado aguas arriba de los seculares riegos de Beneixama y Biar podía poner en riesgo la captación de caudales por parte de estas últimas poblaciones. La oposición de éstas bastó para anular el proyecto.

LA RECONSTRUCCIÓN DE AZUDES Y LAS AMPLIACIONES EN LOS MARJALES

En la reconstrucción de azudes resulta complicado realizar un seguimiento histórico de las obras de las presas de derivación a consecuencia de las constantes rehabilitaciones a la que se han visto sometidas secularmente estas construcciones. Construidos los azudes originariamente con materiales naturales, era frecuente que las avenidas de los ríos los

destruyeran y hubiese que proceder a una rehabilitación constante. Los azudes mediterráneos son muy antiguos, casi todos de procedencia árabe, pero nada resta de la primitiva fábrica. Únicamente el emplazamiento es original -con reducidos desplazamientos aguas arriba o abajo-, puesto que la fábrica que ha llegado hasta la actualidad, de mortero o sillares, proviene de las sucesivas reconstrucciones medievales y posteriores. El siglo XVI, que trajo consigo un considerable aumento demográfico y económico, conllevó en nuestras latitudes un notable aumento de la demanda de agua. De este modo, en este siglo se realizaron sólidas obras de fábrica en los azudes para garantizar el suministro. Ejemplo de este proceso es el azud de Vila-real pues se trata de uno de los escasos ejemplos de presas de derivación en el que se puede datar fehacientemente su reconstrucción. La reforma renacentista de 1582 es la que ha llegado hasta la actualidad. Tras un siglo de sucesivas avenidas y reconstrucciones, los terratenientes del lugar costearon la obra de sillares otorgando al azud la característica morfología de tres presas en forma de arco anexas que presenta hoy día.

En un siglo de expansión agraria como fue el siglo XVI, se continuaron los esfuerzos por ganar terreno a los siempre presentes marjales distribuidos a lo largo y ancho de nuestro territorio. El aumento del cultivo del arroz, ligado a la bonificación de marjales pone de manifiesto una actividad constante en este sentido durante los siglos modernos. Son notables los casos de las planas de Castellón, donde están bien estudiados los sistemas de drenaje realizados en la Edad Moderna para poner en cultivo los marjales de las costas (Domingo Pérez, C., 1983) o los esfuerzos realizados en la segunda mitad del siglo XVII por los monjes de la Valldigna, que idearon un elaborado sistema de drenaje de los marjales además de poner en regadío tal considerable extensión de secanos que fue preciso regular de nuevo el secular aprovechamiento de los recursos de la Font Mayor (Al-Mudayna, 1991).

OBRAS REFERENTES DEL IMPERIO RENACENTISTA

La importancia del control del agua en nuestro ámbito de estudio resulta tan capital que en todas las épocas hallamos muestras sobresalientes de ingentes esfuerzos y desvelos por obtener el preciado recurso bajo las condiciones en ocasiones más adversas. Los esfuerzos de Elx durante la Edad Moderna para trasvasar aguas de otras cuencas, desde el río Júcar o desde Villena, son tan dignas de encomio como imposibles de realizar con los medios de la época. Del mismo modo, otra realización de la Edad moderna, la acequia del Conde, realizada por la comunidad mudéjar de Elda en 1536 simboliza el acuciado ingenio de los habitantes de la villa, y por extensión de todo el ámbito mediterráneo para, con la construcción de una acequia de 20 kilómetros, bordear el lecho fluvial y evitar la salinización de las aguas extraídas de la Fuente del Chopo (Marco, J. y Sanchis, C., 2003).

Del siglo XVI, procede la mejor fábrica renacentista de abastecimiento a una urbe. Se trata del caso de la traída de aguas a la ciudad de Teruel desde los manantiales situados en la Peña del Macho. La conducción de agua, de 2.500 metros de longitud comportó la construcción del monumental acueducto-viaducto de Los Arcos y de 14 fuentes distribuidas por toda la ciudad.

Otra obra notabilísima de tradición renacentista es el Azud de Sant Joan d'Alacant. Su importancia histórica estriba en que se construyó empleando la técnica de la presa-bóveda, idéntico estilo constructivo al de los embalses de Relleu y Elx. Construido en la década de 1630, la obra del azud se sitúa en el contexto del homogéneo conjunto de las presas curvas renacentistas alicantinas de los siglos XVI y XVII.

"Los embalses españoles de los siglos XVI-XVII y, concretamente, los valencianos, suponen un conjunto absolutamente fundamental en la geografía histórica de los riegos. Su importancia se puede comparar, sin exageración, con la que tuvieron las obras de romanos o musulmanes, y en ciertos aspectos es aún mayor, puesto que representan el comienzo de las grandes presas modernas. Inigualadas en Europa en su tiempo, fueron consideradas como modelo durante varios siglos y visitadas por científicos y técnicos de varias nacionalidades, especialmente en el siglo XIX, cuando se proyectaba o realizaban trabajos semejantes en muy diferentes países y se estimaba como ejemplar la organización de nuestros riegos". LÓPEZ GÓMEZ, A. (1996): "Los embalses valencianos antiguos". Colección Els valencians i el territori, nº8.

5. EL SIGLO XVIII. LAS OBRAS HIDRÁULICAS EN LA ILUSTRACIÓN

El siglo XVIII representa la edad de oro del período fisiócrata, esto es, la atención permanente hacia la agricultura como motor económico de la nación. De este modo, la actividad constructiva hidráulica se vio facilitada por el doble impulso proporcionado por la Corona y por emprendedores particulares, nobles y burgueses urbanos, que financiaban ambiciosos proyectos de ampliación de regadíos en el contexto de un desarrollo sin precedentes de la economía de mercado orientada hacia la exportación de cultivos agrícolas. Es cierto, que la monarquía, tan activa en otras partes de España en el fomento de la construcción de canales fluviales destinados a la navegación, no intervino de forma tan notable en el ámbito mediterráneo donde la realización de obras destinadas al transporte fluvial resulta del todo imposible. De este modo, fueron notables locales los grandes promotores de las obras hidráulicas ilustradas en nuestro territorio. Las iniciativas más notables se reseñan a continuación.

El pantano del Bosquet de Moixent. Construido a instancias de Pascual Caro, administrador del Marqués de La Romana. La obra permitió transformar en regadío los secanos de la partida del barranco del Bosquet por medio de dos acequias. Esta obra continuaba la tradición valenciana de construcción de grandes presas de los siglos anteriores, si bien a menor escala.

El embalse de María Cristina en la rambla de la Viuda. Construido en 1925 por iniciativa del administrador del Real Patrimonio en la región, Salvador Catalá. La infraestructura posibilitó la creación de la colonia agrícola urbana de Benadressa.

La prolongación de la Acequia Real de Alzira. Se trata de la principal obra hidráulica del siglo XVIII y una de las más notables de la historia de los regadíos valencianos. En una época en la que la creación de nuevos regadíos era notablemente complicada a consecuencia del secular poder de veto de las comunidades de regantes multiseculares, el señor de Sollana, el Duque de Híjar, tuvo que hacer valer a la par tanto un viejo privilegio del siglo XV como su influencia en la Corte Real de Carlos III. El privilegio medieval, otorgado

por el rey Marín el Humano, autorizaba la prolongación de la Acequia Real de Alzira hasta el río Sec de Sollana (Marco, J. y Sanchis, C., 2003). Las obras se efectuaron entre 1779 y 1792. Esta realización se puede considerar el punto de arranque de la vigente Séquia Real del Xúquer, puesto que a la par que la prolongación se rehizo el cajero de la acequia, se reconstruyó el azud y se dotó a todos los partidores (fesas) de una caseta cerrada para evitar fraudes; esta magna obra se puede observar hoy, pues está funcional.

Acequia de Musquiz. Construida por el ministro de Hacienda Miguel de Musquiz, en el entorno de L'Albufera y a partir del azud de Sueca. Esta obra se inserta en el contexto general de las desecaciones dieciochescas en el entorno de L'Albufera, con la finalidad de poner en cultivo tierras baldías para destinarlas a cultivo del arroz. Dentro del mismo contexto roturador se halla la acequia nueva de Campanar, trazada en 1775 y destinada a transformar varias partidas de secano en Sueca.

Política de Desecaciones. En el contexto de expansión agraria y centralidad monárquica propio del siglo XVIII, la monarquía ilustrada potenció un numeroso conjunto de iniciativas para propiciar la desecación de zonas pantanosas insalubres en todo el territorio de la Corona y de este modo, poner en cultivo centenares de hectáreas propiedad del patrimonio real. En el ámbito mediterráneo la Corona recuperó L'Albufera de València en 1761 e inmediatamente se trabajó para propiciar el aumento de las rentas reales. Se planteó su desecación y se impulsó una fuerte campaña de donaciones a particulares de pequeñas parcelas de humedales que históricamente habían resultado improductivas. Estas bonificaciones se ligaron inmediatamente al cultivo del arroz, muy rentable en un contexto de bonanza económica. El entorno de L'Albufera se pobló de norias para la extracción de las aguas. Con el tiempo, estas norias serían sustituidas por los motores a vapor ya en la época decimonónica. En este contexto se redactaron los primeros proyectos de desecación de las lagunas de Salinas y Villena, además de los extensos humedales situados a poniente de la ciudad de Albacete, realizaciones ambas del siglo XIX. En Elx, las autoridades propiciaron la bonificación y colonización de los terrenos ocupados hasta entonces por insalubres pantanos.

Abastecimiento urbano a Elx. La canalización de aguas potables desde la Fuente de Barrenas de Aspe hasta la ciudad de Elx es sin duda la obra más notable del siglo XVIII en lo que respecta al abastecimiento de aguas en el ámbito bajo jurisdicción de la Confederación Hidrográfica del Júcar. Promovido por el obispo de Orihuela, José Tormo, fue necesaria la construcción del monumental acueducto de los Cinco Ojos, sobre el barranco homónimo.

6. LAS OBRAS HIDRÁULICAS DECIMONÓNICAS

El siglo XIX abre una etapa excepcionalmente pródiga en el campo de las realizaciones hidráulicas en todo el territorio nacional. El "País del Regadío", como había sido bautizado el espacio geográfico mediterráneo por los visitantes extranjeros, no iba a mantenerse al margen de este general expansionismo. El aumento demográfico y la consecuente mayor demanda de recursos hidráulicos propiciarán un general aumento de la superficie regada y un impulso en la construcción de sistemas elaborados de abastecimiento urbano. Las décadas finales del siglo observaron el inicio y la inmediata proliferación de numerosas centrales hidroeléctricas insertas en los cauces de los ríos que aprovechaban la fuerza de

167

las aguas para la generación de la primigenia energía eléctrica desarrollada en España. La nueva legislación liberal que se impondrá tras el triunfo del parlamentarismo a partir de la cuarta década del siglo propiciará que sea la iniciativa privada la que se encargue del fomento de los regadíos. A partir de la segunda mitad del siglo se desarrollará extraordinariamente el riego a partir de motores a vapor. Este proceso, ligado a la introducción masiva del naranjo permitirá un aumento de varios miles de hectáreas de nuevos regadíos a partir de la desecación de humedales y la puesta en riego de grandes extensiones de secanos. En el territorio valenciano surgieron motores a vapor, sustituidos en el albor del siglo XX por motores eléctricos. La primera máquina de vapor fue instalada en Carcaixent en la década de los 50 del siglo XIX por el Marqués de Montortal (López Gómez, 1971). La comarca de La Ribera del Júcar así como la tierra de Villena, destacaron sobremanera en la instalación de pozos a vapor. Los nuevos motores sustituyeron a las norias en entornos como el de L'Albufera. Por contra, la comarca del Maestrat, desarrolló espectacularmente durante el siglo XIX los microrregadíos a partir de "sénies", secularmente conocidos en la comarca a consecuencia de la inexistencia de cauces superficiales. Los restos de esos motores a vapor han llegado hasta nuestros días, fáciles de identificar en ocasiones por la presencia de sus chimeneas características. Es el caso de L'Albufera.

168

La legislación liberal racionalizó y modernizó los históricos sistemas de reparto de aguas a través de una reforma administrativa que perseguía separar los usos del agua. Históricamente la gestión hidráulica en manos de instituciones municipales, se van a crear en estos momentos las Comunidades de Regantes, que contarán con un texto normativo donde se recoge exhaustivamente la gestión comunal del agua y donde nítidamente se va a separar la irrigación de otros usos como el abastecimiento a las poblaciones. No se modificó, sin embargo, la milenaria organización de los regadíos de la Huerta de Valencia, ejemplo mundial de gestión hidráulica.

El Estado, centrado durante todo el siglo XIX en el fomento de grandes obras públicas como la creación de las redes de carreteras y de ferrocarriles, además de la construcción de puertos, prestó escasa atención, a diferencia de los siglos anteriores al fomento agrícola, delegando esta actividad, como se ha dicho, en manos de la iniciativa privada. Las cuatro leyes claves del período estudiado son: la Ley de Aguas de 1866, centrada en los cambios legislativos sobre las Comunidades de Regantes y que refuerza la apuesta por la iniciativa privada en el fomento del agro; la Ley de Aguas de Subvenciones Indirectas de 1870; la Ley de Aguas de 1879, acompañada de un proyecto de subvenciones para la construcción de nuevos canales y pantanos; y la Ley de Subvenciones Directas de 1883, donde se hace patente un giro en pro de la intervención estatal (Mateu, J., 1995). Efectivamente, en la segunda mitad del siglo XIX se va a transitar progresivamente desde un papel estatal en la política hidráulica ínfimo, simple supervisor de los proyectos particulares, hasta llegar a una dinámica de creciente planificación hidráulica protagonizada por las autoridades del Estado. Se anuncia de este modo el excelso protagonismo que el regeneracionismo otorgó al Estado como impulsor de grandes obras hidráulicas a lo largo del siglo XX.

Los hitos de la obra hidráulica en nuestro territorio durante el siglo XIX pueden estructurarse en acequias, desecaciones, abastecimientos y pantanos:

A. Acequias
Prácticamente la red de acequias en torno a los grandes y pequeños cursos fluviales del

área mediterránea estaba constituida y funcional desde la Edad Media. La intervención fue mínima en lo que respecta a la construcción de nuevos canales de regadío en torno a los cursos superficiales de agua. El único ejemplo notable de nueva acequia de derivación fluvial fue la construcción de la Acequia del Oro, llamada también del Turia. Su azud se situó en la parte más baja del río Turia, cerca de su desembocadura. Únicamente tenía derecho a los sobrantes del río, después de que las acequias de la Vega de Valencia hubiesen derivado sus caudales por las históricas arterias. Dentro de los espacios históricos de regadío se construyeron acequias que tenían como fundamento la desvinculación física entre comunidades que comparían una misma red. El aumento demográfico y la presión sobre los recursos hídricos habían provocado un aumento de las tensiones entre los usuarios del agua. Así, se construyeron las acequias de Nules, desvinculada de la Acequia Sobirana de Borriana, el brazal de Alginet, o la nueva acequia de Faitanar, separada del riego de Mislata (Marco, J. y Sanchis, C., 2003).

B. Desecaciones

En el contexto decimonónico de ampliar las superficies de regadío, adquirieron gran importancia en este siglo las desecaciones de humedales. Se trataba de obras impulsadas ya desde el siglo XVIII por la Corona con la finalidad de obtener nuevas rentas con la bonificación de los terrenos y el posterior asiento de nuevos colonos. De este modo, los humedales litorales resultaron muy transformados durante este siglo, simbolizados por los "aterraments" y los "tancats" de L'Albufera. Otras obras consiguieron desecar por completo la superficie secularmente cubierta de agua como fue el caso de la Laguna de Villena, que fue desaguada a partir de 1803 gracias a la Acequia del Rey. Otros ejemplos de desecaciones fueron la Laguna de San Benito, entre las localidades de Ayora y Alpera. En este siglo se comenzó a bonificar el sector occidental de la ciudad de Albacete, espacio conocido como Los Llanos y El Salobral, a partir de los canales de María Cristina y el Salobral, que permitió poner en cultivo centenares de hectáreas a la par que se libraba a los habitantes albaceteños de los peligros del paludismo y otras enfermedades propiciadas por la insalubridad de los terrenos.

C. Abastecimientos

Durante el siglo XIX al calor del aumento demográfico y la consiguiente emigración hacia los núcleos urbanos resultó evidente la necesidad de crear nuevos sistemas de conducción, almacenamiento y reparto de aguas potables. Hasta este momento, los habitantes de las poblaciones se aprovisionaban de fuentes derivadas de manantiales cercanos o a partir de acequias destinadas a tal fin (Xàtiva) o de acequias de usos múltiples (Rovella en València). Los sistemas de aprovisionamiento consisían en una toma, una canalización que podía alcanzar varios kilómetros, uno o varios grandes depósitos de almacenamiento y un sistema de reparto a partir de fuentes situadas en plazas estratégicas de la ciudad. Ejemplos notables fueron los de València, donde intervino el prestigioso ingeniero Ildefons Cerdà, autor del ensanche de Barcelona. En la actualidad se pueden apreciar sobresalientes hitos de la obra decimonónica: la acequia subterránea de Manises, el depósito de almacenaje, ocupado actualmente por el Museo de Historia de Valencia y varias fuentes ornamentales instaladas en la década de los 40 del siglo XIX para el reparto hídrico, como las del Negrito y la de la Plaza Redonda; otro ejemplo notable es el abastecimiento de aguas de Alcoi, a partir de la Font del Molinar: una captación protegida por una obra modernista, una conducción abovedada de varios kilómetros y varias balsas y depósitos de decantación ofrecen uno de los ejemplos de abastecimientos mejor conservados de la segunda mitad del siglo XIX en todo el ámbito mediterráneo; el monumental aljibe de Borriana se construyó entre 1896 y 1901 para el abastecimiento hídrico de la ciudad.

D. Pantanos

No resultó la época decimonónica pródiga en la construcción de embalses. Enmarcada esta época entre las dos grandes fases constructivas de los siglos XVI-XVII y el siglo XX, únicamente se realizaron trabajos de reconstrucción de embalses antiguos y comenzó una etapa de tímido proyectismo. Así, se reconstruyó la presa de Elx, se rehizo de nueva factura la de Elda, y se construyó el llamado "Pantanet de Mutxamel", el cual, situado aguas debajo de la presa de Tibi, tenía por misión el embalse de agua para servir de cabecera reguladora de la Huerta de Alicante (López Gómez, 1974). Los embalses proyectados por los ingenieros de la División de Aguas se realizaron en algunos casos ya durante el siglo XX.

7. EL SIGLO XX. EL REGENERACIONISMO

El último siglo fue extraordinariamente productivo para las obras hidráulicas en el ámbito nacional. Tras la crisis de 1898, el Regeneracionismo se abre paso entre la opinión pública impulsado por las élites de la nación, y será precisamente en el fomento hidráulico donde en primer lugar se ponga el acento como pieza fundamental para propiciar el resurgimiento del país al calor de los discursos de Joaquín Costa. El Plan Gasset de 1902, el Plan de Obras Hidráulicas, llamado de Lorenzo Pardo, de 1933 y el Plan de Obras Públicas de 1940, llamado Plan Peña, son los tres hitos que enmarcan las realizaciones hidráulicas durante la primera mitad del siglo XX, bajo el empuje y decidida iniciativa del Estado. No es objeto de esta síntesis detallar cada uno de estos planes, sólo haremos mención a éstos como marco espacial y contexto legislativo donde se desarrollan las principales realizaciones de obras públicas hidráulicas que en la actualidad administra la Confederación Hidrográfica del Júcar.

Expansión del regadío durante la Primera Mitad del siglo XX

Durante la primera mitad del siglo XX prosiguió el ingente esfuerzo de expansión de la superficie regada a partir de motores a vapor y motores eléctricos, cada vez más numerosos. A iniciativa en primer lugar de terratenientes poderosos y situados en los bordes de las huertas tradicionales, surgieron infinidad de huertos de naranjos (cultivo asociado a los motores) en todas las comarcas litorales. Más tarde, esta iniciativa individual terrateniente dio paso a las agrupaciones de propietarios medios que formaban sociedades civiles y gestionaban mediante acciones el ingenio y sus beneficios (Mateu, J., 1996). Otras iniciativas para la mejora y expansión del regadío fueron las obras de tres canales construidos en la primera mitad del siglo XX: el Canal de Desviación del Pantano de Elx, el cual permitió canalizar las aguas del Vinalopó hasta las huertas ilicitanas sin discurrir por el vaso salino del inutilizado pantano; el Canal del Algar, captaría aguas desde los ríos Callosa y Algar y las transportaría a las comarcas de La Marina y El Baix Vinalopó. La obra es propuesta por Francisco Morell en 1866 y se retoma con el Plan Gasset en 1902. Se realizó con unas dimensiones más reducidas de las previstas y únicamente posibilitó crear un pequeño perímetro de riego de 3.000 hectáreas entre Altea y La Vila Joiosa. El tercer nuevo canal construido en esta época fue el Canal de la Huerta de Alicante. En 1907 se constituyó la "Sociedad del Real Canal de la Huerta", las aguas se captaron desde el subsuelo de Villena

y tras una canalización de 68 kilómetros se procedió a la irrigación de tierras situadas en el Valle del Vinalopó y en La Huerta de Alicante; dentro de esta dinámica de aumento del espacio regado resultó muy notable la constitución de la Sociedad denominada "Riegos y Energía de Valencia (REVA)", que puso en cultivo, entre otras iniciativas, el valenciano Pla de Quart, introduciendo en este espacio el cultivo del naranjo, a partir de los recursos hídricos derivados de varias surgencias en el entorno del río Verd o de los Ojos.

A. Pantanos

Tras finalizar la edad de oro de los pantanos mediterráneos correspondiente al siglo XVII, no se habían desarrollado obras notables de esta tipología más allá de algún ejemplo menor durante el siglo de la Ilustración. El siglo XX inauguró la era de los grandes pantanos contemporáneos. El desarrollo de la maquinaria y la generalización del uso del cemento unido al impulso estatal dio lugar a un esfuerzo constructivo sin precedentes. Por otro lado, la mejora de la técnica constructiva permitió avanzar en la construcción de embalses en los cauces principales, abandonando progresivamente la tendencia de su realización única-mente en afluentes secundarios. El Plan Gasset de 1902 incluía la construcción de varios embalses. De todos ellos sólo se iniciaron cuatro en las tres primeras décadas del siglo:

a. El de Buseo, sobre el río Reatillo, la única obra que cumplió los plazos de construcción y funcionalidad previstos. Inaugurado en 1915, se construyó para suministrar aguas a la Vega de Valencia.
b. El pantano de María Cristina, de iniciativa privada e incluido en el Plan Gasset, se inauguró en 1925. Situado en la rambla de la Viuda, se realizó para atender las demandas hidráulicas de la Plana de Castelló.

Los otros dos embalses previstos en el Plan Gasset tuvieron peor fortuna:
a. El embalse de Azuébar quedó inconcluso por causas de excesiva permeabilidad y mala cimentación del vaso.
b. El pantano de Isbert, finalizado en la inmediata posguerra, nunca pudo ser inaugurado por las excesivas filtraciones del vaso del pantano.

Durante la década de 1920, fueron activándose anteproyectos y proyectos de grandes embalses que cristalizarían en la década siguiente. Al calor de los conflictos entre regan-tes del Turia y las necesidades de abastecimiento urbano de València por un lado, y las disputas suscitadas entre los nuevos concesionarios del Júcar (Centrales Hidroeléctricas) y los regantes de la cuenca Baja del Júcar por otro lado, se aceleraron las iniciativas que se materializaron en el inicio de las obras del Pantano de Blasco Ibáñez en 1933 en la cuenca media del Turia (denominado Generalísimo y Benagéber posteriormente), finalizado en la inmediata posguerra y del Pantano de Alarcón, iniciado en 1955, pero anunciado ya por Indalecio Prieto, ministro de Obras Públicas en 1932 (Mateu, J., 1995). El Plan de Lorenzo Pardo de 1933 fue el primer Plan Conjunto de la Cuenca Mediterránea. El objetivo estri-baba en la construcción de grandes obras hidráulicas de almacenamiento y varios trasvases que unieran y transformaran los regadíos valencianos históricos. El Pantano de Alarcón, ubicado la cabecera del Júcar iba a tratarse de la piedra angular de todo este sistema. Tras la Guerra Civil, el Plan de Obras Públicas de 1940, se volvió a una planificación individualizada de cada cuenca y se inició en cada una de ellas las obras de al menos un pantano de regulación, hasta el punto de que en la actualidad la práctica totalidad de los ríos de la Confederación Hidrográfica del Júcar cuentan con un embalse sobre su lecho.

B. Obras de defensa

Las máximas realizaciones en cuanto a trabajos hidráulicos llevadas a cabo entre los siglos XIX y principios del XX, a iniciativa del Estado fueron las obras de defensa de numerosas poblaciones, especialmente de las situadas en La Ribera del río Júcar, si bien se actuó en otros espacios geográficos valencianos, como el Serpis o el Vinalopó. En efecto, resultaban tan dañinas las periódicas avenidas de los ríos mediterráneos que cuando el Estado suprimió en la década de los años 70 por dificultades presupuestarias las divisiones hidrológicas, mantuvo expresamente la División Hidrológica llamada entonces "del Júcar y el Segura" porque "las inundaciones que han devastado en estos últimos años las riberas del Júcar y Segura exige que no se posponga el estudio de estas regiones". De este modo, la División Hidrológica del Júcar se dedicó casi de manera exclusiva a redactar proyectos y obras de defensa en el territorio valenciano, especialmente en La Ribera del Júcar (Mateu, J., 1995). Las obras de defensa más notables fueron las siguientes:

1. Obra de Defensa de Alzira. Se trata del hito más importante en el estudio de las Obras de Defensa a consecuencia de la magnitud de la obra, que acabó transformando la trama urbana de tal modo que resultaron destruidos varios monumentos medievales, como los dos puentes que salvaban el cauce, y un tramo de la muralla islámica. Tras tres proyectos realizados por las sucesivas Divisiones Hidrológicas a lo largo de las últimas décadas del siglo XIX, rechazados por falta de presupuesto, finalmente se desarrollaron las obras entre 1905 y 1924, dirigidas por Fausto Elío. Los elementos visibles de la obra, el puente de hierro, los pretiles de mampostería y la conversión en vial del meandro que rodeaba la ciudad medieval simbolizan el agresivo cambio realizado sobre el paisaje alcireño.

2. Otras obras de defensa en La Ribera del Júcar. El mismo ingeniero Fausto Elío, encargado de las obras de Alzira, se especializó durante las tres primeras décadas del siglo XX, en propiciar proyectos de obras similares a lo largo y ancho de la comarca de La Ribera del Júcar. Las poblaciones de Albalat de la Ribera, Polinyà de Xúquer, Riola, Sueca, Carcaixent y Carlet fueron objeto de actuaciones sucesivas.

Otras obras de defensa realizas ya durante el siglo XX, pero que son herencia directa de los trabajos de la División Hidráulica del Júcar durante la segunda mitad del siglo XIX se proyectaron y realizaron en Utiel, Benigembla, Villena, Elx, Calles, Pedralba, El Verger, Almenara o Sagunt (Mateu, J., 1995).

C. Desecaciones

Durante la primera mitad del siglo XX se realizaron destacadas iniciativas de saneamiento de humedales. En los marjales litorales se amplió notablemente la secular actividad de recuperación de terrenos para el aprovechamiento agrario. El sobresaliente ejemplo de L'Albufera de València y los "tancats" o tierras ganadas al lago para la plantación de arroz representa el símbolo por excelencia de este esfuerzo de siglos. En el extremo occidental de Albacete se aceleró y finalizó durante el siglo XX, los esfuerzos iniciados la centuria anterior para la desecación de las zonas pantanosas que impedían la explotación de la zona y que fomentaban enfermedades como el paludismo. Los canales del Salobral, Acequión, Lobera y María Cristina, ya existentes en el siglo XIX, finalizaron en la primera mitad del siglo XX su función saneadora. La desecación en la década de 1920 de la Laguna de Salinas, en El Alt Vinalopó, no aportó los resultados esperados en cuanto a rendimientos agrícolas a causa de la elevada salinidad de los terrenos.

D. Abastecimientos

Finalizados durante la segunda mitad del siglo XIX los grandes sistemas de conducción de aguas potables a las grandes ciudades, no se realizaron obras notables de este signo hasta la segunda mitad del siglo XX, donde entran en escena las grandes depuradoras y nuevos materiales de conducción de aguas. Destaca la obra notable realizada a caballo entre los siglos XIX y XX es el abastecimiento de aguas de Alacant a partir del Canal del Cid o de los Belgas. Finalizado en 1898, las aguas procedían desde varios manantiales situados en el subsuelo de la localidad de Sax; el abastecimiento a la ciudad de València, ya finalizado en el siglo anterior adquirió relevancia cuando una Real Orden de 1926 concedió al Ajuntament de València el derecho a derivar del Turia 19.000 metros cúbicos diarios nuevos, a los que había que sumar las concesiones decimonónicas (Mateu, J., 1995). Esta ampliación del caudal y los consiguientes conflictos aparecidos con los Regantes de L'Horta aceleraron el proyecto de obras del Pantano de Benagéber, que se llevó a cabo a partir de 1933.

E. Puentes

El desarrollo ferroviario y viario desarrollado en España durante el siglo XX propició la construcción de monumentales obras de infraestructura para librar los cauces fluviales y los barrancos que surcan la complicada orografía ibérica. Existen magnas obras de ingeniería construidas entre el último cuarto del siglo XIX y primera mitad del XX que impresionan por su monumentalidad o por sus características constructivas. Baste citar los viaductos ferroviarios de Alcoi. Es muy destacable, del mismo modo, el conjunto homogéneo de puentes metálicos construidos sobre el río Júcar en las dos primeras décadas del siglo XX. Excepto en Alzira, no existían puentes de fábrica sobre el cauce del río Júcar, utilizándose el empleo de barcas para vadear el cauce. Todos los pueblos de La Ribera del Júcar se dotaron de puentes de hierro para que las vías ferroviarias y las carreteras pudieran salvar el gran río al paso por sus respectivos términos municipales. En la actualidad siguen prestando servicio y sus estructuras de hierro han pasado a constituir un valioso testimonio del patrimonio de la ingeniería del siglo XX (Piqueras, J. y Sanchis, C., 1994).

F. Centrales Hidroeléctricas

Los usuarios históricos de los recursos hidráulicos de los cursos fluviales habían sido hasta el siglo XX exclusivamente los regantes. Con la invención de la energía eléctrica se introdujeron en los ríos levantinos nuevos peticionarios de recursos hidráulicos para poner en funcionamiento numerosas centrales hidroeléctricas. El primer paso fue la reutilización de viejos molinos harineros donde instalar turbinas para fabricar luz a escala muy local. Estas primigenias fábricas de luz databan de las últimas décadas del siglo XIX. Esta fase está protagonizada por concesionarios particulares. La segunda fase, iniciada en el primer tercio del siglo XX y denominada de concentración empresarial, se origina con la compra y unificación de las originales explotaciones hidroeléctricas por grandes compañías como la Sociedad Hidroeléctrica Española, S.A., o Regadíos y Energía de Valencia (REVA) (Mateu, J., 1995). Los conflictos entre regantes y concesionarios hidroeléctricos fueron constantes. La intervención del Estado daba la razón a los regantes históricos, como cuando paralizó las concesiones hechas en el Turia a la empresa REVA hasta que se construyera el Pantano de Loriguilla o como cuando un decreto de 1932, reservaba para el Estado la regulación del río Júcar y expresamente primaba los regadíos frente a las hidroeléctricas. No obstante, el acuerdo entre usuarios resultaría inevitable y de las presiones conjuntas de regantes y usuarios hidroeléctricos recibiría el impulso definitivo el pantano de Alarcón.

Las principales concentraciones hidroeléctricas se situaban en: la cabecera del Júcar, con el canal y Salto de Villalba; el tramo medio, con el Salto del Molinar, en Villa de Ves y el complejo hidroeléctrico de Cortes de Pallás y Millares, entre Cofrentes y Millares; el río Cabriel, con el complejo hidráulico de Víllora-Batanejo; el río Mijares, que desde el Salto de Torán de la Rad, en el término turolense de Albentosa, iniciaba un rosario de aprovechamientos hidroeléctricos hasta la llegada del río a la Plana de Castelló; el río Turia, en el tramo entre Loriguilla y Riba-roja de Túria donde radicaba la Sociedad Valenciana de Electricidad o Electra de Levante. Prácticamente todos los cauces contaban con aprovechamientos hidroeléctricos, si bien el sistema hidroeléctrico Júcar-Cabriel era en 1931 el tercero en producción eléctrica de España, gracias a la instalación en sus cauces desde principio de siglo de la Sociedad Hidroeléctrica Española, principal suministrador de energía a Madrid y a las ciudades levantinas (Mateu, J., 1995).

3.3. SISTEMAS Y ELEMENTOS RELACIONADOS CON LA FORMACIÓN DEL REGADÍO VALENCIANO A LO LARGO DE PERÍODOS HISTÓRICOS

Período histórico	Elementos de referencia	Información de interés
ÉPOCA ROMANA	Les Séquies del Diable	Localización: Plana de Castellón, en los términos municipales de Onda y Vila-real. Se trata de dos acequias de riego que parten desde el río Mijares en término de Onda. Cuentan con tres acueductos: el Pont de la Bruixa sobre el barranc de Espasers, els Arquets sobre el barranc de Ràtils y algunos machones sobre el río Sec
	Acequias de riego entre Vilamarxant y Riba-roja de Túria	Localización: tres conducciones en la partida de La Pea, entre Vilamarxant y Riba-roja de Túria. Tras salvar el barranc de Portxinos, discurrían a bonificar el Pla de Quart. Persisten los restos del azud y las notables ruinas de un acueducto en Riba-roja de Túria.
	Trazado de la Acequia Mayor de Elx	Localización: la Huerta de Elx. La red de riego ilicitana coincide plenamente con el parcelario o centuriato de la ciudad romana de Ilici.
ÉPOCA MUSULMANA	Acequias de l´Horta de València	Localización: Red de acequias en el bajo Turia, ocupando parte el llano litoral, en el entorno de Valencia. Acequias en la margen izquierda: Mestalla, Tormos, Rascanya, Rovella. Acequias en la margen derecha: Mislata-Xirivella, Quart-Benácher, Favara.
	Acequia Real de Moncada	Localización: parte de un azud en el Turia (Paterna), y desemboca en el barranco de Arif, entre Puçol y Sagunt. Su recorrido, en unos 33 km, permite el regadío de unas 6.350 ha de l´Horta Nord.
	Acequias de Borriana y Almassora	Localización: regadío de una parte de La Plana de Castelló
	Acequias del Bajo Serpis	Localización: huerta de Gandía
	Acequias del Bajo Segura-Orihuela	Localización: sistema de regadío en el último tramo del río Segura.
CONQUISTA Y REPOBLACIÓN CRISTIANAS	Acequia Real de Alzira o del Xúquer (1258-1273)	Localización: La nueva arteria cristiana, principiaba en Antella y en 1273 arribó hasta Almussafes. Se trata de la principal realización del Rey Jaime I. Gracias a las tierras bonificadas por la acequia pudo prosperar la repoblación de los pueblos de La Ribera.
	Acequia de Vila-real (1272-1274)	Localización: Azud en el río Mijares. Permitió afrontar la completa repoblación de la Plana de Castelló. La fundación por Jaime I de la ciudad de Vila-real comportó la construcción de la acequia asociada a las de Borriana y Almassora. Modelo de acequia cristiana de colonización.
	Acequias de La Safor: Nova, Ahuïr y del Rei (1273-1274).	Localización: entorno de Gandía. La fundación de Gandia sobre la llanura aluvial comportó la creación de las referidas infraestructuras hidráulicas. Complementaban estas nuevas arterias al principal sistema de regadío derivado de época musulmana.
	Acequia Real de Montaverner (1271)	Localización: Este canal fue acompañado de la creación de la villa homónima sobre una de las rutas principales del nuevo Reino de Valencia.
	Prolongación de Acequias de la Vega de Valencia: Favara y Montcada).	Localización: l´Horta de València. En el siglo XIII la prolongación de parte de su red de acequias. La Acequia de Montcada, que al ser prolongada hacia el norte permitió la entrega de lotes de tierra regada a repobladores en las alquerías; la Acequia de Favara, que permitió la repoblación de los núcleos más meridionales de L'Horta -Benetusser, Alfafar, Massanassa-.
	Séquia Reial d'Alcoi	
	Font Major de Simat de la Valldigna	Localización: en el valle de la Valldigna. Los esfuerzos realizados en la segunda mitad del siglo XVII por los monjes de la Valldigna, idearon un elaborado sistema de drenaje de los marjales además de poner en regadío tal considerable extensión de secanos.
ACEQUIAS BAJOMEDIEVALES DE LOS SIGLOS XIV Y XV	La prolongación de la Acequia Sobirana de Borriana	Localización: sector de la Plana. Esta obra posibilitó la irrigación de las poblaciones de Nules y Mascarell, y facilitó la consolidación de su poblamiento.
	La construcción del Azud Nou y Acequia del Gualeró en Alicante (1377)	Localización: tramo inferior del río Montnegre
	Nuevas acequias en la Ribera del Xúquer: Acequia Mayor de Cullera (1415), Acequia Mayor de Sueca (1484) y Acequia dels Quatre Pobles.	Localización: tramo final del río Xúquer. Acequias relacionadas con la fragmentación municipal acaecida durante el siglo XV en la comarca de La Ribera.

Período histórico	Elementos de referencia	Información de interés
ACEQUIAS BAJOMEDIEVALES DE LOS SIGLOS XIV Y XV	Acequia Nova del Pou Clar. Ontinyent (1410)	Localización: Discurre por el sur de la capital de la Vall d´Albaida
	Acequias de la parte alta del regadío consolidado de Gandia: Acequia d'En-carrós (1407) y d'En March (1457)	Localización: acequias complementarias del sistema de regadío histórico de La Safor, puestas en funcionamiento en relación con la puesta en cultivo de grandes extensiones de caña de azúcar.
	Canalización definitiva de la Séquia Major de Morvedre: Séquia Major de Sagunt	Localización: Desde Algar hasta Canet d'en Berenguer, con la construcción de tres acueductos de fábrica.
	Canal de Bellús	Localización: Desde la fuente de Bellús hasta Xàtiva. Se trata del sistema de abastecimiento a la ciudad. El trazado incluye un monumental acueducto de nueve arcos apuntados sobre el barranc del río Sec, "les Arcaetes d'Alboi"; y en la ciudad de Xátiva destaca la Font de la Trinitat.
	Font de Quart	Localización: Quart de les Valls. Sistema de regadío del norte del Camp de Morvedre. Faura, Benavites.
	Séquia Reial d'Alcoi	Localización: en el río Serpis, su origen se halla en el azud d'En Carrós, en término de Villalonga, hasta alcanzar el partidor de la Casa Fosca.
OBRAS HIDRÁULICAS EN LA EDAD MODERNA	Acequia de Llocnou d'en Fenollet	Localización: Deriva del río Albaida y trazada en 1591, relacionada con la nueva población.
	Acequia Real de Escalona (1604)	Localización: Derivada del río Júcar, propiciada por la segregación de Vilanova de Castelló de la ciudad de Xàtiva.
	Acequia Nova de Carcaixent (1654-1679)	Localización: Deriva del río Júcar, permitió la ampliación de la superficie de regadío.
	Acequia del Conde (1536)	Localización: Fuente del Chopo (Elda), con un recorrido de unos 20 km.
	Azud de Sant Joan d'Alacant (1630)	Localización: en el río Montnegre, construido con la técnica de la presa bóveda, idéntico estilo constructivo al de los embalses de Relleu y Elx.
EL SIGLO XVIII. LAS OBRAS HIDRÁULICAS EN LA ILUSTRACIÓN	El pantano del Bosquet de Moixent.	Localización: en la partida del barranco del Bosquet por medio de dos acequias.
	Séquia Reial del Xúquer. La prolongación de la Acequia Real de Alzira	Localización: a partir de Algemesí. Se trata de la principal obra hidráulica del siglo XVIII y una de las más notables de la historia de los regadíos valencianos. Las obras se efectuaron entre 1779 y 1792. Esta realización se puede considerar el punto de arranque de la vigente Séquia Real del Xúquer, puesto que a la par que la prolongación se rehízo el cajero de la acequia, se reconstruyó el azud y se dotó a todos los partidores (fesas) de una caseta cerrada para evitar fraudes; esta magna obra se puede observar hoy, pues está funcional.
	Acequia de Musquiz	Localización: desde el azud de Sueca, se dirige al entorno de l'Albufera. Esta obra se inserta en el contexto general de las desecaciones diecio-chescas en el entorno de L'Albufera, con la finalidad de poner en cultivo tierras baldías para destinarlas a cultivo del arroz.
OBRAS HIDRÁULICAS DECIMONÓNICAS	Acequia del Oro	Localización: Río Turia. Su azud se situó en la parte más baja del río Turia, cerca de su desembocadura. Únicamente tenía derecho a los sobrantes del río, después de que las acequias de la Vega de Valencia hubiesen derivado sus caudales por las históricas arterias.
	Acequia de Nules	Localización: Plana de Castellón, desvinculada de la Acequia Sobirana de Borriana
	Nueva Acequia de Faitanar	Localización: desvinculada del riego de Mislata, forma parte de los regadíos de l'Horta Sud.
EL SIGLO XX. ACTUACIONES DEL ÚLTIMO SIGLO	Canal de Desvío del Pantano de Elx	Permitió canalizar las aguas del Vinalopó hasta las huertas ilicitanas sin discurrir por el vaso salino del inutilizado pantano
	Canal del Algar-Canal Bajo del Algar	Posibilitó crear un pequeño perímetro de riego de 3.000 hectáreas entre Altea y La Vila Joiosa.
	Canal de la Huerta de Alicante	Agua subterránea procedente del término de Villena, canalizada en 1907 mediante la "Sociedad del Real Canal de la Huerta". Canalización de 68 kilómetros que permite el riego de tierras del Vinalopó y la Huerta de Alicante; dentro de esta dinámica de aumento del espacio regado resultó muy notable la constitución dela Sociedad denominada "Riegos y Energía de Valencia (REVA)", que puso en cultivo, entre otras iniciativas, el valenciano Pla de Quart, introduciendo en este espacio el cultivo del naranjo, a partir de los recursos hídricos derivados de varias surgencias en el entorno del río Verd o de los Ojos.

Período histórico	Elementos de referencia	Información de interés
EL SIGLO XX. ACTUACIONES DEL ÚLTIMO SIGLO	Riegos del Pla de Quart	Agua subterránea gestionada por la Sociedad REVA "Riegos y Energía de Valencia"
	Canal del Progreso (1906)	Localización: sector meridional del Camp d'Elx, mediante la sociedad Nuevos Riegos el Progreso. Varias actuaciones entre 1906 y 1914, para regar dicha partida rural. Se abastece de los azarbes del Segura.
	Riegos de Levante (1918)	Localización: Bajo Segura. Origen en aguas del Segura y de azarbes, de la margen izquierda del río Segura, explotado por la Comunidad General de Regantes Riegos de Levante. El objetivo era dotar de riego a una amplia zona geográfica, complementando el sistema con la producción hidroeléctrica. En 1932 se construyó el Embalse de Levante en El Hondo, y en 1947, el de Poniente. A partir de 1976 los regantes, a través de sus órganos representativos y basándose en sus ordenanzas de funcionamiento, se hacen cargo de la explotación y distribución de las aguas procedentes de concesiones y de las adscripciones procedentes del Trasvase Tajo-Segura.
	Riegos del Porvenir (1921)	Localización: se basa en los recursos obtenidos de los azarbes Reina, En medio, Acierto y Pineda, La Marina y El Molar, que permite el riego de unas 650 ha en términos de Elche, Guardamar y San Fulgencio.
	Canal de María Cristina (1927)	Localización: el canal parte del embalse de María Cristina, en el río Mijares. La superficie con derecho de riego es de 2.600 ha, que se distribuye entre los términos municipales de Castellón de la Plana, Almassora, Benicàssim y Borriol.
	Canales del Taibilla. Canal de Alicante y redotados por el Nuevo Canal de Alicante ES DE REGADÍO????	Localización: La captación principal se realiza en el azud-vertedero del río Taibilla, en Nerpio (Albacete). Alicante y San Vicente del Raspeig, abastecidos desde 1958 por el Canal de Alicante y redotados por el Nuevo Canal en 1978, son los únicos municipios de esta comarca integrados en la Mancomunidad.
	Canales del Taibilla. Canal Nuevo de Alicante	Localización: en el Bajo Vinalopó, la puesta en servicio en 1958 del Canal de Alicante propició el suministro de Crevillente, Elche y Santa Pola, redotado en 1978 mediante recursos hidráulicos del Trasvase Tajo-Segura, conducidos por el nuevo Canal de Alicante. En diciembre de 2005, por resolución ministerial, se incorporaron los municipios de Aspe y Hondón de las Nieves.
	Canales del Taibilla. Canal Orihuela-Torrevieja y Albatera-Catral-Dolores, derivados del Canal de Alicante	Localización: en la Vega Baja del Segura. Los ramales de Orihuela-Torrevieja y Albatera-Catral-Dolores, derivados del Canal de Alicante, posibilitan el abastecimiento, a partir de la segunda mitad de los sesenta, de los quince municipios inicialmente integrados en la Mancomunidad. El Plan de Ampliación de los Abastecimientos para distribuir las aguas del Trasvase Tajo-Segura, con la construcción de las elevaciones y potabilizadoras de Torrealta y La Pedrera y los Nuevos Canales de Alicante y Cartagena, se encargó de su redotación y del suministro a partir de 1979 a los restantes municipios.
	Canal de Forata	Localización: En la Presa de Forata nace el canal del Magro que tiene una longitud total aproximada de 40 Km, de los que los 11,8 km corresponden al canal Principal y el resto al de la Margen Izquierda, que termina en las Tomas de los regantes de Monserrat en la balsa de Monserrat. El canal transporta agua desde Forata para satisfacer las necesidades de riego de unas 1.250 Has ubicadas en los términos municipales de Alfarp, Catadau, Llombay, Montroy, Real de Montroy, Monserrat, Turís, Alborache y Macastre.
	Canal de la Cota 100 (1970)	Localización: El suministro desde el río Mijares, lo que cristalizó con la construcción a finales de los años 60 del Canal del Tramo Común en el Mijares y el Canal de la Cota 100 Margen Izquierda.
	Canal Campo del Turia (1976)	Localización: La función del canal es transportar las aguas del río Turia desde el embalse de Benagéber hasta el regadío del Campo de Liria. Finalidad: riego de unas 24.500 hectáreas, distribuidas en los términos municipales de Losa del Obispo, Villar del Arzobispo, Casinos, Liria, Marines, Pobla de Vallbona, Olocau y Bétera. También se utiliza para el abastecimiento de agua a Losa del Obispo y Villar del Arzobispo, y para los aprovechamientos hidroeléctricos de los saltos de Domeño y de Casinos. La construcción del canal se realizó por tramos, comenzando la construcción en el año 1949 y finalizándose en el año 1970 con la conclusión del séptimo tramo. El octavo tramo corresponde a la incorporación realizada posteriormente entre la Balsa de Marines y la Balsa de Bétera.

Período histórico	Elementos de referencia	Información de interés
EL SIGLO XX. ACTUACIONES DEL ÚLTIMO SIGLO	Canal Júcar-Turia (1979)	Localización: entre el embalse de Tous (Júcar) a la Presa en Manises (Turia). Tiene una longitud de 60 kilómetros, atraviesa un total de 14 términos municipales.
	Canal Manises-Sagunto	1979
	Canal Cota 220	Localización: en el entorno de Onda-Betxí, a través de agua del río Mijares (1991), para solventar el déficit de agua para el riego. Gestionado por la Comunidad de Regantes Cota 220 Río Mijares-Onda. La concesión del río Mijares data del 2000.
	Conducción Rabasa-Amadorio (1996)	La Conducción Rabasa-Fenollar-Amadorio, cuya longitud total es de unos 40 kilómetros, fue construida para afrontar los efectos de la prolongada sequía que se produjo a finales de los años 90.
	Conducción Júcar-Vinalopó (2002)	Localización: Júcar (presa de Cortes de Pallás-azud de la Marquesa de Cullera) a la Balsa de San Diego-Villena. En 1997 se realiza la aprobación del Plan Hidrológico de Cuenca del Júcar que incluía la realización de la transferencia Júcar-Vinalopó. Para cerrar perfectamente el sentido de esta obra y poder realizar un perfecto uso y control de las aguas en la zona de destino, los usuarios se van agrupando en un primer instante en tres entidades: Comunidad General de Usuarios del Alto Vinalopó, Comunidad General de Usuarios del Medio Vinalopó-Alacantí y Consorcio de Aguas de la Marina Baja. Estas tres Entidades junto a Aguas del Júcar, S.A. firman en julio del 2001 el Convenio de regulación de la financiación de la ejecución y explotación de las obras de la Conducción Júcar-Vinalopó. La constitución de la Junta Central de Usuarios del Vinalopó, L'Alacantí y Consorcio de Aguas de la Marina Baja por parte de la CHJ se aprobó en 2002.

Fuentes: Hermosilla (2010), Marco y Sanchis (2003), Mateu (1999), Piqueras (2012), López Gómez (1964, 1968, 1974, 1975).

3.4. TIPOLOGÍA DE LOS PAISAJES AGRARIOS VALENCIANOS[3]

Esta extensa gama de cultivos puede ser clasificada y reducida en principio a dos grandes unidades: el regadío y el secano. Pero si atendemos a otras variables como el clima, la altitud, la distancia al mar, el suelo e incluso a determinadas prácticas culturales y comerciales, se pueden hacer al menos cuatro tipos de paisajes agrarios. Desde las llanuras litorales hasta las tierras altas del interior, la agricultura abarca un transepto de más de un millar de metros de diferencia en altitud y se va alejando del mar hasta un centenar de kilómetros. La variedad climática que resulta de tales factores, unidos a los otros ya citados, permite establecer al menos cuatro grandes pisos de cultivos. El más bajo da lugar al paisaje que denominamos de los regadíos intensivos de las llanuras litorales. Aquí, desde la misma línea de la costa hasta más o menos los 200 metros de altitud, con unas temperaturas suaves y ambiente relativamente húmedo por la proximidad del mar, y con la ayuda adicional del riego, encontramos una extensa gama de cultivos hortícolas, representada por las huertas históricas de la Plana, Valencia, Xàtiva, Gandía y Orihuela, la mayoría ya relegadas a un segundo plano por cultivos más "modernos" como los cítricos (los auténticos señores de este paisaje) y otros frutales de origen árabe (palmeras, granados) y oriental (nísperos, caquis). En zonas de humedales el único cultivo rentable es el arroz.

En un segundo estadio, entre los 200 y los 600 metros de altitud, cuando el clima ya no permite el desarrollo normal del naranjo y las aguas de riego empiezan a escasear o a ser más caras, el paisaje agrícola está formado por lo que llamamos los secanos arbolados, representados principalmente por los olivos, el algarrobo y el almendro, a los que en tiempos recientes se han ido sumando una larga lista de frutales de pepita (manzanos, perales) y de hueso (melocotoneros, ciruelos, albaricoqueros, cerezos, etc.) que cada vez más están recibiendo la bonificación del riego, aunque sea de manera menos intensa que en el litoral. Alternando con estos árboles está presente también el viñedo, en épocas pasadas más abundante que ahora, cuando se halla en regresión y tiende a refugiarse en tierras más altas y frías.

El tercer escalón, entre los 600 y los 900 metros de altitud, está representado por el viñedo y los cereales, si bien estos últimos son cada vez menos sembrados y en su lugar se han extendido los olivos (en las solanas abrigadas de las sierras) y los almendros, que han sido aclimatados hasta por encima de los 900 metros de altitud en planicies como las de Aras de los Olmos y de Utiel. La viña forma masas compactas hasta adquirir carácter de monocultivo en la Meseta de Requena y en parte más occidental de los valles de Montesa, Albaida y, sobre todo, el Vinalopó, en contacto ya con las tierras de Almansa, Yecla y Jumilla, donde también predomina el viñedo.

El escalón más alto, el de las áreas de montaña, por encima de los 900 metros estuvo en épocas pasadas dedicado a cereales, patatas y pastos para el ganado, pero actualmente se encuentra muy degradado debido a la emigración y a su escasa rentabilidad, por lo que muchas de la antigua tierras de cultivo están hoy reducidas a eriales y a praderas silvestres, como ocurre en las tierras del interior de la provincia de Valencia y, sobre todo, en la de Castellón.

De entre todos estos tipos de paisaje hay algunas unidades que, independientemente de su extensión e importancia económica, merecen ser tratadas de manera individual.

[3] Capítulo basado en "Geografía del territorio valenciano: naturaleza, economía y paisaje. València". PIQUERAS, J. (2012).

1. LA HUERTA DE VALENCIA

El paisaje hortícola tradicional

La huerta de Valencia, al igual que otras de origen musulmán como las de Orihuela, Gandia y Xativa, presenta los mismos rasgos comunes de minifundismo, fruto de su antigüedad y de las múltiples particiones hereditarias; una fuerte presencia de los viejos arrendamientos y la rotación de cultivos dentro del año agrícola, lo que permite la obtención de dos o tres cosechas anuales. Esto no sería posible sin una dedicación permanente de los huertanos a su tierra, mediante riegos frecuentes (en verano cada siete u ocho días), abonado intensivo, laboreo casi diario, etc. Los rendimientos son aquí muy superiores a los del naranjo u otros tipos de árboles, pero cada vez son menos los agricultores dispuestos a depender tan estrechamente de la tierra y, por falta de brazos, muchas parcelas de huerta acaban siendo transformadas en huertos de naranjos, cultivo que, aunque da menos dinero, es mucho más cómodo y no exige dedicación exclusiva.

Pero la huerta tantas y tantas veces alabada y cantada por poetas y aspirantes a la "flor natural" de los certámenes municipales, se halla en franca regresión. Su fuente de riego son las famosas ocho acequias de la Vega del Turia heredadas del pasado musulmán (Montcada, Tormos, Rascanya y Mestalla, por la izquierda, y Quart, Favara, Mislata y Rovella, por la derecha). Algunas de ellas riegan escasa superficies bajo la expansión urbana (Mestalla, Rovella, Mislata), mientras que la superficie hortícola, en sentido estricto, se estima en unas 5.200 hectáreas, de las cuales casi 1.500 pertenecen al término municipal de Valencia, repartiéndose el resto entre municipios vecinos como Alboraia, Meliana, Almassera, etc., por citar sólo algunos donde la huerta sigue siendo más extensa que el naranjal. Los cultivos más frecuentes en estos campos son las patatas, las cebollas, los melones, las chufas, las lechugas y las carlotas.

Sistemas agrarios y cultivos de huerta

Una de las características de la explotación agraria hortícola es su tradicional vinculación con la llamada propiedad ciudadana. Como resultado de los primeros repartimientos efectuados por Jaime I en el siglo XIII entre los caballeros que le habían ayudado en la conquista y de la secular tradición de la gente adinerada de la ciudad a invertir en la compra de tierras, buena parte de la propiedad agraria de la comarca corresponde a titulares residentes en la capital, con un grado de absentismo muy elevado como es lógico. Otra característica es su acusado minifundismo, aunque conviene advertir que ello no significa que los agricultores propietarios o arrendatarios sean pobres, dado por una parte la gran productividad de esta tierra (entre veinte y treinta veces superior en términos monetarios a la de los secanos limítrofes) y a la posibilidad de practicar la agricultura a tiempo parcial, sobre todo si se cultivan naranjos, lo que permite a los titulares de las explotaciones compaginar el trabajo agrícola con otras actividades remuneradas.

En el caso de las explotaciones dedicadas a hortalizas suele haber una mayor dedicación, dado que requieren muchas más atenciones que el naranjo y, en correspondencia, una mayor rentabilidad bruta. La feracidad de la tierra, mantenida hoy de forma artificial a base de riegos y abonados constantes, y el buen clima de tipo mediterráneo que aporta gran

cantidad de calorías, hace posible la rotación de varias cosechas dentro de un mismo año agronómico. Lo normal son dos cosechas anuales, aunque no faltan quienes obtienen tres o, como ya empieza a suceder en los invernaderos, una cosecha continua durante todo el año.

Los cultivos actuales de la huerta difieren profundamente de los de tiempos pasados y es posible que en un futuro próximo ya no sean los mismos dada la gran versatilidad para adaptarse a las necesidades del mercado en cada momento.

El desarrollo que los medios de transporte alcanzaron a lo largo del siglo XIX, con el con- siguiente incremento del intercambio comercial, y la posibilidad de aumentar la producción con la importación de guano a partir de 1845, repercutieron decisivamente en la orientación netamente comercial y especulativa que desde entonces ha caracterizado a la agricultura comarcal. Sucesivamente se fueron imponiendo cultivos que hasta enton- ces habían sido auténticos desconocidos como las patatas, las cebollas, el cacahuete, el tabaco y, ya en fechas más recientes, las alcachofas, las zanahorias, las flores, etc ., que junto a las chufas, las habas, las lechugas, los melones, los viveros de plantas ornamentales y una larga serie de otros tipos de hortalizas completan el panorama de las producciones actuales de la huerta. El que mayor extensión viene ocupando en los últimos años es la patata, sobre todo en su variedad más temprana, pero el más peculiar por su larguísima tradición y singularidad con respecto a otras huertas de España es la chufa. Veamos de manera más detallada estos dos cultivos.

A. Las patatas. Su introducción histórica e importancia actual
Las patatas, siempre en rotación con otros cultivos, ocupan durante los tres o cuatro meses que dura su ciclo vegetativo entre 500 y 1 .000 hectáreas, variando mucho de un año a otro en función de las expectativas de la demanda. La mayor parte, en torno a un 70 % corresponden a patatas tempranas, que son las que mejor precio obtienen en el mercado y que suelen ser destinadas en su mayor parte a la exportación, envasadas ya desde los mismos campos en enom1es sacas de unos 800 kilos de capacidad. Otro 25 % correspon- de a patatas tardías y el restante 5 % a extra tempranas y de media estación.

Con ser el cultivo actual más extendido, la patata no empezó a ser cultivada hasta media- dos del siglo XIX, tras haber superado no pocas reticencias por parte de la población capitalina a consumirlas. El término de Valencia, seguido por los de Alboraia, Almassera y Meliana, son los que mayor superficie dedican.

B. Las chufas: una seña de identidad
El cultivo de la chufa se localiza casi exactamente en los mismos lugares que la patata temprana ya que ambas forma parte del mismo ciclo rotativo junto con las cebollas y las lechugas. La simiente de chufa se planta en campos previamente abonados y adicionados, si fuera necesario, de arena de la playa. Su hierba, de la familia de las Ciperáceas, comien- za a brotar a las dos semanas y viene a cubrir los campos durante el mes de junio. Requiere del riego abundante cada dos semanas y viene madurar a finales de octubre o comienzos de noviembre.

La horchata líquida tal y como ahora se suele tomar empezó a ser elaborada a comienzos del siglo XX. Actualmente los mayores locales donde se sirve horchata están el Alboraia, aunque también en la capital sigue habiendo horchaterías de renombre. Se trata de un producto genuinamente valenciano y protegido por su correspondiente denominación de origen, lo que no puede impedir la competencia de horchatas elaboradas con chufa de importación. En el momento actual la chufa se cultiva en dos zonas. Una es la de Algemesí y Guadassuar, en la Ribera del Xúquer, y la otra en el término de Valencia (unas 200 hectáreas) y en sus vecinos inmediatos de Alboraia (160), Almassera (50), Meliana (40), Foios, Vinalesa, Montcada, Godella y alguno más de l'Horta Nord, que representa entre 450 y 600 hectáreas según el año.

C. Otros cultivos hortícolas: viveros e invernaderos

Aparte de las patatas y las chufas, los cultivos más habituales en el momento actual son las lechugas, las sandías y melones (en los que son especialistas los huertanos de Meliana y el Barrio de Cuiper), calabazas y calabacines, tomates, pimientos, carlotas, alcachofas, coliflores, y, en menores proporciones , cacahuete, tabaco y alguno más. Los mayores porcentajes de huerta con respecto a la superficie cultivada se registran en el término de Valencia y adyacentes por la parte septentrional, (Alboraia, Albuixec, Almássera, Meliana), en los que todavía la invasión del naranjo es poco significativa. El principal mercado para estos productos de huerta es el formado por la propia ciudad de Valencia y el resto de pueblos de la comarca.

El sistema tradicional más frecuente es recolectar cada día una parte y llevarla directamente a Mercavalencia (sustituto del antiguo mercado de abastos de la ciudad) o bien a los mercados municipales del pueblo más próximo. También es muy frecuente la venta al público por parte de los cosecheros en sus propias casas. Estos sistemas son peculiares de esta huerta y difieren notablemente de los empleados en otras zonas hortícolas como la de la Ribera del Xúquer, en donde la comercialización corre a cargo de grandes cooperativas como las de Benifaió y Alginet, y está orientada hacia mercados más diversos y alejados, incluidos los extranjeros. Mención especial merecen dos procesos de modernización y aprovechamiento. Uno es el de los viveros de flores, plantas ornamentales e incluso vides y árboles frutales. Los viveros más grandes se localizan en la zona sur, por los términos de Torrent, Alcasser, Picassent y, sobre todo, Picanya. Otro tipo de agricultura, esta vez muy localizada en una determinada zona, es la de los invernaderos sobre suelos de arena, que se concentran en la partida del Perellonet, justo en el extremo meridional del término de Valencia y en contacto ya con la pedanía suecana del Perelló, donde en realidad tienen su domicilio la mayor parte de las familias y trabajadores ocupados en dichos invernaderos.

2. EL ARROZAL DE LA ALBUFERA. COMBINACIÓN ENTRE NATURALEZA Y CULTURA AGRÍCOLA

Paisaje natural y paisaje cultural

La mayor parte del terreno acotado como parque natural no es otra cosa que un paisaje cultural de gran valor estético y patrimonial, especialmente en la zona correspondiente al arrozal, resultado de una colonización agrícola de antiguas marismas y lagunas, que comenzó en la Edad Media y se intensificó en la segunda mitad del siglo XVIII y todo el XIX, culminando en el primer tercio del XX. Su impresionante red de canales y acequias, que lo mismo se utilizan para repartir el agua que para evacuarla, la nivelación de los terrenos, la ausencia casi absoluta de árboles, las casetas de los viejos motores de vapor con sus chimeneas, etc. conforman un impresionante paisaje que cambia de coloración

a lo largo del año según esté cubierto de agua, seco o con el arroz en pleno proceso de crecimiento vegetativo.

La simbiosis entre el arrozal y el lago de la Albufera, principal elemento natural del Parque, es bien clara. La mayor parte de los actuales campos de arroz fueron lago hasta mediados del siglo XVIII. Por eso hoy, cuando en los meses de noviembre y de abril se inundan totalmente, el gran lago de antaño parece recobrar su primitiva extensión (más de 13.000 hectáreas) y la superficie de agua vuelve a cubrir todo el espacio que media entre el Nuevo Cauce del Turia (en las mismas puertas de la ciudad de Valencia) y la montaña de Cullera. La propia Albufera y los humedales que la bordean, dependen hoy para su supervivencia de las aportaciones hídricas que le proporciona el desagüe, estimadas en unos 300 Hm3 anuales.

La tierra de arroz en Valencia: els aterraments de la Albufera

Actualmente el arrozal valenciano (al igual que el de Tarragona y el de Sevilla-Cádiz) ocupa exclusivamente terrenos lacustres o pantanosos. Hasta mediados del siglo XVIII el arroz se cultivaba preferentemente en tierras elevadas como eran las de la Vega de Xàtiva, la Vall de Carcer, la Ribera Alta y la Vega Media del Turia. En todas ellas hay ahora naranjales. La ocupación de las tierras bajas inundables, lo que en valenciano se denominan marjals, no empezó a cobrar fuerza hasta el siglo XVIII y tuvo como principal zona de actuación la zona que ahora ocupa el Parque Natural de la Albufera. La puesta en valor de aquellos terrenos pantanosos, hasta entonces ocupados por una vegetación espontánea de juncos, cañas, carrizos o simplemente por una lámina de agua que ganaba en profundidad conforme se adentraba en el lago, exigía el previo saneamiento mediante canales de drenaje y otros ingenios. Así fueron siendo colonizadas durante los siglos XVIII, XIX e incluso XX, todo el rosario de marjals del Golfo de Valencia, desde Peníscola hasta Pego-Oliva (Torreblanca, Benicassim, Castelló, Nules, Almenara, Sagunt, Puçol, El Puig, Albuixec, Corbera-Favara, Tavernes, Xeraco, Xeresa y Gandia).

Cuando los condicionamientos del terreno lo exigían, como era el caso de la Albufera, el simple drenaje no era suficiente y hubo que recurrir a los "aterraments" de las parcelas ganadas al lago con tierra traída de fuera. Para hacerse una idea de la superficie que los arrozales ganaron a la Albufera baste recordar que en 1761 el lago y sus orillas inundables ocupaban una superficie de 13.962 hectáreas y que un siglo más tarde, en 1863, ésta había quedado reducida a 8.190, mientras que en 1927, año del amojonamiento definitivo y de la prohibición de nuevos "aterraments", la Albufera había quedado reducida a sólo 3.114 hectáreas, más o menos las mismas que se le adjudican en el momento actual.

La regresión del arrozal y su concentración espacial

La Guerra Civil y el cese de las exportaciones, junto con la intervención del Estado en la fijación de los precios del arroz, supondrían una pérdida de competitividad de este cultivo con respecto a otros más rentables en la huerta valenciana y también con respecto a otros arrozales de España en los que el tamaño de las explotaciones era mucho mayor. El bajo precio incentivó el abandono total de algunos arrozales y su vuelta a la situación

183

de terreno inculto, dado que los costos del cultivo no se veían recompensados por el valor de la cosecha. Así fueron abandonados los arrozales de los marjales costeros de Peníscola, Torreblanca, Castelló, Almenara, Sagunt, Puçol, Xeraco y Xeresa, Oliva y Pego. También fueron desapareciendo los arrozales de Xàtiva y la Ribera Alta (Vall de Carcer, Castellón, Alberic, etc.), en las que la transición hacia otro tipo de cultivos ha sido mucho más sencilla. De esta suerte el arrozal acabaría quedando acotado a las tierras bajas que contornean la Albufera, en total poco más de 13.000 hectáreas.

3. EL NARANJAL DE EUROPA
Los paisajes de la fruta dorada, junto con otros cultivos

El cultivo de los cítricos, con sus casi 180.000 hectáreas de naranjos, mandarinos y limoneros, supone un tercio de toda la superficie cultivada y más del 60% del valor de la producción y la exportación agrícola valencianas. Se trata de un cultivo que condiciona un alto grado de especialización regional. Su valor económico y su color hacen bien merecido a los cítricos el calificativo de "la fruta dorada".

Su localización corresponde a las tierras más bajas y calientes, con una media térmica anual de 16 a 17 ° C, que son aquellas que están por debajo de los 200 metros de altitud, cerca del mar y, por tanto, bajo su influencia benigna. Gozan de temperaturas medias de 25 grados C en el mes más cálido y de 9 a 11 grados C en el mes más frío, sin grandes oscilaciones anuales entre el día y la noche. La proximidad del mar y las brisas marinas elevan la humedad ambiental que estos árboles exigen para su normal desarrollo, originarios como son del Sureste de Asia. Necesitan del riego artificial, entre 8.000 y 14.000 m3 por hectárea según zonas y sistemas de riego.

Su concentración en los llanos litorales del Golfo de Valencia y en las laderas de las montañas que lo circundan, da lugar a un tupido e inmenso bosque verde, acompañado en ocasiones de otros árboles de características y origen parecido como son los nísperos y los caquis. Al ser de hoja perenne y cubrir una extensión tan grande, su función medio ambiental es muy importante, pues eleva el grado de humedad de la atmósfera, favorece la formación de lluvia y absorbe parte del CO_2 que generan el tráfico, las ciudades y las industrias que precisamente coinciden con su localización litoral.

Con ser dominantes, los cítricos no están solos en los fértiles regadíos litorales. Razones agrícolas y comerciales vienen aconsejando desde hace años una mayor diversificación de la producción de frutas. Los propios cítricos ofrecen actualmente más de cien variedades de naranjas, mandarinas y limones, que al madurar en distintas fechas permiten alargar la campaña de recolección y venta, desde octubre hasta abril.

A ellos se han añadido en los últimos años tres árboles que ya eran conocidos pero cuya expansión es relativamente reciente. Se trata el níspero, el caqui y el granado.

A. El níspero
El níspero es un cultivo de origen oriental que fue introducido en Valencia a comienzos del siglo XIX gracias a los contactos de la Sociedad Económica de Amigos del País con agricultores chinos y japoneses. Durante muchas décadas no pasó de ser un árbol de jardín, muy

estimado por su porte. Se localizó tempranamente en Sagunto y en Callosa d'en Sarria. Se cultivan unas 1.500 hectáreas. La mayor parte se hallan en Callosa y otros pueblos del valle del Guadalest, donde su cultivo en grandes invernaderos de plástico ha conformado un nuevo paisaje artificial, mientras que en Sagunt ha tenido menos éxito, aunque se ha extendido hacia zonas más altas del valle del Palancia, como Segorbe y Castellnovo.

B. El caqui

El caqui es también de origen oriental y fue traído del Japón a Valencia a finales del siglo XIX, aunque su expansión no empezó a notarse hasta los años sesenta del siglo pasado, cuando en un campo de Carlet surgió una variedad autóctona, la "Rojo brillante", que sometida al tratamiento de CO_2 en cámaras de atmósfera, pierde la astringencia natural y se obtiene lo que comercialmente es conocido como Persimon. Ocupa unas 2.400 hectáreas, la mayoría de ellas concentradas en cuatro municipios de la ribera del Magro: Carlet (450), l' Alcúdia (452), Alginet (364) y Guadassuar (203).

C. El granado

El granado es un árbol muy tradicional en los regadíos valencianos desde la época musulmana. Pero su cultivo, casi siempre con ejemplares aislados junto a caminos y acequias nunca llegó a formar plantaciones regulares hasta hace unos años, en que se ha revelado como alternativo a los cítricos en los suelos salobres del Bajo Segura y el Bajo Vinalopó, donde ahora se localizan la casi totalidad de las 2.000 hectáreas que hay registradas en plantación regular.

185

La aclimatación al medio mediterráneo de un cultivo tropical

En la Península Ibérica el área vegetativa del naranjo queda restringida por razones térmicas a una estrecha franja litoral que arranca en el estuario del Tajo en Lisboa, sigue hacia el sur por la fachada atlántica de Portugal, gira hacia el Estrecho de Gibraltar y recorre luego toda la costa mediterránea hasta acabar en la desembocadura del Ebro. Sólo en los valles del Guadiana (hasta Badajoz) y del Guadalquivir (hasta Córdoba) es posible una penetración del naranjo hacia el interior peninsular. En el resto de zonas rara vez se encuentra a más de 30 km del mar ni por encima de los 200 metros de altitud. La imperiosa necesidad del riego artificial, sobre todo en verano, cuando más escasas son las lluvias y más secos bajan los ríos, produce una nueva y definitiva restricción a las zonas que cuentan con tan preciado recurso hídrico: nos referimos a los regadíos de la Baja Andalucía, Murcia y Valencia.

Evolución histórica: los períodos de expansión

A. La primera gran expansión de los cítricos a partir de 1850-1936

La verdadera gran expansión del naranjo no comenzó hasta la segunda mitad del siglo XIX y, al menos en esta primera etapa, tuvo lugar casi exclusivamente en las comarcas valencianas de la Plana de Castellón y la Ribera del Júcar. Así se desprende de una primera aproximación a los datos estadísticos: en las provincias de Castellón y Valencia se plantaron entre 1860 y 1908 más de 30.000 has de naranjos, y en esta segunda fecha sumaban entre ambas 35.900 ha, mientras que en el resto de España las provincias andaluzas y Murcia apenas sumaban 6.000 entre todas. En vísperas de la Guerra Civil Española la superficie total de naranjos en España era estimada en poco menos de 77.000 ha, de las que 64.000 (el 83%) estaban concentradas en el Golfo de Valencia, desde el cabo de Orpesa (Plana de Castellón) hasta el cabo de Sant Antoni (Dénia).

A partir de los focos iniciales el cultivo fue extendiéndose como una mancha de aceite siguiendo los ferrocarriles Xàtiva-Valencia-Castellón y Carcaixent-Gandia. Desde Alzira y Carcaixent, los pioneros del siglo XVIII, el naranjo avanzó hacia el sur por la Pobla Llarga, Castelló de la Ribera y Xativa; por el norte avanzó sobre Algemesí, Benifaio y Silla; por el este, y tomando como referencia el pequeño ferrocarril de Carcaixent a Dénia, los huertos de naranjos fueron salpicando las tierras de Tavernes de Vallcligna, Gandía, Oliva y, algo más tarde, ya en el siglo XX, la misma Dénia. El otro foco naranjero, el eje Borriana y Vila-real, se expandió por toda la Plana de Castellón avanzando hacia el norte por Almassora y Castellón, hacia el oeste por los de Betxí y Onda; y hacia el sur por los de Nules y Almenara, entrando en el de Sagunt ya bien iniciado el siglo XX.

Los naranjos fueron plantados en "huertos" ganados al secano, sacrificando viejos olivos y algarrobos. Se trata por tanto de nuevos regadíos alimentados con pozos excavados por este motivo, extrayendo el agua con norias movidas con fuerza animal y revistiendo las acequias con hormigón para evitar la pérdida del agua. El agrónomo Sanz Bremón, que vivió aquellos hechos, escribió que entre 1875 y 1880 empezaron a ser instalados los primeros motores de vapor que, al tener más potencia que los animales, permitían extraer mayor cantidad de agua y desde más profundidad, unos quince metros.

Hubo una cosa en la que todos estuvieron de acuerdo, como fue el abonado intenso de los campos, añadiendo al tradicional estiércol de origen animal los guanos y abonos químicos de importación. No es casual que fuera Valencia la primera zona de España (y unas de las primeras de Europa) en la importación del guano del Perú, gracias a Francisco de Llano (1845), ni que fueran grandes propietarios y agrónomos valencianos como Polo de Peyrolón, Agustín Belda (Barón de Casanova), Vicente Vidal, César Santomá y Manuel Sanz Bremón, quienes divulgaron y ensayaron el uso de abonos para aumentar la rentabilidad de la tierra. Durante casi todo este período la importación valenciana fue del orden de las tres cuartas partes del total de España. No hay entonces que interpretar como un exceso de triunfalismo las afirmaciones de Rafael Janini (1923) y Font de Mora (1922) de que la región valenciana tenía la hegemonía mundial en los máximos rendimientos por hectárea de arrozal y naranjal, precisamente gracias a los abonos.

B. La segunda expansión del naranjo y de la exportación: 1950-2000
La recuperación en el ritmo de nuevas plantaciones y el liderazgo valenciano
El paréntesis exportador durante unos quince años debido a las guerras y el aislamiento español (1936-1950) trajo consigo la paralización total del ritmo de plantaciones de naranjos. En 1935. un año antes de la Guerra Civil, se estimaba que había en España 79.500 ha de cítricos, que habrían quedado reducidas a 73 .200 en 1950, como resultado del freno a las nuevas plantaciones y al arranque de naranjos durante los años cuarenta para plantar trigo y otros alimentos básicos. Las mismas fuentes oficiales (Ministerio de Agricultura), estimaban que la superficie citrícola fue creciendo a un ritmo cada vez más acelerado, alcanzando las 96.300 ha en 1955, las 159.300 ha en 1965 y las 230 .000 ha en 1975; 250.000 en 1986 y a 280.000 en 1997 y a 315.000 en 2010.

La mayor expansión, en términos absolutos, se ha vuelto a dar en la región del Golfo de Valencia (provincias de Castellón y Valencia), en donde entre 1956 y 2010 se añadieron casi 100.000 hectáreas a las ya existentes. Aquí el naranjo ha ocupado la mayor parte de la tierra que estaba en riego, avanzando sobre los terrenos de las huertas tradicionales que antes se habían resistido al naranjo (la Safor, la Plana, Xàtiva) y ha dejado reducida a menos de la mitad la misma Huerta de Valencia. La expansión ha afectado también a los viejos secanos, convertidos en regadíos gracias al agua de miles de pozos y a los canales Júcar-Turia y de Llíria. Una vez ocupada la franja llana de litoral el cultivo ha ido avanzando hacia zonas interiores del Camp de Llíria, la Hoya de Buñol (4.800), la Vall d'Albaida, Vall de Montesa y la Canal de Navarrés. Escasas son las tierras de cultivo apropiadas para el cultivo del naranjo que no estén ya ocupadas por dicho árbol, por lo que la mayoría de nuevas plantaciones se están llevando a cabo sobre las empinadas laderas de las montañas, en forma de graderío y abancalamientos.

La segunda región citrícola, la Depresión del Segura, a caballo entre las provincias de Murcia y Alicante, ha conocido una expansión relativamente mayor, ya que de unas 8.000 ha en 1960, se ha pasado a más de 60.000 en la actualidad, con la peculiaridad de que más de la mitad son de limoneros. También aquí el naranjo está invadiendo las viejas huertas de Murcia y Orihuela, aunque las mayores plantaciones se ven en las laderas de los montes y su riego corresponde a las aguas del Trasvase Tajo-Segura y a pozos.

Principales sistemas de regadío y canales de la Comunitat Valenciana

SISTEMAS DE REGADÍO Y CANALES

1. Canal de Maria Cristina
2. Acequia de Vila-real
3. Canal de la Cota 220
4. Canal de la Cota 100
5. Séquia Major de Borriana
6. Font de Sant Josep
7. . Font de Quart
8. Séquia Major de Sagunt
9. Canal Campo del Turia
10. Canal Manises-Sagunto
11. Acequias de l'Horta de València y Real Acequia de Moncada
12. Séquia de l'Or
13. Canal de Forata
14. Séquia Reial del Xúquer
15. Canal Júcar-Turia
16. Acequia de Múzquiz
17. Séquia major de Cullera, margen derecha e izquierda y séquia de Riola o dels Quatre Pobles
18. Acequia de Antella
19. Real Acequia de Carcaixent y séquia de Escalona
20. Conducción Júcar-Vinalopó
21. Font Major de Simat de la Valldigna
22. Séquia del Rei, Séquia Nova y Séquia de l'Avir
23. Acequia de Llocnou d'en Fenollet
24. Canal de Bellús Canal de Bellús
25. El Pantanet de Moixent
26. Séquia Reial d'Alcoi
27. Séquia d'en Carrós y séquia d'en March
28. Séquia de Montaverner
29. Séquia Nova d'Ontinyent
30. Conducción postrasvase Júcar-Vinalopó
31. Canal Bajo del Algar
32. Canal Rabasa-Amadorio
33. Canal de la Huerta de Alicante
34. Canal del Desvío del Pantano de Elche
35. Acequia mayor de Elx
36. Canal de Alicante
37. Canal nuevo de Alicante
38. Canal de riegos de Levante
39. Canal de riegos del Progreso
40. Canal de riegos del Porvenir
41. Acequias de la huerta de Orihuela

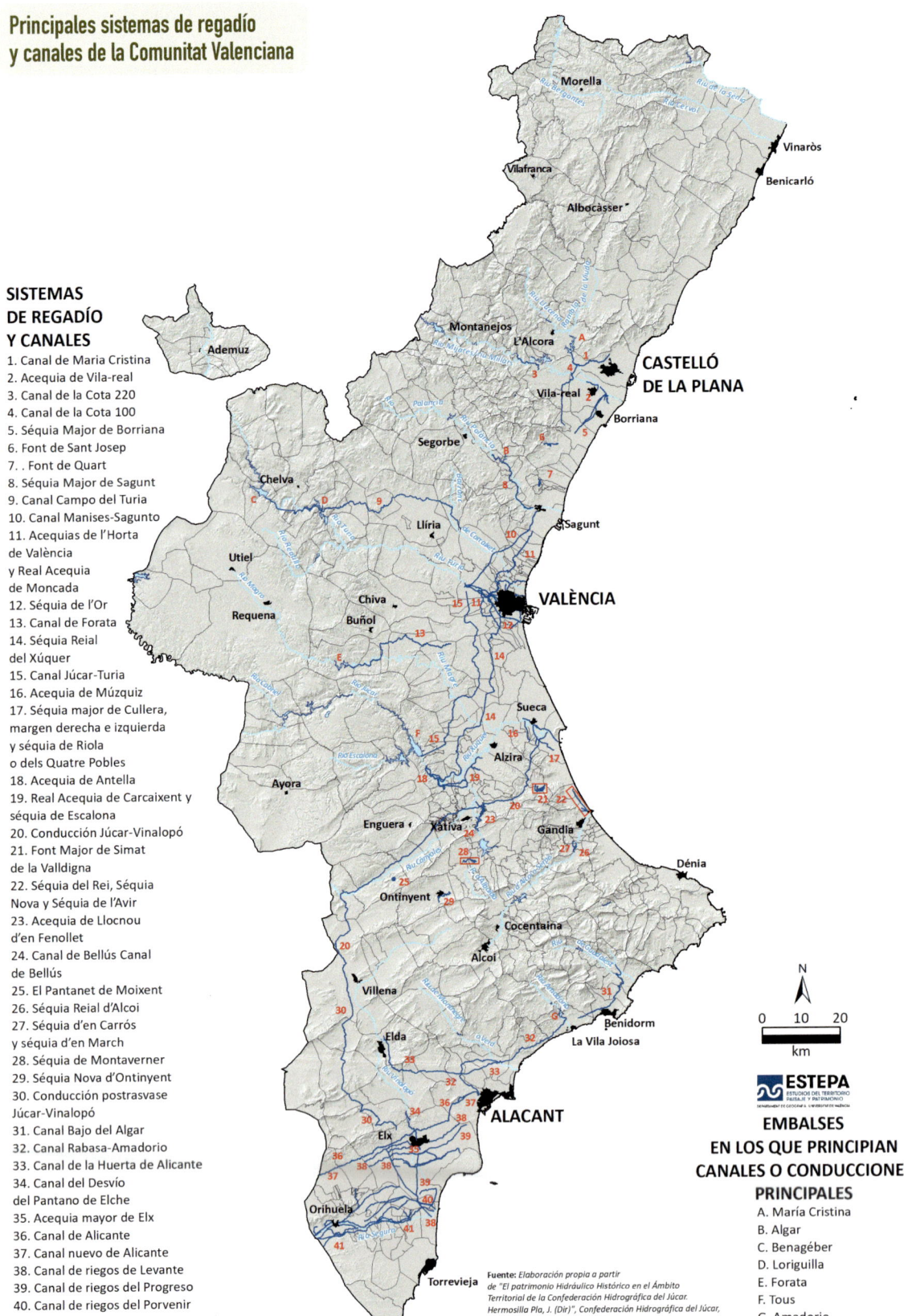

EMBALSES EN LOS QUE PRINCIPIAN CANALES O CONDUCCIONES PRINCIPALES

A. María Cristina
B. Algar
C. Benagéber
D. Loriguilla
E. Forata
F. Tous
G. Amadorio

Fuente: *Elaboración propia a partir de "El patrimonio Hidráulico Histórico en el Ámbito Territorial de la Confederación Hidrográfica del Júcar. Hermosilla Pla, J. (Dir)", Confederación Hidrográfica del Júcar, Confederación Hidrográfica del Segura y ESTEPA*

Cronología de construcción de los principales sistemas de regadío y canales. Comunitat Valenciana

ÉPOCA ROMANA
1. Trazado de la acequia Mayor de Elx

ÉPOCA MUSULMANA
2. Acequias de l'Horta de València y Real Acequia de Moncada*
3. Séquia d'Antella

CONQUISTA Y REPOBLACIÓN
5. Acequia de Vila-real
6. Séquia Reial del Xúquer
7. Font Major de Simat de la Valldigna
8. Séquia del Rei, Séquia Nova y Séquia de l'Avir
9. Séquia Reial d'Alcoi
10. Séquia de Montaverner

BAJOMEDIEVALES. SIGLOS XIV Y XV
11. Séquia Major de Borriana**
12. Font de Sant Josep
13. Font de Quart
14. Séquia Major de Sagunt***
15. Séquia major de Cullera, margen derecha e izquierda y séquia de Riola o dels Quatre Pobles
16. Canal de Bellús
17. Séquia d'en Carrós y séquia d'en March****
18. Séquia Nova d'Ontinyent

EDAD MODERNA
19. Real Acequia de Carcaixent y séquia de Escalona
20. Acequia de Llocnou d'en Fenollet

ILUSTRACIÓN
21. Prolongación de la Séquia Reial del Xúquer
22. Acequia de Múzquiz
23. El Pantanet de Moixent

DECIMONÓNICAS
24. Séquia de l'Or

SIGLO XX
A. Canal de Maria Cristina
B. Canal de la Cota 220
C. Canal de la Cota 100
D. Canal Campo del Turia
E. Canal Manises-Sagunto
F. Canal de Forata
G. Canal Júcar-Turia
H. Conducción Júcar-Vinalopó
I. Conducción postrasvase Júcar-Vinalopó
J. Canal Bajo del Algar
K. Canal Rabasa-Amadorio
L. Canal de la Huerta de Alicante
M. Canal del Desvío del Pantano de Elche
N. Canal de Alicante
O. Canal nuevo de Alicante
P. Canal de riegos de Levante
Q. Canal de riegos del Progreso
R. Canal de riegos del Porvenir

COMARCAS
I. Els Ports
II. El Baix Maestrat
III. L'Alt Maestrat
IV. La Plana Alta
V. L'Alcalatén
VI. El Alto Mijares
VII. La Plana Baixa
VIII. El Alto Palancia
IX. El Camp de Morvedre
X. El Rincón de Ademuz
XI. La Serranía
XII. El Camp de Túria
XIII. L'Horta Nord
XIV. L'Horta Sud
XV. València
XVI. La Plana de Utiel-Requena
XVII. La Hoya de Buñol
XVIII. La Ribera Alta
XIX. La Ribera Baixa
XX. El Valle de Cofrentes-Ayora
XXI. La Canal de Navarrés
XXII. La Costera
XXIII. La Vall d'Albaida
XXIV. La Safor
XXV. L'Alcoià
XXVI. El Comtat
XXVII. La Marina Alta
XXVIII. La Marina Baixa
XXIX. L'Alacantí
XXX. L'Alt/El Alto Vinalopó
XXXI. El Vinalopó Mitjà/Medio
XXXII. El Baix Vinalopó
XXXIII. El Baix Segura/La Vega Baja

*En la conquista y repoblación se prolongan las acequias
**En época bajomedieval se prolonga la acequia
***Canalización definitiva de la acequia
****Acequias complementarias al sistema histórico de regadío de la Safor

Fuente: Elaboración propia a partir de "El patrimonio Hidráulico Histórico en el Ámbito Territorial de la Confederación Hidrográfica del Júcar. Hermosilla Pla, J. (Dir)", Confederación Hidrográfica del Júcar, Confederación Hidrográfica del Segura y ESTEPA

Morella, Vinaròs, Benicarló, Vilafranca, Albocàsser, Ademuz, Montanejos, L'Alcora, CASTELLÓ DE LA PLANA, Vila-real, Borriana, Segorbe, Chelva, Llíria, Sagunt, Utiel, Chiva, VALÈNCIA, Requena, Buñol, Sueca, Alzira, Ayora, Enguera, Xàtiva, Gandia, Dénia, Ontinyent, Cocentaina, Alcoi, Villena, Benidorm, La Vila Joiosa, Elda, ALACANT, Elx, Orihuela, Torrevieja

ESTEPA
ESTUDIOS DEL TERRITORIO PAISAJE Y PATRIMONIO
DEPARTAMENT DE GEOGRAFIA · UNIVERSITAT DE VALÈNCIA

N

0   10   20
km

04

DISTRIBUCIÓN DEL SECANO Y REGADÍO RESPECTO AL TOTAL DE LA COMUNITAT VALENCIANA

Comarca	SECANO Hectáreas. 2024	REGADÍO Hectáreas. 2024	SUPERFICIE CULTIVADA. Hectáreas. 2024	% de secano. Comunitat Valenciana	% de regadío. Comunitat Valenciana	% Superficie. Comunitat Valenciana
El Alto Mijares	2.079	496	2.575	0,88	0,2	0,5
El Alto Palancia	12.776	3.623	16.399	5,42	1,2	3,0
El Baix Maestrat	22.963	13.994	36.957	9,75	4,6	6,8
El Baix Segura/La Vega Baja	2.207	38.382	40.589	0,94	12,6	7,5
El Baix Vinalopó	177	10.115	10.292	0,08	3,3	1,9
El Camp de Morvedre	1.064	7.128	8.192	0,45	2,3	1,5
El Camp de Túria	6.719	18.821	25.540	2,85	6,2	4,7
El Comtat	10.035	540	10.575	4,26	0,2	2,0
El Rincón de Ademuz	2.860	267	3.127	1,21	0,1	0,6
El Valle de Cofrentes-Ayora	11.982	2.142	14.124	5,09	0,7	2,6
El Vinalopó Mitjà/El Vinalopó Medio	6.998	12.942	19.940	2,97	4,2	3,7
Els Ports	4.042	128	4.170	1,72	0,0	0,8
La Canal de Navarrés	6.724	2.657	9.381	2,86	0,9	1,7
La Costera	4.379	11.496	15.875	1,86	3,8	2,9
La Hoya de Buñol	6.474	7.288	13.762	2,75	2,4	2,5
La Marina Alta	4.936	6.300	11.236	2,10	2,1	2,1
La Marina Baixa	3.107	3.761	6.868	1,32	1,2	1,3
La Plana Alta	17.404	8.913	26.317	7,39	2,9	4,9
La Plana Baixa	2.821	18.274	21.095	1,20	6,0	3,9
La Plana de Utiel-Requena	40.020	15.578	55.598	16,99	5,1	10,3
La Ribera Alta	3.384	37.571	40.955	1,44	12,3	7,6
La Ribera Baixa	8	19.133	19.141	0,00	6,3	3,5
La Safor	314	11.074	11.388	0,13	3,6	2,1
La Vall d'Albaida	10.060	7.732	17.792	4,27	2,5	3,3
L'Alacantí	2.286	4.523	6.809	0,97	1,5	1,3
L'Alcalatén	4.666	467	5.133	1,98	0,2	0,9
L'Alcoià	8.895	1.908	10.803	3,78	0,6	2,0
L'Alt Maestrat	9.985	198	10.183	4,24	0,1	1,9
L'Alt Vinalopó/Alto Vinalopó	12.070	10.146	22.216	5,12	3,3	4,1
L'Horta Nord	212	7.038	7.250	0,09	2,3	1,3
L'Horta Sud	269	13.089	13.358	0,11	4,3	2,5
Los Serranos	13.592	6.703	20.295	5,77	2,2	3,8
València	8	2.820	2.828	0,00	0,9	0,5
Comunitat Valenciana	**235.516**	**305.247**	**540.763**	**100**	**100**	**100**
Alicante	50.711	88.617	139.328	21,53	29,0	25,8
Castellón	76.736	46.093	122.829	32,58	15,1	22,7
Valencia	108.069	170.537	278.606	45,89	55,9	51,5

Fuente: Conselleria de Agricultura, Agua, Ganadería y Pesca y Portal estadístico de la GV

EVOLUCIÓN 1956-2023

Comarca	1956. Ha	2023. Ha	Evolución 1956 -2023
El Alto Mijares	1.139	327	-71,3
El Alto Palancia	3.784	3.628	-4,1
El Baix Maestrat	3.052	13.845	353,6
El Baix Segura / La Vega Baja	22.478	38.078	69,4
El Baix Vinalopó	21.422	9.375	-56,2
El Camp de Morvedre	7.809	6.899	-11,7
El Camp de Túria	6.757	18.932	180,2
El Comtat	1.608	543	-66,2
El Rincón de Ademuz	685	285	-58,4
El Valle de Cofrentes-Ayora	2.100	2.097	-0,1
El Vinalopó Mitjà / El Vinalopó Medio	4.317	12.713	194,5
Els Ports	416	94	-77,4
La Canal de Navarrés	2.243	2.645	17,9
La Costera	5.244	11.093	111,5
La Hoya de Buñol	1.896	7.214	280,5
La Marina	5.847	5.978	2,2
La Plana Alta	8.674	8.681	0,1
La Plana Baixa	13.306	17.967	35,0
La Plana de Utiel-Requena	2.372	15.745	563,8
La Ribera Alta	30.474	37.025	21,5
La Ribera Baixa	19.256	18.982	-1,4
La Safor	13.959	11.040	-20,9
La Vall d'Albaida	2.588	7.883	204,6
L'Alacantí	7.194	4.256	-40,8
L'Alcalatén	565	425	-24,8
L'Alcoià	2.429	1.958	-19,4
L'Alt Maestrat	76	173	127,6
L'Alt Vinalopó / Alto Vinalopó	5.067	10.260	102,5
L'Horta	31.551	22.411	-29,0
Los Serranos	1.708	6.588	285,7
Comunitat Valenciana	**230.016**	**297.140**	**29,2**

Fuente: MORALES GIL, A (Dir)(1991) Atlas temático de la Comunitat Valenciana y Portal estadístico de la GV

DISTRIBUCIÓN DE REGADÍO POR COMARCAS

Comarca	SECANO Hectáreas. 2024	REGADÍO Hectáreas. 2024	SUPERFICIE CULTIVADA. Hectáreas. 2024	% de secano. Comarca	% de regadío. Comarca
El Alto Mijares	2.079	496	2.575	80,7	19,3
El Alto Palancia	12.776	3.623	16.399	77,9	22,1
El Baix Maestrat	22.963	13.994	36.957	62,1	37,9
El Baix Segura / La Vega Baja	2.207	38.382	40.589	5,4	94,6
El Baix Vinalopó	177	10.115	10.292	1,7	98,3
El Camp de Morvedre	1.064	7.128	8.192	13,0	87,0
El Camp de Túria	6.719	18.821	25.540	26,3	73,7
El Comtat	10.035	540	10.575	94,9	5,1
El Rincón de Ademuz	2.860	267	3.127	91,5	8,5
El Valle de Cofrentes-Ayora	11.982	2.142	14.124	84,8	15,2
El Vinalopó Mitjà / El Vinalopó Medio	6.998	12.942	19.940	35,1	64,9
Els Ports	4.042	128	4.170	96,9	3,1
La Canal de Navarrés	6.724	2.657	9.381	71,7	28,3
La Costera	4.379	11.496	15.875	27,6	72,4
La Hoya de Buñol	6.474	7.288	13.762	47,0	53,0
La Marina Alta	4.936	6.300	11.236	43,9	56,1
La Marina Baixa	3.107	3.761	6.868	45,2	54,8
La Plana Alta	17.404	8.913	26.317	66,1	33,9
La Plana Baixa	2.821	18.274	21.095	13,4	86,6
La Plana de Utiel-Requena	40.020	15.578	55.598	72,0	28,0
La Ribera Alta	3.384	37.571	40.955	8,3	91,7
La Ribera Baixa	8	19.133	19.141	0,0	100,0
La Safor	314	11.074	11.388	2,8	97,2
La Vall d'Albaida	10.060	7.732	17.792	56,5	43,5
L'Alacantí	2.286	4.523	6.809	33,6	66,4
L'Alcalatén	4.666	467	5.133	90,9	9,1
L'Alcoià	8.895	1.908	10.803	82,3	17,7
L'Alt Maestrat	9.985	198	10.183	98,1	1,9
L'Alt Vinalopó / Alto Vinalopó	12.070	10.146	22.216	54,3	45,7
L'Horta Nord	212	7.038	7.250	2,9	97,1
L'Horta Sud	269	13.089	13.358	2,0	98,0
Los Serranos	13.592	6.703	20.295	67,0	33,0
València	8	2.820	2.828	0,3	99,7
Comunitat Valenciana	**235.516**	**305.247**	**540.763**	**43,6**	**56,4**
Alicante	**50.711**	**88.617**	**139.328**	**36,4**	**63,6**
Castellón	**76.736**	**46.093**	**122.829**	**62,5**	**37,5**
Valencia	**108.069**	**170.537**	**278.606**	**38,8**	**61,2**

Fuente: Conselleria de Agricultura, Agua, Ganadería y Pesca y Portal estadístico de la GV

DISTRIBUCIÓN DE SECANO Y REGADÍO POR COMARCAS

El Alto Mijares

Municipio	SECANO Hectáreas. 2024	REGADÍO Hectáreas. 2024	SUPERFICIE CULTIVADA. Hectáreas.2024	% de secano	% de regadío
Arañuel	32	22	54	59,3	40,7
Argelita	28	20	48	58,3	41,7
Ayódar	33	19	52	63,5	36,5
Castillo de Villamalefa	83	5	88	94,3	5,7
Cirat	32	44	76	42,1	57,9
Cortes de Arenoso	292	13	305	95,7	4,3
Espadilla	47	59	106	44,3	55,7
Fanzara	42	32	74	56,8	43,2
Fuente la Reina	30	9	39	76,9	23,1
Fuentes de Ayódar	46	11	57	80,7	19,3
Ludiente	90	14	104	86,5	13,5
Montán	192	13	205	93,7	6,3
Montanejos	40	34	74	54,1	45,9
Puebla de Arenoso	72	25	97	74,2	25,8
Toga	52	40	92	56,5	43,5
Torralba del Pinar	31	4	35	88,6	11,4
Torrechiva	87	21	108	80,6	19,4
Vallat	12	21	33	36,4	63,6
Villahermosa del Río	443	30	473	93,7	6,3
Villamalur	43	12	55	78,2	21,8
Villanueva de Viver	53	9	62	85,5	14,5
Zucaina	299	39	338	88,5	11,5
Total comarcal	**2.079**	**496**	**2.575**	**80,7**	**19,3**
Comunitat Valenciana	**235.516**	**305.247**	**540.763**	**43,6**	**56,4**

El Baix Maestrat

Municipio	SECANO Hectáreas. 2024	REGADÍO Hectáreas. 2024	SUPERFICIE CULTIVADA. Hectáreas. 2024	% de secano	% de regadío
Alcalà de Xivert	2.214	1.512	3.726	59,4	40,6
Benicarló	655	2.276	2.931	22,3	77,7
Càlig	950	603	1.553	61,2	38,8
Canet lo Roig	2.694	15	2.709	99,4	0,6
Castell de Cabres	14	2	16	87,5	12,5
Cervera del Maestre	1.933	143	2.076	93,1	6,9
Jana, la	1.214	31	1.245	97,5	2,5
Peníscola/Peñíscola	347	1.094	1.441	24,1	75,9
Pobla de Benifassà, la	120	19	139	86,3	13,7
Rossell	2.072	12	2.084	99,4	0,6
Salzadella, la	1.553	34	1.587	97,9	2,1
San Rafael del Río	758	853	1.611	47,1	52,9
Sant Jordi/San Jorge	1.083	1.036	2.119	51,1	48,9
Sant Mateu	2.507	39	2.546	98,5	1,5
Santa Magdalena de Pulpis	781	406	1.187	65,8	34,2
Traiguera	2.486	858	3.344	74,3	25,7
Vinaròs	550	5.041	5.591	9,8	90,2
Xert	1.032	20	1.052	98,1	1,9
Total comarcal	**22.963**	**13.994**	**36.957**	**62,1**	**37,9**
Comunitat Valenciana	**235.516**	**305.247**	**540.763**	**43,6**	**56,4**

Fuente: Conselleria de Agricultura, Agua, Ganadería y Pesca y Portal estadístico de la GV

El Alto Palancia

Municipio	SECANO Hectáreas. 2024	REGADÍO Hectáreas. 2024	SUPERFICIE CULTIVADA. Hectáreas. 2024	% de secano	% de regadío
Algimia de Almonacid	397	16	413	96,1	3,9
Almedíjar	320	25	345	92,8	7,2
Altura	2.219	342	2.561	86,6	13,4
Azuébar	402	46	448	89,7	10,3
Barracas	773	34	807	95,8	4,2
Bejís	124	96	220	56,4	43,6
Benafer	158	52	210	75,2	24,8
Castellnovo	416	177	593	70,2	29,8
Caudiel	316	72	388	81,4	18,6
Chóvar	380	29	409	92,9	7,1
Gaibiel	147	60	207	71,0	29,0
Geldo	4	23	27	14,8	85,2
Higueras	45	8	53	84,9	15,1
Jérica	1.076	408	1.484	72,5	27,5
Matet	161	17	178	90,4	9,6
Navajas	145	78	223	65,0	35,0
Pavías	53	5	58	91,4	8,6
Pina de Montalgrao	171	10	181	94,5	5,5
Sacañet	88	4	92	95,7	4,3
Segorbe	2.399	724	3.123	76,8	23,2
Soneja	651	375	1.026	63,5	36,5
Sot de Ferrer	186	92	278	66,9	33,1
Teresa	135	28	163	82,8	17,2
Torás	367	40	407	90,2	9,8
Toro, El	682	38	720	94,7	5,3
Vall de Almonacid	299	46	345	86,7	13,3
Viver	662	778	1.440	46,0	54,0
Total comarcal	**12.776**	**3.623**	**16.399**	**77,9**	**22,1**
Comunitat Valenciana	**235.516**	**305.247**	**540.763**	**43,6**	**56,4**

Fuente: Conselleria de Agricultura, Agua, Ganadería y Pesca y Portal estadístico de la GV

El Baix Segura/La Vega Baja

Municipio	SECANO Hectáreas. 2024	REGADÍO Hectáreas. 2024	SUPERFICIE CULTIVADA. Hectáreas. 2024	% de secano	% de regadío
Albatera	13	2.251	2.264	0,6	99,4
Algorfa	1	1.157	1.158	0,1	99,9
Almoradí	9	3.334	3.343	0,3	99,7
Benejúzar	0	387	387	0,0	100,0
Benferri	5	851	856	0,6	99,4
Benijófar	0	88	88	0,0	100,0
Bigastro	0	138	138	0,0	100,0
Callosa de Segura	6	1.497	1.503	0,4	99,6
Catral	0	880	880	0,0	100,0
Cox	0	379	379	0,0	100,0
Daya Nueva	0	490	490	0,0	100,0
Daya Vieja	0	187	187	0,0	100,0
Dolores	6	869	875	0,7	99,3
Formentera del Segura	0	217	217	0,0	100,0
Granja de Rocamora	10	360	370	2,7	97,3
Guardamar del Segura	13	801	814	1,6	98,4
Jacarilla	0	664	664	0,0	100,0
Montesinos, Los	6	1.003	1.009	0,6	99,4
Orihuela	1.669	13.999	15.668	10,7	89,3
Pilar de la Horadada	234	3.694	3.928	6,0	94,0
Rafal	0	76	76	0,0	100,0
Redován	0	302	302	0,0	100,0
Rojales	0	766	766	0,0	100,0
San Fulgencio	0	488	488	0,0	100,0
San Isidro	2	515	517	0,4	99,6
San Miguel de Salinas	179	2.282	2.461	7,3	92,7
Torrevieja	54	707	761	7,1	92,9
Total comarcal	**2.207**	**38.382**	**40.589**	**5,4**	**94,6**
Comunitat Valenciana	**235.516**	**305.247**	**540.763**	**43,6**	**56,4**

El Baix Vinalopó

Municipio	SECANO Hectáreas. 2024	REGADÍO Hectáreas. 2024	SUPERFICIE CULTIVADA. Hectáreas. 2024	% de secano	% de regadío
Crevillent	44	1.603	1.647	2,7	97,3
Elx/Elche	130	8.091	8.221	1,6	98,4
Santa Pola	3	421	424	0,7	99,3
Total Comarcal	**177**	**10.115**	**10.292**	**1,7**	**98,3**
Comunitat Valenciana	**235.516**	**305.247**	**540.763**	**43,6**	**56,4**

196

Fuente: Conselleria de Agricultura, Agua, Ganadería y Pesca y Portal estadístico de la GV

El Camp de Morvedre

Municipio	SECANO Hectáreas. 2024	REGADÍO Hectáreas. 2024	SUPERFICIE CULTIVADA. Hectáreas. 2024	% de secano	% de regadío.
Albalat dels Tarongers	156	214	370	42,2	57,8
Alfara de la Baronia	70	307	377	18,6	81,4
Algar de Palancia	57	300	357	16,0	84,0
Algímia d'Alfara	121	468	589	20,5	79,5
Benavites	7	313	320	2,2	97,8
Benifairó de les Valls	11	174	185	5,9	94,1
Canet d'En Berenguer	5	93	98	5,1	94,9
Estivella	166	179	345	48,1	51,9
Faura	9	81	90	10,0	90,0
Gilet	46	97	143	32,2	67,8
Petrés	7	67	74	9,5	90,5
Quart de les Valls	14	292	306	4,6	95,4
Quartell	12	139	151	7,9	92,1
Sagunt/Sagunto	206	4.122	4.328	4,8	95,2
Segart	81	23	104	77,9	22,1
Torres Torres	96	259	355	27,0	73,0
Total comarcal	**1.064**	**7.128**	**8.192**	**13,0**	**87,0**
Comunitat Valenciana	**235.516**	**305.247**	**540.763**	**43,6**	**56,4**

El Camp de Túria

Municipio	SECANO Hectáreas. 2024	REGADÍO Hectáreas. 2024	SUPERFICIE CULTIVADA. Hectáreas. 2024	% de secano	% de regadío
Benaguasil	100	1.183	1.283	7,8	92,2
Benissanó	30	81	111	27,0	73,0
Bétera	309	3.000	3.309	9,3	90,7
Casinos	961	1.205	2.166	44,4	55,6
Eliana, l'	7	6	13	53,8	46,2
Gátova	459	40	499	92,0	8,0
Llíria	2.310	6.503	8.813	26,2	73,8
Loriguilla	70	241	311	22,5	77,5
Marines	182	433	615	29,6	70,4
Nàquera/Náquera	325	831	1.156	28,1	71,9
Olocau	402	423	825	48,7	51,3
Pobla de Vallbona, la	78	1.084	1.162	6,7	93,3
Riba-roja de Túria	432	1.233	1.665	25,9	74,1
San Antonio de Benagéber	93	44	137	67,9	32,1
Serra	290	263	553	52,4	47,6
Vilamarxant	671	2.251	2.922	23,0	77,0
Total comarcal	**6.719**	**18.821**	**25.540**	**26,3**	**73,7**
Comunitat Valenciana	**235.516**	**305.247**	**540.763**	**43,6**	**56,4**

Fuente: Conselleria de Agricultura, Agua, Ganadería y Pesca y Portal estadístico de la GV

El Comtat

Municipio	SECANO Hectáreas. 2024	REGADÍO Hectáreas. 2024	SUPERFICIE CULTIVADA. Hectáreas. 2024	% de secano	% de regadío
Agres	647	87	734	88,1	11,9
Alcocer de Planes	111	14	125	88,8	11,2
Alcoleja	235	13	248	94,8	5,2
Alfafara	472	19	491	96,1	3,9
Almudaina	266	0	266	100,0	0,0
Alqueria d'Asnar, l'	71	6	77	92,2	7,8
Balones	356	0	356	100,0	0,0
Benasau	331	7	338	97,9	2,1
Beniarrés	778	39	817	95,2	4,8
Benilloba	492	20	512	96,1	3,9
Benillup	127	0	127	100,0	0,0
Benimarfull	275	11	286	96,2	3,8
Benimassot	277	1	278	99,6	0,4
Cocentaina	1.423	129	1.552	91,7	8,3
Fageca	165	0	165	100,0	0,0
Famorca	85	0	85	100,0	0,0
Gaianes	374	3	377	99,2	0,8
Gorga	449	10	459	97,8	2,2
Millena	349	0	349	100,0	0,0
Muro de Alcoy	943	80	1.023	92,2	7,8
Orxa, l'/Lorcha	185	18	203	91,1	8,9
Planes	1.115	67	1.182	94,3	5,7
Quatretondeta	445	16	461	96,5	3,5
Tollos	64	0	64	100,0	0,0
Total comarcal	**10.035**	**540**	**10.575**	**94,9**	**5,1**
Comunitat Valenciana	**235.516**	**305.247**	**540.763**	**43,6**	**56,4**

El Rincón de Ademuz

Municipio	SECANO Hectáreas. 2024	REGADÍO Hectáreas. 2024	SUPERFICIE CULTIVADA. Hectáreas. 2024	% de secano	% de regadío
Ademuz	1.267	98	1.365	92,8	7,2
Casas Altas	228	29	257	88,7	11,3
Casas Bajas	257	16	273	94,1	5,9
Castielfabib	444	32	476	93,3	6,7
Puebla de San Miguel	106	3	109	97,2	2,8
Torrebaja	38	57	95	40,0	60,0
Vallanca	520	32	552	94,2	5,8
Total comarcal	**2.860**	**267**	**3.127**	**91,5**	**8,5**
Comunitat Valenciana	**235.516**	**305.247**	**540.763**	**43,6**	**56,4**

Fuente: Conselleria de Agricultura, Agua, Ganadería y Pesca y Portal estadístico de la GV

198

El Valle de Cofrentes-Ayora

Municipio	SECANO Hectáreas. 2024	REGADÍO Hectáreas. 2024	SUPERFICIE CULTIVADA. Hectáreas. 2024	% de secano	% de regadío
Ayora	6.217	1.348	7.565	82,2	17,8
Cofrentes	1.027	169	1.196	85,9	14,1
Cortes de Pallás	628	122	750	83,7	16,3
Jalance	1.025	125	1.150	89,1	10,9
Jarafuel	1.609	218	1.827	88,1	11,9
Teresa de Cofrentes	709	98	807	87,9	12,1
Zarra	767	62	829	92,5	7,5
Total comarcal	**11.982**	**2.142**	**14.124**	**84,8**	**15,2**
Comunitat Valenciana	**235.516**	**305.247**	**540.763**	**43,6**	**56,4**

El Vinalopó Mitjà/El Vinalopó Medio

Municipio	SECANO Hectáreas. 2024	REGADÍO Hectáreas. 2024	SUPERFICIE CULTIVADA. Hectáreas.2024	% de secano	% de regadío
Algueña	663	117	780	85,0	15,0
Aspe	54	1.624	1.678	3,2	96,8
Elda	263	104	367	71,7	28,3
Fondó de les Neus/Hondón de las Nieves	829	1.110	1.939	42,8	57,2
Hondón de los Frailes	239	118	357	66,9	33,1
Monforte del Cid	194	1.700	1.894	10,2	89,8
Monòver/Monóvar	1.636	2.280	3.916	41,8	58,2
Novelda	138	1.817	1.955	7,1	92,9
Petrer	644	197	841	76,6	23,4
Pinós, el/Pinoso	1.741	3.074	4.815	36,2	63,8
Romana, la	597	801	1.398	42,7	57,3
Total comarcal	**6.998**	**12.942**	**19.940**	**35,1**	**64,9**
Comunitat Valenciana	**235.516**	**305.247**	**540.763**	**43,6**	**56,4**

Els Ports

Municipio	SECANO Hectáreas. 2024	REGADÍO Hectáreas. 2024	SUPERFICIE CULTIVADA. Hectáreas. 2024	% de secano	% de regadío
Castellfort	177	4	181	97,8	2,2
Cinctorres	249	5	254	98,0	2,0
Forcall	357	24	381	93,7	6,3
Herbers	68	8	76	89,5	10,5
Mata de Morella, la	107	9	116	92,2	7,8
Morella	1.488	21	1.509	98,6	1,4
Olocau del Rey	328	9	337	97,3	2,7
Palanques	81	2	83	97,6	2,4
Portell de Morella	174	7	181	96,1	3,9
Todolella	302	8	310	97,4	2,6
Vallibona	35	4	39	89,7	10,3
Vilafranca/Villafranca del Cid	418	9	427	97,9	2,1
Villores	112	7	119	94,1	5,9
Zorita del Maestrazgo	146	11	157	93,0	7,0
Total comarcal	**4.042**	**128**	**4.170**	**96,9**	**3,1**
Comunitat Valenciana	**235.516**	**305.247**	**540.763**	**43,6**	**56,4**

Fuente: Conselleria de Agricultura, Agua, Ganadería y Pesca y Portal estadístico de la GV

La Canal de Navarrés

Municipio	SECANO Hectáreas. 2024	REGADÍO Hectáreas. 2024	SUPERFICIE CULTIVADA. Hectáreas. 2024	% de secano	% de regadío
Anna	542	637	1.179	46,0	54,0
Bicorp	451	65	516	87,4	12,6
Bolbaite	999	231	1.230	81,2	18,8
Chella	1.035	426	1.461	70,8	29,2
Enguera	2.074	742	2.816	73,7	26,3
Millares	355	85	440	80,7	19,3
Navarrés	802	331	1.133	70,8	29,2
Quesa	466	140	606	76,9	23,1
Total comarcal	**6.724**	**2.657**	**9.381**	**71,7**	**28,3**
Comunitat Valenciana	**235.516**	**305.247**	**540.763**	**43,6**	**56,4**

La Costera

Municipio	SECANO Hectáreas. 2024	REGADÍO Hectáreas. 2024	SUPERFICIE CULTIVADA. Hectáreas. 2024	% de secano	% de regadío
Alcúdia de Crespins, l'	34	142	176	19,3	80,7
Barxeta	71	898	969	7,3	92,7
Canals	89	790	879	10,1	89,9
Cerdà	10	34	44	22,7	77,3
Estubeny	26	229	255	10,2	89,8
Font de la Figuera, la	1.558	1.009	2.567	60,7	39,3
Genovés, el	38	476	514	7,4	92,6
Granja de la Costera, la	4	62	66	6,1	93,9
Llanera de Ranes	35	418	453	7,7	92,3
Llocnou d'En Fenollet	10	99	109	9,2	90,8
Llosa de Ranes, la	12	235	247	4,9	95,1
Moixent/Mogente	1.963	996	2.959	66,3	33,7
Montesa	57	1.443	1.500	3,8	96,2
Novetlè/Novelé	8	46	54	14,8	85,2
Rotglà i Corberà	22	377	399	5,5	94,5
Torrella	9	58	67	13,4	86,6
Vallada	282	1.217	1.499	18,8	81,2
Vallés	6	68	74	8,1	91,9
Xàtiva	145	2.899	3.044	4,8	95,2
Total comarcal	**4.379**	**11.496**	**15.875**	**27,6**	**72,4**
Comunitat Valenciana	**235.516**	**305.247**	**540.763**	**43,6**	**56,4**

La Hoya de Buñol

Municipio	SECANO Hectáreas. 2024	REGADÍO Hectáreas. 2024	SUPERFICIE CULTIVADA. Hectáreas. 2024	% de secano	% de regadío
Alborache	272	287	559	48,7	51,3
Buñol	649	194	843	77,0	23,0
Cheste	1.102	1.691	2.793	39,5	60,5
Chiva	1.971	2.856	4.827	40,8	59,2
Dos Aguas	350	146	496	70,6	29,4
Godelleta	392	1.479	1.871	21,0	79,0
Macastre	446	249	695	64,2	35,8
Siete Aguas	519	117	636	81,6	18,4
Yátova	773	269	1.042	74,2	25,8
Total comarcal	**6.474**	**7.288**	**13.762**	**47,0**	**53,0**
Comunitat Valenciana	**235.516**	**305.247**	**540.763**	**43,6**	**56,4**

200

Fuente: Conselleria de Agricultura, Agua, Ganadería y Pesca y Portal estadístico de la GV

La Marina Alta

Municipio	SECANO Hectáreas. 2024	REGADÍO Hectáreas. 2024	SUPERFICIE CULTIVADA. Hectáreas. 2024	% de secano	% de regadío
Alcalalí	108	101	209	51,7	48,3
Atzúbia, l'	51	278	329	15,5	84,5
Beniarbeig	21	220	241	8,7	91,3
Benidoleig	21	200	221	9,5	90,5
Benigembla	158	12	170	92,9	7,1
Benimeli	7	92	99	7,1	92,9
Benissa	717	67	784	91,5	8,5
Calp	69	9	78	88,5	11,5
Castell de Castells	341	4	345	98,8	1,2
Dénia	167	875	1.042	16,0	84,0
Gata de Gorgos	133	60	193	68,9	31,1
Llíber	212	47	259	81,9	18,1
Murla	109	44	153	71,2	28,8
Ondara	12	356	368	3,3	96,7
Orba	111	281	392	28,3	71,7
Parcent	142	71	213	66,7	33,3
Pedreguer	47	450	497	9,5	90,5
Pego	41	1.806	1.847	2,2	97,8
Poble Nou de Benitatxell, el/Benitachell	133	11	144	92,4	7,6
Poblets, els	1	82	83	1,2	98,8
Ràfol d'Almúnia, el	11	84	95	11,6	88,4
Sagra	16	116	132	12,1	87,9
Sanet y Negrals	12	157	169	7,1	92,9
Senija	59	3	62	95,2	4,8
Teulada	588	101	689	85,3	14,7
Tormos	9	149	158	5,7	94,3
Vall d'Alcalà, la	221	1	222	99,5	0,5
Vall de Gallinera, la	469	100	569	82,4	17,6
Vall de Laguar, la	209	17	226	92,5	7,5
Vall d'Ebo, la	269	1	270	99,6	0,4
Verger, el	9	172	181	5,0	95,0
Xàbia/Jávea	230	261	491	46,8	53,2
Xaló	233	72	305	76,4	23,6
Total comarcal	**4.936**	**6.300**	**11.236**	**43,9**	**56,1**
Comunitat Valenciana	**235.516**	**305.247**	**540.763**	**43,6**	**56,4**

Fuente: Conselleria de Agricultura, Agua, Ganadería y Pesca y Portal estadístico de la GV

La Marina Baixa

Municipio	SECANO Hectáreas. 2024	REGADÍO Hectáreas. 2024	SUPERFICIE CULTIVADA. Hectáreas. 2024	% de secano	% de regadío
Alfàs del Pi, l'	16	179	195	8,2	91,8
Altea	6	459	465	1,3	98,7
Beniardá	186	72	258	72,1	27,9
Benidorm	13	116	129	10,1	89,9
Benifato	140	33	173	80,9	19,1
Benimantell	242	39	281	86,1	13,9
Bolulla	37	150	187	19,8	80,2
Callosa d'en Sarrià	19	1.180	1.199	1,6	98,4
Castell de Guadalest, el	99	62	161	61,5	38,5
Confrides	142	48	190	74,7	25,3
Finestrat	54	67	121	44,6	55,4
Nucia, la	17	181	198	8,6	91,4
Orxeta	68	65	133	51,1	48,9
Polop	48	225	273	17,6	82,4
Relleu	1.502	364	1.866	80,5	19,5
Sella	267	47	314	85,0	15,0
Tàrbena	224	48	272	82,4	17,6
Vila Joiosa, la/Villajoyosa	27	426	453	6,0	94,0
Total comarcal	**3.107**	**3.761**	**6.868**	**45,2**	**54,8**
Comunitat Valenciana	**235.516**	**305.247**	**540.763**	**43,6**	**56,4**

La Plana Alta

Municipio	SECANO Hectáreas. 2024	REGADÍO Hectáreas. 2024	SUPERFICIE CULTIVADA. Hectáreas. 2024	% de secano	% de regadío
Almassora	12	1.281	1.293	0,9	99,1
Benicàssim/Benicasim	66	219	285	23,2	76,8
Benlloc	1.597	128	1.725	92,6	7,4
Borriol	1.141	506	1.647	69,3	30,7
Cabanes	1.926	1.360	3.286	58,6	41,4
Castelló de la Plana	115	3.107	3.222	3,6	96,4
Coves de Vinromà, les	3.875	473	4.348	89,1	10,9
Orpesa/Oropesa del Mar	117	221	338	34,6	65,4
Pobla Tornesa, la	455	33	488	93,2	6,8
Sant Joan de Moró	613	100	713	86,0	14,0
Sierra Engarcerán	1.966	22	1.988	98,9	1,1
Torre d'en Doménec, la	179	13	192	93,2	6,8
Torreblanca	123	1.012	1.135	10,8	89,2
Vall d'Alba	2.203	166	2.369	93,0	7,0
Vilafamés	1.367	137	1.504	90,9	9,1
Vilanova d'Alcolea	1.649	135	1.784	92,4	7,6
Total comarcal	**17.404**	**8.913**	**26.317**	**66,1**	**33,9**
Comunitat Valenciana	**235.516**	**305.247**	**540.763**	**43,6**	**56,4**

Fuente: Conselleria de Agricultura, Agua, Ganadería y Pesca y Portal estadístico de la GV

La Plana Baixa

Municipio	SECANO Hectáreas. 2024	REGADÍO Hectáreas. 2024	SUPERFICIE CULTIVADA. Hectáreas. 2024	% de secano	% de regadío
Aín	47	20	67	70,1	29,9
Alcudia de Veo	84	25	109	77,1	22,9
Alfondeguilla	257	105	362	71,0	29,0
Almenara	103	1.321	1.424	7,2	92,8
Alqueries, les/Alquerías del Niño Perdido	5	840	845	0,6	99,4
Artana	476	313	789	60,3	39,7
Betxí	65	1.099	1.164	5,6	94,4
Borriana/Burriana	6	2.520	2.526	0,2	99,8
Chilches/Xilxes	21	554	575	3,7	96,3
Eslida	341	44	385	88,6	11,4
Llosa, la	16	440	456	3,5	96,5
Moncofa	17	595	612	2,8	97,2
Nules	39	2.610	2.649	1,5	98,5
Onda	530	3.106	3.636	14,6	85,4
Ribesalbes	23	36	59	39,0	61,0
Suera/Sueras	101	67	168	60,1	39,9
Tales	87	71	158	55,1	44,9
Vall d'Uixó, la	577	1.586	2.163	26,7	73,3
Vila-real	8	2.663	2.671	0,3	99,7
Vilavella, la	18	259	277	6,5	93,5
Total comarcal	**2.821**	**18.274**	**21.095**	**13,4**	**86,6**
Comunitat Valenciana	**235.516**	**305.247**	**540.763**	**43,6**	**56,4**

La Plana de Utiel-Requena

Municipio	SECANO Hectáreas. 2024	REGADÍO Hectáreas. 2024	SUPERFICIE CULTIVADA. Hectáreas. 2024	% de secano	% de regadío
Camporrobles	3.509	890	4.399	79,8	20,2
Caudete de las Fuentes	1.666	478	2.144	77,7	22,3
Chera	536	108	644	83,2	16,8
Fuenterrobles	2.620	602	3.222	81,3	18,7
Requena	15.517	6.985	22.502	69,0	31,0
Sinarcas	1.916	312	2.228	86,0	14,0
Utiel	7.362	3.004	10.366	71,0	29,0
Venta del Moro	5.602	2.470	8.072	69,4	30,6
Villargordo del Cabriel	1.292	729	2.021	63,9	36,1
Total comarcal	**40.020**	**15.578**	**55.598**	**72,0**	**28,0**
Comunitat Valenciana	**235.516**	**305.247**	**540.763**	**43,6**	**56,4**

Fuente: Conselleria de Agricultura, Agua, Ganadería y Pesca y Portal estadístico de la GV

La Ribera Alta

Municipio	SECANO Hectáreas. 2024	REGADÍO Hectáreas. 2024	SUPERFICIE CULTIVADA. Hectáreas. 2024	% de secano	% de regadío
Alberic	1	1.412	1.413	0,1	99,9
Alcàntera de Xúquer	0	262	262	0,0	100,0
Alcúdia, l'	6	1.942	1.948	0,3	99,7
Alfarp	125	716	841	14,9	85,1
Algemesí	0	3.272	3.272	0,0	100,0
Alginet	8	1.488	1.496	0,5	99,5
Alzira	50	4.881	4.931	1,0	99,0
Antella	14	663	677	2,1	97,9
Beneixida	0	189	189	0,0	100,0
Benifaió	7	1.403	1.410	0,5	99,5
Benimodo	2	1.008	1.010	0,2	99,8
Benimuslem	0	350	350	0,0	100,0
Carcaixent	13	2.507	2.520	0,5	99,5
Càrcer	0	567	567	0,0	100,0
Carlet	46	2.640	2.686	1,7	98,3
Castelló	1	1.436	1.437	0,1	99,9
Catadau	284	755	1.039	27,3	72,7
Cotes	1	263	264	0,4	99,6
Énova, l'	4	447	451	0,9	99,1
Gavarda	5	459	464	1,1	98,9
Guadassuar	99	2.107	2.206	4,5	95,5
Llombai	294	814	1.108	26,5	73,5
Manuel	0	328	328	0,0	100,0
Massalavés	0	447	447	0,0	100,0
Montroi/Montroy	372	918	1.290	28,8	71,2
Montserrat	610	758	1.368	44,6	55,4
Pobla Llarga, la	0	628	628	0,0	100,0
Rafelguaraf	6	735	741	0,8	99,2
Real	102	458	560	18,2	81,8
Sant Joanet	0	128	128	0,0	100,0
Sellent	33	415	448	7,4	92,6
Senyera	0	150	150	0,0	100,0
Sumacàrcer	202	397	599	33,7	66,3
Tous	239	234	473	50,5	49,5
Turís	860	2.394	3.254	26,4	73,6
Total comarcal	**3.384**	**37.571**	**40.955**	**8,3**	**91,7**
Comunitat Valenciana	**235.516**	**305.247**	**540.763**	**43,6**	**56,4**

204

Fuente: Conselleria de Agricultura, Agua, Ganadería y Pesca y Portal estadístico de la GV

La Ribera Baixa

Municipio	SECANO Hectáreas. 2024	REGADÍO Hectáreas. 2024	SUPERFICIE CULTIVADA. Hectáreas. 2024	% de secano	% de regadío
Albalat de la Ribera	1	1.218	1.219	0,1	99,9
Almussafes	0	471	471	0,0	100,0
Benicull de Xúquer	0	252	252	0,0	100,0
Corbera	0	1.165	1.165	0,0	100,0
Cullera	1	3.061	3.062	0,0	100,0
Favara	0	214	214	0,0	100,0
Fortaleny	4	365	369	1,1	98,9
Llaurí	0	662	662	0,0	100,0
Polinyà de Xúquer	1	646	647	0,2	99,8
Riola	0	446	446	0,0	100,0
Sollana	1	3.042	3.043	0,0	100,0
Sueca	0	7.591	7.591	0,0	100,0
Total comarcal	**8**	**19.133**	**19.141**	**0,0**	**100,0**
Comunitat Valenciana	**235.516**	**305.247**	**540.763**	**43,6**	**56,4**

La Safor

Municipio	SECANO Hectáreas. 2024	REGADÍO Hectáreas. 2024	SUPERFICIE CULTIVADA. Hectáreas. 2024	% de secano	% de regadío
Ador	0	407	407	0,0	100,0
Alfauir	15	202	217	6,9	93,1
Almiserà	4	141	145	2,8	97,2
Almoines	0	109	109	0,0	100,0
Alqueria de la Comtessa, l'	0	62	62	0,0	100,0
Barx	101	60	161	62,7	37,3
Bellreguard	0	103	103	0,0	100,0
Beniarjó	0	149	149	0,0	100,0
Benifairó de la Valldigna	0	697	697	0,0	100,0
Beniflá	0	28	28	0,0	100,0
Benirredrà	0	9	9	0,0	100,0
Castellonet de la Conquesta	2	161	163	1,2	98,8
Daimús	0	82	82	0,0	100,0
Font d'En Carròs, la	44	230	274	16,1	83,9
Gandia	2	1.360	1.362	0,1	99,9
Guardamar de la Safor	0	36	36	0,0	100,0
Llocnou de Sant Jeroni	16	108	124	12,9	87,1
Miramar	0	66	66	0,0	100,0
Oliva	6	1.917	1.923	0,3	99,7
Palma de Gandía	1	501	502	0,2	99,8
Palmera	0	57	57	0,0	100,0
Piles	0	143	143	0,0	100,0
Potries	1	119	120	0,8	99,2
Rafelcofer	0	108	108	0,0	100,0
Real de Gandia, el	0	128	128	0,0	100,0
Ròtova	0	157	157	0,0	100,0
Simat de la Valldigna	57	588	645	8,8	91,2
Tavernes de la Valldigna	0	1.958	1.958	0,0	100,0
Vilallonga/Villalonga	61	574	635	9,6	90,4
Xeraco	2	552	554	0,4	99,6
Xeresa	2	262	264	0,8	99,2
Total comarcal	**314**	**11.074**	**11.388**	**2,8**	**97,2**
Comunitat Valenciana	**235.516**	**305.247**	**540.763**	**43,6**	**56,4**

Fuente: Conselleria de Agricultura, Agua, Ganadería y Pesca y Portal estadístico de la GV

La Vall d'Albaida

Municipio	SECANO Hectáreas. 2024	REGADÍO Hectáreas. 2024	SUPERFICIE CULTIVADA. Hectáreas. 2024	% de secano	% de regadío
Agullent	221	269	490	45,1	54,9
Aielo de Malferit	283	229	512	55,3	44,7
Aielo de Rugat	49	94	143	34,3	65,7
Albaida	473	660	1.133	41,7	58,3
Alfarrasí	146	109	255	57,3	42,7
Atzeneta d'Albaida	59	94	153	38,6	61,4
Bèlgida	363	433	796	45,6	54,4
Bellús	118	16	134	88,1	11,9
Beniatjar	387	93	480	80,6	19,4
Benicolet	111	191	302	36,8	63,2
Benigànim	381	364	745	51,1	48,9
Benissoda	38	75	113	33,6	66,4
Benisuera	43	14	57	75,4	24,6
Bocairent	864	149	1.013	85,3	14,7
Bufali	60	44	104	57,7	42,3
Carrícola	114	122	236	48,3	51,7
Castelló de Rugat	292	210	502	58,2	41,8
Fontanars dels Alforins	2.078	860	2.938	70,7	29,3
Guadasséquies	56	42	98	57,1	42,9
Llutxent	272	742	1.014	26,8	73,2
Montaverner	121	135	256	47,3	52,7
Montitxelvo/Montichelvo	89	121	210	42,4	57,6
Olleria, l'	499	342	841	59,3	40,7
Ontinyent	1.524	798	2.322	65,6	34,4
Otos	269	216	485	55,5	44,5
Palomar, el	112	124	236	47,5	52,5
Pinet	82	29	111	73,9	26,1
Pobla del Duc, la	219	426	645	34,0	66,0
Quatretonda	263	520	783	33,6	66,4
Ráfol de Salem	110	45	155	71,0	29,0
Rugat	51	35	86	59,3	40,7
Salem	152	34	186	81,7	18,3
Sempere	57	31	88	64,8	35,2
Terrateig	104	66	170	61,2	38,8
Total comarcal	**10.060**	**7.732**	**17.792**	**56,5**	**43,5**
Comunitat Valenciana	**235.516**	**305.247**	**540.763**	**43,6**	**56,4**

L'Alacantí

Municipio	SECANO Hectáreas. 2024	REGADÍO Hectáreas. 2024	SUPERFICIE CULTIVADA. Hectáreas. 2024	% de secano	% de regadío
Agost	168	1.017	1.185	14,2	85,8
Aigües	37	15	52	71,2	28,8
Alacant/Alicante	343	1.628	1.971	17,4	82,6
Busot	41	24	65	63,1	36,9
Campello, el	17	166	183	9,3	90,7
Mutxamel	44	837	881	5,0	95,0
Sant Joan d'Alacant	3	96	99	3,0	97,0
Sant Vicent del Raspeig/San Vicente del Raspeig	58	283	341	17,0	83,0
Torre de les Maçanes, la/Torremanzanas	662	30	692	95,7	4,3
Xixona/Jijona	913	427	1.340	68,1	31,9
Total comarcal	**2.286**	**4.523**	**6.809**	**33,6**	**66,4**
Comunitat Valenciana	**235.516**	**305.247**	**540.763**	**43,6**	**56,4**

Fuente: Conselleria de Agricultura, Agua, Ganadería y Pesca y Portal estadístico de la GV

206

L'Alcalatén

Municipio	SECANO Hectáreas. 2024	REGADÍO Hectáreas. 2024	SUPERFICIE CULTIVADA. Hectáreas. 2024	% de secano	% de regadío
Alcora, l'	648	348	996	65,1	34,9
Costur	341	5	346	98,6	1,4
Figueroles	250	15	265	94,3	5,7
Llucena/Lucena del Cid	356	33	389	91,5	8,5
Useres, les/Useras	2.955	62	3.017	97,9	2,1
Xodos/Chodos	116	4	120	96,7	3,3
Total comarcal	**4.666**	**467**	**5.133**	**90,9**	**9,1**
Comunitat Valenciana	**235.516**	**305.247**	**540.763**	**43,6**	**56,4**

L'Alcoià

Municipio	SECANO Hectáreas. 2024	REGADÍO Hectáreas. 2024	SUPERFICIE CULTIVADA. Hectáreas. 2024	% de secano	% de regadío
Alcoi/Alcoy	1.688	387	2.075	81,3	18,7
Banyeres de Mariola	946	59	1.005	94,1	5,9
Benifallim	226	55	281	80,4	19,6
Castalla	2.216	609	2.825	78,4	21,6
Ibi	1.296	267	1.563	82,9	17,1
Onil	1.136	333	1.469	77,3	22,7
Penàguila	810	149	959	84,5	15,5
Tibi	577	49	626	92,2	7,8
Total comarcal	**8.895**	**1.908**	**10.803**	**82,3**	**17,7**
Comunitat Valenciana	**235.516**	**305.247**	**540.763**	**43,6**	**56,4**

L'Alt Maestrat

Municipio	SECANO Hectáreas. 2024	REGADÍO Hectáreas. 2024	SUPERFICIE CULTIVADA. Hectáreas. 2024	% de secano	% de regadío
Albocàsser	1.784	40	1.824	97,8	2,2
Ares del Maestrat	708	5	713	99,3	0,7
Atzeneta del Maestrat	1.320	28	1.348	97,9	2,1
Benafigos	327	8	335	97,6	2,4
Benassal	1.041	15	1.056	98,6	1,4
Catí	734	6	740	99,2	0,8
Culla	1.550	34	1.584	97,9	2,1
Serratella, la	165	9	174	94,8	5,2
Tírig	1.010	19	1.029	98,2	1,8
Torre d'En Besora, la	358	14	372	96,2	3,8
Vilar de Canes	403	10	413	97,6	2,4
Vistabella del Maestrat	585	10	595	98,3	1,7
Total comarcal	**9.985**	**198**	**10.183**	**98,1**	**1,9**
Comunitat Valenciana	**235.516**	**305.247**	**540.763**	**43,6**	**56,4**

Fuente: Conselleria de Agricultura, Agua, Ganadería y Pesca y Portal estadístico de la GV

L'Alt Vinalopó/Alto Vinalopó

Municipio	SECANO Hectáreas. 2024	REGADÍO Hectáreas. 2024	SUPERFICIE CULTIVADA. Hectáreas. 2024	% de secano	% de regadío
Beneixama	1.021	151	1.172	87,1	12,9
Biar	2.220	660	2.880	77,1	22,9
Camp de Mirra, el/Campo de Mirra	519	164	683	76,0	24,0
Cañada	612	169	781	78,4	21,6
Salinas	1.149	872	2.021	56,9	43,1
Sax	1.322	572	1.894	69,8	30,2
Villena	5.227	7.558	12.785	40,9	59,1
Total comarcal	**12.070**	**10.146**	**22.216**	**54,3**	**45,7**
Comunitat Valenciana	**235.516**	**305.247**	**540.763**	**43,6**	**56,4**

L'Horta Nord

Municipio	SECANO Hectáreas. 2024	REGADÍO Hectáreas. 2024	SUPERFICIE CULTIVADA. Hectáreas. 2024	% de secano	% de regadío
Albalat dels Sorells	0	230	230	0,0	100,0
Alboraia/Alboraya	0	565	565	0,0	100,0
Albuixech	0	227	227	0,0	100,0
Alfara del Patriarca	0	105	105	0,0	100,0
Almàssera	0	216	216	0,0	100,0
Bonrepòs i Mirambell	0	63	63	0,0	100,0
Burjassot	0	63	63	0,0	100,0
Emperador	0	0	0	0	0
Foios	0	439	439	0,0	100,0
Godella	48	109	157	30,6	69,4
Massalfassar	0	156	156	0,0	100,0
Massamagrell	1	250	251	0,4	99,6
Meliana	0	360	360	0,0	100,0
Moncada	11	739	750	1,5	98,5
Museros	21	781	802	2,6	97,4
Paterna	118	348	466	25,3	74,7
Pobla de Farnals, la	0	161	161	0,0	100,0
Puçol	0	742	742	0,0	100,0
Puig de Santa Maria, el	11	1.202	1.213	0,9	99,1
Rafelbunyol	2	156	158	1,3	98,7
Rocafort	0	33	33	0,0	100,0
Tavernes Blanques	0	8	8	0,0	100,0
Vinalesa	0	85	85	0,0	100,0
Total comarcal	**212**	**7.038**	**7.250**	**2,9**	**97,1**
Comunitat Valenciana	**235.516**	**305.247**	**540.763**	**43,6**	**56,4**

València

Municipio	SECANO Hectáreas. 2024	REGADÍO Hectáreas. 2024	SUPERFICIE CULTIVADA. Hectáreas. 2024	% de secano	% de regadío
València	8	2.820	2.828	0,3	99,7
Total comarcal	**8**	**2.820**	**2.828**	**0,3**	**99,7**
Comunitat Valenciana	**235.516**	**305.247**	**540.763**	**43,6**	**56,4**

208

Fuente: Conselleria de Agricultura, Agua, Ganadería y Pesca y Portal estadístico de la GV

L'Horta Sud

Municipio	SECANO Hectáreas. 2024	REGADÍO Hectáreas. 2024	SUPERFICIE CULTIVADA. Hectáreas. 2024	% de secano	% de regadío
Alaquàs	0	76	76	0,0	100,0
Albal	0	294	294	0,0	100,0
Alcàsser	0	654	654	0,0	100,0
Aldaia	12	364	376	3,2	96,8
Alfafar	0	688	688	0,0	100,0
Benetússer	0	3	3	0,0	100,0
Beniparrell	0	121	121	0,0	100,0
Catarroja	0	698	698	0,0	100,0
Llocnou de la Corona	0	0	0	0	0
Manises	33	370	403	8,2	91,8
Massanassa	0	398	398	0,0	100,0
Mislata	0	13	13	0,0	100,0
Paiporta	0	69	69	0,0	100,0
Picanya	1	293	294	0,3	99,7
Picassent	74	4.126	4.200	1,8	98,2
Quart de Poblet	24	611	635	3,8	96,2
Sedaví	0	102	102	0,0	100,0
Silla	1	1.669	1.670	0,1	99,9
Torrent	124	2.445	2.569	4,8	95,2
Xirivella	0	95	95	0,0	100,0
Total comarcal	**269**	**13.089**	**13.358**	**2,0**	**98,0**
Comunitat Valenciana	**235.516**	**305.247**	**540.763**	**43,6**	**56,4**

La Serranía

Municipio	SECANO Hectáreas. 2024	REGADÍO Hectáreas. 2024	SUPERFICIE CULTIVADA. Hectáreas. 2024	% de secano	% de regadío
Alcublas	894	27	921	97,1	2,9
Alpuente	2.087	120	2.207	94,6	5,4
Andilla	1.209	54	1.263	95,7	4,3
Aras de los Olmos	1.020	66	1.086	93,9	6,1
Benagéber	127	23	150	84,7	15,3
Bugarra	343	710	1.053	32,6	67,4
Calles	536	87	623	86,0	14,0
Chelva	1.374	346	1.720	79,9	20,1
Chulilla	787	1.033	1.820	43,2	56,8
Domeño	225	139	364	61,8	38,2
Gestalgar	463	214	677	68,4	31,6
Higueruelas	349	25	374	93,3	6,7
Losa del Obispo	274	104	378	72,5	27,5
Pedralba	690	2.421	3.111	22,2	77,8
Sot de Chera	243	98	341	71,3	28,7
Titaguas	768	100	868	88,5	11,5
Tuéjar	718	156	874	82,2	17,8
Villar del Arzobispo	904	938	1.842	49,1	50,9
Yesa, La	581	42	623	93,3	6,7
Total comarcal	**13.592**	**6.703**	**20.295**	**67,0**	**33,0**
Comunitat Valenciana	**235.516**	**305.247**	**540.763**	**43,6**	**56,4**

Fuente: Conselleria de Agricultura, Agua, Ganadería y Pesca y Portal estadístico de la GV

TIPOLOGÍAS DE LOS CULTIVOS POR COMARCAS

ALT VINALOPÓ/ALTO VINALOPÓ

Cultivo	ALT VINALOPÓ/ ALTO VINALOPÓ Ha	% respecto al total comarcal	Total Comunitat Valenciana. Ha	% respecto al total de la Comunitat Valenciana
Cereales para grano	802	7,9	18.429	6,0
Cítricos		0,0	153.623	50,3
Cultivos forrajeros	61	0,6	1.385	0,5
Cultivos industriales	37	0,4	923	0,3
Flores y P. ornamentales		0,0	647	0,2
Frutales	2.742	27,0	46.349	15,2
Frutales en huertos	74	0,7	3.678	1,2
Hortalizas	1.069	10,5	24.586	8,1
Huertos familiares	74	0,7	3.107	1,0
Leguminosas grano	20	0,2	174	0,1
Olivar	2.112	20,8	13.053	4,3
Otros leñosos		0,0	462	0,2
Tubérculos C. humano	347	3,4	3.906	1,3
Viñedo	2.575	25,4	28.045	9,2
Viveros	233	2,3	6.880	2,3
Total comarcal y CV	**10.146**	**100,0**	**305.247**	**100,0**
Leñosos	7.503	74,0	245.210	80,3
Herbáceos	2.643	26,0	60.037	19,7

ALTO MILLARES

Cultivo	ALTO MILLARES Ha	% respecto al total comarcal	Total Comunitat Valenciana. Ha	% respecto al total de la Comunitat Valenciana
Cereales para grano	1	0,2	18.429	6,0
Cítricos	124	25,0	153.623	50,3
Cultivos forrajeros	1	0,2	1.385	0,5
Cultivos industriales		0,0	923	0,3
Flores y P. ornamentales		0,0	647	0,2
Frutales	55	11,1	46.349	15,2
Frutales en huertos	75	15,1	3.678	1,2
Hortalizas	56	11,3	24.586	8,1
Huertos familiares	105	21,2	3.107	1,0
Leguminosas grano	0	0,0	174	0,1
Olivar	55	11,1	13.053	4,3
Otros leñosos	14	2,8	462	0,2
Tubérculos C. humano	9	1,8	3.906	1,3
Viñedo	0	0,0	28.045	9,2
Viveros	1	0,2	6.880	2,3
Total comarcal y CV	**496**	**100,0**	**305.247**	**100,0**
Leñosos	323	65,1	245.210	80,3
Herbáceos	173	34,9	60.037	19,7

210

Fuente: Conselleria de Agricultura, Agua, Ganadería y Pesca y Portal estadístico de la GV

Los leñosos agrupan: Cítricos, frutales, frutales en huertos, olivar, otros leñosos y viñedo. Los herbáceos agrupan: Cereales para grano, cultivos forrajeros, cultivos industriales, flores y plantas ornamentales, hortalizas, huertos familiares, leguminosas grano, tubérculos consumo humano y viveros.

Cultivo	ALTO PALANCIA Ha	% respecto al total comarcal	Total Comunitat Valenciana. Ha	% respecto al total de la Comunitat Valenciana
Cereales para grano	49	1,4	18.429	6,0
Cítricos	509	14,0	153.623	50,3
Cultivos forrajeros	8	0,2	1.385	0,5
Cultivos industriales	3	0,1	923	0,3
Flores y P. ornamentales	47	1,3	647	0,2
Frutales	1.409	38,9	46.349	15,2
Frutales en huertos	99	2,7	3.678	1,2
Hortalizas	213	5,9	24.586	8,1
Huertos familiares	66	1,8	3.107	1,0
Leguminosas grano	2	0,1	174	0,1
Olivar	1.008	27,8	13.053	4,3
Otros leñosos	71	2,0	462	0,2
Tubérculos C. humano	23	0,6	3.906	1,3
Viñedo	6	0,2	28.045	9,2
Viveros	110	3,0	6.880	2,3
Total comarcal y CV	**3.623**	**100,0**	**305.247**	**100,0**
Leñosos	3.102	85,6	245.210	80,3
Herbáceos	521	14,4	60.037	19,7

211

BAIX SEGURA/VEGA BAJA

Cultivo	BAIX SEGURA/ VEGA BAJA Ha	% respecto al total comarcal	Total Comunitat Valenciana. Ha	% respecto al total de la Comunitat Valenciana
Cereales para grano	592	1,5	18.429	6,0
Cítricos	25.187	65,6	153.623	50,3
Cultivos forrajeros	646	1,7	1.385	0,5
Cultivos industriales	551	1,4	923	0,3
Flores y P. ornamentales	62	0,2	647	0,2
Frutales	1.785	4,7	46.349	15,2
Frutales en huertos	699	1,8	3.678	1,2
Hortalizas	6.648	17,3	24.586	8,1
Huertos familiares	318	0,8	3.107	1,0
Leguminosas grano	4	0,0	174	0,1
Olivar	297	0,8	13.053	4,3
Otros leñosos	11	0,0	462	0,2
Tubérculos C. humano	1.045	2,7	3.906	1,3
Viñedo	220	0,6	28.045	9,2
Viveros	317	0,8	6.880	2,3
Total comarcal y CV	38.382	100,0	305.247	100,0
Leñosos	28.199	73,5	245.210	80,3
Herbáceos	10.183	26,5	60.037	19,7

Fuente: Conselleria de Agricultura, Agua, Ganadería y Pesca y Portal estadístico de la GV

Los leñosos agrupan: Cítricos, frutales, frutales en huertos, olivar, otros leñosos y viñedo.
Los herbáceos agrupan: Cereales para grano, cultivos forrajeros, cultivos industriales, flores y plantas ornamentales, hortalizas, huertos familiares, leguminosas grano, tubérculos consumo humano y viveros.

BAIX VINALOPÓ

Cultivo	BAIX VINALOPÓ Ha	% respecto al total comarcal	Total Comunitat Valenciana. Ha	% respecto al total de la Comunitat Valenciana
Cereales para grano	272	2,7	18.429	6,0
Cítricos	1.526	15,1	153.623	50,3
Cultivos forrajeros	256	2,5	1.385	0,5
Cultivos industriales	106	1,0	923	0,3
Flores y P. ornamentales	77	0,8	647	0,2
Frutales	2.845	28,1	46.349	15,2
Frutales en huertos	114	1,1	3.678	1,2
Hortalizas	1.654	16,4	24.586	8,1
Huertos familiares	304	3,0	3.107	1,0
Leguminosas grano	1	0,0	174	0,1
Olivar	403	4,0	13.053	4,3
Otros leñosos	10	0,1	462	0,2
Tubérculos C. humano	184	1,8	3.906	1,3
Viñedo	187	1,8	28.045	9,2
Viveros	2.176	21,5	6.880	2,3
Total comarcal y CV	**10.115**	**100,0**	**305.247**	**100,0**
Leñosos	5.085	50,3	245.210	80,3
Herbáceos	5.030	49,7	60.037	19,7

212

EL BAIX MAESTRAT

Cultivo	EL BAIX MAESTRAT Ha	% respecto al total comarcal	Total Comunitat Valenciana. Ha	% respecto al total de la Comunitat Valenciana
Cereales para grano	19	0,1	18.429	6,0
Cítricos	9.436	67,4	153.623	50,3
Cultivos forrajeros	7	0,1	1.385	0,5
Cultivos industriales	2	0,0	923	0,3
Flores y P. ornamentales	38	0,3	647	0,2
Frutales	789	5,6	46.349	15,2
Frutales en huertos	123	0,9	3.678	1,2
Hortalizas	1.997	14,3	24.586	8,1
Huertos familiares	162	1,2	3.107	1,0
Leguminosas grano	4	0,0	174	0,1
Olivar	413	3,0	13.053	4,3
Otros leñosos	5	0,0	462	0,2
Tubérculos C. humano	179	1,3	3.906	1,3
Viñedo	4	0,0	28.045	9,2
Viveros	816	5,8	6.880	2,3
Total comarcal y CV	**13.994**	**100,0**	**305.247**	**100,0**
Leñosos	10.770	77,0	245.210	80,3
Herbáceos	3.224	23,0	60.037	19,7

Fuente: Conselleria de Agricultura, Agua, Ganadería y Pesca y Portal estadístico de la GV

Los leñosos agrupan: Cítricos, frutales, frutales en huertos, olivar, otros leñosos y viñedo. Los herbáceos agrupan: Cereales para grano, cultivos forrajeros, cultivos industriales, flores y plantas ornamentales, hortalizas, huertos familiares, leguminosas grano, tubérculos consumo humano y viveros.

EL CAMP DE MORVEDRE

Cultivo	EL CAMP DE MORVEDRE Ha	% respecto al total comarcal	Total Comunitat Valenciana. Ha	% respecto al total de la Comunitat Valenciana
Cereales para grano		0,0	18.429	6,0
Cítricos	6.044	84,8	153.623	50,3
Cultivos forrajeros	1	0,0	1.385	0,5
Cultivos industriales		0,0	923	0,3
Flores y P. ornamentales	4	0,1	647	0,2
Frutales	567	8,0	46.349	15,2
Frutales en huertos	96	1,3	3.678	1,2
Hortalizas	234	3,3	24.586	8,1
Huertos familiares	35	0,5	3.107	1,0
Leguminosas grano		0,0	174	0,1
Olivar	97	1,4	13.053	4,3
Otros leñosos	19	0,3	462	0,2
Tubérculos C. humano	10	0,1	3.906	1,3
Viñedo	3	0,0	28.045	9,2
Viveros	18	0,3	6.880	2,3
Total comarcal y CV	**7.128**	**100,0**	**305.247**	**100,0**
Leñosos	6.826	95,8	245.210	80,3
Herbáceos	302	4,2	60.037	19,7

EL CAMP DE TÚRIA

Cultivo	EL CAMP DE TÚRIA Ha	% respecto al total comarcal	Total Comunitat Valenciana. Ha	% respecto al total de la Comunitat Valenciana
Cereales para grano	7	0,0	18.429	6,0
Cítricos	13.844	73,6	153.623	50,3
Cultivos forrajeros	36	0,2	1.385	0,5
Cultivos industriales	2	0,0	923	0,3
Flores y P. ornamentales	64	0,3	647	0,2
Frutales	2.154	11,4	46.349	15,2
Frutales en huertos	220	1,2	3.678	1,2
Hortalizas	1.134	6,0	24.586	8,1
Huertos familiares	161	0,9	3.107	1,0
Leguminosas grano	5	0,0	174	0,1
Olivar	627	3,3	13.053	4,3
Otros leñosos	64	0,3	462	0,2
Tubérculos C. humano	18	0,1	3.906	1,3
Viñedo	208	1,1	28.045	9,2
Viveros	277	1,5	6.880	2,3
Total comarcal y CV	**18.821**	**100,0**	**305.247**	**100,0**
Leñosos	17.117	90,9	245.210	80,3
Herbáceos	1.704	9,1	60.037	19,7

Fuente: Conselleria de Agricultura, Agua, Ganadería y Pesca y Portal estadístico de la GV

Los leñosos agrupan: Cítricos, frutales, frutales en huertos, olivar, otros leñosos y viñedo. Los herbáceos agrupan: Cereales para grano, cultivos forrajeros, cultivos industriales, flores y plantas ornamentales, hortalizas, huertos familiares, leguminosas grano, tubérculos consumo humano y viveros.

EL COMTAT

Cultivo	EL COMTAT Ha	% respecto al total comarcal	Total Comunitat Valenciana. Ha	% respecto al total de la Comunitat Valenciana
Cereales para grano	4	0,7	18.429	6,0
Cítricos		0,0	153.623	50,3
Cultivos forrajeros	1	0,2	1.385	0,5
Cultivos industriales	2	0,4	923	0,3
Flores y P. ornamentales		0,0	647	0,2
Frutales	203	37,6	46.349	15,2
Frutales en huertos	2	0,4	3.678	1,2
Hortalizas	87	16,1	24.586	8,1
Huertos familiares	34	6,3	3.107	1,0
Leguminosas grano	0	0,0	174	0,1
Olivar	174	32,2	13.053	4,3
Otros leñosos	0	0,0	462	0,2
Tubérculos C. humano	24	4,4	3.906	1,3
Viñedo	8	1,5	28.045	9,2
Viveros	1	0,2	6.880	2,3
Total comarcal y CV	**540**	**100,0**	**305.247**	**100,0**
Leñosos	387	71,7	245.210	80,3
Herbáceos	153	28,3	60.037	19,7

EL VALLE DE AYORA

Cultivo	EL VALLE DE AYORA Ha	% respecto al total comarcal	Total Comunitat Valenciana. Ha	% respecto al total de la Comunitat Valenciana
Cereales para grano	363	16,9	18.429	6,0
Cítricos		0,0	153.623	50,3
Cultivos forrajeros	65	3,0	1.385	0,5
Cultivos industriales	16	0,7	923	0,3
Flores y P. ornamentales	3	0,1	647	0,2
Frutales	515	24,0	46.349	15,2
Frutales en huertos	19	0,9	3.678	1,2
Hortalizas	32	1,5	24.586	8,1
Huertos familiares	1	0,0	3.107	1,0
Leguminosas grano	73	3,4	174	0,1
Olivar	517	24,1	13.053	4,3
Otros leñosos	0	0,0	462	0,2
Tubérculos C. humano		0,0	3.906	1,3
Viñedo	533	24,9	28.045	9,2
Viveros	5	0,2	6.880	2,3
Total comarcal y CV	**2.142**	**100,0**	**305.247**	**100,0**
Leñosos	1.584	73,9	245.210	80,3
Herbáceos	558	26,1	60.037	19,7

Fuente: Conselleria de Agricultura, Agua, Ganadería y Pesca y Portal estadístico de la GV

Los leñosos agrupan: Cítricos, frutales, frutales en huertos, olivar, otros leñosos y viñedo. Los herbáceos agrupan: Cereales para grano, cultivos forrajeros, cultivos industriales, flores y plantas ornamentales, hortalizas, huertos familiares, leguminosas grano, tubérculos consumo humano y viveros.

ELS PORTS

Cultivo	ELS PORTS Ha	% respecto al total comarcal	Total Comunitat Valenciana. Ha	% respecto al total de la Comunitat Valenciana
Cereales para grano	32	25,0	18.429	6,0
Cítricos		0,0	153.623	50,3
Cultivos forrajeros	2	1,6	1.385	0,5
Cultivos industriales	4	3,1	923	0,3
Flores y P. ornamentales		0,0	647	0,2
Frutales	4	3,1	46.349	15,2
Frutales en huertos	28	21,9	3.678	1,2
Hortalizas	31	24,2	24.586	8,1
Huertos familiares	21	16,4	3.107	1,0
Leguminosas grano	0	0,0	174	0,1
Olivar		0,0	13.053	4,3
Otros leñosos	1	0,8	462	0,2
Tubérculos C. humano	5	3,9	3.906	1,3
Viñedo	0	0,0	28.045	9,2
Viveros		0,0	6.880	2,3
Total comarcal y CV	**128**	**100,0**	**305.247**	**100,0**
Leñosos	33	25,8	245.210	80,3
Herbáceos	95	74,2	60.037	19,7

L'ALACANTÍ

Cultivo	L'ALACANTÍ Ha	% respecto al total comarcal	Total Comunitat Valenciana. Ha	% respecto al total de la Comunitat Valenciana
Cereales para grano	0	0,0	18.429	6,0
Cítricos	755	16,7	153.623	50,3
Cultivos forrajeros	0	0,0	1.385	0,5
Cultivos industriales	13	0,3	923	0,3
Flores y P. ornamentales	5	0,1	647	0,2
Frutales	1.371	30,3	46.349	15,2
Frutales en huertos	55	1,2	3.678	1,2
Hortalizas	965	21,3	24.586	8,1
Huertos familiares	118	2,6	3.107	1,0
Leguminosas grano	1	0,0	174	0,1
Olivar	263	5,8	13.053	4,3
Otros leñosos	42	0,9	462	0,2
Tubérculos C. humano	17	0,4	3.906	1,3
Viñedo	871	19,3	28.045	9,2
Viveros	47	1,0	6.880	2,3
Total comarcal y CV	4.523	100,0	305.247	100,0
Leñosos	3.357	74,2	245.210	80,3
Herbáceos	1.166	25,8	60.037	19,7

Fuente: Conselleria de Agricultura, Agua, Ganadería y Pesca y Portal estadístico de la GV

Los leñosos agrupan: Cítricos, frutales, frutales en huertos, olivar, otros leñosos y viñedo.
Los herbáceos agrupan: Cereales para grano, cultivos forrajeros, cultivos industriales, flores y plantas ornamentales, hortalizas, huertos familiares, leguminosas grano, tubérculos consumo humano y viveros.

L'ALCALATÉN

Cultivo	L'ALCALATÉN Ha	% respecto al total comarcal	Total Comunitat Valenciana. Ha	% respecto al total de la Comunitat Valenciana
Cereales para grano	0	0,0	18.429	6,0
Cítricos	206	44,1	153.623	50,3
Cultivos forrajeros	27	5,8	1.385	0,5
Cultivos industriales	0	0,0	923	0,3
Flores y P. ornamentales		0,0	647	0,2
Frutales	76	16,3	46.349	15,2
Frutales en huertos	17	3,6	3.678	1,2
Hortalizas	57	12,2	24.586	8,1
Huertos familiares	10	2,1	3.107	1,0
Leguminosas grano	0	0,0	174	0,1
Olivar	63	13,5	13.053	4,3
Otros leñosos	0	0,0	462	0,2
Tubérculos C. humano	8	1,7	3.906	1,3
Viñedo	3	0,6	28.045	9,2
Viveros		0,0	6.880	2,3
Total comarcal y CV	**467**	**100,0**	**305.247**	**100,0**
Leñosos	365	78,2	245.210	80,3
Herbáceos	102	21,8	60.037	19,7

L'ALCOIÀ

Cultivo	L'ALCOIÀ Ha	% respecto al total comarcal	Total Comunitat Valenciana. Ha	% respecto al total de la Comunitat Valenciana
Cereales para grano	148	7,8	18.429	6,0
Cítricos		0,0	153.623	50,3
Cultivos forrajeros	11	0,6	1.385	0,5
Cultivos industriales	19	1,0	923	0,3
Flores y P. ornamentales		0,0	647	0,2
Frutales	761	39,9	46.349	15,2
Frutales en huertos	20	1,0	3.678	1,2
Hortalizas	138	7,2	24.586	8,1
Huertos familiares	47	2,5	3.107	1,0
Leguminosas grano	11	0,6	174	0,1
Olivar	612	32,1	13.053	4,3
Otros leñosos	0	0,0	462	0,2
Tubérculos C. humano	27	1,4	3.906	1,3
Viñedo	114	6,0	28.045	9,2
Viveros		0,0	6.880	2,3
Total comarcal y CV	**1.908**	**100,0**	**305.247**	**100,0**
Leñosos	1.507	79,0	245.210	80,3
Herbáceos	401	21,0	60.037	19,7

216

Fuente: Conselleria de Agricultura, Agua, Ganadería y Pesca y Portal estadístico de la GV

Los leñosos agrupan: Cítricos, frutales, frutales en huertos, olivar, otros leñosos y viñedo. Los herbáceos agrupan: Cereales para grano, cultivos forrajeros, cultivos industriales, flores y plantas ornamentales, hortalizas, huertos familiares, leguminosas grano, tubérculos consumo humano y viveros.

L'ALT MAESTRAT

Cultivo	L'ALT MAESTRAT Ha	% respecto al total comarcal	Total Comunitat Valenciana. Ha	% respecto al total de la Comunitat Valenciana
Cereales para grano	2	1,0	18.429	6,0
Cítricos		0,0	153.623	50,3
Cultivos forrajeros	0	0,0	1.385	0,5
Cultivos industriales	0	0,0	923	0,3
Flores y P. ornamentales		0,0	647	0,2
Frutales	56	28,3	46.349	15,2
Frutales en huertos	28	14,1	3.678	1,2
Hortalizas	67	33,8	24.586	8,1
Huertos familiares	23	11,6	3.107	1,0
Leguminosas grano	0	0,0	174	0,1
Olivar	9	4,5	13.053	4,3
Otros leñosos	1	0,5	462	0,2
Tubérculos C. humano	12	6,1	3.906	1,3
Viñedo	0	0,0	28.045	9,2
Viveros		0,0	6.880	2,3
Total comarcal y CV	**198**	**100,0**	**305.247**	**100,0**
Leñosos	94	47,5	245.210	80,3
Herbáceos	104	52,5	60.037	19,7

L'HORTA NORD

Cultivo	L'HORTA NORD Ha	% respecto al total comarcal	Total Comunitat Valenciana. Ha	% respecto al total de la Comunitat Valenciana
Cereales para grano		0,0	18.429	6,0
Cítricos	3.706	52,7	153.623	50,3
Cultivos forrajeros	21	0,3	1.385	0,5
Cultivos industriales	3	0,0	923	0,3
Flores y P. ornamentales	32	0,5	647	0,2
Frutales	346	4,9	46.349	15,2
Frutales en huertos	73	1,0	3.678	1,2
Hortalizas	1.759	25,0	24.586	8,1
Huertos familiares	219	3,1	3.107	1,0
Leguminosas grano	3	0,0	174	0,1
Olivar	7	0,1	13.053	4,3
Otros leñosos	5	0,1	462	0,2
Tubérculos C. humano	746	10,6	3.906	1,3
Viñedo	1	0,0	28.045	9,2
Viveros	117	1,7	6.880	2,3
Total comarcal y CV	**7.038**	**100,0**	**305.247**	**100,0**
Leñosos	4.138	58,8	245.210	80,3
Herbáceos	2.900	41,2	60.037	19,7

Fuente: Conselleria de Agricultura, Agua, Ganadería y Pesca y Portal estadístico de la GV

Los leñosos agrupan: Cítricos, frutales, frutales en huertos, olivar, otros leñosos y viñedo. Los herbáceos agrupan: Cereales para grano, cultivos forrajeros, cultivos industriales, flores y plantas ornamentales, hortalizas, huertos familiares, leguminosas grano, tubérculos consumo humano y viveros.

L'HORTA SUD

Cultivo	L'HORTA SUD Ha	% respecto al total comarcal	Total Comunitat Valenciana. Ha	% respecto al total de la Comunitat Valenciana
Cereales para grano	2.337	17,9	18.429	6,0
Cítricos	7.289	55,7	153.623	50,3
Cultivos forrajeros	18	0,1	1.385	0,5
Cultivos industriales	6	0,0	923	0,3
Flores y P. ornamentales	88	0,7	647	0,2
Frutales	1.386	10,6	46.349	15,2
Frutales en huertos	144	1,1	3.678	1,2
Hortalizas	1.094	8,4	24.586	8,1
Huertos familiares	125	1,0	3.107	1,0
Leguminosas grano	14	0,1	174	0,1
Olivar	27	0,2	13.053	4,3
Otros leñosos	18	0,1	462	0,2
Tubérculos C. humano	184	1,4	3.906	1,3
Viñedo	9	0,1	28.045	9,2
Viveros	350	2,7	6.880	2,3
Total comarcal y CV	**13.089**	**100,0**	**305.247**	**100,0**
Leñosos	8.873	67,8	245.210	80,3
Herbáceos	4.216	32,2	60.037	19,7

LA CANAL DE NAVARRÉS

Cultivo	LA CANAL DE NAVARRÉS Ha	% respecto al total comarcal	Total Comunitat Valenciana. Ha	% respecto al total de la Comunitat Valenciana
Cereales para grano	40	1,5	18.429	6,0
Cítricos	739	27,8	153.623	50,3
Cultivos forrajeros	11	0,4	1.385	0,5
Cultivos industriales	3	0,1	923	0,3
Flores y P. ornamentales		0,0	647	0,2
Frutales	379	14,3	46.349	15,2
Frutales en huertos	20	0,8	3.678	1,2
Hortalizas	128	4,8	24.586	8,1
Huertos familiares	12	0,5	3.107	1,0
Leguminosas grano	7	0,3	174	0,1
Olivar	1.131	42,6	13.053	4,3
Otros leñosos	15	0,6	462	0,2
Tubérculos C. humano	9	0,3	3.906	1,3
Viñedo	55	2,1	28.045	9,2
Viveros	108	4,1	6.880	2,3
Total comarcal y CV	**2.657**	**100,0**	**305.247**	**100,0**
Leñosos	2.339	88,0	245.210	80,3
Herbáceos	318	12,0	60.037	19,7

Fuente: Conselleria de Agricultura, Agua, Ganadería y Pesca y Portal estadístico de la GV

Los leñosos agrupan: Cítricos, frutales, frutales en huertos, olivar, otros leñosos y viñedo. Los herbáceos agrupan: Cereales para grano, cultivos forrajeros, cultivos industriales, flores y plantas ornamentales, hortalizas, huertos familiares, leguminosas grano, tubérculos consumo humano y viveros.

LA COSTERA

Cultivo	LA COSTERA Ha	% respecto al total comarcal	Total Comunitat Valenciana. Ha	% respecto al total de la Comunitat Valenciana
Cereales para grano	52	0,5	18.429	6,0
Cítricos	7.370	64,1	153.623	50,3
Cultivos forrajeros	6	0,1	1.385	0,5
Cultivos industriales	2	0,0	923	0,3
Flores y P. ornamentales	25	0,2	647	0,2
Frutales	1.743	15,2	46.349	15,2
Frutales en huertos	134	1,2	3.678	1,2
Hortalizas	484	4,2	24.586	8,1
Huertos familiares	23	0,2	3.107	1,0
Leguminosas grano	3	0,0	174	0,1
Olivar	788	6,9	13.053	4,3
Otros leñosos	2	0,0	462	0,2
Tubérculos C. humano	1	0,0	3.906	1,3
Viñedo	651	5,7	28.045	9,2
Viveros	212	1,8	6.880	2,3
Total comarcal y CV	**11.496**	**100,0**	**305.247**	**100,0**
Leñosos	10.688	93,0	245.210	80,3
Herbáceos	808	7,0	60.037	19,7

LA HOYA DE BUÑOL

Cultivo	LA HOYA DE BUÑOL Ha	% respecto al total comarcal	Total Comunitat Valenciana. Ha	% respecto al total de la Comunitat Valenciana
Cereales para grano	1	0,0	18.429	6,0
Cítricos	3.832	52,6	153.623	50,3
Cultivos forrajeros	14	0,2	1.385	0,5
Cultivos industriales	7	0,1	923	0,3
Flores y P. ornamentales	19	0,3	647	0,2
Frutales	998	13,7	46.349	15,2
Frutales en huertos	76	1,0	3.678	1,2
Hortalizas	63	0,9	24.586	8,1
Huertos familiares	12	0,2	3.107	1,0
Leguminosas grano		0,0	174	0,1
Olivar	531	7,3	13.053	4,3
Otros leñosos	30	0,4	462	0,2
Tubérculos C. humano	1	0,0	3.906	1,3
Viñedo	1.403	19,3	28.045	9,2
Viveros	301	4,1	6.880	2,3
Total comarcal y CV	**7.288**	**100,0**	**305.247**	**100,0**
Leñosos	6.870	94,3	245.210	80,3
Herbáceos	418	5,7	60.037	19,7

Fuente: Conselleria de Agricultura, Agua, Ganadería y Pesca y Portal estadístico de la GV

Los leñosos agrupan: Cítricos, frutales, frutales en huertos, olivar, otros leñosos y viñedo. Los herbáceos agrupan: Cereales para grano, cultivos forrajeros, cultivos industriales, flores y plantas ornamentales, hortalizas, huertos familiares, leguminosas grano, tubérculos consumo humano y viveros.

LA MARINA ALTA

Cultivo	LA MARINA ALTA Ha	% respecto al total comarcal	Total Comunitat Valenciana. Ha	% respecto al total de la Comunitat Valenciana
Cereales para grano	443	7,0	18.429	6,0
Cítricos	4.788	76,0	153.623	50,3
Cultivos forrajeros	3	0,0	1.385	0,5
Cultivos industriales	9	0,1	923	0,3
Flores y P. ornamentales		0,0	647	0,2
Frutales	364	5,8	46.349	15,2
Frutales en huertos	133	2,1	3.678	1,2
Hortalizas	86	1,4	24.586	8,1
Huertos familiares	135	2,1	3.107	1,0
Leguminosas grano	1	0,0	174	0,1
Olivar	33	0,5	13.053	4,3
Otros leñosos	15	0,2	462	0,2
Tubérculos C. humano	17	0,3	3.906	1,3
Viñedo	237	3,8	28.045	9,2
Viveros	36	0,6	6.880	2,3
Total comarcal y CV	**6.300**	**100,0**	**305.247**	**100,0**
Leñosos	5.570	88,4	245.210	80,3
Herbáceos	730	11,6	60.037	19,7

LA MARINA BAIXA

Cultivo	LA MARINA BAIXA Ha	% respecto al total comarcal	Total Comunitat Valenciana. Ha	% respecto al total de la Comunitat Valenciana
Cereales para grano	1	0,0	18.429	6,0
Cítricos	1.525	40,5	153.623	50,3
Cultivos forrajeros	1	0,0	1.385	0,5
Cultivos industriales	0	0,0	923	0,3
Flores y P. ornamentales		0,0	647	0,2
Frutales	1.577	41,9	46.349	15,2
Frutales en huertos	80	2,1	3.678	1,2
Hortalizas	40	1,1	24.586	8,1
Huertos familiares	89	2,4	3.107	1,0
Leguminosas grano	0	0,0	174	0,1
Olivar	358	9,5	13.053	4,3
Otros leñosos	30	0,8	462	0,2
Tubérculos C. humano	13	0,3	3.906	1,3
Viñedo	16	0,4	28.045	9,2
Viveros	31	0,8	6.880	2,3
Total comarcal y CV	**3.761**	**100,0**	**305.247**	**100,0**
Leñosos	3.586	95,3	245.210	80,3
Herbáceos	175	4,7	60.037	19,7

220

Fuente: Conselleria de Agricultura, Agua, Ganadería y Pesca y Portal estadístico de la GV

Los leñosos agrupan: Cítricos, frutales, frutales en huertos, olivar, otros leñosos y viñedo. Los herbáceos agrupan: Cereales para grano, cultivos forrajeros, cultivos industriales, flores y plantas ornamentales, hortalizas, huertos familiares, leguminosas grano, tubérculos consumo humano y viveros.

LA PLANA ALTA

Cultivo	LA PLANA ALTA Ha	% respecto al total comarcal	Total Comunitat Valenciana. Ha	% respecto al total de la Comunitat Valenciana
Cereales para grano	7	0,1	18.429	6,0
Cítricos	5.952	66,8	153.623	50,3
Cultivos forrajeros	25	0,3	1.385	0,5
Cultivos industriales	2	0,0	923	0,3
Flores y P. ornamentales	5	0,1	647	0,2
Frutales	1.370	15,4	46.349	15,2
Frutales en huertos	111	1,2	3.678	1,2
Hortalizas	887	10,0	24.586	8,1
Huertos familiares	175	2,0	3.107	1,0
Leguminosas grano	1	0,0	174	0,1
Olivar	183	2,1	13.053	4,3
Otros leñosos	7	0,1	462	0,2
Tubérculos C. humano	97	1,1	3.906	1,3
Viñedo	21	0,2	28.045	9,2
Viveros	70	0,8	6.880	2,3
Total comarcal y CV	**8.913**	**100,0**	**305.247**	**100,0**
Leñosos	7.644	85,8	245.210	80,3
Herbáceos	1.269	14,2	60.037	19,7

LA PLANA BAIXA

Cultivo	LA PLANA BAIXA Ha	% respecto al total comarcal	Total Comunitat Valenciana. Ha	% respecto al total de la Comunitat Valenciana
Cereales para grano	155	0,8	18.429	6,0
Cítricos	15.971	87,4	153.623	50,3
Cultivos forrajeros	3	0,0	1.385	0,5
Cultivos industriales		0,0	923	0,3
Flores y P. ornamentales	4	0,0	647	0,2
Frutales	686	3,8	46.349	15,2
Frutales en huertos	182	1,0	3.678	1,2
Hortalizas	733	4,0	24.586	8,1
Huertos familiares	248	1,4	3.107	1,0
Leguminosas grano		0,0	174	0,1
Olivar	197	1,1	13.053	4,3
Otros leñosos	2	0,0	462	0,2
Tubérculos C. humano	64	0,4	3.906	1,3
Viñedo	0	0,0	28.045	9,2
Viveros	29	0,2	6.880	2,3
Total comarcal y CV	**18.274**	**100,0**	**305.247**	**100,0**
Leñosos	17.038	93,2	245.210	80,3
Herbáceos	1.236	6,8	60.037	19,7

Fuente: Conselleria de Agricultura, Agua, Ganadería y Pesca y Portal estadístico de la GV

Los leñosos agrupan: Cítricos, frutales, frutales en huertos, olivar, otros leñosos y viñedo. Los herbáceos agrupan: Cereales para grano, cultivos forrajeros, cultivos industriales, flores y plantas ornamentales, hortalizas, huertos familiares, leguminosas grano, tubérculos consumo humano y viveros.

LA PLANA DE UTIEL-REQUENA

Cultivo	LA PLANA DE UTIEL-REQUENA Ha	% respecto al total comarcal	Total Comunitat Valenciana. Ha	% respecto al total de la Comunitat Valenciana
Cereales para grano	439	2,8	18.429	6,0
Cítricos		0,0	153.623	50,3
Cultivos forrajeros	61	0,4	1.385	0,5
Cultivos industriales	43	0,3	923	0,3
Flores y P. ornamentales		0,0	647	0,2
Frutales	2.338	15,0	46.349	15,2
Frutales en huertos	37	0,2	3.678	1,2
Hortalizas	31	0,2	24.586	8,1
Huertos familiares	3	0,0	3.107	1,0
Leguminosas grano	14	0,1	174	0,1
Olivar	492	3,2	13.053	4,3
Otros leñosos	2	0,0	462	0,2
Tubérculos C. humano	1	0,0	3.906	1,3
Viñedo	12.018	77,1	28.045	9,2
Viveros	99	0,6	6.880	2,3
Total comarcal y CV	**15.578**	**100,0**	**305.247**	**100,0**
Leñosos	14.887	95,6	245.210	80,3
Herbáceos	691	4,4	60.037	19,7

222

LA RIBERA ALTA

Cultivo	LA RIBERA ALTA Ha	% respecto al total comarcal	Total Comunitat Valenciana. Ha	% respecto al total de la Comunitat Valenciana
Cereales para grano	115	0,3	18.429	6,0
Cítricos	22.807	60,7	153.623	50,3
Cultivos forrajeros	2	0,0	1.385	0,5
Cultivos industriales		0,0	923	0,3
Flores y P. ornamentales	77	0,2	647	0,2
Frutales	11.317	30,1	46.349	15,2
Frutales en huertos	461	1,2	3.678	1,2
Hortalizas	1.164	3,1	24.586	8,1
Huertos familiares	191	0,5	3.107	1,0
Leguminosas grano	1	0,0	174	0,1
Olivar	293	0,8	13.053	4,3
Otros leñosos	26	0,1	462	0,2
Tubérculos C. humano	190	0,5	3.906	1,3
Viñedo	532	1,4	28.045	9,2
Viveros	395	1,1	6.880	2,3
Total comarcal y CV	**37.571**	**100,0**	**305.247**	**100,0**
Leñosos	35.436	94,3	245.210	80,3
Herbáceos	2.135	5,7	60.037	19,7

Fuente: Conselleria de Agricultura, Agua, Ganadería y Pesca y Portal estadístico de la GV

Los leñosos agrupan: Cítricos, frutales, frutales en huertos, olivar, otros leñosos y viñedo. Los herbáceos agrupan: Cereales para grano, cultivos forrajeros, cultivos industriales, flores y plantas ornamentales, hortalizas, huertos familiares, leguminosas grano, tubérculos consumo humano y viveros.

LA RIBERA BAIXA

Cultivo	LA RIBERA BAIXA Ha	% respecto al total comarcal	Total Comunitat Valenciana. Ha	% respecto al total de la Comunitat Valenciana
Cereales para grano	11.434	59,8	18.429	6,0
Cítricos	5.854	30,6	153.623	50,3
Cultivos forrajeros	13	0,1	1.385	0,5
Cultivos industriales	12	0,1	923	0,3
Flores y P. ornamentales	29	0,2	647	0,2
Frutales	799	4,2	46.349	15,2
Frutales en huertos	74	0,4	3.678	1,2
Hortalizas	570	3,0	24.586	8,1
Huertos familiares	91	0,5	3.107	1,0
Leguminosas grano	2	0,0	174	0,1
Olivar	2	0,0	13.053	4,3
Otros leñosos		0,0	462	0,2
Tubérculos C. humano	166	0,9	3.906	1,3
Viñedo	2	0,0	28.045	9,2
Viveros	85	0,4	6.880	2,3
Total comarcal y CV	**19.133**	**100,0**	**305.247**	**100,0**
Leñosos	6.731	35,2	245.210	80,3
Herbáceos	12.402	64,8	60.037	19,7

LA SAFOR

Cultivo	LA SAFOR Ha	% respecto al total comarcal	Total Comunitat Valenciana. Ha	% respecto al total de la Comunitat Valenciana
Cereales para grano	71	0,6	18.429	6,0
Cítricos	10.088	91,1	153.623	50,3
Cultivos forrajeros	0	0,0	1.385	0,5
Cultivos industriales		0,0	923	0,3
Flores y P. ornamentales	9	0,1	647	0,2
Frutales	576	5,2	46.349	15,2
Frutales en huertos	177	1,6	3.678	1,2
Hortalizas	90	0,8	24.586	8,1
Huertos familiares	11	0,1	3.107	1,0
Leguminosas grano		0,0	174	0,1
Olivar	25	0,2	13.053	4,3
Otros leñosos	3	0,0	462	0,2
Tubérculos C. humano		0,0	3.906	1,3
Viñedo	1	0,0	28.045	9,2
Viveros	23	0,2	6.880	2,3
Total comarcal y CV	**11.074**	**100,0**	**305.247**	**100,0**
Leñosos	10.870	98,2	245.210	80,3
Herbáceos	204	1,8	60.037	19,7

Fuente: Conselleria de Agricultura, Agua, Ganadería y Pesca y Portal estadístico de la GV

Los leñosos agrupan: Cítricos, frutales, frutales en huertos, olivar, otros leñosos y viñedo. Los herbáceos agrupan: Cereales para grano, cultivos forrajeros, cultivos industriales, flores y plantas ornamentales, hortalizas, huertos familiares, leguminosas grano, tubérculos consumo humano y viveros.

LA SERRANÍA

Cultivo	LA SERRANÍA Ha	% respecto al total comarcal	Total Comunitat Valenciana. Ha	% respecto al total de la Comunitat Valenciana
Cereales para grano	39	0,6	18.429	6,0
Cítricos	4.020	60,0	153.623	50,3
Cultivos forrajeros	8	0,1	1.385	0,5
Cultivos industriales	1	0,0	923	0,3
Flores y P. ornamentales	28	0,4	647	0,2
Frutales	1.252	18,7	46.349	15,2
Frutales en huertos	97	1,4	3.678	1,2
Hortalizas	63	0,9	24.586	8,1
Huertos familiares	3	0,0	3.107	1,0
Leguminosas grano	0	0,0	174	0,1
Olivar	592	8,8	13.053	4,3
Otros leñosos	61	0,9	462	0,2
Tubérculos C. humano		0,0	3.906	1,3
Viñedo	470	7,0	28.045	9,2
Viveros	69	1,0	6.880	2,3
Total comarcal y CV	**6.703**	**100,0**	**305.247**	**100,0**
Leñosos	6.492	96,9	245.210	80,3
Herbáceos	211	3,1	60.037	19,7

LA VALL D'ALBAIDA

Cultivo	LA VALL D'ALBAIDA Ha	% respecto al total comarcal	Total Comunitat Valenciana. Ha	% respecto al total de la Comunitat Valenciana
Cereales para grano	57	0,7	18.429	6,0
Cítricos	1.633	21,1	153.623	50,3
Cultivos forrajeros	4	0,1	1.385	0,5
Cultivos industriales	33	0,4	923	0,3
Flores y P. ornamentales	15	0,2	647	0,2
Frutales	2.620	33,9	46.349	15,2
Frutales en huertos	106	1,4	3.678	1,2
Hortalizas	349	4,5	24.586	8,1
Huertos familiares	37	0,5	3.107	1,0
Leguminosas grano	4	0,1	174	0,1
Olivar	688	8,9	13.053	4,3
Otros leñosos	7	0,1	462	0,2
Tubérculos C. humano	1	0,0	3.906	1,3
Viñedo	1.381	17,9	28.045	9,2
Viveros	797	10,3	6.880	2,3
Total comarcal y CV	**7.732**	**100,0**	**305.247**	**100,0**
Leñosos	6.435	83,2	245.210	80,3
Herbáceos	1.297	16,8	60.037	19,7

Fuente: Conselleria de Agricultura, Agua, Ganadería y Pesca y Portal estadístico de la GV

Los leñosos agrupan: Cítricos, frutales, frutales en huertos, olivar, otros leñosos y viñedo. Los herbáceos agrupan: Cereales para grano, cultivos forrajeros, cultivos industriales, flores y plantas ornamentales, hortalizas, huertos familiares, leguminosas grano, tubérculos consumo humano y viveros.

RINCÓN DE ADEMUZ

Cultivo	RINCÓN DE ADEMUZ Ha	% respecto al total comarcal	Total Comunitat Valenciana. Ha	% respecto al total de la Comunitat Valenciana
Cereales para grano	37	13,9	18.429	6,0
Cítricos		0,0	153.623	50,3
Cultivos forrajeros	57	21,3	1.385	0,5
Cultivos industriales	2	0,7	923	0,3
Flores y P. ornamentales		0,0	647	0,2
Frutales	129	48,3	46.349	15,2
Frutales en huertos	16	6,0	3.678	1,2
Hortalizas	10	3,7	24.586	8,1
Huertos familiares		0,0	3.107	1,0
Leguminosas grano	0	0,0	174	0,1
Olivar	12	4,5	13.053	4,3
Otros leñosos	0	0,0	462	0,2
Tubérculos C. humano	3	1,1	3.906	1,3
Viñedo	1	0,4	28.045	9,2
Viveros		0,0	6.880	2,3
Total comarcal y CV	**267**	**100,0**	**305.247**	**100,0**
Leñosos	158	59,2	245.210	80,3
Herbáceos	109	40,8	60.037	19,7

VALENCIA

Cultivo	VALENCIA Ha	% respecto al total comarcal	Total Comunitat Valenciana. Ha	% respecto al total de la Comunitat Valenciana
Cereales para grano	853	30,2	18.429	6,0
Cítricos	331	11,7	153.623	50,3
Cultivos forrajeros	5	0,2	1.385	0,5
Cultivos industriales	7	0,2	923	0,3
Flores y P. ornamentales	11	0,4	647	0,2
Frutales	21	0,7	46.349	15,2
Frutales en huertos	5	0,2	3.678	1,2
Hortalizas	978	34,7	24.586	8,1
Huertos familiares	91	3,2	3.107	1,0
Leguminosas grano	2	0,1	174	0,1
Olivar		0,0	13.053	4,3
Otros leñosos	0	0,0	462	0,2
Tubérculos C. humano	483	17,1	3.906	1,3
Viñedo		0,0	28.045	9,2
Viveros	33	1,2	6.880	2,3
Total comarcal y CV	**2.820**	**100,0**	**305.247**	**100,0**
Leñosos	357	12,7	245.210	80,3
Herbáceos	2.463	87,3	60.037	19,7

Fuente: Conselleria de Agricultura, Agua, Ganadería y Pesca y Portal estadístico de la GV

*Los leñosos agrupan: Cítricos, frutales, frutales en huertos, olivar, otros leñosos y viñedo.
Los herbáceos agrupan: Cereales para grano, cultivos forrajeros, cultivos industriales, flores y plantas ornamentales, hortalizas, huertos familiares, leguminosas grano, tubérculos consumo humano y viveros.*

VINALOPÓ MITJÀ/VINALOPÓ MEDIO

Cultivo	VINALOPÓ MITJÀ/ VINALOPÓ MEDIO. Ha	% respecto al total comarcal	Total Comunitat Valenciana. Ha	% respecto al total de la Comunitat Valenciana
Cereales para grano	57	0,4	18.429	6,0
Cítricos	87	0,7	153.623	50,3
Cultivos forrajeros	11	0,1	1.385	0,5
Cultivos industriales	38	0,3	923	0,3
Flores y P. ornamentales	5	0,0	647	0,2
Frutales	3.116	24,1	46.349	15,2
Frutales en huertos	83	0,6	3.678	1,2
Hortalizas	1.675	12,9	24.586	8,1
Huertos familiares	163	1,3	3.107	1,0
Leguminosas grano	1	0,0	174	0,1
Olivar	1.044	8,1	13.053	4,3
Otros leñosos	1	0,0	462	0,2
Tubérculos C. humano	22	0,2	3.906	1,3
Viñedo	6.515	50,3	28.045	9,2
Viveros	124	1,0	6.880	2,3
Total comarcal y CV	**12.942**	**100,0**	**305.247**	**100,0**
Leñosos	10.846	83,8	245.210	80,3
Herbáceos	2.096	16,2	60.037	19,7

Fuente: Conselleria de Agricultura, Agua, Ganadería y Pesca y Portal estadístico de la GV

Los leñosos agrupan: Cítricos, frutales, frutales en huertos, olivar, otros leñosos y viñedo.
Los herbáceos agrupan: Cereales para grano, cultivos forrajeros, cultivos industriales, flores y plantas ornamentales, hortalizas, huertos familiares, leguminosas grano, tubérculos consumo humano y viveros.

DISTRIBUCIÓN DE CULTIVOS POR COMARCAS

Cereales para grano

Comarca	CEREALES PARA GRANO Ha	% respecto al total comarcal	Total Comunitat Valenciana Ha	% respecto al total de la Comunitat Valenciana
Alt Vinalopó/Alto Vinalopó	802	4,4	10.146	3,3
Alto Millares	1	0,0	496	0,2
Alto Palancia	49	0,3	3.623	1,2
Baix Segura/Vega Baja	592	3,2	38.382	12,6
Baix Vinalopó	272	1,5	10.115	3,3
El Baix Maestrat	19	0,1	13.994	4,6
El Camp de Morvedre		0,0	7.128	2,3
El Camp de Túria	7	0,0	18.821	6,2
El Comtat	4	0,0	540	0,2
El Valle de Ayora	363	2,0	2.142	0,7
Els Ports	32	0,2	128	0,0
La Canal de Navarrés	40	0,2	2.657	0,9
La Costera	52	0,3	11.496	3,8
La Hoya de Buñol	1	0,0	7.288	2,4
La Marina Alta	443	2,4	6.300	2,1
La Marina Baixa	1	0,0	3.761	1,2
La Plan Alta	7	0,0	8.913	2,9
La Plana Baixa	155	0,8	18.274	6,0
La Plana de Utiel-Requena	439	2,4	15.578	5,1
La Ribera Alta	115	0,6	37.571	12,3
La Ribera Baixa	11.434	62,0	19.133	6,3
La Safor	71	0,4	11.074	3,6
La Vall d'Albaida	57	0,3	7.732	2,5
L'Alacantí	0	0,0	4.523	1,5
L'Alcalatén	0	0,0	467	0,2
L'Alcoià	148	0,8	1.908	0,6
L'Alt Maestrat	2	0,0	198	0,1
L'Horta Nord		0,0	7.038	2,3
L'Horta Sud	2.337	12,7	13.089	4,3
Los Serranos	39	0,2	6.703	2,2
Rincón de Ademuz	37	0,2	267	0,1
Valencia	853	4,6	2.820	0,9
Vinalopó Mitjà/Vinalopó Medio	57	0,3	12.942	4,2
Total comarcal y CV	**18.429**	**100,0**	**305.247**	**100,0**

Fuente: Conselleria de Agricultura, Agua, Ganadería y Pesca y Portal estadístico de la GV

Cítricos

Comarca	CÍTRICOS Ha	% respecto al total comarcal	Total Comunitat Valenciana Ha	% respecto al total de la Comunitat Valenciana
Alt Vinalopó/Alto Vinalopó		0	10.146	3,3
Alto Millares	124	0	496	0,2
Alto Palancia	509	0	3.623	1,2
Baix Segura/Vega Baja	25.187	16	38.382	12,6
Baix Vinalopó	1.526	1	10.115	3,3
El Baix Maestrat	9.436	6	13.994	4,6
El Camp de Morvedre	6.044	4	7.128	2,3
El Camp de Túria	13.844	9	18.821	6,2
El Comtat		0	540	0,2
El Valle de Ayora		0	2.142	0,7
Els Ports		0	128	0,0
La Canal de Navarrés	739	0	2.657	0,9
La Costera	7.370	5	11.496	3,8
La Hoya de Buñol	3.832	2	7.288	2,4
La Marina Alta	4.788	3	6.300	2,1
La Marina Baixa	1.525	1	3.761	1,2
La Plan Alta	5.952	4	8.913	2,9
La Plana Baixa	15.971	10	18.274	6,0
La Plana de Utiel-Requena		0	15.578	5,1
La Ribera Alta	22.807	15	37.571	12,3
La Ribera Baixa	5.854	4	19.133	6,3
La Safor	10.088	7	11.074	3,6
La Vall d'Albaida	1.633	1	7.732	2,5
L'Alacantí	755	0	4.523	1,5
L'Alcalatén	206	0	467	0,2
L'Alcoià		0	1.908	0,6
L'Alt Maestrat		0	198	0,1
L'Horta Nord	3.706	2	7.038	2,3
L'Horta Sud	7.289	5	13.089	4,3
Los Serranos	4.020	3	6.703	2,2
Rincón de Ademuz		0	267	0,1
Valencia	331	0	2.820	0,9
Vinalopó Mitjà/Vinalopó Medio	87	0	12.942	4,2
Total comarcal y CV	**153.623**	**100**	**305.247**	**100,0**

228

Fuente: Conselleria de Agricultura, Agua, Ganadería y Pesca y Portal estadístico de la GV

Cultivos forrajero

Comarca	CULTIVOS FORRAJEROS Ha	% respecto al total comarcal	Total Comunitat Valenciana Ha	% respecto al total de la Comunitat Valenciana
Alt Vinalopó/Alto Vinalopó	61	4,4	10.146	3,3
Alto Millares	1	0,1	496	0,2
Alto Palancia	8	0,6	3.623	1,2
Baix Segura/Vega Baja	646	46,6	38.382	12,6
Baix Vinalopó	256	18,5	10.115	3,3
El Baix Maestrat	7	0,5	13.994	4,6
El Camp de Morvedre	1	0,1	7.128	2,3
El Camp de Túria	36	2,6	18.821	6,2
El Comtat	1	0,1	540	0,2
El Valle de Ayora	65	4,7	2.142	0,7
Els Ports	2	0,1	128	0,0
La Canal de Navarrés	11	0,8	2.657	0,9
La Costera	6	0,4	11.496	3,8
La Hoya de Buñol	14	1,0	7.288	2,4
La Marina Alta	3	0,2	6.300	2,1
La Marina Baixa	1	0,1	3.761	1,2
La Plan Alta	25	1,8	8.913	2,9
La Plana Baixa	3	0,2	18.274	6,0
La Plana de Utiel-Requena	61	4,4	15.578	5,1
La Ribera Alta	2	0,1	37.571	12,3
La Ribera Baixa	13	0,9	19.133	6,3
La Safor	0	0,0	11.074	3,6
La Vall d'Albaida	4	0,3	7.732	2,5
L'Alacantí	0	0,0	4.523	1,5
L'Alcalatén	27	1,9	467	0,2
L'Alcoià	11	0,8	1.908	0,6
L'Alt Maestrat	0	0,0	198	0,1
L'Horta Nord	21	1,5	7.038	2,3
L'Horta Sud	18	1,3	13.089	4,3
Los Serranos	8	0,6	6.703	2,2
Rincón de Ademuz	57	4,1	267	0,1
Valencia	5	0,4	2.820	0,9
Vinalopó Mitja/Vinalopó Medio	11	0,8	12.942	4,2
Total comarcal y CV	**1.385**	**100,0**	**305.247**	**100,0**

Fuente: Conselleria de Agricultura, Agua, Ganadería y Pesca y Portal estadístico de la GV

Cultivos industriales

Comarca	CULTIVOS INDUSTRIALES Ha	% respecto al total comarcal	Total Comunitat Valenciana Ha	% respecto al total de la Comunitat Valenciana
Alt Vinalopó/Alto Vinalopó	37	4,0	10.146	3,3
Alto Millares		0,0	496	0,2
Alto Palancia	3	0,3	3.623	1,2
Baix Segura/Vega Baja	551	59,7	38.382	12,6
Baix Vinalopó	106	11,5	10.115	3,3
El Baix Maestrat	2	0,2	13.994	4,6
El Camp de Morvedre		0,0	7.128	2,3
El Camp de Túria	2	0,2	18.821	6,2
El Comtat	2	0,2	540	0,2
El Valle de Ayora	16	1,7	2.142	0,7
Els Ports	4	0,4	128	0,0
La Canal de Navarrés	3	0,3	2.657	0,9
La Costera	2	0,2	11.496	3,8
La Hoya de Buñol	7	0,8	7.288	2,4
La Marina Alta	9	1,0	6.300	2,1
La Marina Baixa	0	0,0	3.761	1,2
La Plan Alta	2	0,2	8.913	2,9
La Plana Baixa		0,0	18.274	6,0
La Plana de Utiel-Requena	43	4,7	15.578	5,1
La Ribera Alta		0,0	37.571	12,3
La Ribera Baixa	12	1,3	19.133	6,3
La Safor		0,0	11.074	3,6
La Vall d'Albaida	33	3,6	7.732	2,5
L'Alacantí	13	1,4	4.523	1,5
L'Alcalatén	0	0,0	467	0,2
L'Alcoià	19	2,1	1.908	0,6
L'Alt Maestrat	0	0,0	198	0,1
L'Horta Nord	3	0,3	7.038	2,3
L'Horta Sud	6	0,7	13.089	4,3
Los Serranos	1	0,1	6.703	2,2
Rincón de Ademuz	2	0,2	267	0,1
Valencia	7	0,8	2.820	0,9
Vinalopó Mitjà/Vinalopó Medio	38	4,1	12.942	4,2
Total comarcal y CV	**923**	**100,0**	**305.247**	**100,0**

Fuente: Conselleria de Agricultura, Agua, Ganadería y Pesca y Portal estadístico de la GV

Flores y Planta ornamentales

Comarca	FLORES Y P. ORNAMENTALES Ha	% respecto al total comarcal	Total Comunitat Valenciana Ha	% respecto al total de la Comunitat Valenciana
Alt Vinalopó/Alto Vinalopó		0,0	10.146	3,3
Alto Millares		0,0	496	0,2
Alto Palancia	47	7,3	3.623	1,2
Baix Segura/Vega Baja	62	9,6	38.382	12,6
Baix Vinalopó	77	11,9	10.115	3,3
El Baix Maestrat	38	5,9	13.994	4,6
El Camp de Morvedre	4	0,6	7.128	2,3
El Camp de Túria	64	9,9	18.821	6,2
El Comtat		0,0	540	0,2
El Valle de Ayora	3	0,5	2.142	0,7
Els Ports		0,0	128	0,0
La Canal de Navarrés		0,0	2.657	0,9
La Costera	25	3,9	11.496	3,8
La Hoya de Buñol	19	2,9	7.288	2,4
La Marina Alta		0,0	6.300	2,1
La Marina Baixa		0,0	3.761	1,2
La Plan Alta	5	0,8	8.913	2,9
La Plana Baixa	4	0,6	18.274	6,0
La Plana de Utiel-Requena		0,0	15.578	5,1
La Ribera Alta	77	11,9	37.571	12,3
La Ribera Baixa	29	4,5	19.133	6,3
La Safor	9	1,4	11.074	3,6
La Vall d'Albaida	15	2,3	7.732	2,5
L'Alacantí	5	0,8	4.523	1,5
L'Alcalatén		0,0	467	0,2
L'Alcoià		0,0	1.908	0,6
L'Alt Maestrat		0,0	198	0,1
L'Horta Nord	32	4,9	7.038	2,3
L'Horta Sud	88	13,6	13.089	4,3
Los Serranos	28	4,3	6.703	2,2
Rincón de Ademuz		0,0	267	0,1
Valencia	11	1,7	2.820	0,9
Vinalopó Mitjà/Vinalopó Medio	5	0,8	12.942	4,2
Total comarcal y CV	**647**	**100,0**	**305.247**	**100,0**

Fuente: Conselleria de Agricultura, Agua, Ganadería y Pesca y Portal estadístico de la GV

Frutales

Comarca	FRUTALES Ha	% respecto al total comarcal	Total Comunitat Valenciana Ha	% respecto al total de la Comunitat Valenciana
Alt Vinalopó/Alto Vinalopó	2.742	5,9	10.146	3,3
Alto Millares	55	0,1	496	0,2
Alto Palancia	1.409	3,0	3.623	1,2
Baix Segura/Vega Baja	1.785	3,9	38.382	12,6
Baix Vinalopó	2.845	6,1	10.115	3,3
El Baix Maestrat	789	1,7	13.994	4,6
El Camp de Morvedre	567	1,2	7.128	2,3
El Camp de Túria	2.154	4,6	18.821	6,2
El Comtat	203	0,4	540	0,2
El Valle de Ayora	515	1,1	2.142	0,7
Els Ports	4	0,0	128	0,0
La Canal de Navarrés	379	0,8	2.657	0,9
La Costera	1.743	3,8	11.496	3,8
La Hoya de Buñol	998	2,2	7.288	2,4
La Marina Alta	364	0,8	6.300	2,1
La Marina Baixa	1.577	3,4	3.761	1,2
La Plan Alta	1.370	3,0	8.913	2,9
La Plana Baixa	686	1,5	18.274	6,0
La Plana de Utiel-Requena	2.338	5,0	15.578	5,1
La Ribera Alta	11.317	24,4	37.571	12,3
La Ribera Baixa	799	1,7	19.133	6,3
La Safor	576	1,2	11.074	3,6
La Vall d'Albaida	2.620	5,7	7.732	2,5
L'Alacantí	1.371	3,0	4.523	1,5
L'Alcalatén	76	0,2	467	0,2
L'Alcoià	761	1,6	1.908	0,6
L'Alt Maestrat	56	0,1	198	0,1
L'Horta Nord	346	0,7	7.038	2,3
L'Horta Sud	1.386	3,0	13.089	4,3
Los Serranos	1.252	2,7	6.703	2,2
Rincón de Ademuz	129	0,3	267	0,1
Valencia	21	0,0	2.820	0,9
Vinalopó Mitjà/Vinalopó Medio	3.116	6,7	12.942	4,2
Total comarcal y CV	**46.349**	**100,0**	**305.247**	**100,0**

Fuente: Conselleria de Agricultura, Agua, Ganadería y Pesca y Portal estadístico de la GV

Frutales en huertos

Comarca	FRUTALES EN HUERTOS Ha	% respecto al total comarcal	Total Comunitat Valenciana Ha	% respecto al total de la Comunitat Valenciana
Alt Vinalopó/Alto Vinalopó	74	2,0	10.146	3,3
Alto Millares	75	2,0	496	0,2
Alto Palancia	99	2,7	3.623	1,2
Baix Segura/Vega Baja	699	19,0	38.382	12,6
Baix Vinalopó	114	3,1	10.115	3,3
El Baix Maestrat	123	3,3	13.994	4,6
El Camp de Morvedre	96	2,6	7.128	2,3
El Camp de Túria	220	6,0	18.821	6,2
El Comtat	2	0,1	540	0,2
El Valle de Ayora	19	0,5	2.142	0,7
Els Ports	28	0,8	128	0,0
La Canal de Navarrés	20	0,5	2.657	0,9
La Costera	134	3,6	11.496	3,8
La Hoya de Buñol	76	2,1	7.288	2,4
La Marina Alta	133	3,6	6.300	2,1
La Marina Baixa	80	2,2	3.761	1,2
La Plan Alta	111	3,0	8.913	2,9
La Plana Baixa	182	4,9	18.274	6,0
La Plana de Utiel-Requena	37	1,0	15.578	5,1
La Ribera Alta	461	12,5	37.571	12,3
La Ribera Baixa	74	2,0	19.133	6,3
La Safor	177	4,8	11.074	3,6
La Vall d'Albaida	106	2,9	7.732	2,5
L'Alacantí	55	1,5	4.523	1,5
L'Alcalatén	17	0,5	467	0,2
L'Alcoià	20	0,5	1.908	0,6
L'Alt Maestrat	28	0,8	198	0,1
L'Horta Nord	73	2,0	7.038	2,3
L'Horta Sud	144	3,9	13.089	4,3
Los Serranos	97	2,6	6.703	2,2
Rincón de Ademuz	16	0,4	267	0,1
Valencia	5	0,1	2.820	0,9
Vinalopó Mitjà/Vinalopó Medio	83	2,3	12.942	4,2
Total comarcal y CV	**3.678**	**100,0**	**305.247**	**100,0**

Fuente: Conselleria de Agricultura, Agua, Ganadería y Pesca y Portal estadístico de la GV

Hortalizas

Comarca	HORTALIZAS Ha	% respecto al total comarcal	Total Comunitat Valenciana Ha	% respecto al total de la Comunitat Valenciana
Alt Vinalopó/Alto Vinalopó	1.069	4,3	10.146	3,3
Alto Millares	56	0,2	496	0,2
Alto Palancia	213	0,9	3.623	1,2
Baix Segura/Vega Baja	6.648	27,0	38.382	12,6
Baix Vinalopó	1.654	6,7	10.115	3,3
El Baix Maestrat	1.997	8,1	13.994	4,6
El Camp de Morvedre	234	1,0	7.128	2,3
El Camp de Túria	1.134	4,6	18.821	6,2
El Comtat	87	0,4	540	0,2
El Valle de Ayora	32	0,1	2.142	0,7
Els Ports	31	0,1	128	0,0
La Canal de Navarrés	128	0,5	2.657	0,9
La Costera	484	2,0	11.496	3,8
La Hoya de Buñol	63	0,3	7.288	2,4
La Marina Alta	86	0,3	6.300	2,1
La Marina Baixa	40	0,2	3.761	1,2
La Plan Alta	887	3,6	8.913	2,9
La Plana Baixa	733	3,0	18.274	6,0
La Plana de Utiel-Requena	31	0,1	15.578	5,1
La Ribera Alta	1.164	4,7	37.571	12,3
La Ribera Baixa	570	2,3	19.133	6,3
La Safor	90	0,4	11.074	3,6
La Vall d'Albaida	349	1,4	7.732	2,5
L'Alacantí	965	3,9	4.523	1,5
L'Alcalatén	57	0,2	467	0,2
L'Alcoià	138	0,6	1.908	0,6
L'Alt Maestrat	67	0,3	198	0,1
L'Horta Nord	1.759	7,2	7.038	2,3
L'Horta Sud	1.094	4,4	13.089	4,3
Los Serranos	63	0,3	6.703	2,2
Rincón de Ademuz	10	0,0	267	0,1
Valencia	978	4,0	2.820	0,9
Vinalopó Mitjà/Vinalopó Medio	1.675	6,8	12.942	4,2
Total comarcal y CV	**24.586**	**100,0**	**305.247**	**100,0**

Fuente: Conselleria de Agricultura, Agua, Ganadería y Pesca y Portal estadístico de la GV

Huertos familiares

Comarca	HUERTOS FAMILIARES Ha	% respecto al total comarcal	Total Comunitat Valenciana Ha	% respecto al total de la Comunitat Valenciana
Alt Vinalopó/Alto Vinalopó	74	2,4	10.146	3,3
Alto Millares	105	3,4	496	0,2
Alto Palancia	66	2,1	3.623	1,2
Baix Segura/Vega Baja	318	10,2	38.382	12,6
Baix Vinalopó	304	9,8	10.115	3,3
El Baix Maestrat	162	5,2	13.994	4,6
El Camp de Morvedre	35	1,1	7.128	2,3
El Camp de Túria	161	5,2	18.821	6,2
El Comtat	34	1,1	540	0,2
El Valle de Ayora	1	0,0	2.142	0,7
Els Ports	21	0,7	128	0,0
La Canal de Navarrés	12	0,4	2.657	0,9
La Costera	23	0,7	11.496	3,8
La Hoya de Buñol	12	0,4	7.288	2,4
La Marina Alta	135	4,3	6.300	2,1
La Marina Baixa	89	2,9	3.761	1,2
La Plan Alta	175	5,6	8.913	2,9
La Plana Baixa	248	8,0	18.274	6,0
La Plana de Utiel-Requena	3	0,1	15.578	5,1
La Ribera Alta	191	6,1	37.571	12,3
La Ribera Baixa	91	2,9	19.133	6,3
La Safor	11	0,4	11.074	3,6
La Vall d'Albaida	37	1,2	7.732	2,5
L'Alacantí	118	3,8	4.523	1,5
L'Alcalatén	10	0,3	467	0,2
L'Alcoià	47	1,5	1.908	0,6
L'Alt Maestrat	23	0,7	198	0,1
L'Horta Nord	219	7,0	7.038	2,3
L'Horta Sud	125	4,0	13.089	4,3
Los Serranos	3	0,1	6.703	2,2
Rincón de Ademuz		0,0	267	0,1
Valencia	91	2,9	2.820	0,9
Vinalopó Mitja/Vinalopó Medio	163	5,2	12.942	4,2
Total comarcal y CV	**3.107**	**100,0**	**305.247**	**100,0**

Fuente: Conselleria de Agricultura, Agua, Ganadería y Pesca y Portal estadístico de la GV

Leguminosas grano

Comarca	LEGUMINOSAS GRANO Ha	% respecto al total comarcal	Total Comunitat Valenciana Ha	% respecto al total de la Comunitat Valenciana
Alt Vinalopó/Alto Vinalopó	20	11,5	10.146	3,3
Alto Millares	0	0,0	496	0,2
Alto Palancia	2	1,1	3.623	1,2
Baix Segura/Vega Baja	4	2,3	38.382	12,6
Baix Vinalopó	1	0,6	10.115	3,3
El Baix Maestrat	4	2,3	13.994	4,6
El Camp de Morvedre		0,0	7.128	2,3
El Camp de Túria	5	2,9	18.821	6,2
El Comtat	0	0,0	540	0,2
El Valle de Ayora	73	42,0	2.142	0,7
Els Ports	0	0,0	128	0,0
La Canal de Navarrés	7	4,0	2.657	0,9
La Costera	3	1,7	11.496	3,8
La Hoya de Buñol		0,0	7.288	2,4
La Marina Alta	1	0,6	6.300	2,1
La Marina Baixa	0	0,0	3.761	1,2
La Plan Alta	1	0,6	8.913	2,9
La Plana Baixa		0,0	18.274	6,0
La Plana de Utiel-Requena	14	8,0	15.578	5,1
La Ribera Alta	1	0,6	37.571	12,3
La Ribera Baixa	2	1,1	19.133	6,3
La Safor		0,0	11.074	3,6
La Vall d'Albaida	4	2,3	7.732	2,5
L'Alacantí	1	0,6	4.523	1,5
L'Alcalatén	0	0,0	467	0,2
L'Alcoià	11	6,3	1.908	0,6
L'Alt Maestrat	0	0,0	198	0,1
L'Horta Nord	3	1,7	7.038	2,3
L'Horta Sud	14	8,0	13.089	4,3
Los Serranos	0	0,0	6.703	2,2
Rincón de Ademuz	0	0,0	267	0,1
Valencia	2	1,1	2.820	0,9
Vinalopó Mitjà/Vinalopó Medio	1	0,6	12.942	4,2
Total comarcal y CV	**174**	**100,0**	**305.247**	**100,0**

236

Fuente: Conselleria de Agricultura, Agua, Ganadería y Pesca y Portal estadístico de la GV

Olivar

Comarca	OLIVAR Ha	% respecto al total comarcal	Total Comunitat Valenciana Ha	% respecto al total de la Comunitat Valenciana
Alt Vinalopó/Alto Vinalopó	2.112	16,2	10.146	3,3
Alto Millares	55	0,4	496	0,2
Alto Palancia	1.008	7,7	3.623	1,2
Baix Segura/Vega Baja	297	2,3	38.382	12,6
Baix Vinalopó	403	3,1	10.115	3,3
El Baix Maestrat	413	3,2	13.994	4,6
El Camp de Morvedre	97	0,7	7.128	2,3
El Camp de Túria	627	4,8	18.821	6,2
El Comtat	174	1,3	540	0,2
El Valle de Ayora	517	4,0	2.142	0,7
Els Ports		0,0	128	0,0
La Canal de Navarrés	1.131	8,7	2.657	0,9
La Costera	788	6,0	11.496	3,8
La Hoya de Buñol	531	4,1	7.288	2,4
La Marina Alta	33	0,3	6.300	2,1
La Marina Baixa	358	2,7	3.761	1,2
La Plan Alta	183	1,4	8.913	2,9
La Plana Baixa	197	1,5	18.274	6,0
La Plana de Utiel-Requena	492	3,8	15.578	5,1
La Ribera Alta	293	2,2	37.571	12,3
La Ribera Baixa	2	0,0	19.133	6,3
La Safor	25	0,2	11.074	3,6
La Vall d'Albaida	688	5,3	7.732	2,5
L'Alacantí	263	2,0	4.523	1,5
L'Alcalatén	63	0,5	467	0,2
L'Alcoià	612	4,7	1.908	0,6
L'Alt Maestrat	9	0,1	198	0,1
L'Horta Nord	7	0,1	7.038	2,3
L'Horta Sud	27	0,2	13.089	4,3
Los Serranos	592	4,5	6.703	2,2
Rincón de Ademuz	12	0,1	267	0,1
Valencia		0,0	2.820	0,9
Vinalopó Mitjà/Vinalopó Medio	1.044	8,0	12.942	4,2
Total comarcal y CV	**13.053**	**100,0**	**305.247**	**100,0**

237

Fuente: Conselleria de Agricultura, Agua, Ganadería y Pesca y Portal estadístico de la GV

Otros leñosos

Comarca	OTROS LEÑOSOS Ha	% respecto al total comarcal	Total Comunitat Valenciana Ha	% respecto al total de la Comunitat Valenciana
Alt Vinalopó/Alto Vinalopó		0,0	10.146	3,3
Alto Millares	14	3,0	496	0,2
Alto Palancia	71	15,4	3.623	1,2
Baix Segura/Vega Baja	11	2,4	38.382	12,6
Baix Vinalopó	10	2,2	10.115	3,3
El Baix Maestrat	5	1,1	13.994	4,6
El Camp de Morvedre	19	4,1	7.128	2,3
El Camp de Túria	64	13,9	18.821	6,2
El Comtat	0	0,0	540	0,2
El Valle de Ayora	0	0,0	2.142	0,7
Els Ports	1	0,2	128	0,0
La Canal de Navarrés	15	3,2	2.657	0,9
La Costera	2	0,4	11.496	3,8
La Hoya de Buñol	30	6,5	7.288	2,4
La Marina Alta	15	3,2	6.300	2,1
La Marina Baixa	30	6,5	3.761	1,2
La Plan Alta	7	1,5	8.913	2,9
La Plana Baixa	2	0,4	18.274	6,0
La Plana de Utiel-Requena	2	0,4	15.578	5,1
La Ribera Alta	26	5,6	37.571	12,3
La Ribera Baixa		0,0	19.133	6,3
La Safor	3	0,6	11.074	3,6
La Vall d'Albaida	7	1,5	7.732	2,5
L'Alacantí	42	9,1	4.523	1,5
L'Alcalatén	0	0,0	467	0,2
L'Alcoià	0	0,0	1.908	0,6
L'Alt Maestrat	1	0,2	198	0,1
L'Horta Nord	5	1,1	7.038	2,3
L'Horta Sud	18	3,9	13.089	4,3
Los Serranos	61	13,2	6.703	2,2
Rincón de Ademuz	0	0,0	267	0,1
Valencia	0	0,0	2.820	0,9
Vinalopó Mitjà/Vinalopó Medio	1	0,2	12.942	4,2
Total comarcal y CV	**462**	**100,0**	**305.247**	**100,0**

Fuente: Conselleria de Agricultura, Agua, Ganadería y Pesca y Portal estadístico de la GV

Tubérculos C. Humano

Comarca	TUBÉRCULOS C. HUMANO Ha	% respecto al total comarcal	Total Comunitat Valenciana Ha	% respecto al total de la Comunitat Valenciana
Alt Vinalopó/Alto Vinalopó	347	8,9	10.146	3,3
Alto Millares	9	0,2	496	0,2
Alto Palancia	23	0,6	3.623	1,2
Baix Segura/Vega Baja	1.045	26,8	38.382	12,6
Baix Vinalopó	184	4,7	10.115	3,3
El Baix Maestrat	179	4,6	13.994	4,6
El Camp de Morvedre	10	0,3	7.128	2,3
El Camp de Túria	18	0,5	18.821	6,2
El Comtat	24	0,6	540	0,2
El Valle de Ayora		0,0	2.142	0,7
Els Ports	5	0,1	128	0,0
La Canal de Navarrés	9	0,2	2.657	0,9
La Costera	1	0,0	11.496	3,8
La Hoya de Buñol	1	0,0	7.288	2,4
La Marina Alta	17	0,4	6.300	2,1
La Marina Baixa	13	0,3	3.761	1,2
La Plan Alta	97	2,5	8.913	2,9
La Plana Baixa	64	1,6	18.274	6,0
La Plana de Utiel-Requena	1	0,0	15.578	5,1
La Ribera Alta	190	4,9	37.571	12,3
La Ribera Baixa	166	4,2	19.133	6,3
La Safor		0,0	11.074	3,6
La Vall d'Albaida	1	0,0	7.732	2,5
L'Alacantí	17	0,4	4.523	1,5
L'Alcalatén	8	0,2	467	0,2
L'Alcoià	27	0,7	1.908	0,6
L'Alt Maestrat	12	0,3	198	0,1
L'Horta Nord	746	19,1	7.038	2,3
L'Horta Sud	184	4,7	13.089	4,3
Los Serranos		0,0	6.703	2,2
Rincón de Ademuz	3	0,1	267	0,1
Valencia	483	12,4	2.820	0,9
Vinalopó Mitjà/Vinalopó Medio	22	0,6	12.942	4,2
Total comarcal y CV	**3.906**	**100,0**	**305.247**	**100,0**

239

Fuente: Conselleria de Agricultura, Agua, Ganadería y Pesca y Portal estadístico de la GV

Viñedo

Comarca	VIÑEDO Ha	% respecto al total comarcal	Total Comunitat Valenciana Ha	% respecto al total de la Comunitat Valenciana
Alt Vinalopó/Alto Vinalopó	2.575	9,2	10.146	3,3
Alto Millares	0	0,0	496	0,2
Alto Palancia	6	0,0	3.623	1,2
Baix Segura/Vega Baja	220	0,8	38.382	12,6
Baix Vinalopó	187	0,7	10.115	3,3
El Baix Maestrat	4	0,0	13.994	4,6
El Camp de Morvedre	3	0,0	7.128	2,3
El Camp de Túria	208	0,7	18.821	6,2
El Comtat	8	0,0	540	0,2
El Valle de Ayora	533	1,9	2.142	0,7
Els Ports	0	0,0	128	0,0
La Canal de Navarrés	55	0,2	2.657	0,9
La Costera	651	2,3	11.496	3,8
La Hoya de Buñol	1.403	5,0	7.288	2,4
La Marina Alta	237	0,8	6.300	2,1
La Marina Baixa	16	0,1	3.761	1,2
La Plan Alta	21	0,1	8.913	2,9
La Plana Baixa	0	0,0	18.274	6,0
La Plana de Utiel-Requena	12.018	42,9	15.578	5,1
La Ribera Alta	532	1,9	37.571	12,3
La Ribera Baixa	2	0,0	19.133	6,3
La Safor	1	0,0	11.074	3,6
La Vall d'Albaida	1.381	4,9	7.732	2,5
L'Alacantí	871	3,1	4.523	1,5
L'Alcalatén	3	0,0	467	0,2
L'Alcoià	114	0,4	1.908	0,6
L'Alt Maestrat	0	0,0	198	0,1
L'Horta Nord	1	0,0	7.038	2,3
L'Horta Sud	9	0,0	13.089	4,3
Los Serranos	470	1,7	6.703	2,2
Rincón de Ademuz	1	0,0	267	0,1
Valencia		0,0	2.820	0,9
Vinalopó Mitjà/Vinalopó Medio	6.515	23,2	12.942	4,2
Total comarcal y CV	**28.045**	**100,0**	**305.247**	**100,0**

Fuente: Conselleria de Agricultura, Agua, Ganadería y Pesca y Portal estadístico de la GV

Viveros

Comarca	VIVEROS Ha	% respecto al total comarcal	Total Comunitat Valenciana Ha	% respecto al total de la Comunitat Valenciana
Alt Vinalopó/Alto Vinalopó	233	3,4	10.146	3,3
Alto Millares	1	0,0	496	0,2
Alto Palancia	110	1,6	3.623	1,2
Baix Segura/Vega Baja	317	4,6	38.382	12,6
Baix Vinalopó	2.176	31,6	10.115	3,3
El Baix Maestrat	816	11,9	13.994	4,6
El Camp de Morvedre	18	0,3	7.128	2,3
El Camp de Túria	277	4,0	18.821	6,2
El Comtat	1	0,0	540	0,2
El Valle de Ayora	5	0,1	2.142	0,7
Els Ports		0,0	128	0,0
La Canal de Navarrés	108	1,6	2.657	0,9
La Costera	212	3,1	11.496	3,8
La Hoya de Buñol	301	4,4	7.288	2,4
La Marina Alta	36	0,5	6.300	2,1
La Marina Baixa	31	0,5	3.761	1,2
La Plan Alta	70	1,0	8.913	2,9
La Plana Baixa	29	0,4	18.274	6,0
La Plana de Utiel-Requena	99	1,4	15.578	5,1
La Ribera Alta	395	5,7	37.571	12,3
La Ribera Baixa	85	1,2	19.133	6,3
La Safor	23	0,3	11.074	3,6
La Vall d'Albaida	797	11,6	7.732	2,5
L'Alacantí	47	0,7	4.523	1,5
L'Alcalatén		0,0	467	0,2
L'Alcoià		0,0	1.908	0,6
L'Alt Maestrat		0,0	198	0,1
L'Horta Nord	117	1,7	7.038	2,3
L'Horta Sud	350	5,1	13.089	4,3
Los Serranos	69	1,0	6.703	2,2
Rincón de Ademuz		0,0	267	0,1
Valencia	33	0,5	2.820	0,9
Vinalopó Mitjà/Vinalopo Mediu	124	1,8	12.942	4,2
Total comarcal y CV	**6.880**	**100,0**	**305.247**	**100,0**

241

Fuente: Conselleria de Agricultura, Agua, Ganadería y Pesca y Portal estadístico de la GV

Jefes/Jefas

Comarca	TOTAL	Menos de 25 años	25-44 años	45-64 años	De 65 y más años	% de menos de 25 años	% de 25-44 años	% de 45-64 años	% de 65 y más años
El Alto Mijares	351	1	21	145	184	0,3	6,0	41,3	52,4
El Alto Palancia	2.906	7	268	1.182	1.449	0,2	9,2	40,7	49,9
El Baix Maestrat	3.982	11	503	1.878	1.590	0,3	12,6	47,2	39,9
El Baix Segura / La Vega Baja	4.848	22	470	1.892	2.464	0,5	9,7	39,0	50,8
El Baix Vinalopó	1.855	6	186	817	846	0,3	10,0	44,0	45,6
El Camp de Morvedre	1.991	7	147	721	1.116	0,4	7,4	36,2	56,1
El Camp de Túria	5.209	27	501	2.139	2.542	0,5	9,6	41,1	48,8
El Comtat	1.939	1	161	779	998	0,1	8,3	40,2	51,5
El Rincón de Ademuz	254	2	15	110	127	0,8	5,9	43,3	50,0
El Valle de Cofrentes-Ayora	1.010	2	67	323	618	0,2	6,6	32,0	61,2
El Vinalopó Mitjà / El Vinalopó Medio	2.461	9	312	1.021	1.119	0,4	12,7	41,5	45,5
Els Ports	359	3	79	202	75	0,8	22,0	56,3	20,9
La Canal de Navarrés	2.476	10	203	1.074	1.189	0,4	8,2	43,4	48,0
La Costera	3.250	5	261	1.386	1.598	0,2	8,0	42,6	49,2
La Hoya de Buñol	2.584	20	321	1.044	1.199	0,8	12,4	40,4	46,4
La Marina Alta	3.882	4	222	1.458	2.198	0,1	5,7	37,6	56,6
La Marina Baixa	2.171	15	253	1.000	903	0,7	11,7	46,1	41,6
La Plana Alta	4.685	17	405	1.890	2.373	0,4	8,6	40,3	50,7
La Plana Baixa	7.135	13	443	2.715	3.964	0,2	6,2	38,1	55,6
La Plana de Utiel-Requena	4.779	30	607	2.156	1.986	0,6	12,7	45,1	41,6
La Ribera Alta	14.257	23	1.160	5.927	7.147	0,2	8,1	41,6	50,1
La Ribera Baixa	3.384	9	249	1.253	1.873	0,3	7,4	37,0	55,3
La Safor	4.407	2	186	1.498	2.721	0,0	4,2	34,0	61,7
La Vall d'Albaida	3.874	15	341	1.724	1.794	0,4	8,8	44,5	46,3
L'Alacantí	847	1	74	362	410	0,1	8,7	42,7	48,4
L'Alcalatén	1.043	5	114	438	486	0,5	10,9	42,0	46,6
L'Alcoià	1.764	0	145	642	977	0,0	8,2	36,4	55,4
L'Alt Maestrat	1.500	6	163	683	648	0,4	10,9	45,5	43,2
L'Alt Vinalopó / Alto Vinalopó	2.177	4	225	909	1.039	0,2	10,3	41,8	47,7
L'Horta Nord	1.949	5	133	645	1.166	0,3	6,8	33,1	59,8
L'Horta Sud	3.184	8	220	1.273	1.683	0,3	6,9	40,0	52,9
Los Serranos	3.181	15	333	1.378	1.455	0,5	10,5	43,3	45,7
València	517	0	74	220	223	0,0	14,3	42,6	43,1
Comunitat Valenciana	**100.211**	**305**	**8.862**	**40.884**	**50.160**	**0,3**	**8,8**	**40,8**	**50,1**
Alicante	**21.944**	**62**	**2.048**	**8.880**	**10.954**	**0,3**	**9,3**	**40,5**	**49,9**
Castellón	**21.961**	**63**	**1.996**	**9.133**	**10.769**	**0,3**	**9,1**	**41,6**	**49,0**
Valencia	**56.306**	**180**	**4.818**	**22.871**	**28.437**	**0,3**	**8,6**	**40,6**	**50,5**

242

Fuente: Instituto Nacional de Estadística. Censo Agrario de 2020

Referencias bibliográficas de interés

REFERENCIAS BIBLIOGRÁFICAS DE INTERÉS

ABDERRAHMAN CHERIF, J. Y LÓPEZ GÓMEZ, M. (1994): El Enigma del agua en Al-Andalus. Madrid, Ministerio de Agricultura, Pesca y Alimentación. 226 pp.

AGUILAR CIVERA, I. et al. (2005): Cien elementos del paisaje valenciano: las Obras Públicas. Generalitat Valenciana, Conselleria d'Infraestructures i Transport. 304 pp.

ALBEROLA ROMÀ, A. (Ed.) (1995): Cuatro Siglos de técnica hidráulica en tierras alicantinas. Alicante, Diputación Provincial, Instituto de Cultura Juan Gil Albert.

AL-MUDAYNA (1991): Historia de los regadíos en España (… a.C. -1931). Madrid, IRYDA, Ministerio de Agricultura, Pesca y Alimentación. 743 pp.

ARROYO, R. (1976): "La laguna de Salinas (Alicante) y su desecación". Saitabi XXVI, Universidad de Valencia, Facultad de Filosofía y Letras. Pp 159-169.

BANCO MUNDIAL (1971): Abastecimiento de agua y alcantarillado: documento de trabajo sobre el sector. Washington: Banco Mundial. 19 pp.

BARBERÀ, B. (2002): Catàleg de molins fariners d'aigua de la Província de Castelló. Editorail Antines.

BARCELÓ, M. (1983): "Qanats a Al-Andalus". Documents d'Anàlisi Geogràfica, Nº2. Pp. 3-22.

BARCELÓ, M. (1986): "La qüestió de l'hidraulisme andalusí". En Les aigües cercades (Els qanat(s) de l'illa de Mallorca). Institut d'Estudis Baleàrics, Palma de Mallorca. Pp. 9-36.

BARCELÓ, M. (1989): El diseño de espacios irrigados en Al-Andalus: un enunciado de principios generales. Actas del I Coloquio de Historia y Medio Físico, Almería, 14-15-16 de diciembre de 1989, Instituto de Estudios Almerienses de la Diputación de Almería, Almería, pp.XV-XLVII.

BARCELÓ, M., CARBONERO, Mª. A., MARTÍ, R. Y ROSSELLÓ, G. (1986): Les aigües cercades: els qanats de l'illa de Mallorca, Palma de Mallorca.

BARCELÓ, M., KICHNER, H. Y NAVARRO, C. (1996): El Agua que no duerme: fundamentos de la arqueología hidráulica andalusí. Granada, Sierra Nevada 95, El legado andalusí.

BARCIELA, C. Y MELGAREJO, J. (Eds.) (2000): Agua en la Historia de España. Alicante, Universidad de Alicante. 434 pp.

BARCIELA, C. Y MELGAREJO, J. (Eds.) (2000): Agua en la Historia de España. Alicante, Universidad de Alicante

BARÓN, A. Y CARBONERO, Mª. A. (1987): Las captaciones por gravedad, qanat(s): Situación actual y posibilidades de uso. En IV SIMPOSIO DE HIDROGEOLOGÍA, TOMO XI, IGME, Palma de Mallorca, pp. 781-795.

BAZZANA, A. Y GUICHARD, P. (1981) : "Irrigation et société dans l'Espagne orientale au Moyen Age", en L'homme et l'eau en Méditérranée et au Proche Orient, Lyon. Pp. 115-140.

BEAUMONT, P., MONINE, M. Y MCLACHLAN, K. (1989): Qanat, Kariz & Khattara: Traditional Water System in the Middle East & Noth Africa, Menas Press, London.

BEHNIA, A. (1988): Kanat: construction and maintenance. Centre for University Publications, Teheran.

BENET GRANELL, J.M. (1992): Abastecimiento y distribución de aguas. Valencia, Universidad Politécnica de Valencia. 193pp.

BERNABÉ, J.M. (1989): "Obras hidráulicas tradicionales en el regadío de Petrer (Vall del Vinalopó)". En Los paisajes del agua. Libro jubilar dedicado al profesor Antonio López Gómez. Universitat de València-Universidad de Alicante. Pp. 187-198.

BÉRCHEZ GÓMEZ, J. et al. (1983): Catálogo de Monumentos y Conjuntos de la Comunidad Valenciana. Valencia, Conselleria de Cultura, Educació i Ciència, Servei de Patrimoni Arquitectònic. 743 pp.

BLÁZQUEZ HERRERO, C. Y SANCHO, T. (1999): Obras Hidráulicas en Aragón. Zaragoza, Caja de Ahorros de la Inmaculada de Aragón. 126 pp.

BOLEA, J. A. (1969): Régimen jurídico de las Comunidades de Regantes. Escuela Nacional de Administración Pública, Madrid.

BOX AMORÓS, M. (1987): Humedales y áreas lacustres de la provincia de Alicante. Instituto de Estudios Juan Gil Albert. 290 pp.

BURRIEL DE ORUETA, E. (1968): "Geografía agraria de Onda". Estudios geográficos Nº 29. Pp.575-640

BURRIEL DE ORUETA, E. (1971): La huerta de Valencia, Zona Sur: Estudio de Geografía Agraria. Institució Alfons el Magnànim, València. 624 pp.

BUTZER, K. W. et al. (1989): "Orígenes de la distribución intercomunitaria del agua en la Sierra de Espadá". En Los paisajes del agua. Libro jubilar dedicado al profesor Antonio López Gómez. Universitat de València-Universidad de Alicante. Pp. 223-228.

BUTZER, K.W. et al. (1989): "L'origen dels sistemes de regadiu al Pais Valencià: romà o musulmà?". Afers, Fulls de recerca i pensament, IV/7. Pp. 9-68.

BRU, C. (1992): Los caminos del agua. El Vinalopó. Confederación Hidrográfica del Júcar, Valencia. 257 pp.

CALATAYUD GINER, S Y MARTÍNEZ CARRIÓN, J.M. (1999): "El cambio técnico en los sistemas de captación e impulsión de aguas subuterráneas para riego en la España mediterránea". Garrabou y Naredo, op. Cit., pp. 15-41.

CANTERO, P.A. (1997): "Arquitectura del agua, el espacio del agua". PH. Bolentín del Instituto Andaluz del Patrimonio Histórico, Nº18, Sevilla. Pp. 86-92.

CARA BARRIONUEVO, L. Y RODRÍGUEZ LÓPEZ, J. Mª. (1995): "La génesis de los espacios irrigados y la hidráulica romana. Nuevos datos a partir de algunos ejemplos almerienses". En Agricultura y regadío en al-Andalus: síntesis y problemas: actas del II Coloquio Historia y Medio Físico. Almería, 9 y 10 de junio de 1995, Instituto de Estudios Almerienses de la Diputación de Almería y Grupo de Investigación "Toponimia, Historia y Arqueología del Reino de Granada", Almería, pp. 361-382.

CARO BAROJA, J. (1954): Norias, Azudas, Aceñas. Madrid, Consejo Superior de Investigaciones Científicas, Centro de Etnología Peninsular.

CARO BAROJA, J. Y MAY, P. (1988): Tecnología popular española. Editorial: Montena Aula, cop. 1988, 110 pp.

CÁTEDRA DEMETRIO RIBES (2007): Puentes Históricos: El patrimonio de la obra pública y los criterios y técnicas de restauración: Jornada. València, Universitat de València, Càtedra Demetrio Ribes. CD-ROM

CAVANILLES, A. J. (1795-1797): Observaciones sobre la historia natural, geografía, agricultura, población y frutos del Reyno de Valencia. Reproducción Facsímil. Ediciones Albatros, València, 1985. 2 vols.

CERDÀ, M. Y GARCÍA, M. (dirs.) (1995): Enciclopedia Valenciana de Arqueología Industrial. Institució Alfons el Magnànim-I.V.E.I., València. 680 pp.

CHIARRI, M A (2003):"La restauración de los molinos de Ares del Maestre". En El patrimonio histórico de la Ingeniería Civil en la Comunidad Valenciana, Colegio de Ingenieros de Caminos, Canales y puertos de la Comunidad Valenciana, Valencia. 254 pp.

CHJ (1996): Conmemoración de la Confederación Hidrográfica del Júcar: ciclo de conferencias. Valencia, Confederación Hidrográfica del Júcar. 169 pp.

CHJ (2005): Confederación Hidrográfica del Júcar. Madrid, Ministerio de Medio Ambiente. 80 pp y DVD.

COLEGIO DE INGENIEROS DE CAMINOS, CANALES Y PUERTOS DE LA COMUNIDAD VALENCIANA (2007): Canales de Riego, Embalses, Centrales Hidroeléctricas y Trasvases. Memória Gráfica de las Obras Públicas en la Comunidad Valenciana (IV). Ed. Colegio de Ingenieros de Caminos, Canales y Puertos de la Comunidad Valenciana. 207 pp.

COLEGIO DE INGENIEROS DE CAMINOS, CANALES Y PUERTOS DE LA COMUNIDAD VALENCIANA (2004): Memoria gráfica de las obras públicas en la Comunidad Valenciana: caminos, puentes y carreteras. Valencia, Colegio de Ingenieros de Caminos, Canales y Puertos de la Comunidad Valenciana. 135 pp.

COMITÉ ESPAÑOL DE RIEGOS Y DRENAJES (1969): Los Riegos en España: Datos para su estudio. 2 vols.

CONFEDERACIÓN HIDROGRÁFICA DEL JÚCAR (1996): Conmemoración de la Confederación Hidrográfica del Júcar: ciclo de conferencias. Valencia, Confederación Hidrográfica del Júcar. 169 pp.

CONFEDERACIÓN HIDROGRÁFICA DEL JÚCAR (2005): Confederación Hidrográfica del Júcar. Madrid, Ministerio de Medio Ambiente. DVD.

CONGRESO NACIONAL DE RIEGOS (1914): I Congreso Nacional de Riegos, celebrado en Zaragoza en los días 2 al 6 de octubre de 1913. Zaragoza, Tip. de G. Casañal. 3 vols.

CONGRESO NACIONAL DE RIEGOS (1919): II Congreso Nacional de Riegos, celebrado en Sevilla en los días 5 al 11 de Mayo de 1918. Madrid, Sociedad Española de Artes Gráficas. 2 vols.

CONGRESO NACIONAL DE RIEGOS (1923): III Congreso Nacional de Riegos, celebrado en Valencia los días 25 de Abril al 3 de Mayo de 1921. Valencia, Imp. Hijo de F. Vives Mora. 3 vols.

CONGRESO NACIONAL DE RIEGOS (1929): IV Congreso Nacional de Riegos, celebrado en Barcelona en mayo y junio de 1927. Barcelona, Comisión Permanente de los Congresos Nacionales de Riegos. 3 vols.

CONGRESO NACIONAL DE RIEGOS (1935): V Congreso Nacional de Riegos, celebrado en Valladolid del 23 al 30 de Septiembre de 1934. Valladolid, Imp. Castellana. 3 vols.

CONSTANTE LLUCH, J.L. (1984): "La noria en los sistemas de regadío del Bajo Maestrazgo". En Boletín del Centro de Estudios del Maestrazgo, Nº5. Pp. 37-56.

CORTÉS JIMENO, R (2003):"Las presas valencianas antiguas". En El patrimonio histórico de la Ingeniería Civil en la Comunidad Valenciana, Colegio de Ingenieros de Caminos, Canales y puertos de la Comunidad Valenciana, Valencia. 254 pp.

COURTOT, R. (1992): Camp i ciutat a les hortes valencianes. Traducció de Pasqual Alapont i Elisabet Masià; Revisió de Vicenç M. Rosselló i Verger. Institució Alfons el Magnànim, València. 284 pp.

CRESSIER, P. (1989): "Arqueologie des structures hydrauliques en al-andalus". En El agua en zonas áridas, arqueología e historia: actas del I Coloquio de Historia y Medio Físico, Almería, 14-15-16 de diciembre de 1989, Instituto de Estudios Almerienses de la Diputación de Almería, Almería, pp. LIII-LXXXVIII.

CRUZ, J. (1999): "El patrimonio cultural en el medio rural valenciano. Aportaciones para un debate conveniente". Ruralia. Revista del Mon Rural, València, Nº4.

CRUZ CABRERA, J. P. (1995): "Agricultura y regadío en el Al-Andalus". II Coloquio de Historia y Medio Físico. Instituto de Estudios Almerienses, Diputación Provincial de Almería.

CUSTODIO, E. Y LLAMAS, M. R. (1983): "Galerías de agua, zanjas de drenaje y pozos excavados". En Hidrogeología subterránea. Barcelona, Editorial Omega. Pp. 1791-1809.

DE ANTILLÓN, I. (1824): Elementos de la geografía astronómica, natural y política de España y Portugal. Imprenta de D. León Amarita. 427 pp.

DEL CAMPO GARCIA, A. (1996): Las Comunidades de Regantes: Historia, Características, Finalidad y Gestión. XIV Congreso Nacional de Riegos. Aguadulce (Almería), Junio de 1996.

DÍAZ-MARTA PINILLA, M. (1997): Las Obras hidráulicas en España: antecedentes, situación actual, desarrollo: datos y comentarios. México, Agrupación Europeísta de México, 1969. Ed. Facs. Aranjuez, Fundación Puente Barcas, Doce Calles.

DIEZ, E., GARCÍA, A. Y GEA, M. (1986): Norias, cenias, bombillos y otros aparatos elevadores de agua en el Bajo Segura. Vol. II. Instituto de Cultura "Juan Gil-Albert", Alacant.

DIEZ GONZÁLEZ, F. (1992): La España del Regadío y sus Instituciones Básicas. Editado por la Federación Nacional de Comunidades de Regantes de España.

EL LEGADO ANDALUSÍ (1995): El Agua en la agricultura de Al-Andalus:(Catálogo de la exposición). Barcelona, Lunwerg. 189 pp.

EGUIBAR, G., SANCHIS, C., et al. (2007): "El Catálogo de zonas húmedas de la Comunidad Valenciana. Aspectos metodológicos". Ingeniería del Agua, Fundación para el fomento de la ingeniería del agua, vol. 14, nº 1. Pp 23-35.

ESTRELLES, A., MARTÍNEZ, J.M., Y SERRA, J.J. (2007): Guía del patrimoni pural de la Ribera Alta. El patrimoni cultural i ambiental de la Ribera Alta. Ed. Mancomunitat de la Ribera Alta i Confedració Hidrogràfica del Xúquer. 143 pp.

FAIRÉN, V. (1974): El proyecto de ley orgánica de la justicia y el tribunal de las aguas de la Vega de Valencia. Madrid. 206 pp.

FAIRÉN, V. (1988): El Tribunal de las Aguas de Valencia y su proceso: oralidad, concentración, rapidez y economía. Valencia: Caja de Ahorros. 634 pp.

FERNÁNDEZ ORDÓÑEZ, J. A. (Dir.) (1984): Catálogo de noventa presas y azudes españoles anteriores a 1900. Madrid, CEHOPU.

FERNÁNDEZ ORDÓÑEZ, J. A. (Dir.) (1986): Catálogo de treinta canales anteriores a 1900. Madrid, Colegio de Ingenieros de Caminos, Canales y Puertos.

FERRAIRÓ SALVADOR, J. et al (1991) El Racó del Duc a peu, un itinerari de la natura (El riu Serpis de Villalonga a l'Orxa). Editado por la Agència del Medi Ambient y Colomar ediciones. 306 pp.

FERRI, M. Y SANCHIS, C. (1997): "Transformacions al regadiu històric Nº61, Universitat de València.

FERRI, M. (1997): "Reorganización de los riegos valencianos en el siglo XIX: las Ordenanzas liberales de la Provincia de Valencia (1835-1850)". Áreas, Nº17. Pp. 77-89.

FERRI, M. (1998): Catàleg General del Patrimoni del Camp de Morvedre, Sagunt, Fundació Bancaixa.

FERRI, M. (1999): "Conflictes i reformes a les hortes valencianes". En Hortes valencianes: la fi d'un mite?. Mètode, Nº22. Universitat de València. Pp. 26-27.

FERRI, M. (2001): "De comuners a regants. Comunitat, territori i conflicte a les hortes valencianes". Áreas, Nº17, València. Pp. 77-89.

FERRI, M. (Coord.) Y COLEGIO DE INGENIEROS, CAMINOS CANALES Y PUERTOS DE LA COMUNIDAD VALENCIANA (2003): "El legado hidráulico musulmán"; "Pueblas nuevas y acequias reales"; "Presas, acequias reales y nuevos regadíos"; "La extensión de los regadíos"; y "La creación de una política hidráulica". En La construcción del territorio Valenciano. Patrimonio e historia de la Ingeniería civil. Colegio de Ingenieros, Caminos, Canales y Puertos de la Comunidad Valenciana, València. 248 pp.

FURIÓ, A. Y LAIRÓN, A. (2000): L'espai de l'aigua: xarxes i sistemes d'irrigació a la Ribera del Xúquer en la perspectiva històrica. Ed. Universitat de València, València. 306 pp.

FURS. Adaptació del text dels Furs de Jaume el Conqueridor i Alfons el Benigne, de l'edició de Francesc-Joan Pastor (València, 1547) a l'ordre dels mateixos Furs en el manuscrit de Boronat Péra de l'Arxiu Municipal de la ciutat de València. Feta per Arcadi Garcia i Sanz, 1979. Vicente García, editores.

GARCÍA, V (2003):"El patrimonio de los regadíos valencianos". En El patrimonio histórico de la Ingeniería Civil en la Comunidad Valenciana, Colegio de Ingenieros de Caminos, Canales y puertos de la Comunidad Valenciana, Valencia. 254 pp.

GARCÍA TAPIA, N. (1997): Los veintiún libros de los ingenios y máquinas de Juanelo, atribuidos a Pedro Juan de Lastanosa. Zaragoza, Gobierno de Aragón, Departamento de Educación y Cultura.

GARRABOU, R. (1985): Un fals dilema. Modernitat o endarreriment de l'agricultura valenciana. Col•lecció Politècnica, Nº22. Institució Alfons el Magnànim. Institució Valenciana d'Estudis i Investigació. 221 pp

GARRIDO LOPERA, J.M. (1973): El servicio público de abastecimiento de agua a poblaciones. Madrid, Instituto de Estudios de Administración Local. 413pp.

GEYER, B. (ed.) (1990): Techniques et practiques hydro-agricoles traditionnelles en domaine irrigue, vol II. Librairie Orientaliste Paul Geuthner, París.

GIL OLCINA, A. (1972): "Embalses españoles de los siglos XVII y XIX para riego". Estudios geográficos, Nº129. Pp. 577-96.

GIL OLCINA, A. (1992): "Riegos mediante elevación de aguas superficiales en la fachada Este de España". Estudios geográficos, LI, Nº199-200. Pp. 453-467.

GIL, A. Y MORALES, A. (1992): Hitos históricos de los regadíos españoles. Ministerio de Agricultura, Pesca y Alimentación, Madrid. 415 pp.

GIL OLCINA, A. (1995-1996): "Rasgos específicos del Sureste Peninsular". Paralelo 37º, nº17. Pp. 69-79.

GIL OLCINA, A. (1995): "Evolución histórica del problema del agua en los regadíos deficitarios alicantinos", en Alberola Romá, Armando (ed.), Cuatro siglos de técnica hidráulica en tierras alicantinas, Alicante. Pp. 13-30.

GIL SUMBIELA, L. (1907): Historia del abastecimiento de aguas potables de Valencia. Valencia, Viuda de Emilio Pascual. 28 pp.

GIMENO MICHAVILA, V (1944): "Los riegos en la comarca de la Plana". Boletín de la Sociedad Castellonense de Cultura, Vol 19. Pp. 139-145.

GIMENO MICHAVILA, V (1944): "Los riegos en la comarca de la Plana". Boletín de la Sociedad Castellonense de Cultura, Vol 20. Pp. 17-32.

GIMENO MICHAVILA, V (1944): "Los riegos en la comarca de la Plana". Boletín de la Sociedad Castellonense de Cultura, Vol 20. Pp. 205-221.

GINER, V. (1953): El Tribunal de las Aguas de la Vega de Valencia. Publicaciones de la Cámara Oficial de Comercio, Industria y Navegación. 37 pp.

GINER, V. (1960): El Tribunal de las Aguas de la Vega de Valencia: 960-1960. Tribunal de las Aguas. 41 pp.

GIRONI, G. et al. (1935): Tratado práctico de la Molinería. Librería de Luis Santos, Madrid.

GLICK, T. F. (1988): Regadío y sociedad en la Valencia medieval. Traducción de Adela Amor; edición a cargo de Ramón Ferrer Navarro. Del Cenia al Segura, València. 413 pp.

GLICK, T.F.; GUINOT, E.; MARTÍNEZ, L.P. (Eds.) (2000): Els molins hidràulics valencians. Tecnologia, història i context social. Institució Alfons el Magnànim, Diputació de València. 508 pp.

GOBLOT, H. (1979): Les Qanats, une technique d'acquisition de l'eau, École des Hautes Études en Sciences Sociales, Ed Mouton, París.

GONZÁLEZ, R. (2002): Las formas de los paisajes mediterráneos (Ensayos sobre las formas, funciones y epistemologías parcelarias: estudios comparativos en medios mediterráneos entre la antigüedad y época moderna). Universidad de Jaén. 506 pp

GONZÁLEZ-QUIJANO, A. (1960): Breve reseña histórica del desarrollo de los regadíos en España. Madrid. 49 pp.

GONZÁLEZ TASCÓN, I. (1992): Fábricas hidráulicas españolas. Ministerio de Obras Públicas y Transportes, CEHOPU. Ed. Turner Libros. 534 pp.

GONZÁLEZ TASCÓN, I. Y VELÁZQUEZ, I. (2005): Ingeniería romana en Hispania: historia y técnicas constructivas. Madrid, Fundación Juanelo Turriano, 542 pp.

GRACIA, C. (1986): El Tribunal de las Aguas: Ferrándiz ante la modernidad. Alsfons el Magnànim. 191 pp.

GUAL, M. (1979): Estudio histórico-geográfico sobre la Acequia Real del Júcar. Ed. Institució Alfons el Magnànim, València. 252 pp.

GUILLÉN, R., DE CEPEDA, A. (1921): Tribunales de Aguas: su constitución y competencia. Sistemas eficaces para la ejecución de sus fallos. Ponencia III Congreso Nacional de Riegos, Valencia.

GUINOT, E. et al. (1999): La Real Acequia de Moncada. Col·lecció Camins d'Aigua. Generalitat Valenciana, Conselleria d'Agricultura, Pesca i Alimentació, València. 186 pp.

GUINOT, E. et al. (2000): La Acequia Real del Júcar. Col·lecció Camins d'Aigua. Generalitat Valenciana, Conselleria d'Agricultura, Pesca i Alimentació, València. 194 pp.

GUINOT, E. et al. (2001): Las acequias de la Plana de Castellón. Col·lecció Camins d'Aigua. Generalitat Valenciana, Conselleria d'Agricultura, Pesca i Alimentació, València. 224 pp.

GUINOT, E. et al. (2003): Las acequias de Elche y Crevillente. Col·lecció Camins d'Aigua. Generalitat Valenciana, Conselleria d'Agricultura, Pesca i Alimentació, València. 218 pp.

GUINOT, E. (2004): "El patrimoni històric de les hortes valencianes". Pp. 237-253. En Patrimoni rural valenciano, SAITABI, Nº54. Pp. 270.

GUINOT, E. Y ARDIT, M. (2005): Usos y conflictes de l'aigua en la Història. Afers, Col·lecció Recerca i Pensament. 248 pp.

GUINOT, E. et al. (2005): Les sèquies de l'Horta Nord de València: Mestalla, Rascanya i Tormos. Col·lecció Camins d'Aigua. Generalitat Valenciana, Conselleria d'Agricultura, Pesca i Alimentació, València. 223 pp.

GUINOT, E. et al. (2006): Els regs del canal Xúquer-Túria. Col·lecció Camins d'Aigua. Generalitat Valenciana, Conselleria d'Agricultura, Pesca i Alimentació. València. 136 pp.

HERMOSILLA PLA, J. (Dir.) (1999): Bases para el Plan Estratégico del municipio de Cortes de Pallás. Departamento de Geografía, Universidad de Valencia. 390 pp.

HERMOSILLA PLA, J. (Dir.) (2003): Los sistemas de regadío en La Costera. Paisaje y Patrimonio. Colección Regadíos Históricos Valencianos, Nº2. Direcció General de Patrimoni Artístic, Generalitat Valenciana. 506 pp.

HERMOSILLA PLA, J. (Dir.) (2004): La Arquitectura del agua en el Riu Magre. Alcalans- Marquesat. Colección Regadíos Históricos Valencianos, Nº3. Direcció General de Patrimoni Cultural Valencià, Generalitat Valenciana. 256 pp.

HERMOSILLA PLA, J. (Dir.) (2005): El regadío histórico en la comarca de Requena-Utiel. Geografía y Patrimonio. Colección Regadíos Históricos Valencianos, Nº4. Direcció General de Patrimoni Cultural Valencià, Generalitat Valenciana. 232 pp.

HERMOSILLA PLA, J. (Dir.) (2005): Los Riegos de la Safor y la Valldigna. Agua, Territorio y Tradición. Colección Regadíos Históricos Valencianos, Nº5. Direcció General de Patrimoni Cultural Valencià, Generalitat Valenciana. 240 pp.

HERMOSILLA PLA, J. (Dir.) (2006): Los Paisajes de Regadío en el Alto Palancia. Sistemas y elementos hidráulicos. Colección Regadíos Históricos Valencianos, Nº6. Direcció General de Patrimoni Cultural Valencià, Generalitat Valenciana. 244 pp.

HERMOSILLA PLA, J. (Dir.) (2006): Las Riberas del Xúquer: Paisajes y patrimonio Valenciano. Colección Regadíos Históricos Valencianos, Nº7. Direcció General de Patrimoni Cultural Valencià, Generalitat Valenciana. 448 pp.

HERMOSILLA PLA, J. (Dir.) (2006): Las galerías drenantes del Sureste de la Península Ibérica. Uso tradicional del agua y sostenibilidad en el Mediterráneo español. Colección Gestión tradicional del agua, patrimonio cultural y sostenibilidad, nº 1. Madrid, Ed. Ministerio de Medio Ambiente, Madrid. 228 pp.

HERMOSILLA PLA, J. (Dir.) (2007): Los regadíos tradicionales del Vinalopó (Alto y Medio). Colección Regadíos Históricos Valencianos, Nº8. Direcció General de Patrimoni Valencià, Generalitat Valenciana. 292 pp.

HERMOSILLA PLA, J. (Dir.) (2007): El patrimonio hidráulico del Bajo Túria: L'Horta de València. Colección Regadíos Históricos Valencianos, Nº9. Direcció General de Patrimoni Cultural Valencià, Generalitat Valenciana. 461 pp.

HERMOSILLA PLA, J. (Dir.) (2008): Las galerías drenantes en España. Análisis y selección de qanat(s). Colección Gestión tradicional del agua, patrimonio cultural y sostenibilidad, nº 2. Madrid, Ed. Ministerio de Medio Ambiente y Medio Rural y Marino. 274 pp.

HERMOSILLA PLA, J. (Dir.) (2008): Las vegas tradicionales del Alto Turia: sistemas y paisajes de regadío. Colección Regadíos Históricos Valencianos, Nº10. Direcció General de Patrimoni Cultural Valencià y Universitat de València. 254 pp.

HERMOSILLA PLA, J. (Dir.) (2009): Los regadíos históricos del Turia Medio: La Serranía y el Camp de Turia. Colección Regadíos Históricos Valencianos, Nº11. Direcció General de Patrimoni Cultural Valencià y Universitat de València. 284 pp.

HERMOSILLA PLA, J. (Dir.) (2009): Los regadíos históricos del Baix Millars-La Plana. Colección Regadíos Históricos Valencianos, Nº12. Direcció General de Patrimoni Cultural Valencià y Universitat de València. 175 pp.

HERMOSILLA, J. (Dir.) (2006): Las galerías drenantes del Sureste de la Península Ibérica. Uso tradicional del agua y sostenibilidad en el Mediterráneo español. Colección Gestión tradicional del agua, patrimonio cultural y sostenibilidad, nº 1. Madrid, Ed. Ministerio de Medio Ambiente, Madrid. 228 pp.

HERMOSILLA, J. (Dir.) (2008): Las galerías drenantes en España. Análisis y selección de qanat(s). Colección Gestión tradicional del agua, patrimonio cultural y sostenibilidad, nº 2. Madrid, Ed. Ministerio de Medio Ambiente y Medio Rural y Marino. 274 pp.

HERMOSILLA, J. (Dir.) (2010): Los Regadíos Históricos Españoles: paisajes culturales, paisajes sostenibles. Colección Gestión tradicional del agua, patrimonio cultural y sostenibilidad, nº 3. Madrid, Ed. Ministerio de Medio Ambiente y Medio Rural y Marino. 600 pp.

HERMOSILLA, J y ESTRELA, T. (Dir.) (2011): El Patrimonio Hidráulico Histórico en el Ámbito Territorial de la Confederación Hidrográfica del Júcar. Colección Patrimonio Hidráulico, nº2. València, Ed. Universitat de València. 310 pp.

HERMOSILLA J. (Coord.) (2022): Atlas temático de la Comunitat Valenciana. València. Ed. Universitat de València, Servei de Publicacions de la Universitat de València. 326 pp.

HERMOSILLA, J., ANTEQUERA, M. E IRANZO, E.: (2001-2002): "Los sistemas de regadío tradicional en el interior valenciano. La vega requenense del río Magro y sus manantiales". Saitabi, Nº 51/52. Pp. 503-525.

HERMOSILLA, J., SERRANO, J. Y ANTEQUERA, M. (2003): "El patrimonio arquitectónico del agua en el Rincón de Ademuz. Catálogo de los molinos y otros artilugios hidráulicos". Cuadernos de Geografía, Nº73/74. Pp. 303-322.

HERMOSILLA, J. Y PEÑA, M. (2011): "La Arquitectura del Agua y la Toponimia de los Regadíos Históricos como referencia del Patrimonio Cultural Valenciano". En Expressions del Patrimoni, Llengua i cultura, Generalitat Valenciana, Valencia.

HIGUERAS ARNAL, A. (1964): "Los Regadíos en España". Aportación española al XX Congreso Geográfico Internacional. Pp. 206-218.

JAUBERT DE PASSA, F. (1844): Canales de riego de Cataluña y Reino de Valencia, leyes y costumbres que los rigen, reglamentos y ordenanzas de sus principales acequias. Imp. B. Monfort, Valencia, 1991. 2 vols.

JILIBERTO, R., MERINO, A. (1997): "Sobre la situación de las Comunidades de Regantes". En López Gálvez. J.; Naredo, J.M. (eds.), La Gestión del agua de riego. Colección Economía y Naturaleza, Vol. VIII, Serie "Textos Aplicados". Fundación Argentaria, Visor Distribuciones. Pp. 183-201.

249

JUNTA CONSULTIVA AGRONÓMICA (1904): El Regadío en España/Resumen hecho por la Junta Consultiva Agronómica. Madrid. Imprenta de los Hijos de M.G. Hernández. Dirección General de Agricultura

JUNTA CONSULTIVA AGRONÓMICA (1918): Medios que se utilizan para suministrar el riego a las tierras y distribución de los cultivos en la zona regable, Imprenta de los Hijos de M. G. Hernández, Madrid.

KIRCHNER, H. (1999): "Observaciones a propósito de la hidráulica andalusí". En MORILLA CRITZ, J., GÓMEZ PANTOJA, J., Y CRESSIER, P.: Impactos exteriores sobre el mundo rural mediterráneo. Del imperio romano a nuestros días. Ministerio de Agricultura, Pesca y Alimentación, Madrid. Pp. 139-161.

LAMBTON, A. K. S. (1989): "The origin, diffusion and functioning of the Qanat". En BEAUMONT, P., BONINE, M. E., and McLACHLAN, K. S.: Qanats, Kariz & Khattara: Traditional Water Systems in the Middle East and North Africa, Menas Press (Middle East and North African Studies), Cambridgeshire.

LATORRE ZACARÉS, IGNACIO (2005): "Apuntes históricos sobre el riego y cultivo de huertas en Venta del Moro". Asociación Cultural Amigos de Venta del Moro. El Lebrillo Cultural, nº 21, pp. 25-30.

LATORRE, I. (2007): "1878 Arquitectura del Agua en el Cabriel". Oleada, Nº 21. Pp. 121-142.

LAUREANO, P. (2005): Atlas del agua. Ed. Laia Libros S.L., Barcelona. 440 pp.

LAUTENSACH, H. (1950): "Sobre la geografía del regadío en la Península Ibérica". Estudios geográficos, Nº11. Pp. 515-547.

LÓPEZ GÓMEZ, A. (1951): "Riegos y cultivos en la huerta de Alicante". Estudios Geográficos, Nº45. Pp. 701-771.

LÓPEZ GÓMEZ, A. (1957): "Evolución agraria de la Plana de Castellón". Estudios Geográficos, Nº 67-68. Pp. 309-360.

LÓPEZ GÓMEZ, A. (1964): "Riegos y cultivos en las huertas valencianas". Aportación española al XX Congreso Geográfico Internacional, Inst. Elcano-Inst. Estudios Pirenaicos. C.S.I.C. Pp. 89- 100 y 8 láminas.

LÓPEZ GÓMEZ, A. (1966): "La huerta de Castellón". Homenaje a D. Amando Melón, Zaragoza, Inst. Elcano-Inst. Estudios Pirenaicos. Pp. 77-108 y 8 láminas.

LÓPEZ GÓMEZ, A. (1968): "Los regadíos valencianos en el periodo 1919-1936". Estudios geográficos, Nº112-113. Pp. 397-421.

LÓPEZ GÓMEZ, A. (1971): "Embalses de los siglos XVI y XVII en Levante". Estudios geográficos, Nº125. Pp. 617-656.

LÓPEZ GÓMEZ, A. (1973): "Presas del siglo XVIII y comienzos del XIX en Agost (Alicante)". Cuadernos de Geografía, Nº13.

LÓPEZ GÓMEZ, A. (1974): "El origen de los riegos valencianos I. Los canales romanos". Cuadernos de Geografía, Nº15. Pp. 1-24.

LÓPEZ GÓMEZ, A. (1974): "Nuevos riegos valencianos del siglo XIX y comienzos del XX". Actas I Coloquio de Historia Económica de España, Barcelona. Ariel. Pp. 188-205.

LÓPEZ GÓMEZ, A. (1975): "El origen de los riegos valencianos II. La división del agua". Cuadernos de Geografía, Nº17. Pp. 1-38.

LÓPEZ GÓMEZ, A. (1976): "Los riegos de avenida en la huerta de Alicante. Evolución y estado actual". Boletín de la Real Sociedad Geográfica, Nº2. Pp. 373-380.

LÓPEZ GÓMEZ, A. (1987): Els embassaments valencians antics. Generalitat Valenciana, Conselleria d'Obres Públiques, València. 72 pp.

LÓPEZ GÓMEZ, A. (1988): "Las presas antiguas de Aranjuez y su relación con las mediterráneas". En Demanda y economía del agua en España. Caja de Ahorros del Mediterráneo, Instituto Juan Gil Albert, Alicante. Pp. 465-485.

LÓPEZ, A. (1995): "Las presas españolas del siglo XVI. Antecedentes e innovaciones revolucionarias". Cuatro siglos de técnica hidráulica en tierras alicantinas, Alicante. Diputación Provincial de Alicante. Instituto de Cultura Juan Gil-Albert. Pp. 89-116.

LÓPEZ, A. (1995): Ponencia. Las Presas Españolas en arco de los siglos XVI y XVII. Una innovación revolucionaria. I Congreso Nacional de Historia de las Presas (Tomos I y II).

LÓPEZ GÓMEZ, A. (1996): Los embalses valencianos antiguos. Valencia, Generalitat Valenciana, Conselleria d'Obres Públiques, Urbanismo i Transports. 92 pp.

LÓPEZ, Mª. J. (1995): "El agua en el sureste peninsular durante la época romana. Su aprovechamiento para la agricultura". En Agricultura y regadío en al-Andalus: síntesis y problemas: actas del II Coloquio Historia y Medio Físico. Almería, 9 y 10 de junio de 1995. Instituto de Estudios Almerienses de la Diputación de Almería y Grupo de Investigación "Toponimia, Historia y Arqueología del Reino de Granada", Almería. Pp. 13-16.

LÓPEZ GÁVEZ, J. Y LOSADA, A. (1998): "Evolución de las técnicas de riego en el sudeste de España". Ingeniería del Agua, V, nº3. 10 pp.4

LÓPEZ MONTOYA, JESÚS (1997): "Origen de los puentes de Vadocañas y la Puenseca". Asociación Cultural Amigos de Venta del Moro. El Lebrillo Cultural, nº 6. pp. 13-18 y nº 7 pp. 18-22.

LOSADA, A. (1997): "Glosario sobre sistemas de riego". Ingeniería del Agua, IV, nº4. 14 pp.

LLAURADÓ Y FABREGAS, A. (1884): Tratado de las aguas y riegos. 2ª Edición. Barcelona, Imp. De Moreno y Rojas.

LUPIANI, R. (1950) Y (1964): Elevación de Agua con Bombas y Norias. Ministerio de Agricultura. 126 pp.

MADOZ, P. (1847): Diccionario Geográfico-Estadístico-Histórico de España y sus posesiones de Ultramar. Edición Facsímil Imprenta Don José Rojas. Almendralejo, Biblioteca Santa Ana, 1989-1993. 681 pp. 16 vols.

MALPICAS, A. (Comisario) (1995): El agua en la agricultura de Al-Andalus. Lunwerg Editores, Barcelona. 189 pp.

MALUQUER, J. (1985): "La despatrimonialización del agua: movilización de un recurso natural fundamental". En GARCÍA SANZ y GARRABOU: Historia Agraria de la España Contemporánea. Ed. Crítica. Pp. 275-296.

MANTALLANA VENTURA, S. (1964): El Agua en el campo: manantiales y fuentes, pozos, pequeños embalses, albercas, cisternas, abrevaderos, transporte del agua. Madrid, Ministerio de Agricultura. 259pp.

MANZANO MORENO, E. (1986): "El regadío en Al-Andalus. Problemas en torno a su estudio". En la España Medieval, VI.

MARCO BAIDAL, J. (1960): El Turia y el hombre ribereño. Instituto de Estudios Turolenses, Teruel. 598 pp.

MARCO, J. B.; MATEU, J. Y ROMERO, J. (1994): Regadíos Históricos Valencianos: propuestas de rehabilitación. Conselleria d'Agricultura i Pesca, Servei d'Estudis Agraris i Comunitaris, Generalitat Valenciana. 158 pp.

MARCO, J.B. (1999): "La rehabilitació del regadiu històric valencià: reptes i estrategies". En Hortes valencianes: la fi d'un mite?. Mètode, Nº22. Universitat de València. Pp. 32-34.

MARCO, J.B. Y SANCHÍS, C. (2003): "Una aproximación a la evolución de los regadíos valencianos. Infraestructura, hidrología e hidráulica". En El patrimonio histórico de la Ingeniería Civil en la Comunidad Valenciana, Colegio de Ingenieros de Caminos, Canales y puertos de la Comunidad Valenciana, Valencia. 254 pp

MARKHAM, C. R. (1991): El regadiu de l'Espanya de l'est (1867). Institució Alfons el Magnànim, València. 142 pp.

MARTÍNEZ, F.A. (1990): "Molins, batans i séquies: notes sobre la localització industrial i els conflictes sequiers a les Comarques Centrals del País Valencia a Mitjan Segle XIX". Actes del Primer Congrés d'Arqueologia Industrial del País Valencià. Alcoi.

MARTÍNEZ GARCÍA, J.M. (2006): Los puentes de hierro de la Ribera del Xúquer. Mancomunitat de la Ribera Alta: Confederació Hidrogràfica del Xúquer. 129 pp.

MARTÍNEZ SANMARTÍN, L.P: "El valor patrimonial universal dels regadius històrics valencians: El Palmeral i la Séquia Major d'Elx".Revista valenciana 7interdisciplinar de l'Aigua. Tractat de l'Aigua. Pp. 72-82.

MARTÍNEZ SANMARTÍN, L.P. (1993): "La lluita de l'aigua com a factor de producció. Cap a un model conflictivista d'analisi dels sistemes hidràulics valencians". Afers. Fulls de recerca i pensament, VIII/15. Pp. 27-44.

MARTÍNEZ SANMARTÍN, L.P. (1993): "El estudio social de los espacios hidráulicos. De la Maîtrise de l'eau a la questió hidràulica". Taller d'Història, Nº1.

MARTORELL, ANTONIO (1879): Visita á los ríos Júcar y Cabriel: Memoria descriptiva 1878. Valencia. Taller de José Doménech, 62 pp.

MATA OLMO, R. Y SANZ HERRÁIZ, C. (2004): Atlas de los paisajes de España. Ministerio de Medio Ambiente, Madrid. 683 pp.

MATALLANA VENTURA, S. (1964): El Agua en el Campo. Madrid, Ministerio de Agricultura. 259 pp.

MATEU, J. (1989): "Assuts i vores fluvials regades al País Valencià medieval". En Los paisajes del agua. Libro jubilar dedicado al profesor Antonio López Gómez. Universitat de València-Universidad de Alicante. Pp. 165-185.

MATEU, J. (1999): "Una aproximación a les hortes valencianes". En Hortes valencianes: la fi d'un mite?. Mètode, Nº22. Universitat de València. Pp. 14-15.

MINISTERIO DE OBRAS PÚBLICAS (1964): Catálogo general de las comunidades de regantes. Ministerio de Obras Públicas, Dirección General de Obras Hidráulicas. 97 pp.

MINISTERIO DE OBRAS PÚBLICAS, TRANSPORTES Y MEDIO AMBIENTE (1994): Catálogo general de las comunidades de regantes. 1.154 pp.

MINISTERIO DE OBRAS PÚBLICAS Y URBANISMO (1985): Planos históricos de obras hidráulicas. Madrid, CEHOPU. 398 pp.

MORÁN, A. (1908): Aguas subterráneas. Balance de 1908, Imp. Alemana, Madrid.

MUSEU DE LES AIGÜES (2004) : Aqua Romana. Técnica humana y fuerza divina. Museu de les Aigües de la Fundació Agbar. 290 pp.

MUSEU D'HISTÒRIA DE VALÈNCIA (2007): L'Aigua domesticada. Els origens de l'abastiment de l'aigua potable a la ciutat de València. Ajuntament de Valencia. 154 pp.

NAVARRO, C. (1995): "El tamaño de los sistemas hidráulicos de origen andalusí: la documentación escrita y la arqueología hidráulica". En Agricultura y regadío en Al-Andalus. II coloquio Historia y Medio Físico, Instituto de Estudios Almerienses de la Diputación de Almería y Grupo de Investigación "Toponimia, Historia y Arqueología del Reino de Granada, Almería.

PALANCA, F. (1986): Del gra al pa. Els Molins. Museu d'Etnologia. Diputació de València. 78 pp.

PALERM, J., PIMENTEL, J, Y SÁNCHEZ, M. (2001): Técnicas Hidráulicas en México, Paralelismos con el Viejo Mundo. II. Galerías Filtrantes. En Actas del II Encuentro sobre Historia y Medio Ambiente, XIII Economic History Congress, Huesca. Pp. 466-483.

PAVÓN MALDONADO, B. (1990): Agua: aljibes, puentes, qanats, acueductos, jardines, ruedas hidráulicas, baños, corachas. Consejo Superior de Investigaciones Científicas (CSIC), Madrid.

PAVÓN MALDONADO, B. (1990-1999): Tratado de arquitectura hiapanomusulmana. Madrid, Consejo Superior de Investigaciones Científicas. 2 Vols.

PÉREZ PUCHAL, P (1970): "Peñiscola (Castellón)". Estudios geográficos. Vol 31. Pp. 265-310.

PÉREZ, F. (1964): Organización y funcionamiento de las Comunidades de Regantes. Valencia. 90 pp.

PÉREZ, T.V. (2002): "Petits embassaments valencians del segle XVIII". Cuadernos de Geografía, Nº71. Pp. 11-29.

PERIS ALBENTOSA, T. (1995): La Sèquia Reial del Xúquer (1258-1847): síntesi històrica i aportacions documentals. Imp. Germania, Alzira. 234 pp.

PERIS ALBENTOSA, T. (1995): "La evolución de la agricultura valenciana entre los siglos XV y XIX: rasgos cualitativos y problemas de cuantificación". Revista de Historia Económica, Nº3. Pp. 473-508.

PERIS ALBENTOSA, T. (2003): La gestió hidràulica en la Séquia d'Escalona: (1605-1993). Ed. Ajuntament de Villanueva de Castellón. 256 pp.

PIQUERAS, J. Y HERMOSILLA, J. (1991): "La fuerza hidráulica en el Camp de Túria". Lauro, Nº5. Pp. 43-52.

PIQUERAS, J. (1993): "Les obres de reg valencianes: l'origen i l'estat actual". Lauro, Nº7. Pp. 31-40.

PIQUERAS, J. et al. (1996): Geografia de les Comarques Valencianes. Foro, València. 5 vols.

PIQUERAS, J. (2012): Geografía del territorio valenciano: naturaleza, economía y paisaje. València. Ed. Departament de Geografia. Universitat de València. 256 pp.

POVEDA SANCHEZ, ÁNGEL (2004): "Un estudio sobre las norias de sangre de origen andalusí: el caso de la alquería de Benassal (Castellón)". Historia Agraria: Revista de agricultura e historia local Vol. 32, pp. 37-58.

RAMOS, J.L., MERINO, A. (1999): Las Comunidades de Regantes y la nueva política del agua: los problemas de la acción colectiva. Madrid. 11 pp.

RAMOS FERNÁNDEZ, R (1970): "Proyectos para trasvase de aguas de riego a Elche". Cuadernos de geografía Nº7, Universidad de Valencia. Pp. 259-272.

RODRÍGUEZ VAQUERO, J. E. (2000): "Aproximación a un glosario básico para el estudio de los usos del agua en el Sureste de la Península Ibérica". NIMBUS, Nº 5-6, pp. 71-90.

ROMERO, J. (1999): "Creixement sense desenvolupament. A propòsit del futur dels regadius històrics". En Hortes valencianes: la fi d'un mite?. Mètode, Nº22. Universitat de València. Pp. 35-37.

ROSSELLÓ-BORDOY, G. (1986): "Els qanat(s) a Mallorca: un avenç a l'estudi de les seves tècniques constructives". En Les aigües carcades (Els qanat(s) de l'illa de Mallorca). Institut d'Estudis Baleàrics, Palma de Mallorca. Pp. 47-52.

ROSSELLÓ I VERGER, V.M. (1964): Riegos y cultivos en las huertas valencianas. Aportación española al XX Congreso Geográfico Internacional. Instituto Elcano- Instituto de Estudios Pirenaicos (C.S.I.C.). Pp. 89-100.

ROSSELLÓ I VERGER, V.M. (1989): "Els molins d'aigua de l'Horta de València". En Los paisajes del agua. Libro jubilar dedicado al profesor Antonio López Gómez. Universitat de València- Universidad de Alicante. Pp. 317-345.

ROSSELLÓ I VERGER, V.M. (1989): "Molins fariners d'aigua. Reflexions nom polèmiques d'un geògraf". Afers, Fulls de recerca i pensament, Nº15. Pp. 45-51.

ROSSELLÓ I VERGER, V.M. (1995): Geografia del Pais Valencià. Ed. Alfons el Magnànim-I.V.E.I. y Diputació Provincial de València. 640 pp.

ROSSELLÓ I VERGER, V.M. (1995): L'Albufera de València. Publicacions de l'Abadia de Monserrat. Sèrie il.lustrada, Nº11, Barcelona. 190 pp.

SALES MARTÍNEZ, V. (1999): "Terra i societat en l'horta de la Reial Séquia de Montcada". En Hortes valencianes: la fi d'un mite?. Mètode, Nº22. Universitat de València. Pp. 28-29.

SALES MARTÍNEZ, V. Y MANGUE ALFÉREZ, I (2007): Memoria gráfica de las obras públicas en la Comunidad Valenciana (IV). Canales de Riego, embalses, centrales hidroeléctricas y trasvases. Edita: Colegio de Ingenieros, Caminos, Canales y Puertos. Comunidad Valenciana. 207 pp.

SANCHIS, C. Y VERDÚ, A. (1999): "Cartografía del regadiu i Sistemas d'Informació Geogràfica". En Hortes valencianes: la fi d'un mite?. Mètode, Nº22. Universitat de València. Pp. 30-31.

SANCHIS, C. (1999): "Patrimoni cultural a les hortes valencianes". En Hortes valencianes: la fi d'un mite?. Mètode, Nº22. Universitat de València. Pp. 19-21.

SANCHIS, C. (2001): Regadiu i canvi ambiental a l'Albufera de València. Servei de Publicacions de la Universitat de València, Departament de Geografia. 332 pp.

SANCHIS, C. (2004): "Les terres de l'Horta de València. Crònica de la recent reducció superficial del regadiu històric". En Afers, Nº47. Pp. 111-127.

SANCHIS, C.; HERMOSILLA, J.; IRANZO, E. (2004): "Entorn al patrimoni hidràulic del regadiu històric valencià". Pp. 223-236. En Patrimoni rural valenciano, SAITABI, Nº54. Pp. 270.

SANZ, M. (1979): "Memoria sobre el estado de la agricultura en la provincia de Valencia (1875)". En Estudis d'Història Agraria, Nº2. Barcelona.

SARTHOU, S.A.: Geografía General del Reino de Valencia. Tomo correspondiente a la provincia de Valencia. Colección dirigida por Carreres Candi, Barcelona. 55 pp.

SEGURA GRAIÑO, C. (Dir.) (1992): Los regadíos hispanos en la Edad Media. Colección Cuadernos de investigación medieval, Nº10. Madrid, Asociación Cultural Al-Mudayna. 111 pp.

SEGURA GRAIÑO, C. (Dir.) (2003): Agua y sistemas hidráulicos en la Edad Media Hispana. Colección Cuadernos de investigación medieval, Nº24. Madrid, Asociación Cultural Al- Mudayna. 205 pp.

SELMA CASTELL, S. (1993): "Molins i rodes. Entorn d'una discussió desafortunada". Afers, Nº15. Pp. 11-26.

SELMA CASTELL, S. (2005): "Aigua i terra a la plana del Millars. La sentència arbitral de 1347". Afers, Nº51. Pp. 397-405

SIMÓ CASTILLO, J.B (1999): "Artefactes arcaics elevadors d'aigua per al reg" Centro de Estudios del Maestrazgo Boletín nº62, pp. 57-67.

SOCIEDAD DE AGUAS POTABLES Y MEJORAS DE VALENCIA (1964): El abastecimiento de agua potable de Valencia. Valencia, Sociedad de Aguas Potables y Mejoras de Valencia. 16 pp.

SOLER, A (1999): "Un regne de viles i d'hortes". En Hortes valencianes: La Fi d'un mite ?. Mètode, Nº22. Universitat de València. Pp 24-25.

TERRERO, J. (1950): "El regadío en la España peninsular". Estudios geográficos, Nº11. Pp. 251-320.

TORRES BALBAS, L. (1971): "Las norias fluviales en España". Crónica de la España musulmana. Obra dispersa. Al-Andalus, I. Instituto de España, Madrid.

VILA VALENTÍ, J. (1964): "Una clasificación de los sectores de regadío españoles". Aportación española al XX Congreso Geográfico Internacional. Pp. 155-157.

VV.AA. (1992): Historia y constitución de las comunidades de regantes de las Riberas del Júcar. Madrid, Ministerio de Agricultura, Pesca y Alimentación. 398 pp.

VV.AA. (2002): Historia de los Regadíos en España (...a.C.-1931). X Congreso Nacional de Comunidades de Regantes, Sevilla, abril de 2002. MAPA, Madrid. 511 pp.

ZORRILLA DORRONSORO, A. (1970): Evolución de los grandes regadíos en España. Madrid. Instituto de investigaciones Agronómicas. 1 vol.

253